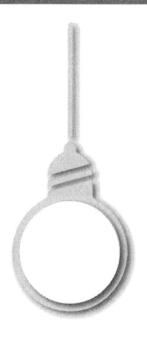

신재생에너지
관련법규

머리말

최근 우리 사회에서의 환경은 화석연료의 과다 사용으로 인한 지구온난화와 태풍, 가뭄, 폭우 등의 예측 불허한 기상이변이 빈번히 발생하고, 환경오염에 의한 생태계 파괴가 가속화되고 있으며, 그에 따른 세계적인 유가폭등 및 기후변화협약의 규제가 강화되고 그에 따라 탄소 배출량 규제 등의 광범위한 문제들이 제기됨에 따라, 이 문제들을 타개하기 위하여, 범국가적인 차원에서 경제적이면서도 지속적인 방향으로 환경을 보전할 수 있는 신재생에너지의 필요성이 대두되고 있습니다.

신재생에너지란 기존의 화석연료를 변환시켜 이용하거나 햇빛, 물, 지열, 생물 유기체 등을 포함하는 재생 가능한 에너지를 변환시켜서 이용하는 에너지로, 그것의 필요성은 화석 에너지를 대체할 수 있으면서도 환경파괴를 야기하지 않는다는 것만으로도 전 세계적으로 활발히 연구되고 국가차원에서 시행 및 진행되고 있는 바입니다.

우리나라에서 규정한 신재생에너지로는 8개 분야로 되어있는 재생에너지가 있으며, 그것들은 태양열, 태양광발전, 바이오매스, 풍력, 소수력, 지열, 해양, 폐기물 에너지로 구성되어 있으며, 그 외에 3개 분야의 신에너지인 연료전지, 석탄 액화 가스화, 수소에너지가 있으며 이 밖에도 총 28개의 분야로 나뉘어서 지정되어 있습니다. 이러한 신재생에너지들을 보급, 지원하기 위하여 정부 차원에서도 태양광, 태양열, 지열 등의 신재생에너지 주택 설치 및 보급에 힘쓰고 있으며, 그것의 지원, 기술개발 및 기술표준화 작업을 지속해 오고 있고, 이에 따라 그것을 다룰 수 있는 미래 에너지산업을 선도할 전문적인 핵심인재 양성 방안 또한 부각됨에 따라, 신재생에너지 발전설비기사 자격시험이 시행되어야 할 필요성이 대두되었습니다.

2013년 9월 28일 태양광 전문 자격증인 신재생에너지 발전설비기사/산업기사/기능사 시험이 처음으로 시행되고 있으며, 여기서 말하는 신재생에너지 발전설비기사란 이러한 신재생에너지들을 전반적으로 다루는 직종이며, 주로 태양광의 기술이론 지식으로 설계, 시공, 운영, 유지보수, 안전관리 등의 업무를 수행할 수 있는 능력을 검증받은 전문가를 일컬으며, 이는 최근 정부가 역점을 두고 있는 저탄소 녹색성장 분야 인력양성 방안의 일

환으로 추진되는 것으로써, 해당 과정이 개설 될 경우 향후 대체 에너지로 주목받고 있는 태양광 발전 산업분야에서의 전문적인 기술인력의 체계적 육성이 가능할 수 있음을 알 수 있습니다.

이와 같은 정부 주도의 태양광 사업에 참여하기 위해서는 이 신재생에너지 발전설비기사 자격증이 필요하며, 자격증을 얻었을 때 신재생에너지 발전소나 모든 건물 및 시설의 신재생에너지 발전시스템 설계 및 인·허가, 신재생에너지 발전설비 시공 및 감독, 신재생에너지 발전시스템의 시공 및 작동상태를 감리, 신재생 에너지 발전설비의 효율적 운영을 위한 유지보수 및 안전관리 업무 등을 수행할 수 있는 곳에 취업할 수 있다는 점을 들 수 있습니다.

신재생에너지발전설비기사/산업기사/기능사를 준비하고자 하는 수험생들을 위하여 이 신재생에너지관련법규 책을 펴내었으며, 본 자격증 시험 합격을 위한 시험내용 등을 편집하였고, 핵심내용만을 엄선하여 정리를 통하여 수험생들에게 도움을 주는 방향으로 출판하게 되었습니다. 끝으로 좋은 책을 만들기 위해 어려운 상황에서도 끝까지 애써주신 한올출판사 대표님과 실장님, 임직원 여러분께 감사의 마음을 전합니다.

편저자 씀

차 례

PART 02 ┊ 저탄소 녹색성장 기본법

PART 03 | 전기사업법

PART 04 │ 전기공사업법

PART 05 | 전기설비기술기준

PART 06 | 전기설비기술기준의 판단기준(전기설비)

PART 01

신에너지 및 재생에너지 개발 · 이용 · 보급 촉진법

CHAPTER 01 총 칙

1. 목 적

신에너지 및 재생에너지 개발·이용·보급 촉진법은 신에너지 및 재생에너지의 기술개발 및 이용·보급 촉진과 신에너지 및 재생에너지 산업의 활성화를 통하여 에너지원을 다양화하고, 에너지의 안정적인 공급, 에너지 구조의 환경친화적 전환 및 온실가스 배출의 감소를 추진함으로써 환경의 보전, 국가경제의 건전하고 지속적인 발전 및 국민복지의 증진에 이바지함을 목적으로 한다.

2. 정 의

신에너지 및 재생에너지 개발·이용·보급 촉진법에서 사용하는 용어의 뜻은 다음과 같다.
㉠ "신에너지"란 기존의 화석연료를 변환시켜 이용하거나 수소·산소 등의 화학 반응을 통하여 전기 또는 열을 이용하는 에너지로서 다음의 어느 하나에 해당하는 것을 말한다.

> 1. 수소에너지
> 2. 연료전지
> 3. 석탄을 액화·가스화한 에너지 및 중질잔사유(重質殘渣油)를 가스화한 에너지로서 대통령령으로 정하는 기준 및 범위에 해당하는 에너지
> 4. 그 밖에 석유·석탄·원자력 또는 천연가스가 아닌 에너지로서 대통령령으로 정하는 에너지

※ **대통령령**이란 신에너지 및 재생에너지 개발·이용·보급 촉진법 시행령을 말한다.

ⓛ "재생에너지"란 햇빛·물·지열(地熱)·강수(降水)·생물유기체 등을 포함하는 재생 가능한 에너지를 변환시켜 이용하는 에너지로서 다음의 어느 하나에 해당하는 것을 말한다.

1. 태양에너지
2. 풍력
3. 수력
4. 해양에너지
5. 지열에너지
6. 생물자원을 변환시켜 이용하는 바이오에너지로서 대통령령으로 정하는 기준 및 범위에 해당하는 에너지
7. 폐기물에너지로서 대통령령으로 정하는 기준 및 범위에 해당하는 에너지
8. 그 밖에 석유·석탄·원자력 또는 천연가스가 아닌 에너지로서 대통령령으로 정하는 에너지

ⓒ "신에너지 및 재생에너지 설비"(이하 "신·재생에너지 설비"라 한다)란 신에너지 및 재생에너지(이하 "신·재생에너지"라 한다)를 생산하거나 이용하는 설비로서 산업통상자원부령으로 정하는 것을 말한다.(산업통상자원부령이란 신에너지 및 재생에너지 개발·이용·보급 촉진법 시행규칙을 말한다)

ⓔ "신·재생에너지 발전"이란 신·재생에너지를 이용하여 전기를 생산하는 것을 말한다.

ⓜ "신·재생에너지 발전사업자"란 「전기사업법」 제2조제4호에 따른 발전사업자 또는 같은 조 제19호에 따른 자가용전기설비를 설치한 자로서 신·재생에너지 발전을 하는 사업자를 말한다.

★슬케Point 목적·정의 숙지

3. 시책과 장려 등

① 정부는 신·재생에너지의 기술개발 및 이용·보급의 촉진에 관한 시책을 마련하여야 한다.
② 정부는 지방자치단체, 「공공기관의 운영에 관한 법률」 제4조에 따른 공공기관(이하 "공공기관"이라 한다), 기업체 등의 자발적인 신·재생에너지 기술개발 및 이용·보급을 장려하고 보호·육성하여야 한다.

바이오에너지 등의 기준 및 범위(제2조 관련)

에너지원의 종류별		기준 및 범위
바이오 에너지	기준	1. 생물유기체를 변환시켜 얻어지는 기체, 액체 또는 고체의 연료 2. 제1호의 연료를 연소 또는 변환시켜 얻어지는 에너지 ※ 제1호 또는 제2호의 에너지가 신·재생에너지가 아닌 석유제품 등과 혼합된 경우에는 생물유기체로부터 생산된 부분만을 바이오에너지로 본다.
	범위	1. 생물유기체를 변환시킨 바이오가스, 바이오에탄올, 바이오액화유 및 합성가스 2. 쓰레기매립장의 유기성폐기물을 변환시킨 매립지가스 3. 동물·식물의 유지(油脂)를 변환시킨 바이오디젤 4. 생물유기체를 변환시킨 땔감, 목재칩, 펠릿 및 목탄 등의 고체연료
석탄을 액화· 가스화한 에너지	기준	석탄을 액화 및 가스화하여 얻어지는 에너지로서 다른 화합물과 혼합되지 않은 에너지
	범위	1. 증기 공급용 에너지 2. 발전용 에너지
중질 잔사유를 가스화한 에너지	기준	1. 중질잔사유를 가스화한 공정에서 얻어지는 연료 2. 제1호의 연료를 연소 또는 변환하여 얻어지는 에너지 ※ "중질잔사유"란 원유를 정제하고 남은 최종 잔재물로서 감압증류 과정에서 나오는 감압잔사유, 아스팔트와 열분해 공정에서 나오는 코크, 타르 및 피치 등을 말한다.
	범위	합성가스
폐기물 에너지	기준	1. 각종 사업장 및 생활시설의 폐기물을 변환시켜 얻어지는 기체, 액체 또는 고체의 연료 2. 제1호의 연료를 연소 또는 변환시켜 얻어지는 에너지 3. 폐기물의 소각열을 변환시킨 에너지 ※ 제1호부터 제3호까지의 에너지가 신·재생에너지가 아닌 석유제품 등과 혼합되는 경우에는 각종 사업장 및 생활시설의 폐기물로부터 생산된 부분만을 폐기물에너지로 본다.

CHAPTER 02

기본계획

1. 기본계획 수립

① 산업통상자원부장관은 관계 중앙행정기관의 장과 협의를 한 후 신·재생에너지정책심의회의 심의를 거쳐 신·재생에너지의 기술개발 및 이용·보급을 촉진하기 위한 기본계획(이하 "기본계획"이라 한다)을 수립하여야 한다.

② 기본계획의 계획기간은 10년 이상으로 하며, 기본계획에는 다음의 사항이 포함되어야 한다.

1. 기본계획의 목표 및 기간
2. 신·재생에너지원별 기술개발 및 이용·보급의 목표
3. 총전력생산량 중 신·재생에너지 발전량이 차지하는 비율의 목표
4. 「에너지법」제2조제10호에 따른 온실가스의 배출 감소 목표
5. 기본계획의 추진방법
6. 신·재생에너지 기술수준의 평가와 보급전망 및 기대효과
7. 신·재생에너지 기술개발 및 이용·보급에 관한 지원 방안
8. 신·재생에너지 분야 전문인력 양성계획
9. 그 밖에 기본계획의 목표달성을 위하여 산업통상자원부장관이 필요하다고 인정하는 사항

★출제 Point 계획기간 10년, 기본계획 내용 9가지 정리

③ 산업통상자원부장관은 신·재생에너지의 기술개발 동향, 에너지 수요·공급 동향의 변화, 그 밖의 사정으로 인하여 수립된 기본계획을 변경할 필요가 있다고 인정하면 관계 중앙행정기관의 장과 협의를 한 후 신·재생에너지정책심의회의 심의를 거쳐 그 기본계획을 변경할 수 있다.

2. 연차별 실행계획

① 산업통상자원부장관은 기본계획에서 정한 목표를 달성하기 위하여 신·재생에너지의 종류별로 신·재생에너지의 기술개발 및 이용·보급과 신·재생에너지 발전에 의한 전기의 공급에 관한 실행계획(이하 "실행계획"이라 한다)을 매년 수립·시행하여야 한다.
② 산업통상자원부장관은 실행계획을 수립·시행하려면 미리 관계 중앙행정기관의 장과 협의하여야 한다. **★출제Point** 매년 수립·시행 주의
③ 산업통상자원부장관은 실행계획을 수립하였을 때에는 이를 공고하여야 한다.

3. 계획의 사전협의

국가기관, 지방자치단체, 공공기관, 그 밖에 대통령령으로 정하는 자가 신·재생에너지 기술개발 및 이용·보급에 관한 계획을 수립·시행하려면 대통령령으로 정하는 바에 따라 미리 산업통상자원부장관과 협의하여야 한다.

4. 정책심의회

① 신·재생에너지의 기술개발 및 이용·보급에 관한 중요 사항을 심의하기 위하여 산업통상자원부에 신·재생에너지정책심의회(이하 "심의회"라 한다)를 둔다.
② 심의회는 다음의 사항을 심의한다. **★출제Point** 심의회 심의사항 숙지
  1. 기본계획의 수립 및 변경에 관한 사항. 다만, 기본계획의 내용 중 대통령령으로 정하는 경미한 사항을 변경하는 경우는 제외한다.
  2. 신·재생에너지의 기술개발 및 이용·보급에 관한 중요 사항
  3. 신·재생에너지 발전에 의하여 공급되는 전기의 기준가격 및 그 변경에 관한 사항

4. 그 밖에 산업통상자원부장관이 필요하다고 인정하는 사항

③ 심의회의 구성·운영과 그 밖에 필요한 사항은 대통령령으로 정한다.

5. 사업비 조성

정부는 실행계획을 시행하는 데에 필요한 사업비를 회계연도마다 세출예산에 계상(計上)하여야 한다.

6. 사업비 사용

산업통상자원부장관은 조성된 사업비를 다음의 사업에 사용한다.

1. 신·재생에너지의 자원조사, 기술수요조사 및 통계작성
2. 신·재생에너지의 연구·개발 및 기술평가
3. 신·재생에너지 이용 건축물의 인증 및 사후관리 [시행일 2011.4.13]
4. 신·재생에너지 공급의무화 지원 [시행일 2012.1.1]
5. 신·재생에너지 설비의 성능평가·인증 및 사후관리
6. 신·재생에너지 기술정보의 수집·분석 및 제공
7. 신·재생에너지 분야 기술지도 및 교육·홍보
8. 신·재생에너지 분야 특성화대학 및 핵심기술연구센터 육성
9. 신·재생에너지 분야 전문인력 양성
10. 신·재생에너지 설비 설치전문기업의 지원
11. 신·재생에너지 시범사업 및 보급사업
12. 신·재생에너지 이용의무화 지원
13. 신·재생에너지 관련 국제협력
14. 신·재생에너지 기술의 국제표준화 지원
15. 신·재생에너지 설비 및 그 부품의 공용화 지원
16. 그 밖에 신·재생에너지의 기술개발 및 이용·보급을 위하여 필요한 사업으로서 대통령령으로 정하는 사업

★출제Point 조성된 사업비 사용 16가지 정리

7. 사업의 실시

① 산업통상자원부장관은 사업을 효율적으로 추진하기 위하여 필요하다고 인정하면 다음의
어느 하나에 해당하는 자와 협약을 맺어 그 사업을 하게 할 수 있다.

> 1. 「특정연구기관 육성법」에 따른 특정연구기관
> 2. 「기초연구진흥 및 기술개발지원에 관한 법률」 제14조제1항제2호에 따른 기업연구소
> 3. 「산업기술연구조합 육성법」에 따른 산업기술연구조합
> 4. 「고등교육법」에 따른 대학 또는 전문대학
> 5. 국공립연구기관
> 6. 국가기관, 지방자치단체 및 공공기관
> 7. 그 밖에 산업통상자원부장관이 기술개발능력이 있다고 인정하는 자

② 산업통상자원부장관은 어느 하나에 해당하는 자가 하는 기술개발사업 또는 이용·보급
사업에 드는 비용의 전부 또는 일부를 출연(出捐)할 수 있다.

③ 출연금의 지급·사용 및 관리 등에 필요한 사항은 대통령령으로 정한다.

8. 투자권고 및 이용의무화

① 산업통상자원부장관은 신·재생에너지의 기술개발 및 이용·보급을 촉진하기 위하여 필요
하다고 인정하면 에너지 관련 사업을 하는 자에 대하여 사업을 하거나 그 사업에 투자 또는
출연할 것을 권고할 수 있다.

② 산업통상자원부장관은 신·재생에너지의 이용·보급을 촉진하고 신·재생에너지산업의 활
성화를 위하여 필요하다고 인정하면 다음의 어느 하나에 해당하는 자가 신축·증축 또는
개축하는 건축물에 대하여 대통령령으로 정하는 바에 따라 그 설계 시 산출된 예상 에너
지사용량의 일정 비율 이상을 신·재생에너지를 이용하여 공급되는 에너지를 사용하도록
신·재생에너지 설비를 의무적으로 설치하게 할 수 있다.

1. 국가 및 지방자치단체
2. 「공공기관의 운영에 관한 법률」 제5조에 따른 공기업(이하 "공기업"이라 한다)
3. 정부가 대통령령으로 정하는 금액 이상을 출연한 정부출연기관
4. 「국유재산법」 제2조제6호에 따른 정부출자기업체

5. 지방자치단체 및 제2호부터 제4호까지의 규정에 따른 공기업, 정부출연기관 또는 정부출자기업체가 대통령령으로 정하는 비율 또는 금액 이상을 출자한 법인

6. 특별법에 따라 설립된 법인

③ 산업통상자원부장관은 신·재생에너지의 활용 여건 등을 고려할 때 신·재생에너지를 이용하는 것이 적절하다고 인정되는 공장·사업장 및 집단주택단지 등에 대하여 신·재생에너지의 종류를 지정하여 이용하도록 권고하거나 그 이용설비를 설치하도록 권고할 수 있다.

9. 건축물 인증

① 대통령령으로 정하는 일정 규모 이상의 건축물을 소유한 자는 그 건축물에 대하여 산업통상자원부장관이 지정하는 기관(이하 "건축물인증기관"이라 한다)으로부터 총에너지사용량의 일정 비율 이상을 신·재생에너지를 이용하여 공급되는 에너지를 사용한다는 신·재생에너지 이용 건축물인증(이하 "건축물인증"이라 한다)을 받을 수 있다.

② 건축물인증을 받으려는 자는 해당 건축물에 대하여 건축물인증기관에 건축물인증을 신청하여야 한다.

③ 산업통상자원부장관은 신·재생에너지센터나 그 밖에 신·재생에너지의 기술개발 및 이용·보급 촉진사업을 하는 자 중 건축물인증 업무에 적합하다고 인정되는 자를 건축물인증기관으로 지정할 수 있다.

④ 건축물인증기관은 건축물인증의 신청을 받은 경우 산업통상자원부와 국토교통부의 공동부령으로 정하는 건축물인증 심사기준에 따라 심사한 후 그 기준에 적합한 건축물에 대하여 건축물인증을 하여야 한다.

⑤ 산업통상자원부장관은 보급사업을 추진하는 데에 있어 건축물인증을 받은 자를 우대하여 지원할 수 있다.

⑥ 건축물인증기관의 업무 범위, 건축물인증의 절차, 건축물인증의 사후관리, 그 밖에 건축물인증에 관하여 필요한 사항은 산업통상자원부와 국토교통부의 공동부령으로 정한다.

10. 건축물인증의 표시 등

① 건축물인증을 받은 자는 해당 건축물에 건축물인증의 표시를 하거나 건축물인증을 받은 것을 홍보할 수 있다.

② 건축물인증을 받지 아니한 자는 건축물인증의 표시 또는 이와 유사한 표시를 하거나 건축물인증을 받은 것으로 홍보하여서는 아니 된다.

11. 건축물인증의 취소

건축물인증기관은 건축물인증을 받은 자가 다음의 어느 하나에 해당하는 경우에는 그 인증을 취소할 수 있다. 다만, 제1호에 해당하는 경우에는 그 인증을 취소하여야 한다.

> 1. 거짓이나 그 밖의 부정한 방법으로 건축물인증을 받은 경우
> 2. 건축물인증을 받은 자가 그 인증서를 건축물인증기관에 반납한 경우
> 3. 건축물인증을 받은 건축물의 사용승인이 취소된 경우
> 4. 건축물인증을 받은 건축물이 건축물인증 심사기준에 부적합한 것으로 발견된 경우

★출제Point 취소와 반드시 취소 구분

CHAPTER
03

공 급

1. 공급의무화

① 산업통상자원부장관은 신·재생에너지의 이용·보급을 촉진하고 신·재생에너지산업의 활성화를 위하여 필요하다고 인정하면 다음 어느 하나에 해당하는 자 중 대통령령으로 정하는 자(이하 "공급의무자"라 한다)에게 발전량의 일정량 이상을 의무적으로 신·재생에너지를 이용하여 공급하게 할 수 있다.

> 1. 「전기사업법」 제2조에 따른 발전사업자
> 2. 「집단에너지사업법」 제9조 및 제48조에 따라 「전기사업법」 제7조제1항에 따른 발전사업의 허가를 받은 것으로 보는 자
> 3. 공공기관

② 공급의무자가 의무적으로 신·재생에너지를 이용하여 공급하여야 하는 발전량(이하 "의무공급량"이라 한다)의 합계는 총전력생산량의 10% 이내의 범위에서 연도별로 대통령령으로 정한다. 이 경우 균형 있는 이용·보급이 필요한 신·재생에너지에 대하여는 대통령령으로 정하는 바에 따라 총의무공급량 중 일부를 해당 신·재생에너지를 이용하여 공급하게 할 수 있다.

③ 공급의무자의 의무공급량은 산업통상자원부장관이 공급의무자의 의견을 들어 공급의무자별로 정하여 고시한다. 이 경우 산업통상자원부장관은 공급의무자의 총발전량 및 발전원(發電源) 등을 고려하여야 한다.

④ 공급의무자는 의무공급량의 일부에 대하여 대통령령으로 정하는 바에 따라 다음 연도로 그 공급의무의 이행을 연기할 수 있다. 이 경우 그 이행을 연기한 의무공급량은 다음 연도에 우선적으로 공급하여야 한다.

⑤ 공급의무자는 신·재생에너지 공급인증서를 구매하여 의무공급량에 충당할 수 있다.

⑥ 산업통상자원부장관은 공급의무의 이행 여부를 확인하기 위하여 공급의무자에게 대통령령으로 정하는 바에 따라 필요한 자료의 제출 또는 구매하여 의무공급량에 충당하거나 발급받은 신·재생에너지 공급인증서의 제출을 요구할 수 있다.

2. 과징금

① 산업통상자원부장관은 공급의무자가 의무공급량에 부족하게 신·재생에너지를 이용하여 에너지를 공급한 경우에는 대통령령으로 정하는 바에 따라 그 부족분에 신·재생에너지 공급인증서의 해당 연도 평균거래 가격의 100분의 150을 곱한 금액의 범위에서 과징금을 부과할 수 있다.

② 과징금을 납부한 공급의무자에 대하여는 그 과징금의 부과기간에 해당하는 의무공급량을 공급한 것으로 본다.

③ 산업통상자원부장관은 과징금을 납부하여야 할 자가 납부기한까지 그 과징금을 납부하지 아니한 때에는 국세 체납처분의 예를 따라 징수한다.

④ 징수한 과징금은 「전기사업법」에 따른 전력산업기반기금의 재원으로 귀속된다.

3. 공급인증서

① 신·재생에너지를 이용하여 에너지를 공급한 자(이하 "신·재생에너지 공급자"라 한다)는 산업통상자원부장관이 신·재생에너지를 이용한 에너지 공급의 증명 등을 위하여 지정하는 기관(이하 "공급인증기관"이라 한다)으로부터 그 공급 사실을 증명하는 인증서(전자문서로 된 인증서를 포함한다. 이하 "공급인증서"라 한다)를 발급받을 수 있다. 다만, 발전차액을 지원받거나 신·재생에너지 설비에 대한 지원 등 대통령령으로 정하는 정부의 지원을 받은 경우에는 대통령령으로 정하는 바에 따라 공급인증서의 발급을 제한할 수 있다.

② 공급인증서를 발급받으려는 자는 공급인증기관에 대통령령으로 정하는 바에 따라 공급인증서의 발급을 신청하여야 한다.

③ 공급인증기관은 신청을 받은 경우에는 신·재생에너지의 종류별 공급량 및 공급기간 등을 확인한 후 다음의 기재사항을 포함한 공급인증서를 발급하여야 한다. 이 경우 균형 있는 이용·보급과 기술개발 촉진 등이 필요한 신·재생에너지에 대하여는 대통령령으로 정하는 바에 따라 실제 공급량에 가중치를 곱한 양을 공급량으로 하는 공급인증서를 발급할 수 있다.

1. 신·재생에너지 공급자
2. 신·재생에너지의 종류별 공급량 및 공급기간
3. 유효기간

④ 공급인증서의 유효기간은 발급받은 날부터 3년으로 하되, 공급의무자가 구매하여 의무공급량에 충당하거나 발급받아 산업통상자원부장관에게 제출한 공급인증서는 그 효력을 상실한다. 이 경우 유효기간이 지나거나 효력을 상실한 해당 공급인증서는 폐기하여야 한다.

⑤ 공급인증서를 발급받은 자는 그 공급인증서를 거래하려면 공급인증서 발급 및 거래시장 운영에 관한 규칙으로 정하는 바에 따라 공급인증기관이 개설한 거래시장(이하 "거래시장"이라 한다)에서 거래하여야 한다.

⑥ 산업통상자원부장관은 다른 신·재생에너지와의 형평을 고려하여 공급인증서가 일정 규모 이상의 수력을 이용하여 에너지를 공급하고 발급된 경우 등 산업통상자원부령으로 정하는 사유에 해당할 때에는 거래시장에서 해당 공급인증서가 거래될 수 없도록 할 수 있다.

4. 공급인증기관의 지정

① 산업통상자원부장관은 공급인증서 관련 업무를 전문적이고 효율적으로 실시하고 공급인증서의 공정한 거래를 위하여 다음의 어느 하나에 해당하는 자를 공급인증기관으로 지정할 수 있다.

1. 신·재생에너지센터
2. 「전기사업법」 제35조에 따른 한국전력거래소

3. 공급인증기관의 업무에 필요한 인력·기술능력·시설·장비 등 대통령령으로 정하는 기준에 맞는 자

② 공급인증기관으로 지정받으려는 자는 산업통상자원부장관에게 지정을 신청하여야 한다.

③ 공급인증기관의 지정방법·지정절차, 그 밖에 공급인증기관의 지정에 필요한 사항은 산업통상자원부령으로 정한다.

5. 공급인증기관업무

① 지정된 공급인증기관은 다음의 업무를 수행한다.

> 1. 공급인증서의 발급, 등록, 관리 및 폐기
> 2. 국가가 소유하는 공급인증서의 거래 및 관리에 관한 사무의 대행
> 3. 거래시장의 개설
> 4. 공급의무자가 의무를 이행하는 데 지급한 비용의 정산에 관한 업무
> 5. 공급인증서 관련 정보의 제공
> 6. 그 밖에 공급인증서의 발급 및 거래에 딸린 업무

★출제Point 공급인증기관업무 6가지 정리

② 공급인증기관은 업무를 시작하기 전에 산업통상자원부령으로 정하는 바에 따라 공급인증서 발급 및 거래시장 운영에 관한 규칙(이하 "운영규칙"이라 한다)을 제정하여 산업통상자원부장관의 승인을 받아야 한다. 운영규칙을 변경하거나 폐지하는 경우(산업통상자원부령으로 정하는 경미한 사항의 변경은 제외한다)에도 또한 같다.

③ 산업통상자원부장관은 공급인증기관에 업무의 계획 및 실적에 관한 보고를 명하거나 자료의 제출을 요구할 수 있다.

④ 산업통상자원부장관은 다음의 어느 하나에 해당하는 경우에는 공급인증기관에 시정기간을 정하여 시정을 명할 수 있다.

> 1. 운영규칙을 준수하지 아니한 경우
> 2. 보고를 하지 아니하거나 거짓으로 보고한 경우
> 3. 자료의 제출 요구에 따르지 아니하거나 거짓의 자료를 제출한 경우

6. 지정의 취소

① 산업통상자원부장관은 공급인증기관이 다음의 어느 하나에 해당하는 경우에는 산업통상
자원부령으로 정하는 바에 따라 그 지정을 취소하거나 1년 이내의 기간을 정하여 그 업무의
전부 또는 일부의 정지를 명할 수 있다. 다만, 제1호 또는 제2호에 해당하는 때에는 그 지정
을 취소하여야 한다.

> 1. 거짓이나 그 밖의 부정한 방법으로 지정을 받은 경우
> 2. 업무정지 처분을 받은 후 그 업무정지 기간에 업무를 계속한 경우
> 3. 지정기준에 부적합하게 된 경우
> 4. 시정명령을 시정기간에 이행하지 아니한 경우

② 산업통상자원부장관은 공급인증기관이 업무정지를 명하여야 하는 경우로서 그 업무의 정
지가 그 이용자 등에게 심한 불편을 주거나 그 밖에 공익을 해칠 우려가 있으면 그 업무정
지 처분을 갈음하여 5천만원 이하의 과징금을 부과할 수 있다.

③ 과징금을 부과하는 위반행위의 종별·정도 등에 따른 과징금의 금액과 그 밖에 필요한 사
항은 대통령령으로 정한다.

④ 산업통상자원부장관은 과징금을 납부하여야 할 자가 납부기한까지 그 과징금을 납부하
지 아니한 때에는 국세 체납처분의 예를 따라 징수한다.

★출제 Point 취소와 반드시 취소 사유 정리

CHAPTER 04 품 질

1. 연료 품질기준

① 산업통상자원부장관은 신·재생에너지 연료(신·재생에너지를 이용한 연료 중 대통령령으로 정하는 기준 및 범위에 해당하는 것을 말하며, 「폐기물관리법」제2조제1호에 따른 폐기물을 이용하여 제조한 것은 제외한다. 이하 같다)의 적정한 품질을 확보하기 위하여 품질기준을 정할 수 있다. 대기환경에 영향을 미치는 품질기준을 정하는 경우에는 미리 환경부장관과 협의를 하여야 한다.

② 산업통상자원부장관은 품질기준을 정한 경우에는 이를 고시하여야 한다.

③ 신·재생에너지 연료를 제조·수입 또는 판매하는 사업자(이하 "신·재생에너지 연료사업자"라 한다)는 산업통상자원부장관이 품질기준을 정한 경우에는 그 품질기준에 맞도록 신·재생에너지 연료의 품질을 유지하여야 한다.

2. 연료 품질검사

① 신·재생에너지 연료사업자는 제조·수입 또는 판매하는 신·재생에너지 연료가 품질기준에 맞는지를 확인하기 위하여 대통령령으로 정하는 신·재생에너지 품질검사기관(이하 "품질검사기관"이라 한다)의 품질검사를 받아야 한다.

② 품질검사의 방법과 절차, 그 밖에 필요한 사항은 산업통상자원부령으로 정한다.

3. 설비의 인증

① 신·재생에너지 설비를 제조하거나 수입하여 판매하려는 자는 산업통상자원부장관이 신·재생에너지 설비의 인증을 위하여 지정하는 기관(이하 "설비인증기관"이라 한다)으로부터 신·재생에너지 설비에 대하여 인증(이하 "설비인증"이라 한다)을 받을 수 있다.

② 설비인증을 받으려는 자는 설비인증기관에 그 신·재생에너지 설비에 대한 설비인증을 신청하여야 한다.

③ 설비인증을 신청하는 경우에는 대통령령으로 정하는 지정기준에 따라 산업통상자원부장관이 지정하는 성능검사기관(이하 "성능검사기관"이라 한다)에서 성능검사를 받은 후 그 기관이 발행한 성능검사결과서를 설비인증기관에 제출하여야 한다.

④ 산업통상자원부장관은 신·재생에너지센터나 그 밖에 신·재생에너지의 기술개발 및 이용·보급 촉진사업을 하는 자 중 설비인증 업무에 적합하다고 인정되는 자를 설비인증기관으로 지정한다.

⑤ 설비인증기관은 설비인증을 신청받으면 성능검사기관이 발행한 성능검사결과서에 의하여 산업통상자원부령으로 정하는 설비인증 심사기준에 따라 심사한 후 그 기준에 적합한 신·재생에너지 설비에 대하여 설비인증을 하여야 한다.

⑥ 설비인증기관의 업무 범위, 설비인증의 절차, 설비인증의 사후관리, 성능검사기관의 지정 절차, 그 밖에 설비인증에 관하여 필요한 사항은 산업통상자원부령으로 정한다.

⑦ 산업통상자원부장관은 산업통상자원부령으로 정하는 바에 따라 성능검사에 드는 경비의 일부를 지원하거나, 지정된 설비인증기관에 대하여 지정 목적상 필요한 범위에서 행정상의 지원 등을 할 수 있다.

4. 보 험

① 설비인증을 받은 자는 신·재생에너지 설비의 결함으로 인하여 제3자가 입을 수 있는 손해를 담보하기 위하여 보험 또는 공제에 가입하여야 한다.

② 보험 또는 공제의 기간·종류·대상 및 방법에 필요한 사항은 대통령령으로 정한다.

5. 설비인증 표시

① 설비인증을 받은 자는 그 신·재생에너지 설비에 설비인증의 표시를 하거나 설비인증을 받은 것을 홍보할 수 있다.

② 설비인증을 받지 아니한 자는 설비인증의 표시 또는 이와 유사한 표시를 하거나 설비인증을 받은 것으로 홍보하여서는 아니 된다.

6. 설비인증 취소

① 설비인증기관은 설비인증을 받은 자가 거짓이나 부정한 방법으로 설비인증을 받은 경우에는 설비인증을 취소하여야 하며, 설비인증을 받은 후 제조하거나 수입하여 판매하는 신·재생에너지 설비가 설비인증 심사기준에 부적합한 것으로 발견된 경우에는 설비인증을 취소할 수 있다.

② 산업통상자원부장관은 성능검사기관이 다음 각 호의 어느 하나에 해당하는 경우에는 대통령령으로 정하는 바에 따라 그 지정을 취소하거나 1년 이내의 기간을 정하여 업무의 전부 또는 일부의 정지를 명할 수 있다. 다만, 제1호에 해당하는 경우에는 그 지정을 취소하여야 한다.

> 1. 거짓이나 부정한 방법으로 지정을 받은 경우
> 2. 정당한 사유 없이 지정을 받은 날부터 1년 이상 성능검사 업무를 시작하지 아니하거나 1년 이상 계속하여 성능검사 업무를 중단한 경우
> 3. 지정기준에 적합하지 아니하게 된 경우

★출제 Point 취소와 반드시 취소 구분

7. 수수료

① 건축물인증기관, 설비인증기관, 성능검사기관 또는 품질검사기관은 건축물인증, 설비인증, 성능검사 또는 품질검사를 신청하는 자로부터 산업통상자원부령으로 정하는 바에 따라 수수료를 받을 수 있다.

② 공급인증기관은 공급인증서의 발급(발급에 딸린 업무를 포함한다)을 신청하는 자 또는 공급인증서를 거래하는 자로부터 산업통상자원부령으로 정하는 바에 따라 수수료를 받을 수 있다.

8. 기준가격 고시

① 산업통상자원부장관은 신·재생에너지 발전에 의하여 공급되는 전기의 기준가격을 발전원별로 정한 경우에는 그 가격을 고시하여야 한다. 이 경우 기준가격의 산정기준은 대통령령으로 정한다.

② 산업통상자원부장관은 신·재생에너지 발전에 의하여 공급한 전기의 전력거래가격(「전기사업법」 제33조에 따른 전력거래가격을 말한다)이 고시한 기준가격보다 낮은 경우에는 그 전기를 공급한 신·재생에너지 발전사업자에 대하여 기준가격과 전력거래가격의 차액(이하 "발전차액"이라 한다)을 「전기사업법」 제48조에 따른 전력산업기반기금에서 우선적으로 지원한다.

③ 산업통상자원부장관은 제1항에 따라 기준가격을 고시하는 경우에는 발전차액을 지원하는 기간을 포함하여 고시할 수 있다.

④ 산업통상자원부장관은 발전차액을 지원받은 신·재생에너지 발전사업자에게 결산재무제표(決算財務諸表) 등 기준가격 설정을 위하여 필요한 자료를 제출할 것을 요구할 수 있다.

9. 지원 중단

① 산업통상자원부장관은 발전차액을 지원받은 신·재생에너지 발전사업자가 다음의 어느 하나에 해당하면 산업통상자원부령으로 정하는 바에 따라 경고를 하거나 시정을 명하고, 그 시정명령에 따르지 아니하는 경우에는 발전차액의 지원을 중단할 수 있다.

> 1. 거짓이나 부정한 방법으로 발전차액을 지원받은 경우
> 2. 자료요구에 따르지 아니하거나 거짓으로 자료를 제출한 경우

② 산업통상자원부장관은 발전차액을 지원받은 신·재생에너지 발전사업자가 산업통상자원부령으로 정하는 바에 따라 그 발전차액을 환수(還收)할 수 있다. 이 경우 산업통상자원부장관은 발전차액을 반환할 자가 30일 이내에 이를 반환하지 아니하면 국세 체납처분의 예에 따라 징수할 수 있다.

10. 재정 신청

신·재생에너지 발전사업자는 신·재생에너지 발전에 의하여 생산된 전기를 송전용 또는 배전용 설비를 통하여 「전기사업법」 제35조에 따른 한국전력거래소 또는 전기사용자에게 공급하는 경우 같은 법 제2조제6호에 따른 송전사업자 또는 같은 조 제8호에 따른 배전사업자와 협의가 이루어지지 아니하거나 협의를 할 수 없을 때에는 같은 법 제53조에 따른 전기위원회에 재정(裁定)을 신청할 수 있다.

11. 국제표준화

① 산업통상자원부장관은 국내에서 개발되었거나 개발 중인 신·재생에너지 관련 기술이 「국가표준기본법」 제3조제2호에 따른 국제표준에 부합되도록 하기 위하여 설비인증기관에 대하여 표준화기반 구축, 국제활동 등에 필요한 지원을 할 수 있다.
② 지원 범위 등에 관하여 필요한 사항은 대통령령으로 정한다.

12. 공용화

① 산업통상자원부장관은 신·재생에너지 설비 및 그 부품의 호환성(互換性)을 높이기 위하여 그 설비 및 부품을 산업통상자원부장관이 정하여 고시하는 바에 따라 공용화 품목으로 지정하여 운영할 수 있다.
② 다음의 어느 하나에 해당하는 자는 신·재생에너지 설비 및 그 부품 중 공용화가 필요한 품목을 공용화 품목으로 지정하여 줄 것을 산업통상자원부장관에게 요청할 수 있다.
  1. 신·재생에너지센터
  2. 그 밖에 산업통상자원부령으로 정하는 기관 또는 단체
③ 산업통상자원부장관은 신·재생에너지 설비 및 그 부품의 공용화를 효율적으로 추진하기 위하여 필요한 지원을 할 수 있다.
④ 공용화 품목의 지정·운영, 지정 요청, 지원기준 등에 관하여 필요한 사항은 대통령령으로 정한다.

13. 전문설치기업의 신고

① 신·재생에너지 설비의 설치를 전문으로 하려는 자는 자본금·기술인력 등 대통령령으로 정하는 신고기준 및 절차에 따라 산업통상자원부장관에게 신고할 수 있다.

② 산업통상자원부장관은 신고한 신·재생에너지 설비 설치전문기업(이하 "신·재생에너지전문기업"이라 한다)에 산업통상자원부령으로 정하는 바에 따라 지체 없이 신고증명서를 발급하여야 한다.

③ 산업통상자원부장관은 보급사업을 위하여 필요하다고 인정하면 신·재생에너지 설비의 설치 및 보수에 드는 비용의 일부를 지원하는 등 신·재생에너지전문기업에 대통령령으로 정하는 바에 따라 필요한 지원을 할 수 있다.

14. 연료 혼합의무

① 산업통상자원부장관은 신·재생에너지의 이용·보급을 촉진하고 신·재생에너지 산업의 활성화를 위하여 필요하다고 인정하는 경우 대통령령으로 정하는 바에 따라 「석유 및 석유대체연료 사업법」 제2조에 따른 석유정제업자 또는 석유수출입업자(이하 "혼합의무자"라 한다)에게 일정 비율(이하 "혼합의무비율"이라 한다) 이상의 신·재생에너지 연료를 수송용 연료에 혼합하게 할 수 있다.

② 산업통상자원부장관은 혼합의무의 이행 여부를 확인하기 위하여 혼합의무자에게 대통령령으로 정하는 바에 따라 필요한 자료의 제출을 요구할 수 있다.

15. 과징금

① 산업통상자원부장관은 혼합의무자가 혼합의무비율을 충족시키지 못한 경우에는 대통령령으로 정하는 바에 따라 그 부족분에 해당 연도 평균거래가격의 100분의 150을 곱한 금액의 범위에서 과징금을 부과할 수 있다.

② 산업통상자원부장관은 과징금을 납부하여야 할 자가 납부기한까지 그 과징금을 납부하지 아니한 때에는 국세 체납처분의 예에 따라 징수한다.

③ 징수한 과징금은 「에너지및자원사업특별회계법」 에 따른 에너지및자원사업특별회계의 재원으로 귀속된다.

CHAPTER
05
관리기관

1. 관리기관 지정

① 산업통상자원부장관은 혼합의무자의 혼합의무비율 이행을 효율적으로 관리하기 위하여 다음의 어느 하나에 해당하는 자를 혼합의무 관리기관(이하 "관리기관"이라 한다)으로 지정할 수 있다.

㉠ 신·재생에너지센터

㉡「석유 및 석유대체연료 사업법」제25조의2에 따른 한국석유관리원

② 관리기관으로 지정받으려는 자는 산업통상자원부장관에게 지정을 신청하여야 한다.

③ 관리기관의 신청 및 지정 기준·방법 및 절차, 그 밖에 필요한 사항은 산업통상자원부령으로 정한다.

2. 관리기관 업무

① 지정된 관리기관은 다음의 업무를 수행한다.

> 1. 혼합의무 이행실적의 집계 및 검증
> 2. 의무이행 관련 정보의 수집 및 관리
> 3. 그 밖에 혼합의무의 이행과 관련하여 산업통상자원부장관이 필요하다고 인정하는 업무

② 관리기관은 업무를 수행하기 위하여 필요한 기준(이하 "혼합의무 관리기준"이라 한다)을 정하여 산업통상자원부장관의 승인을 받아야 한다. 승인받은 혼합의무 관리기준을 변경하는 경우에도 또한 같다.

③ 산업통상자원부장관은 관리기관에 혼합의무 관리에 관한 계획, 실적 및 정보에 관한 보고를 명하거나 자료의 제출을 요구할 수 있다.

④ 관리기관의 보고, 자료제출 및 그 밖에 혼합의무 운영에 필요한 사항은 산업통상자원부령으로 정한다.

⑤ 산업통상자원부장관은 관리기관이 다음의 어느 하나에 해당하는 경우에는 기간을 정하여 시정을 명할 수 있다.

> 1. 혼합의무 관리기준을 준수하지 아니한 경우
> 2. 보고 또는 자료제출을 하지 아니하거나 거짓으로 보고 또는 자료제출을 한 경우

3. 지정 취소　　★출제Point 취소와 반드시 취소 정리

① 산업통상자원부장관은 관리기관이 다음의 어느 하나에 해당하는 경우에는 그 지정을 취소하거나 1년 이내의 기간을 정하여 업무의 전부 또는 일부의 정지를 명할 수 있다. 다만 제1호 또는 제2호에 해당하는 경우에는 그 지정을 취소하여야 한다.

> 1. 거짓이나 그 밖의 부정한 방법으로 관리기관 지정을 받은 경우
> 2. 업무정지 기간에 관리업무를 계속한 경우
> 3. 제23조의4에 따른 지정기준에 부적합하게 된 경우
> 4. 제23조의5제5항에 따른 시정명령을 이행하지 아니한 경우

② 산업통상자원부장관은 관리기관이 업무정지를 명하여야 하는 경우로서 그 업무의 정지가 그 이용자 등에게 심한 불편을 주거나 그 밖에 공익을 해칠 우려가 있으면 그 업무정지 처분을 갈음하여 5천만원 이하의 과징금을 부과할 수 있다.

③ 과징금을 부과하는 위반행위의 종별·정도 등에 따른 과징금의 금액과 그 밖에 필요한 사항은 대통령령으로 정한다.

④ 산업통상자원부장관은 과징금을 납부하여야 할 자가 납부기한까지 그 과징금을 납부하지 아니한 때에는 국세 체납처분의 예에 따라 징수한다.

⑤ 지정 취소, 업무정지의 기준 및 절차, 그 밖에 필요한 사항은 산업통상자원부령으로 정한다.

4. 청 문

산업통상자원부장관은 다음에 해당하는 처분을 하려면 청문을 하여야 한다.

> 1. 공급인증기관의 지정 취소
> 2. 성능검사기관의 지정 취소
> 3. 관리기관의 지정 취소

5. 통계의 작성

① 산업통상자원부장관은 기본계획 및 실행계획 등 신·재생에너지 관련 시책을 효과적으로 수립·시행하기 위하여 필요한 국내외 신·재생에너지의 수요·공급에 관한 통계자료를 조사·작성·분석 및 관리할 수 있으며, 이를 위하여 필요한 자료와 정보를 제11조제1항에 따른 기관이나 신·재생에너지 설비의 생산자·설치자·사용자에게 요구할 수 있다.

② 산업통상자원부장관은 산업통상자원부령으로 정하는 바에 따라 전문성이 있는 기관을 지정하여 통계의 조사·작성·분석 및 관리에 관한 업무의 전부 또는 일부를 하게 할 수 있다.

6. 임 대

① 국가 또는 지방자치단체는 신·재생에너지 기술개발 및 이용·보급에 관한 사업을 위하여 필요하다고 인정하면 「국유재산법」 또는 「공유재산 및 물품 관리법」에도 불구하고 수의계약(隨意契約)에 따라 국유재산 또는 공유재산을 신·재생에너지 기술개발 및 이용·보급에 관한 사업을 하는 자에게 대부계약의 체결 또는 사용허가(이하 "임대"라 한다)를 하거나 처분할 수 있다.

② 국가 또는 지방자치단체가 제1항에 따라 국유재산 또는 공유재산을 임대하는 경우에는 「국유재산법」 또는 「공유재산 및 물품 관리법」에도 불구하고 자진철거 및 철거비용의

공탁을 조건으로 영구시설물을 축조하게 할 수 있다. 다만, 공유재산에 영구시설물을 축조하려면 조례로 정하는 절차에 따라 지방의회의 동의를 받아야 한다.

③ 국유재산 및 공유재산의 임대기간은 10년 이내로 하되, 국유재산은 종전의 임대기간을 초과하지 아니하는 범위에서 갱신할 수 있고, 공유재산은 지방자치단체의 장이 필요하다고 인정하는 경우 1회에 한하여 10년 이내의 기간에서 연장할 수 있다.

④ 국유재산 또는 공유재산을 임차하거나 취득한 자가 임대일 또는 취득일부터 2년 이내에 해당 재산에서 신·재생에너지 기술개발 및 이용·보급에 관한 사업을 시행하지 아니하는 경우에는 대부계약 또는 사용허가를 취소하거나 환매할 수 있다.

⑤ 지방자치단체가 제1항에 따라 공유재산을 임대하는 경우에는 「공유재산 및 물품 관리법」에도 불구하고 임대료를 100분의 50의 범위에서 경감할 수 있다.

7. 보급사업

① 산업통상자원부장관은 신·재생에너지의 이용·보급을 촉진하기 위하여 필요하다고 인정하면 대통령령으로 정하는 바에 따라 다음의 보급사업을 할 수 있다.

> 1. 신기술의 적용사업 및 시범사업
> 2. 환경친화적 신·재생에너지 집적화단지(集積化團地) 및 시범단지 조성사업
> 3. 지방자치단체와 연계한 보급사업
> 4. 실용화된 신·재생에너지 설비의 보급을 지원하는 사업
> 5. 그 밖에 신·재생에너지 기술의 이용·보급을 촉진하기 위하여 필요한 사업으로서 산업통상자원부장관이 정하는 사업

★출제Point 보급사업 5 숙지

② 산업통상자원부장관은 개발된 신·재생에너지 설비가 설비인증을 받거나 신·재생에너지 기술의 국제표준화 또는 신·재생에너지 설비와 그 부품의 공용화가 이루어진 경우에는 우선적으로 보급사업을 추진할 수 있다.

③ 관계 중앙행정기관의 장은 환경 개선과 신·재생에너지의 보급 촉진을 위하여 필요한 협조를 할 수 있다.

8. 사업화

① 산업통상자원부장관은 자체 개발한 기술이나 사업비를 받아 개발한 기술의 사업화를 촉진시킬 필요가 있다고 인정하면 다음의 지원을 할 수 있다.

> 1. 시험제품 제작 및 설비투자에 드는 자금의 융자
> 2. 신·재생에너지 기술의 개발사업을 하여 정부가 취득한 산업재산권의 무상 양도
> 3. 개발된 신·재생에너지 기술의 교육 및 홍보
> 4. 그 밖에 개발된 신·재생에너지 기술을 사업화하기 위하여 필요하다고 인정하여 산업통상자원부장관이 정하는 지원사업

② 지원의 대상, 범위, 조건 및 절차, 그 밖에 필요한 사항은 산업통상자원부령으로 정한다.

9. 재정상 조치

정부는 권고를 받거나 의무를 준수하여야 하는 자, 신·재생에너지 기술개발 및 이용·보급을 하고 있는 자 또는 설비인증을 받은 자에 대하여 필요한 경우 금융상·세제상의 지원대책이나 그 밖에 필요한 지원대책을 마련하여야 한다.

10. 교육 및 홍보

① 정부는 교육·홍보 등을 통하여 신·재생에너지의 기술개발 및 이용·보급에 관한 국민의 이해와 협력을 구하도록 노력하여야 한다.
② 산업통상자원부장관은 신·재생에너지 분야 전문인력의 양성을 위하여 신·재생에너지 분야 특성화대학 및 핵심기술연구센터를 지정하여 육성·지원할 수 있다.

11. 공제조합

① 신·재생에너지 발전사업자, 신·재생에너지 연료사업자, 신·재생에너지 전문기업, 신·재생에너지 설비의 제조·수입 및 판매 등의 사업을 영위하는 자(이하 "신·재생에너지사업자"라

한다)는 신·재생에너지의 기술개발 및 이용·보급에 필요한 사업(이하 "신·재생에너지사업"이라 한다)을 원활히 수행하기 위하여 「엔지니어링산업 진흥법」 제34조에 따른 공제조합의 조합원으로 가입할 수 있다.

② 공제조합은 다음의 사업을 실시할 수 있다.

> 1. 신·재생에너지사업에 따른 채무 또는 의무 이행에 필요한 공제, 보증 및 자금의 융자
> 2. 신·재생에너지사업의 수출에 따른 공제 및 주거래은행의 설정에 관한 보증
> 3. 신·재생에너지사업의 대가로 받은 어음의 할인
> 4. 신·재생에너지사업에 필요한 기자재의 공동구매·조달 알선 또는 공동위탁판매
> 5. 조합원 및 조합원에게 고용된 자의 복지 향상을 위한 공제사업
> 6. 조합원의 정보처리 및 컴퓨터 운용과 관련된 서비스 제공
> 7. 조합원이 공동으로 이용하는 시설의 설치, 운영, 그 밖에 조합원의 편익 증진을 위한 사업
> 8. 그 밖에 사업에 부대되는 사업으로서 정관으로 정하는 공제사업

③ 공제규정, 공제규정으로 정할 내용, 공제사업의 절차 및 운영 방법에 필요한 사항은 대통령령으로 정한다.

12. 신·재생에너지센터 ★출제Point 신재생에너지 센터사업 18가지 숙지

① 산업통상자원부장관은 신·재생에너지의 이용 및 보급을 전문적이고 효율적으로 추진하기 위하여 대통령령으로 정하는 에너지 관련 기관에 신·재생에너지센터(이하 "센터"라 한다)를 두어 신·재생에너지 분야에 관한 다음의 사업을 하게 할 수 있다.

1. 신·재생에너지의 기술개발 및 이용·보급사업의 실시자에 대한 지원·관리
2. 신·재생에너지 이용의무의 이행에 관한 지원·관리
3. 건축물인증에 관한 지원·관리 [시행일 2011.4.13]
4. 신·재생에너지 공급의무의 이행에 관한 지원·관리
5. 공급인증기관의 업무에 관한 지원·관리 [시행일 2012.1.1]
6. 설비인증에 관한 지원·관리
7. 이미 보급된 신·재생에너지 설비에 대한 기술지원
8. 신·재생에너지 기술의 국제표준화에 대한 지원·관리
9. 신·재생에너지 설비 및 그 부품의 공용화에 관한 지원·관리

10. 신·재생에너지전문기업에 대한 지원·관리

11. 신·재생에너지 연료 혼합의무의 이행에 관한 지원·관리

12. 통계관리

13. 신·재생에너지 보급사업의 지원·관리

14. 신·재생에너지 기술의 사업화에 관한 지원·관리

15. 교육·홍보 및 전문인력 양성에 관한 지원·관리

16. 국내외 조사·연구 및 국제협력 사업

17. 사업에 딸린 사업

18. 그 밖에 신·재생에너지의 이용·보급 촉진을 위하여 필요한 사업으로서 산업통상자원 부장관이 위탁하는 사업

② 산업통상자원부장관은 센터가 사업을 하는 경우 자금 출연이나 그 밖에 필요한 지원을 할 수 있다.

③ 센터의 조직·인력·예산 및 운영에 관하여 필요한 사항은 산업통상자원부령으로 정한다.

13. 위임·위탁

① 이 법에 따른 산업통상자원부장관의 권한은 그 일부를 대통령령으로 정하는 바에 따라 소 속 기관의 장, 특별시장·광역시장·도지사 또는 특별자치도지사(이하 "시·도지사"라 한다) 에게 위임할 수 있다.

② 이 법에 따른 산업통상자원부장관 또는 시·도지사의 업무는 그 일부를 대통령령으로 정 하는 바에 따라 센터 또는 「에너지법」 제13조에 따른 한국에너지기술평가원에 위탁할 수 있다.

14. 벌칙 의제

다음에 해당하는 사람은 「형법」 제129조부터 제132조까지의 규정을 적용할 때에는 공무원 으로 본다.

1. 건축물인증 업무에 종사하는 건축물인증기관의 임직원

2. 공급인증서의 발급·거래 업무에 종사하는 공급인증기관의 임직원

3. 설비인증 업무에 종사하는 설비인증기관의 임직원

4. 성능검사 업무에 종사하는 성능검사기관의 임직원

5. 신·재생에너지 연료 품질검사 업무에 종사하는 품질검사기관의 임직원

6. 혼합의무비율 이행을 효율적으로 관리하는 업무에 종사하는 관리기관의 임직원

15. 벌 칙

① 거짓이나 부정한 방법으로 발전차액을 지원받은 자와 그 사실을 알면서 발전차액을 지급한 자는 3년 이하의 징역 또는 지원받은 금액의 3배 이하에 상당하는 벌금에 처한다.

② 거짓이나 부정한 방법으로 공급인증서를 발급받은 자와 그 사실을 알면서 공급인증서를 발급한 자는 3년 이하의 징역 또는 3천만원 이하의 벌금에 처한다.

③ 공급인증기관이 개설한 거래시장 외에서 공급인증서를 거래한 자는 2년 이하의 징역 또는 2천만원 이하의 벌금에 처한다.

④ 법인의 대표자나 법인 또는 개인의 대리인, 사용인, 그 밖의 종업원이 그 법인 또는 개인의 업무에 관하여 위반행위를 하면 그 행위자를 벌하는 외에 그 법인 또는 개인에게도 해당 조문의 벌금형을 과(科)한다. 다만, 법인 또는 개인이 그 위반행위를 방지하기 위하여 해당 업무에 관하여 상당한 주의와 감독을 게을리하지 아니한 경우에는 그러하지 아니하다.

16. 과태료

① 다음의 어느 하나에 해당하는 자에게는 1천만원 이하의 과태료를 부과한다.

1. 거짓이나 부정한 방법으로 설비인증을 받은 자

2. 건축물인증기관으로부터 건축물인증을 받지 아니하고 건축물인증의 표시 또는 이와 유사한 표시를 하거나 건축물인증을 받은 것으로 홍보한 자

3. 설비인증기관으로부터 설비인증을 받지 아니하고 설비인증의 표시 또는 이와 유사한 표시를 하거나 설비인증을 받은 것으로 홍보한 자

4. 보험 또는 공제에 가입하지 아니한 자

② 과태료는 대통령령으로 정하는 바에 따라 산업통상자원부장관이 부과·징수한다.

개정 법률

■■■ 신에너지 및 재생에너지 개발·이용·보급 촉진법 시행령 ■■■

[시행 2014.01.01] [대통령령 제25050호, 2013.12.30, 타법개정]

【제·개정문】

⊙ 대통령령 제25050호(2013.12.30)

행정규제기본법 개정에 따른 규제 재검토기한 설정을 위한 주택법 시행령 등 일부개정령

제1조부터 제143조까지 생략

제144조(「신에너지 및 재생에너지 개발·이용·보급 촉진법 시행령」의 개정) 신에너지 및 재생에너지 개발·이용·보급 촉진법 시행령 일부를 다음과 같이 개정한다.

제30조의2를 다음과 같이 신설한다.

제30조의2(규제의 재검토) 산업통상자원부장관은 제25조 및 별표 7에 따른 신·재생에너지설비 설치전문기업의 신고기준 및 절차에 대하여 2014년 1월 1일을 기준으로 3년마다(매 3년이 되는 해의 1월 1일 전까지를 말한다) 그 타당성을 검토하여 개선 등의 조치를 하여야 한다.

제145조부터 제259조까지 생략

부 칙

이 영은 2014년 1월 1일부터 시행한다. 〈단서 생략〉

PART 02

저탄소 녹색성장 기본법

CHAPTER

01

총 칙

▪■▪ 저탄소 녹색성장 기본법 일부개정법률안 ■▪■

(김제남의원 대표발의)

발의연월일 : 2013. 12. 11.

발 의 자 : 김제남·심상정·강동원·박원석·정진후·서기호·조경태·우윤근·전순옥·이
낙연·부좌현 의원(11인)

제안이유 및 주요내용

　2008년부터 시행된 제1차 국가에너지기본계획에 이어 5년 단위의 제2차 국가에너지기본
계획이 올 12월 말까지 수립되어 시행될 예정임.

　국가에너지기본계획은 국가와 국민생활에 중대한 영향을 미치는 우리나라 에너지정책
의 근간으로서, 주민·산업계·노동계 등 다양한 이해관계인들이 관련되어 있어 계획의 수
립·변경 시 실질적이고 공정한 의견수렴 절차를 거치는 것이 필수적임. 그러나 최근 제2차
국가에너지기본계획의 수립 과정에서 이러한 절차가 제대로 이루어지지 않고 있어 논란이
되고 있음.

　이에 에너지기본계획을 수립·변경하는 경우에는 공청회를 의무적으로 열어 이해관계인
의 의견을 듣도록 하고 타당한 의견은 이를 반영하도록 함으로써 국가에너지기본계획의
절차적 공정성을 높이려는 것임(안 제41조제3항부터 제5항까지 신설).

■■■ 저탄소 녹색성장 기본법의 입법취지 ■■■

세계는 현재 화석연료 사용에 의해 야기된 지구온난화가 야기하는 기후변화, 물 부족, 식량부족, 에너지 위기라는 인류생존에 직결된 위협에 직면해 있다. 2007년 하반기부터 꿈틀거리던 유가 등 국제원자재 가격은 투기자본까지 몰리면서 2008년 여름에는 유가가 150불대에 근접하는 수준으로 급상승하였다. 유가상승은 철광석·곡물 등 여타자원의 가격을 동반상승 시켰고 종국에는 미 주택시장의 경색과 맞물리면서 1930년대의 대공황 이후 유례없는 국제 경제위기를 초래하였다.

각국은 이 위기에 대응하기 위해 국제경제 회복과 기후변화·에너지 문제 대응을 국정의 우선과제로 설정하고, 태양광·풍력·LED·2차 전지·전기차 개발 등에 박차를 가하는 한편 영국처럼 에너지기후변화부를 신설하는 등 관련 정부조직 개편과 법률 제·개정을 적극 추진하고 있다.

선진 각국의 입법동향을 살펴보면, 영국은 세계 최초로 2050년에 80%, 2020년에 26%라는 국가 온실가스 감축목표를 법에 명시하고 탄소 예산(carbon budget)을 도입하는 내용의 기후변화법(Climate Change Act)을 2008년 11월 제정하였고 이와 함께 에너지법(Energy Bill)의 개정도 추진 중에 있다.

프랑스는 2020년 까지 유럽 내에서 가장 효율적인 저탄소 경제체제를 구축하기 위해 에너지·기후·건물·녹색소비·생물다양성·지속가능발전 등의 영역을 포괄하는 그르넬 환경법 Ⅰ을 금년 초에 제정하였다.

유럽연합은 2020년에 온실가스 배출량 감축, 재생에너지 확대, 에너지 이용효율 향상 이라는 3대 목표를 각각 20%씩으로 하는 20-20-20 기후에너지 통합법(Climate and Energy Package 2008)을 2008년 12월 제정하였고, 호주는 2007년 9월 국가 온실가스·에너지 보고 의무법(National Greenhouse and Energy Reporting Act)을 제정한데 이어, 2010년 7월부터 총량제한 배출권거래제를 실시하는 등의 내용을 담은 "탄소오염 감축방안 법안"(Carbon Pollution Reduction Scheme Bill)을 2009년 3월 10일 발표하였다.

일본은 1997년 지구온난화 대책추진에 관한 법률을 제정한 이래 3차례의 법 개정을 단행하였으며, 금년에 출범한 하토야마 정부는 온실가스를 1990년 대비 25%를 감축하겠다는 담대한 계획을 국제사회에 공표하고, 총량제한 배출권거래제, 탄소세 도입 등을 내용으로 하는 지구온난화대책법 제정을 추진 중에 있다.

미국의 경우 하원 에너지상무위원회는 2009년 5월 21일에 "청정에너지 안보법(Waxman-Markey법)"을 찬성 33표, 반대 25표로 통과시켰다. 동법은 미국의 중장기 온실가스 감축수준 설정, 재생에너지 생산목표, 배출권 할당에 의한 총량제한 배출권거래제(cap & trade)의 도입, 미국 기업의 경쟁력 보호조치 및 국경조치 발동기준 도입 등을 주요내용으로 하는 바, 이는 미국의 에너지·기후변화대응 정책기조 강화의 신호이면서 Post-2012 협상에서 미국의 주도적 역할을 위한 자국 내 법적 토대 마련 추진이라는 데 그 의미가 있다. 아울러 금년 9월 30일에는 미 상원에 "청정에너지 일자리와 미 국력법(Boxer-Kerry법안)"이 제안 되었는데 빠르면 연내, 늦어도 내년 상반기에는 입법화 될 전망이다.

이런 국내·외적인 상황 하에서 우리나라가 기후변화 문제에 적극 대응하고 배럴당 150불선까지 육박했던 초고유가라는 세계적 에너지 위기를 돌파하여 선진화의 문턱을 뛰어넘기 위해서는 창의적인 발상과 대담한 결단이 필요하다는 인식 아래, 이명박 대통령은 2008년 8.15 경축사에서 "저탄소 녹색성장"을 새로운 국가비전으로 제시하여 新국가발전전략으로서 추진하기 시작하였다.

정부는 세계 각국과 발맞춰 국제사회에 우리의 정책의지와 행동을 표명하고 저탄소 녹색성장의 효율적·체계적 추진을 법적으로 뒷받침하기 위해 2009년 2월말 저탄소 녹색성장기본법(안)을 국회에 제출하였다. 기본법의 정책적·법적 의미는 다양하게 해석될 수 있는데, 첫째, 이 법안은 기후변화·에너지 문제 대응에 그치는 것이 아니라 기존의 요소투입형 경제발전방식과 경제와 환경의 부조화를 뛰어넘으려는 "새로운 국가 발전전략에 관한 법"이라 할 수 있다. 그동안 영국·일본 등 선진국들이 2050년을 목표로 저탄소 사회(low carbon society) 구축을 위해 지속가능발전을 강조했다면, 우리나라의 경우 저탄소 사회 구축과 함께 신성장 동력을 창출하여 갈수록 낮아지고 있는 잠재성장률을 높여 한 차원 높은 국가발전을 도모하고 성숙한 세계국가로서 국격과 국제적 위상을 제고하는 하이브리드형 전략을 추구하려는 것이다.

둘째, 기후변화·에너지·환경문제뿐만 아니라 녹색기술과 R&D, 녹색산업구조로의 전환 및 발전, 녹색국토·도시·건물·교통 등 저탄소 녹색성장에 관한 내용을 포괄적으로 규정하고 있는 "종합법이자 경제산업발전 지원법"라는 점이며, 이점 프랑스의 그르넬법과 차별되는 주요한 특성이라 하지 않을 수 없다.

셋째, 저탄소 녹색성장 추진과 관련해서는 "상위 규범적인 성격을 지니는 기본법"이다. 즉, 저탄소 녹색성장을 국정의 핵심의제로 설정하여, 에너지·지속가능발전 등 관련 타법에 우선하여 적용하고, 타법의 제·개정 시에는 이 법의 목적과 원칙에 부합토록 하는 한편, 다른 법령에 따라 수립하는 행정계획과 정책도 저탄소 녹색성장 국가전략과 조화토록 하였다.

넷째, 기후변화·에너지·지속가능발전법의 주요내용을 포괄하는 "기능적 통합법"이다. 현행 에너지기본법, 지속가능발전기본법과 2008년 정부안으로 제정 추진 중이었던 기후변화대책기본법안의 내용을 단순히 물리적으로 통합하는 것을 지양하고, 관련법의 핵심내용은 통합하되 기존의 에너지기본법과 지속가능발전기본법은 폐지하지 않고 '관리법' 형태로 위상을 조정해 기능적 통합을 추진하였다.

다섯째, 목표관리·점검·평가 등의 개념을 강조한 "목표관리형 성과관리법"이다. 종전 분리되어 수립·시행되고 있었던 기후변화와 에너지 대책을 하나의 법체계 내에서 유기적으로 연계되도록 하였고, 핵심목표(온실가스 감축, 에너지 이용효율과 절약, 신재생에너지 이용, 철도수송 분담률, 대중교통 보급도 등)들을 설정하고, 목표의 효율적 달성을 위해 추진상황을 주기적으로 점검·평가하는 경영학적 관리방식을 도입하였다.

여섯째, "국제기준을 반영한 법"이다. 지구온난화 방지를 위한 기후변화대응 규제는 비록 단기적으로는 기업에게 부담이 되는 면이 없지 않으나, 무엇보다도 기업의 불확실성을 제거하고, 새로운 시장을 창출하며 기술혁신을 유도함으로써 중장기적으로는 기업 자신에게 이익이 될 수 있다. 온실가스 의무 보고제, 인벤토리 구축, 총량제한 배출권 거래제 실시근거 등 관련 인프라를 구축·조성하는 한편, 제반 제도를 설계하고 법적으로 규율함에 있어 UN·EU 등 국제사회에서 요구하고 있는 국제기준(global standard)을 특히 고려하였다.

일곱째, "현실성과 유연성을 고려한 법"이다. 기후변화로 인한 물부족에 대비하기 위한 지속가능한 물관리 필요성 등을 규정하고, 총량제한배출권거래제의 도입근거를 마련하면서도 그 도입을 재량사항으로 규정하고 여타 국제적으로 인정되는 거래방식도 수용하는 한편, 세부내용은 따로 법률로 정하도록 하여 법률유보원칙을 준수하면서 정책의 합리성·타당성 및 유연성이 확보될 수 있도록 하였다.

여덟째, 기업과 소비자의 변화를 유도하기 위한 "신호(signal)를 보내는 법"이다. 녹색경영성과의 공개, 환경친화적 세제운영 방향을 제시하고, 자동차 온실가스 규제, 녹색 라벨링(labeling) 제도 등을 규정함으로써 기업의 생산과 국민들의 소비패턴을 고효율·저탄소, 자원절약형으로 유도될 수 있도록 하였다.

우리나라는 에너지부문 CO_2배출량이 세계 9위이고 1990년 대비 온실가스 배출증가율이 세계 1위 국가이다. 에너지 사용량이 지나치게 급격히 증가해 에너지소비가 세계 10위국으로서 총에너지의 97%를 해외수입에 의존하고 있고, 2008년 에너지수입액은 1,415억불로서 전체 수입액의 32.6%를 차지하고 있다. 자동차·반도체 등의 수출액을 상회하는 엄청난 규모이다. 국제경제위기 유가는 40달러 이하까지 떨어졌으나 1년도 채 지나지 않은 지금 80달러 선으로 2배이상 오른 상태이며, 본격적으로 국제경제가 회복되면 원유 등 자원의 급격한 가격상승이 예상되어 향후 무역수지 흑자여부와 규모가 상당부분 이에 좌우되는 등 국가경제발전이 발목이 잡힐 수 있는 상황이다.

그간 우리나라는 에너지, 지속가능발전 등 저탄소 녹색성장 관련법들이 있었으나 유기적으로 연계되지 못하고 개별적으로 시행됨에 따라 정책적 연계부족과 시너지 효과를 내는데 어려움이 있었으며, 특히 기후변화대응을 위한 입법이 1999년부터 의원발의 8회, 정부제안 2회 등 10회의 기후변화대책기본법 제정이 시도되었으나 시기상조·산업계의 우려 등의 이유로 입법이 되지 못하였다.

여러 차례의 시도에도 불구하고 10년간 법제정이 이뤄지지 않다 보니 온실가스 감축 및 에너지 대책을 종합적·체계적으로 추진하지 못하였고, 2013년 이후 세계 온실가스 감축 프레임 워크를 결정할 Post-교토체제 발족을 위해 금년 12월 덴마크의 코펜하겐에서 UN 기후변화 당사국총회가 열리는데 우리나라는 2013년부터는 어떠한 형태로던 감축부담이 불가피한 상황인 바, 조속히 저탄소 녹색성장기본법을 제정하고 시행령 등 관련 하위법령을 제·개정하며, 각 부처에 산재된 많은 저탄소 녹색성장관련 법제들을 횡적·종적·시계열적으로 분석해 체계화하는 작업이 시급한 상황이다.

특히, 기후변화·에너지, 저탄소 녹색성장 문제는 범세계적 최우선 현안이다 보니 국제협상이 거의 매달 개최되어 협상문으로 반영되고 있고, 관련 법제가 하루가 다르게 시시각각으로 변화하고 진화되고 있어 선진 각국의 입법례를 분석·연구하는 '법제연구정보지원시스템' 구축이 시급하고, 시대에 뒤떨어진 관련 법령의 내용들을 국제기준에 맞도록 선진화하는 작업 또한 대단히 중요하다.

저탄소 녹색성장기본법은 정치나 정파와 관련이 없는 중도의 법이고 국경을 초월하는 법이다. 현 세대를 위해서 뿐만 아니라 우리의 후손, 미래세대를 위한 법이라 아니할 수 없다. 세계가 속도전을 벌이고 있다. 승자 독식(winner takes it all)의 장이 펼쳐지고 있다. 하루가 시급하고 아까운 상황이다.

1. 목 적

이 법은 경제와 환경의 조화로운 발전을 위하여 저탄소 녹색성장에 필요한 기반을 조성하고 녹색기술과 녹색산업을 새로운 성장동력으로 활용함으로써 국민경제의 발전을 도모하며 저탄소사회 구현을 통하여 국민의 삶의 질을 높이고 국제사회에서 책임을 다하는 성숙한 선진 인류국가로 도약하는 데 이바지함을 목적으로 하고 있다. 저탄소 녹색성장 기본법의 체계는 총칙, 저탄소 녹색성장 국가전략, 녹색성장위원회, 저탄소 녹색성장의 추진, 저탄소 사회의 구현, 녹색생활 및 지속가능발전의 실현, 보칙 등 제7장 제64조와 부칙으로 구성되어 있다. 저탄소 녹색성장기본법(2010. 1. 13. 법률 제9931호)을 제정하고, 이 법은 2010년 4월 14일부터 시행되고 있다.

2. 정 의

이 법에서 사용하는 용어의 뜻은 다음과 같다.

① "저탄소"란 화석연료(化石燃料)에 대한 의존도를 낮추고 청정에너지의 사용 및 보급을 확대하며 녹색기술 연구개발, 탄소흡수원 확충 등을 통하여 온실가스를 적정수준 이하로 줄이는 것을 말한다.

② "녹색성장"이란 에너지와 자원을 절약하고 효율적으로 사용하여 기후변화와 환경훼손을 줄이고 청정에너지와 녹색기술의 연구개발을 통하여 새로운 성장동력을 확보하며 새로운 일자리를 창출해 나가는 등 경제와 환경이 조화를 이루는 성장을 말한다.

③ "녹색기술"이란 온실가스 감축기술, 에너지 이용 효율화 기술, 청정생산기술, 청정에너지 기술, 자원순환 및 친환경 기술(관련 융합기술을 포함한다) 등 사회·경제 활동의 전 과정에 걸쳐 에너지와 자원을 절약하고 효율적으로 사용하여 온실가스 및 오염물질의 배출을 최소화하는 기술을 말한다.

④ "녹색산업"이란 경제·금융·건설·교통물류·농림수산·관광 등 경제활동 전반에 걸쳐 에너지와 자원의 효율을 높이고 환경을 개선할 수 있는 재화(財貨)의 생산 및 서비스의 제공 등을 통하여 저탄소 녹색성장을 이루기 위한 모든 산업을 말한다.

⑤ "녹색제품"이란 에너지·자원의 투입과 온실가스 및 오염물질의 발생을 최소화하는 제품을 말한다.

⑥ "녹색생활"이란 기후변화의 심각성을 인식하고 일상생활에서 에너지를 절약하여 온실가스와 오염물질의 발생을 최소화하는 생활을 말한다.

⑦ "녹색경영"이란 기업이 경영활동에서 자원과 에너지를 절약하고 효율적으로 이용하며 온실가스 배출 및 환경오염의 발생을 최소화하면서 사회적, 윤리적 책임을 다하는 경영을 말한다.

⑧ "지속가능발전"이란 「지속가능발전법」 제2조제2호에 따른 지속가능발전을 말한다.

⑨ "온실가스"란 이산화탄소(CO_2), 메탄(CH_4), 아산화질소(N_2O), 수소불화탄소(HFCs), 과불화탄소(PFCs), 육불화황(SF_6) 및 그 밖에 대통령령으로 정하는 것으로 적외선 복사열을 흡수하거나 재방출하여 온실효과를 유발하는 대기 중의 가스 상태의 물질을 말한다.

⑩ "온실가스 배출"이란 사람의 활동에 수반하여 발생하는 온실가스를 대기 중에 배출·방출 또는 누출시키는 직접배출과 다른 사람으로부터 공급된 전기 또는 열(연료 또는 전기를 열원으로 하는 것만 해당한다)을 사용함으로써 온실가스가 배출되도록 하는 간접배출을 말한다.

⑪ "지구온난화"란 사람의 활동에 수반하여 발생하는 온실가스가 대기 중에 축적되어 온실가스 농도를 증가시킴으로써 지구 전체적으로 지표 및 대기의 온도가 추가적으로 상승하는 현상을 말한다.

⑫ "기후변화"란 사람의 활동으로 인하여 온실가스의 농도가 변함으로써 상당 기간 관찰되어 온 자연적인 기후변동에 추가적으로 일어나는 기후체계의 변화를 말한다.

⑬ "자원순환"이란 「자원의 절약과 재활용촉진에 관한 법률」 제2조제1호에 따른 자원순환을 말한다.

⑭ "신·재생에너지"란 「신에너지 및 재생에너지 개발·이용·보급 촉진법」 제2조제1호 및 제2호에 따른 신에너지 및 재생에너지를 말한다.

⑮ "에너지 자립도"란 국내 총소비에너지량에 대하여 신·재생에너지 등 국내 생산에너지량 및 우리나라가 국외에서 개발(지분 취득을 포함한다)한 에너지량을 합한 양이 차지하는 비율을 말한다.

3. 기본원칙

★출제 Point 저탄소 녹색성장의 기본원칙 9가지 정리

저탄소 녹색성장은 다음의 기본원칙에 따라 추진되어야 한다.

① 정부는 기후변화·에너지·자원 문제의 해결, 성장동력 확충, 기업의 경쟁력 강화, 국토의 효율적 활용 및 쾌적한 환경 조성 등을 포함하는 종합적인 국가 발전전략을 추진한다.

② 정부는 시장기능을 최대한 활성화하여 민간이 주도하는 저탄소 녹색성장을 추진한다.

③ 정부는 녹색기술과 녹색산업을 경제성장의 핵심 동력으로 삼고 새로운 일자리를 창출·확대할 수 있는 새로운 경제체제를 구축한다.

④ 정부는 국가의 자원을 효율적으로 사용하기 위하여 성장잠재력과 경쟁력이 높은 녹색기술 및 녹색산업 분야에 대한 중점 투자 및 지원을 강화한다.

⑤ 정부는 사회·경제 활동에서 에너지와 자원 이용의 효율성을 높이고 자원순환을 촉진한다.

⑥ 정부는 자연자원과 환경의 가치를 보존하면서 국토와 도시, 건물과 교통, 도로·항만·상하수도 등 기반시설을 저탄소 녹색성장에 적합하게 개편한다.

⑦ 정부는 환경오염이나 온실가스 배출로 인한 경제적 비용이 재화 또는 서비스의 시장가격에 합리적으로 반영되도록 조세(租稅)체계와 금융체계를 개편하여 자원을 효율적으로 배분하고 국민의 소비 및 생활 방식이 저탄소 녹색성장에 기여하도록 적극 유도한다. 이 경우 국내산업의 국제경쟁력이 약화되지 않도록 고려하여야 한다.

⑧ 정부는 국민 모두가 참여하고 국가기관, 지방자치단체, 기업, 경제단체 및 시민단체가 협력하여 저탄소 녹색성장을 구현하도록 노력한다.

⑨ 정부는 저탄소 녹색성장에 관한 새로운 국제적 동향(動向)을 조기에 파악·분석하여 국가정책에 합리적으로 반영하고, 국제사회의 구성원으로서 책임과 역할을 성실히 이행하여 국가의 위상과 품격을 높인다.

4. 국가의 책무

① 국가는 정치·경제·사회·교육·문화 등 국정의 모든 부문에서 저탄소 녹색성장의 기본원칙이 반영될 수 있도록 노력하여야 한다.

② 국가는 각종 정책을 수립할 때 경제와 환경의 조화로운 발전 및 기후변화에 미치는 영향 등을 종합적으로 고려하여야 한다.

③ 국가는 지방자치단체의 저탄소 녹색성장 시책을 장려하고 지원하며, 녹색성장의 정착·확산을 위하여 사업자와 국민, 민간단체에 정보의 제공 및 재정 지원 등 필요한 조치를 할 수 있다.

④ 국가는 에너지와 자원의 위기 및 기후변화 문제에 대한 대응책을 정기적으로 점검하여 성과를 평가하고 국제협상의 동향 및 주요 국가의 정책을 분석하여 적절한 대책을 마련하여야 한다.

⑤ 국가는 국제적인 기후변화대응 및 에너지·자원 개발협력에 능동적으로 참여하고, 개발도상국가에 대한 기술적·재정적 지원을 할 수 있다.

5. 지방자치단체의 책무

★출제 Point 지자체 책무 4 숙지

① 지방자치단체는 저탄소 녹색성장 실현을 위한 국가시책에 적극 협력하여야 한다.

② 지방자치단체는 저탄소 녹색성장대책을 수립·시행할 때 해당 지방자치단체의 지역적 특성과 여건을 고려하여야 한다.

③ 지방자치단체는 관할구역 내에서의 각종 계획 수립과 사업의 집행과정에서 그 계획과 사업이 저탄소 녹색성장에 미치는 영향을 종합적으로 고려하고, 지역주민에게 저탄소 녹색성장에 대한 교육과 홍보를 강화하여야 한다.

④ 지방자치단체는 관할구역 내의 사업자, 주민 및 민간단체의 저탄소 녹색성장을 위한 활동을 장려하기 위하여 정보 제공, 재정 지원 등 필요한 조치를 강구하여야 한다.

6. 사업자의 책무

① 사업자는 녹색경영을 선도하여야 하며 기업활동의 전 과정에서 온실가스와 오염물질의 배출을 줄이고 녹색기술 연구개발과 녹색산업에 대한 투자 및 고용을 확대하는 등 환경에 관한 사회적·윤리적 책임을 다하여야 한다.
② 사업자는 정부와 지방자치단체가 실시하는 저탄소 녹색성장에 관한 정책에 적극 참여하고 협력하여야 한다.

7. 국민의 책무

① 국민은 가정과 학교 및 직장 등에서 녹색생활을 적극 실천하여야 한다.
② 국민은 기업의 녹색경영에 관심을 기울이고 녹색제품의 소비 및 서비스 이용을 증대함으로써 기업의 녹색경영을 촉진한다.
③ 국민은 스스로가 인류가 직면한 심각한 기후변화, 에너지·자원 위기의 최종적인 문제해결자임을 인식하여 건강하고 쾌적한 환경을 후손에게 물려주기 위하여 녹색생활 운동에 적극 참여하여야 한다.

8. 다른 법률과의 관계

① 저탄소 녹색성장에 관하여는 다른 법률에 우선하여 이 법을 적용한다.
② 저탄소 녹색성장과 관련되는 다른 법률을 제정하거나 개정하는 경우에는 이 법의 목적과 기본원칙에 맞도록 하여야 한다.
③ 국가와 지방자치단체가 다른 법령에 따라 수립하는 행정계획과 정책은 저탄소 녹색성장 추진의 기본원칙 및 저탄소 녹색성장 국가전략과 조화를 이루도록 하여야 한다.

CHAPTER
02

저탄소 녹색성장 국가전략

1. 국가전략

① 정부는 국가의 저탄소 녹색성장을 위한 정책목표·추진전략·중점추진과제 등을 포함하는 저탄소 녹색성장 국가전략(이하 "녹색성장국가전략"이라 한다)을 수립·시행하여야 한다.

② 녹색성장국가전략에는 다음의 사항이 포함되어야 한다.

> 1. 녹색경제 체제의 구현에 관한 사항
> 2. 녹색기술·녹색산업에 관한 사항
> 3. 기후변화대응 정책, 에너지 정책 및 지속가능발전 정책에 관한 사항
> 4. 녹색생활, 제51조에 따른 녹색국토, 제53조에 따른 저탄소 교통체계 등에 관한 사항
> 5. 기후변화 등 저탄소 녹색성장과 관련된 국제협상 및 국제협력에 관한 사항
> 6. 그 밖에 재원조달, 조세·금융, 인력양성, 교육·홍보 등 저탄소 녹색성장을 위하여 필요하다고 인정되는 사항

★출제 Point 녹색성장국가전략 6가지 정리

③ 정부는 녹색성장국가전략을 수립하거나 변경하려는 경우 녹색성장위원회의 심의 및 국무회의의 심의를 거쳐야 한다. 다만, 대통령령으로 정하는 경미한 사항을 변경하는 경우에는 그러하지 아니한다.

2. 추진계획

① 중앙행정기관의 장은 녹색성장국가전략을 효율적·체계적으로 이행하기 위하여 대통령령으로 정하는 바에 따라 소관 분야의 추진계획(이하 "중앙추진계획"이라 한다)을 수립·시행하여야 한다.

② 중앙행정기관의 장은 중앙추진계획을 수립하거나 변경하는 때에는 대통령령으로 정하는 바에 따라 녹색성장위원회에 보고하여야 한다. 다만, 대통령령으로 정하는 경미한 사항을 변경하는 경우에는 그러하지 아니하다.

3. 지자체의 추진계획

① 특별시장·광역시장·도지사 또는 특별자치도지사(이하 "시·도지사"라 한다)는 해당 지방자치단체의 저탄소 녹색성장을 촉진하기 위하여 대통령령으로 정하는 바에 따라 녹색성장국가전략과 조화를 이루는 지방녹색성장 추진계획(이하 "지방추진계획"이라 한다)을 수립·시행하여야 한다.

② 시·도지사는 지방추진계획을 수립하거나 변경하는 때에는 지방녹색성장위원회의 심의를 거친 후 지방의회에 보고하고 지체 없이 이를 녹색성장위원회에 제출하여야 한다. 다만, 대통령령으로 정하는 경미한 사항을 변경하는 경우에는 그러하지 아니하다.

4. 추진상황과 평가

① 국무총리는 대통령령으로 정하는 바에 따라 녹색성장국가전략과 중앙추진계획의 이행사항을 점검·평가하여야 한다. 이 경우 국무총리는 평가의 절차, 기준, 결과 등에 대하여 제14조에 따른 녹색성장위원회와 협의하여야 한다.

② 시·도지사는 대통령령으로 정하는 바에 따라 지방추진계획의 이행상황을 점검·평가하여 그 결과를 지방의회에 보고하고 지체 없이 이를 녹색성장위원회에 제출하여야 한다.

5. 의견제시

① 녹색성장위원회는 제12조에 따른 추진상황 점검·평가 결과 등에 따라 필요하다고 인정되는 경우에는 관계 중앙행정기관의 장 또는 시·도지사에게 의견을 제시할 수 있다.

② 의견을 제시받은 관계 중앙행정기관의 장 또는 시·도지사는 해당 기관의 정책 등에 이를 반영하기 위하여 노력하여야 한다.

CHAPTER
03

녹색성장위원회 등

1. 녹색성장위원회의 구성 및 운영

① 국가의 저탄소 녹색성장과 관련된 주요 정책 및 계획과 그 이행에 관한 사항을 심의하기 위하여 국무총리 소속으로 녹색성장위원회(이하 "위원회"라 한다)를 둔다.

② 위원회는 위원장 2명을 포함한 50명 이내의 위원으로 구성한다.

③ 위원회의 위원장은 국무총리와 위원 중에서 대통령이 지명하는 사람이 된다.

④ 위원회의 위원은 다음의 사람이 된다.

> 1. 기획재정부장관, 미래창조과학부장관, 산업통상자원부장관, 환경부장관, 국토교통부장관 등 대통령령으로 정하는 공무원
> 2. 기후변화, 에너지·자원, 녹색기술·녹색산업, 지속가능발전 분야 등 저탄소 녹색성장에 관한 학식과 경험이 풍부한 사람 중에서 대통령이 위촉하는 사람

⑤ 위원회의 사무를 처리하게 하기 위하여 위원회에 간사위원 1명을 두며, 간사위원의 지명에 관한 사항은 대통령령으로 정한다.

⑥ 위원장은 각자 위원회를 대표하며, 위원회의 업무를 총괄한다.

⑦ 위원장이 부득이한 사유로 직무를 수행할 수 없는 때에는 국무총리인 위원장이 미리 정한 위원이 위원장의 직무를 대행한다.

⑧ 위원의 임기는 1년으로 하되, 연임할 수 있다.

2. 위원회의 기능

위원회는 다음의 사항을 심의한다. **★출제Point** 녹색성장위원회 심의사항 11 숙지

1. 저탄소 녹색성장 정책의 기본방향에 관한 사항
2. 녹색성장국가전략의 수립·변경·시행에 관한 사항
3. 기후변화대응 기본계획, 에너지기본계획 및 지속가능발전 기본계획에 관한 사항
4. 저탄소 녹색성장 추진의 목표 관리, 점검, 실태조사 및 평가에 관한 사항
5. 관계 중앙행정기관 및 지방자치단체의 저탄소 녹색성장과 관련된 정책 조정 및 지원에 관한 사항
6. 저탄소 녹색성장과 관련된 법제도에 관한 사항
7. 저탄소 녹색성장을 위한 재원의 배분방향 및 효율적 사용에 관한 사항
8. 저탄소 녹색성장과 관련된 국제협상·국제협력, 교육·홍보, 인력양성 및 기반구축 등에 관한 사항
9. 저탄소 녹색성장과 관련된 기업 등의 고충조사, 처리, 시정권고 또는 의견표명
10. 다른 법률에서 위원회의 심의를 거치도록 한 사항
11. 그 밖에 저탄소 녹색성장과 관련하여 위원장이 필요하다고 인정하는 사항

3. 회 의

① 위원장은 위원회의 회의를 소집하고 그 의장이 된다.
② 위원회의 회의는 정기회의와 임시회의로 구분하며, 임시회의는 위원장이 필요하다고 인정하는 경우 또는 위원 5명 이상의 소집요구가 있을 경우에 위원장이 소집한다.
③ 위원회의 회의는 위원 과반수의 출석으로 개의하고, 출석위원 과반수의 찬성으로 의결한다. 다만, 대통령령으로 정하는 경우에는 서면으로 심의·의결할 수 있다.
④ 정기회의의 시기 등 위원회의 운영에 필요한 사항은 대통령령으로 정한다.

4. 분과위원회

① 위원회의 업무를 효율적으로 수행·지원하고 위원회가 위임하는 업무를 검토·조정 또는

처리하기 위하여 대통령령으로 정하는 바에 따라 위원회에 분과위원회를 둘 수 있다.

② 분과위원회는 위촉위원으로 구성하며, 분과위원회의 위원장은 분과위원회의 위원 중에서 호선(互選)한다.

③ 중앙행정기관의 고위공무원단에 속하는 공무원은 관계 분야의 안건에 대하여 해당 분과위원회에 참석하여 의견을 제시할 수 있다.

④ 분과위원회의 운영에 필요한 사항은 위원회의 의결을 거쳐 위원회의 위원장이 정한다.

5. 공무원 등의 파견 요청

위원회는 위원회의 운영을 위하여 필요한 경우에는 중앙행정기관, 지방자치단체 소속의 공무원 및 관련 민간기관·단체 또는 연구소, 기업 임직원 등의 파견 또는 겸임을 요청할 수 있다.

6. 지방녹색성장위원회의 구성 및 운영

① 지방자치단체의 저탄소 녹색성장과 관련된 주요 정책 및 계획과 그 이행에 관한 사항을 심의하기 위하여 시·도지사 소속으로 지방녹색성장위원회(이하 "지방녹색성장위원회"라 한다)를 둘 수 있다.

② 지방녹색성장위원회의 구성, 운영 및 기능 등에 필요한 사항은 대통령령으로 정한다.

7. 녹색성장책임관의 지정

저탄소 녹색성장의 원활한 추진을 위하여 중앙행정기관의 장 및 시·도지사는 소속 공무원 중에서 녹색성장책임관을 지정할 수 있다.

CHAPTER

04

저탄소 녹색성장의 추진

1. 기본원칙

① 정부는 화석연료의 사용을 단계적으로 축소하고 녹색기술과 녹색산업을 육성함으로써 국가경쟁력을 강화하고 지속가능발전을 추구하는 경제(이하 "녹색경제"라 한다)를 구현하여야 한다.

② 정부는 녹색경제 정책을 수립·시행할 때 금융·산업·과학기술·환경·국토·문화 등 다양한 부문을 통합적 관점에서 균형 있게 고려하여야 한다.

③ 정부는 새로운 녹색산업의 창출, 기존 산업의 녹색산업으로의 전환 및 관련 산업과의 연계 등을 통하여 에너지·자원 다소비형 산업구조가 저탄소 녹색산업구조로 단계적으로 전환되도록 노력하여야 한다.

④ 정부는 저탄소 녹색성장을 추진할 때 지역 간 균형발전을 도모하며 저소득층이 소외되지 않도록 지원 및 배려하여야 한다.

2. 녹색경제·녹색산업의 육성·지원

① 정부는 녹색경제를 구현함으로써 국가경제의 건전성과 경쟁력을 강화하고 성장잠재력이 큰 새로운 녹색산업을 발굴·육성하는 등 녹색경제·녹색산업의 육성·지원 시책을 마련하여야 한다.

② 녹색경제·녹색산업의 육성·지원 시책에는 다음의 사항이 포함되어야 한다.

> 1. 국내외 경제여건 및 전망에 관한 사항
> 2. 기존 산업의 녹색산업 구조로의 단계적 전환에 관한 사항
> 3. 녹색산업을 촉진하기 위한 중장기·단계별 목표, 추진전략에 관한 사항
> 4. 녹색산업의 신성장동력으로의 육성·지원에 관한 사항
> 5. 전기·정보통신·교통시설 등 기존 국가기반시설의 친환경 구조로의 전환에 관한 사항
> 6. 녹색경영을 위한 자문서비스 산업의 육성에 관한 사항
> 7. 녹색산업 인력 양성 및 일자리 창출에 관한 사항
> 8. 그 밖에 녹색경제·녹색산업의 촉진에 관한 사항

★출제Point 녹색경제·녹색산업의 육성·지원 시책 8가지 정리

3. 자원순환의 촉진

① 정부는 자원을 절약하고 효율적으로 이용하며 폐기물의 발생을 줄이는 등 자원순환의 촉진과 자원생산성 제고를 위하여 자원순환 산업을 육성·지원하기 위한 다양한 시책을 마련하여야 한다.
② 자원순환 산업의 육성·지원 시책에는 다음의 사항이 포함되어야 한다.

> 1. 자원순환 촉진 및 자원생산성 제고 목표설정
> 2. 자원의 수급 및 관리
> 3. 유해하거나 재제조·재활용이 어려운 물질의 사용억제
> 4. 폐기물 발생의 억제 및 재제조·재활용 등 재자원화
> 5. 에너지자원으로 이용되는 목재, 식물, 농산물 등 바이오매스의 수집·활용
> 6. 자원순환 관련 기술개발 및 산업의 육성
> 7. 자원생산성 향상을 위한 교육훈련·인력양성 등에 관한 사항

★출제Point 자원순환 산업의 육성·지원 시책 7 숙지

4. 기업의 녹색경영 촉진

① 정부는 기업의 녹색경영을 지원·촉진하여야 한다.

② 정부는 기업의 녹색경영을 지원·촉진하기 위하여 다음의 사항을 포함하는 시책을 수립·시행하여야 한다.

> 1. 친환경 생산체제로의 전환을 위한 기술지원
> 2. 기업의 에너지·자원 이용 효율화, 온실가스 배출량 감축, 산림조성 및 자연환경 보전, 지속가능발전 정보 등 녹색경영 성과의 공개
> 3. 중소기업의 녹색경영에 대한 지원
> 4. 그 밖에 저탄소 녹색성장을 위한 기업활동 지원에 관한 사항

5. 녹색기술의 연구개발 및 사업화 등의 촉진

① 정부는 녹색기술의 연구개발 및 사업화 등을 촉진하기 위하여 다음의 사항을 포함하는 시책을 수립·시행할 수 있다.

> 1. 녹색기술과 관련된 정보의 수집·분석 및 제공
> 2. 녹색기술 평가기법의 개발 및 보급
> 3. 녹색기술 연구개발 및 사업화 등의 촉진을 위한 금융지원
> 4. 녹색기술 전문인력의 양성 및 국제협력 등

② 정부는 정보통신·나노·생명공학 기술 등의 융합을 촉진하고 녹색기술의 지식재산권화를 통하여 저탄소 지식기반경제로의 이행을 신속하게 추진하여야 한다.
③ 「과학기술기본법」에 따른 과학기술기본계획에 제1항의 시책이 포함되는 경우에는 미리 위원회의 의견을 들어야 한다.

6. 정보통신기술의 보급·활용

① 정부는 에너지 절약, 에너지 이용효율 향상 및 온실가스 감축을 위하여 정보통신기술 및 서비스를 적극 활용하는 다음에 대한 시책을 수립·시행하여야 한다.

> 1. 방송통신 네트워크 등 정보통신 기반 확대
> 2. 새로운 정보통신 서비스의 개발·보급
> 3. 정보통신 산업 및 기기 등에 대한 녹색기술 개발 촉진

② 정부는 저탄소 녹색성장을 위한 생활문화를 조속히 확산시키기 위하여 재택근무·영상회의·원격교육·원격진료 등을 활성화하는 등의 방송통신 시책을 수립·시행하여야 한다.

③ 정부는 정보통신기술을 활용하여 전력 네트워크를 지능화·고도화함으로써 고품질의 전력서비스를 제공하고 에너지 이용효율을 극대화하며 온실가스를 획기적으로 감축할 수 있도록 하여야 한다.

7. 금융의 지원 및 활성화

정부는 저탄소 녹색성장을 촉진하기 위하여 다음의 사항을 포함하는 금융 시책을 수립·시행하여야 한다.

> 1. 녹색경제 및 녹색산업의 지원 등을 위한 재원의 조성 및 자금 지원
> 2. 저탄소 녹색성장을 지원하는 새로운 금융상품의 개발
> 3. 저탄소 녹색성장을 위한 기반시설 구축사업에 대한 민간투자 활성화
> 4. 기업의 녹색경영 정보에 대한 공시제도 등의 강화 및 녹색경영 기업에 대한 금융지원 확대
> 5. 탄소시장(온실가스를 배출할 수 있는 권리 또는 온실가스의 감축·흡수 실적 등을 거래하는 시장을 말한다. 이하 같다)의 개설 및 거래 활성화 등

8. 녹색산업투자회사의 설립과 지원

① 녹색기술 및 녹색산업에 자산을 투자하여 그 수익을 투자자에게 배분하는 것을 목적으로 하는 녹색산업투자회사(「자본시장과 금융투자업에 관한 법률」 제9조제18항의 집합투자기구를 말한다. 이하 같다)를 설립할 수 있다.

② 녹색산업투자회사가 투자하는 녹색기술 및 녹색산업은 다음에서 정하는 사업 또는 기업으로 한다.

> 1. 녹색기술에 대한 연구와 시제품의 제작 및 상용화를 위한 연구개발 또는 기술지원 사업
> 2. 녹색산업에 해당하는 사업
> 3. 녹색기술 또는 녹색산업에 대한 투자 또는 영업을 영위하는 기업

③ 정부는 「공공기관의 운영에 관한 법률」 제4조에 따른 공공기관이 녹색산업투자회사에 출자하려는 경우 이를 위한 자금의 전부 또는 일부를 예산의 범위에서 지원할 수 있다.

④ 금융위원회는 제3항의 규정에 따라 공공기관이 출자한 녹색산업투자회사(해당 회사의 자산운용회사·자산보관회사 및 일반사무관리회사를 포함한다. 이하 이 조에서 같다)에게 해당 회사의 업무 및 재산 등에 관한 자료의 제출이나 보고를 요구할 수 있으며, 관계 중앙행정기관은 금융위원회에 해당 자료의 제출을 요구할 수 있다.

⑤ 관계 중앙행정기관은 제4항에 의하여 제출된 자료나 보고 내용에 대하여 검사가 필요하다고 인정하는 경우 금융위원회에게 해당 녹색산업투자회사에 대한 업무 및 재산 등에 관한 검사를 요청할 수 있으며, 해당 검사 결과 중대한 문제가 있다고 여겨지는 경우에는 금융위원회는 관계 중앙행정기관과 협의하여 해당 녹색산업투자회사의 등록을 취소할 수 있다.

⑥ 녹색산업투자회사의 설립·운영 및 재정지원과 그 밖에 필요한 세부사항은 대통령령으로 정한다.

9. 조세 제도 운영

정부는 에너지·자원의 위기 및 기후변화 문제에 효과적으로 대응하고 저탄소 녹색성장을 촉진하기 위하여 온실가스와 오염물질을 발생시키거나 에너지·자원 이용효율이 낮은 재화와 서비스를 줄이고 환경친화적인 재화와 서비스를 촉진하는 방향으로 국가의 조세 제도를 운영하여야 한다.

10. 녹색기술·녹색산업에 대한 지원·특례 등

① 국가 또는 지방자치단체는 녹색기술·녹색산업에 대하여 보조금의 지급 등 필요한 지원을 할 수 있다.

② 「신용보증기금법」에 따라 설립된 신용보증기금 및 「기술신용보증기금법」에 따라 설립된 기술신용보증기금은 녹색기술·녹색산업에 우선적으로 신용보증을 하거나 보증조건 등을 우대할 수 있다.

③ 국가나 지방자치단체는 녹색기술·녹색산업과 관련된 기업을 지원하기 위하여 「조세특례제한법」과 「지방세법」에서 정하는 바에 따라 소득세·법인세·취득세·재산세·등록세 등을 감면할 수 있다.

④ 국가나 지방자치단체는 녹색기술·녹색산업과 관련된 기업이 「외국인투자 촉진법」 제2조제1항제4호에 따른 외국인투자를 유치하는 경우에 이를 최대한 지원하기 위하여 노력하여야 한다.

11. 녹색기술·녹색산업의 표준화 및 인증 등

① 정부는 국내에서 개발되었거나 개발 중인 녹색기술·녹색산업이 「국가표준기본법」 제3조제2호에 따른 국제표준에 부합되도록 표준화 기반을 구축하고 녹색기술·녹색산업의 국제표준화 활동 등에 필요한 지원을 할 수 있다.

② 정부는 녹색기술·녹색산업의 발전을 촉진하기 위하여 녹색기술, 녹색사업, 녹색제품 등에 대한 적합성 인증을 하거나 녹색전문기업 확인, 공공기관의 구매의무화 또는 기술지도 등을 할 수 있다.

③ 정부는 다음의 어느 하나에 해당하는 경우에는 적합성 인증 및 녹색전문기업 확인을 취소하여야 한다.

1. 거짓이나 그 밖의 부정한 방법으로 인증이나 확인을 받은 경우
2. 중대한 결함이 있어 인증이나 확인이 적당하지 아니하다고 인정되는 경우

④ 표준화, 인증 및 취소 등에 관하여 그 밖에 필요한 사항은 대통령령으로 정한다.

12. 중소기업의 지원 등

정부는 중소기업의 녹색기술 및 녹색경영을 촉진하기 위하여 다음의 시책을 수립·시행할 수 있다. ★출제Point 중소기업 지원시책 6가지 정리

1. 대기업과 중소기업의 공동사업에 대한 우선 지원
2. 대기업의 중소기업에 대한 기술지도·기술이전 및 기술인력 파견에 대한 지원
3. 중소기업의 녹색기술 사업화의 촉진
4. 녹색기술 개발 촉진을 위한 공공시설의 이용
5. 녹색기술·녹색산업에 관한 전문인력 양성·공급 및 국외진출
6. 그 밖에 중소기업의 녹색기술 및 녹색경영을 촉진하기 위한 사항

13. 녹색기술·녹색산업 집적지 및 단지 조성 등

① 정부는 녹색기술의 공동연구개발, 시설장비의 공동활용 및 산·학·연 네트워크 구축 등의 사업을 위한 집적지와 단지를 조성하거나 이를 지원할 수 있다.

② 사업을 추진하는 경우에는 다음의 사항을 고려하여야 한다.

> 1. 산업단지별 산업집적 현황에 관한 사항
> 2. 기업·대학·연구소 등의 연구개발 역량강화 및 상호연계에 관한 사항
> 3. 산업집적기반시설의 확충 및 우수한 녹색기술·녹색산업 인력의 유치에 관한 사항
> 4. 녹색기술·녹색산업의 사업추진체계 및 재원조달방안

③ 정부는 대통령령으로 정하는 기관 또는 단체로 하여금 녹색기술·녹색산업 집적지 및 단지를 조성하게 할 수 있다.

④ 정부는 기관 또는 단체가 같은 항에 따른 녹색기술·녹색산업 집적지 및 단지를 조성하는 사업을 수행하는 데에 소요되는 비용의 전부 또는 일부를 출연할 수 있다.

14. 녹색기술·녹색산업에 대한 일자리 창출 등

① 정부는 녹색기술·녹색산업에 대한 일자리를 창출·확대하여 모든 국민이 녹색성장의 혜택을 누릴 수 있도록 하여야 한다.

② 정부는 녹색기술·녹색산업에 대한 일자리를 창출하는 과정에서 산업분야별 노동력의 원활한 이동·전환을 촉진하고 국민이 새로운 기술을 습득할 수 있는 기회를 확대하며, 녹색기술·녹색산업에 대한 일자리 창출을 위한 재정적·기술적 지원을 할 수 있다.

15. 규제의 선진화

① 정부는 자원을 효율적으로 이용하고 온실가스와 오염물질의 발생을 줄이기 위한 규제를 도입하려는 경우에는 온실가스 또는 오염물질의 발생 원인자가 스스로 온실가스와 오염물질의 발생을 줄이도록 유도함으로써 사회·경제적 비용을 줄이도록 노력하여야 한다.

② 정부는 온실가스와 오염물질의 발생을 줄이기 위한 규제를 도입하려는 경우에는 민간의

자율과 창의를 저해하지 않도록 하고, 기업의 규제에 대한 국내외 실태조사 등을 하여 산업 경쟁력을 높일 수 있도록 규제의 중복을 피하는 등 규제 체계를 선진화하여야 한다.

16. 국제규범 대응

① 정부는 외국 정부 또는 국제기구에서 제정하거나 도입하려는 저탄소 녹색성장과 관련된 제도·정책에 관한 동향과 정보를 수집·조사·분석하여 관련 제도·정책을 합리적으로 정비하고 지원체제를 구축하는 등 적절한 대책을 마련하여야 한다.

② 정부는 제1항의 동향·정보 및 대책에 관한 사항을 기업·국민들에게 충분히 제공함으로써 국내 기업과 국민들이 대응역량을 높일 수 있도록 하여야 한다.

CHAPTER
05

저탄소 사회의 구현

1. 기후변화대응의 기본원칙

정부는 저탄소 사회를 구현하기 위하여 기후변화대응 정책 및 관련 계획을 다음의 원칙에 따라 수립·시행하여야 한다.

1. 지구온난화에 따른 기후변화 문제의 심각성을 인식하고 국가적·국민적 역량을 모아 총체적으로 대응하고 범지구적 노력에 적극 참여한다.
2. 온실가스 감축의 비용과 편익을 경제적으로 분석하고 국내 여건 등을 감안하여 국가온실가스 중장기 감축 목표를 설정하고, 가격기능과 시장원리에 기반을 둔 비용효과적 방식의 합리적 규제체제를 도입함으로써 온실가스 감축을 효율적·체계적으로 추진한다.
3. 온실가스를 획기적으로 감축하기 위하여 정보통신·나노·생명 공학 등 첨단기술 및 융합기술을 적극 개발하고 활용한다.
4. 온실가스 배출에 따른 권리·의무를 명확히 하고 이에 대한 시장거래를 허용함으로써 다양한 감축수단을 자율적으로 선택할 수 있도록 하고, 국내 탄소시장을 활성화하여 국제 탄소시장에 적극 대비한다.
5. 대규모 자연재해, 환경생태와 작물상황의 변화에 대비하는 등 기후변화로 인한 영향을 최소화하고 그 위험 및 재난으로부터 국민의 안전과 재산을 보호한다.

★출제 Point 기후변화대응의 기본원칙 5 숙지

2. 에너지정책 등의 기본원칙

정부는 저탄소 녹색성장을 추진하기 위하여 에너지정책 및 에너지와 관련된 계획을 다음의 원칙에 따라 수립·시행하여야 한다.

> 1. 석유·석탄 등 화석연료의 사용을 단계적으로 축소하고 에너지 자립도를 획기적으로 향상시킨다.
> 2. 에너지 가격의 합리화, 에너지의 절약, 에너지 이용효율 제고 등 에너지 수요관리를 강화하여 지구온난화를 예방하고 환경을 보전하며, 에너지 저소비·자원순환형 경제·사회구조로 전환한다.
> 3. 친환경에너지인 태양에너지, 폐기물·바이오에너지, 풍력, 지열, 조력, 연료전지, 수소에너지 등 신·재생에너지의 개발·생산·이용 및 보급을 확대하고 에너지 공급원을 다변화한다.
> 4. 에너지가격 및 에너지산업에 대한 시장경쟁 요소의 도입을 확대하고 공정거래 질서를 확립하며, 국제규범 및 외국의 법제도 등을 고려하여 에너지산업에 대한 규제를 합리적으로 도입·개선하여 새로운 시장을 창출한다.
> 5. 국민이 저탄소 녹색성장의 혜택을 고루 누릴 수 있도록 저소득층에 대한 에너지 이용 혜택을 확대하고 형평성을 제고하는 등 에너지와 관련한 복지를 확대한다.
> 6. 국외 에너지자원 확보, 에너지의 수입 다변화, 에너지 비축 등을 통하여 에너지를 안정적으로 공급함으로써 에너지에 관한 국가안보를 강화한다.

★출제Point 에너지정책 등의 기본원칙 6 숙지

3. 기후변화대응 기본계획

① 정부는 기후변화대응의 기본원칙에 따라 20년을 계획기간으로 하는 기후변화대응 기본계획을 5년마다 수립·시행하여야 한다.
② 기후변화대응 기본계획을 수립하거나 변경하는 경우에는 위원회의 심의 및 국무회의의 심의를 거쳐야 한다. 다만, 대통령령으로 정하는 경미한 사항을 변경하는 경우에는 그러하지 아니하다.
③ 기후변화대응 기본계획에는 다음의 사항이 포함되어야 한다.
  1. 국내외 기후변화 경향 및 미래 전망과 대기 중의 온실가스 농도변화
  2. 온실가스 배출·흡수 현황 및 전망

3. 온실가스 배출 중장기 감축목표 설정 및 부문별·단계별 대책

4. 기후변화대응을 위한 국제협력에 관한 사항

5. 기후변화대응을 위한 국가와 지방자치단체의 협력에 관한 사항

6. 기후변화대응 연구개발에 관한 사항

7. 기후변화대응 인력양성에 관한 사항

8. 기후변화의 감시·예측·영향·취약성평가 및 재난방지 등 적응대책에 관한 사항

9. 기후변화대응을 위한 교육·홍보에 관한 사항

10. 그 밖에 기후변화대응 추진을 위하여 필요한 사항

4. 에너지기본계획의 수립

① 정부는 에너지정책의 기본원칙에 따라 20년을 계획기간으로 하는 에너지기본계획(이하 이 조에서 "에너지기본계획"이라 한다)을 5년마다 수립·시행하여야 한다.

② 에너지기본계획을 수립하거나 변경하는 경우에는 「에너지법」 제9조에 따른 에너지위원회의 심의를 거친 다음 위원회와 국무회의의 심의를 거쳐야 한다. 다만, 대통령령으로 정하는 경미한 사항을 변경하는 경우에는 그러하지 아니하다.

③ 에너지기본계획에는 다음의 사항이 포함되어야 한다.

1. 국내외 에너지 수요와 공급의 추이 및 전망에 관한 사항
2. 에너지의 안정적 확보, 도입·공급 및 관리를 위한 대책에 관한 사항
3. 에너지 수요 목표, 에너지원 구성, 에너지 절약 및 에너지 이용효율 향상에 관한 사항
4. 신·재생에너지 등 환경친화적 에너지의 공급 및 사용을 위한 대책에 관한 사항
5. 에너지 안전관리를 위한 대책에 관한 사항
6. 에너지 관련 기술개발 및 보급, 전문인력 양성, 국제협력, 부존 에너지자원 개발 및 이용, 에너지 복지 등에 관한 사항

★출제Point 에너지 기본계획 6 숙지

5. 기후변화대응 및 에너지의 목표관리

① 정부는 범지구적인 온실가스 감축에 적극 대응하고 저탄소 녹색성장을 효율적·체계적으

로 추진하기 위하여 다음의 사항에 대한 중장기 및 단계별 목표를 설정하고 그 달성을 위하여 필요한 조치를 강구하여야 한다.

1. 온실가스 감축 목표
2. 에너지 절약 목표 및 에너지 이용효율 목표
3. 에너지 자립 목표
4. 신·재생에너지 보급 목표

② 정부는 목표를 설정할 때 국내 여건 및 각국의 동향 등을 고려하여야 한다.

③ 정부는 목표를 달성하기 위하여 관계 중앙행정기관, 지방자치단체 및 대통령령으로 정하는 공공기관 등에 대하여 대통령령으로 정하는 바에 따라 해당 기관별로 에너지절약 및 온실가스 감축목표를 설정하도록 하고 그 이행사항을 지도·감독할 수 있다.

④ 정부는 목표를 달성할 수 있도록 산업, 교통·수송, 가정·상업 등 부문별 목표를 설정하고 그 달성을 위하여 필요한 조치를 적극 마련하여야 한다.

⑤ 정부는 목표를 달성하기 위하여 대통령령으로 정하는 기준량 이상의 온실가스 배출업체 및 에너지 소비업체(이하 "관리업체"라 한다)별로 측정·보고·검증이 가능한 방식으로 목표를 설정·관리하여야 한다. 이 경우 정부는 관리업체와 미리 협의하여야 하며, 온실가스 배출 및 에너지 사용 등의 이력, 기술 수준, 국제경쟁력, 국가목표 등을 고려하여야 한다.

⑥ 관리업체는 목표를 준수하여야 하며, 그 실적을 대통령령으로 정하는 바에 따라 정부에 보고하여야 한다.

⑦ 정부는 보고받은 실적에 대하여 등록부를 작성하고 체계적으로 관리하여야 한다.

⑧ 정부는 관리업체의 준수실적이 목표에 미달하는 경우 목표달성을 위하여 필요한 개선을 명할 수 있다. 이 경우 관리업체는 개선명령에 따른 이행계획을 작성하여 이를 성실히 이행하여야 한다.

⑨ 관리업체는 이행결과를 측정·보고·검증이 가능한 방식으로 작성하여 대통령령으로 정하는 공신력 있는 외부 전문기관의 검증을 받아 정부에 보고하고 공개하여야 한다.

⑩ 정부는 관리업체가 목표를 달성하고 이행계획을 차질 없이 이행할 수 있도록 하기 위하여 필요한 경우 재정·세제·경영·기술지원, 실태조사 및 진단, 자료 및 정보의 제공 등을 할 수 있다.

⑪ 등록부의 관리, 관리업체의 지원 등에 필요한 사항은 대통령령으로 정한다.

6. 온실가스 감축의 조기행동 촉진

① 정부는 관리업체가 목표관리를 받기 전에 자발적으로 행한 실적에 대해서는 이를 목표관리 실적으로 인정하거나 그 실적을 거래할 수 있도록 하는 등 자발적으로 온실가스를 미리 감축하는 행동을 하도록 촉진하여야 한다.

② 실적을 거래할 수 있는 방법 및 절차 등에 필요한 사항은 대통령령으로 정한다.

7. 온실가스 배출량 및 에너지 사용량 등의 보고

① 관리업체는 사업장별로 매년 온실가스 배출량 및 에너지 소비량에 대하여 측정·보고·검증 가능한 방식으로 명세서를 작성하여 정부에 보고하여야 한다.

② 관리업체는 보고를 할 때 명세서의 신뢰성 여부에 대하여 대통령령으로 정하는 공신력 있는 외부 전문기관의 검증을 받아야 한다. 이 경우 정부는 명세서에 흠이 있거나 빠진 부분에 대하여 시정 또는 보완을 명할 수 있다.

③ 정부는 명세서를 체계적으로 관리하고 명세서에 포함된 주요 정보를 관리업체별로 공개할 수 있다. 다만, 관리업체는 정보공개로 인하여 그 관리업체의 권리나 영업상의 비밀이 현저히 침해되는 특별한 사유가 있는 경우에는 비공개를 요청할 수 있다.

④ 정부는 관리업체로부터 따른 정보의 비공개 요청을 받았을 때에는 심사위원회를 구성하여 30일 이내에 그 결과를 통지하여야 한다.

⑤ 명세서의 내용, 보고·관리, 공개방법 및 심사위원회의 구성·운영 등에 필요한 사항은 대통령령으로 정한다.

8. 온실가스 종합정보관리체계의 구축

① 정부는 국가 온실가스 배출량·흡수량, 배출·흡수 계수(係數), 온실가스 관련 각종 정보 및 통계를 개발·검증·관리하는 온실가스 종합정보관리체계를 구축하여야 한다.

② 관계 중앙행정기관의 장은 종합정보관리체계가 원활히 운영될 수 있도록 에너지·산업공정·농업·폐기물·산림 등 부문별 소관 분야의 정보 및 통계를 작성하여 제공하는 등 적극 협력하여야 한다.

③ 정부는 각종 정보 및 통계를 작성·관리하거나 종합정보관리체계를 구축함에 있어 국제기준을 최대한 반영하여 전문성·투명성 및 신뢰성을 제고하여야 한다.

④ 정부는 각종 정보 및 통계를 분석·검증하여 그 결과를 매년 공표하여야 한다.

⑤ 세부적인 정보 및 통계 관리방법, 관리기관 및 방법 등은 대통령령으로 정한다.

9. 총량제한 배출권 거래제 등의 도입

① 정부는 시장기능을 활용하여 효율적으로 국가의 온실가스 감축목표를 달성하기 위하여 온실가스 배출권을 거래하는 제도를 운영할 수 있다.

② 온실가스 배출허용총량을 설정하고 배출권을 거래하는 제도 및 기타 국제적으로 인정되는 거래 제도를 포함한다.

③ 정부는 제도를 실시할 경우 기후변화 관련 국제협상을 고려하여야 하고, 국제경쟁력이 현저하게 약화될 우려가 있는 관리업체에 대하여는 필요한 조치를 강구할 수 있다.

④ 제도의 실시를 위한 배출허용량의 할당방법, 등록·관리방법 및 거래소 설치·운영 등은 따로 법률로 정한다.

10. 교통부문의 온실가스 관리

① 자동차 등 교통수단을 제작하려는 자는 그 교통수단에서 배출되는 온실가스를 감축하기 위한 방안을 마련하여야 하며, 온실가스 감축을 위한 국제경쟁 체제에 부응할 수 있도록 적극 노력하여야 한다.

② 정부는 자동차의 평균에너지소비효율을 개선함으로써 에너지 절약을 도모하고, 자동차 배기가스 중 온실가스를 줄임으로써 쾌적하고 적정한 대기환경을 유지할 수 있도록 자동차 평균에너지소비효율기준 및 자동차 온실가스 배출허용기준을 각각 정하되, 이중규제가 되지 않도록 자동차 제작업체(수입업체를 포함한다)로 하여금 어느 한 기준을 택하여 준수토록 하고 측정방법 등이 중복되지 않도록 하여야 한다.

③ 정부는 온실가스 배출량이 적은 자동차 등을 구매하는 자에 대하여 재정적 지원을 강화하고 온실가스 배출량이 많은 자동차 등을 구매하는 자에 대해서는 부담금을 부과하는 등의 방안을 강구할 수 있다.

④ 정부는 하이브리드 자동차, 수소연료전지 자동차 등 저탄소·고효율 교통수단의 제작·보급을 촉진하기 위하여 재정·세제 지원, 연구개발 및 관련 제도 개선 등의 방안을 강구할 수 있다.

11. 기후변화 영향평가 및 적응대책의 추진

① 정부는 기상현상에 대한 관측·예측·제공·활용 능력을 높이고, 지역별·권역별로 태양력·풍력·조력 등 신·재생에너지원을 확보할 수 있는 잠재력을 지속적으로 분석·평가하여 이에 관한 기상정보관리체계를 구축·운영하여야 한다.

② 정부는 기후변화에 대한 감시·예측의 정확도를 향상시키고 생물자원 및 수자원 등의 변화 상황과 국민건강에 미치는 영향 등 기후변화로 인한 영향을 조사·분석하기 위한 조사·연구, 기술개발, 관련 전문기관의 지원 및 국내외 협조체계 구축 등의 시책을 추진하여야 한다.

③ 정부는 관계 중앙행정기관의 장과 협의하여 기후변화로 인한 생태계, 생물다양성, 대기, 수자원·수질, 보건, 농·수산식품, 산림, 해양, 산업, 방재 등에 미치는 영향 및 취약성을 조사·평가하고 그 결과를 공표하여야 한다.

④ 정부는 기후변화로 인한 피해를 줄이기 위하여 사전 예방적 관리에 우선적인 노력을 기울여야 하며 대통령령으로 정하는 바에 따라 기후변화의 영향을 완화시키거나 건강·자연재해 등에 대응하는 적응대책을 수립·시행하여야 한다.

⑤ 정부는 국민·사업자 등이 기후변화 적응대책에 따라 활동할 경우 이에 필요한 기술적 및 재정적 지원을 할 수 있다.

CHAPTER 06

녹색생활 및 지속가능발전의 실현

1. 녹색생활 및 지속가능발전의 기본원칙

★출제Point 기본원칙 4가지 정리

녹색생활 및 지속가능발전의 실현을 위한 국가의 시책은 다음의 기본원칙에 따라 추진되어야 한다.

1. 국토는 녹색성장의 터전이며 그 결과의 전시장이라는 점을 인식하고 현세대 및 미래세대가 쾌적한 삶을 영위할 수 있도록 국토의 개발 및 보전·관리가 조화될 수 있도록 한다.
2. 국토·도시공간구조와 건축·교통체제를 저탄소 녹색성장 구조로 개편하고 생산자와 소비자가 녹색제품을 자발적·적극적으로 생산하고 구매할 수 있는 여건을 조성한다.
3. 국가·지방자치단체·기업 및 국민은 지속가능발전과 관련된 국제적 합의를 성실히 이행하고, 국민의 일상생활 속에 녹색생활이 내재화되고 녹색문화가 사회전반에 정착될 수 있도록 한다.
4. 국가·지방자치단체 및 기업은 경제발전의 기초가 되는 생태학적 기반을 보호할 수 있도록 토지이용과 생산시스템을 개발·정비함으로써 환경보전을 촉진한다.

2. 지속가능발전 기본계획의 수립·시행

① 정부는 1992년 브라질에서 개최된 유엔환경개발회의에서 채택한 의제21, 2002년 남아프리카공화국에서 개최된 세계지속가능발전정상회의에서 채택한 이행계획 등 지속가능발전과 관련된 국제적 합의를 성실히 이행하고, 국가의 지속가능발전을 촉진하기 위하여 20년을 계획기간으로 하는 지속가능발전 기본계획을 5년마다 수립·시행하여야 한다.

② 지속가능발전 기본계획을 수립하거나 변경하는 경우에는 「지속가능발전법」 제15조에 따른 지속가능발전위원회의 심의를 거친 다음 위원회와 국무회의의 심의를 거쳐야 한다. 다만, 대통령령으로 정하는 경미한 사항을 변경하는 경우에는 그러하지 아니하다.

③ 지속가능발전 기본계획에는 다음의 사항이 포함되어야 한다.

> 1. 지속가능발전의 현황 및 여건변화와 전망에 관한 사항
> 2. 지속가능발전을 위한 비전, 목표, 추진전략과 원칙, 기본정책 방향, 주요지표에 관한 사항
> 3. 지속가능발전에 관련된 국제적 합의이행에 관한 사항
> 4. 그 밖에 지속가능발전을 위하여 필요한 사항

★출제Point 지속가능발전 기본계획 4가지 숙지

④ 중앙행정기관의 장은 지속가능발전 기본계획과 조화를 이루는 소관 분야의 중앙 지속가능발전 기본계획을 중앙추진계획에 포함하여 수립·시행하여야 한다.

⑤ 시·도지사는 지속가능발전 기본계획과 조화를 이루며 해당 지방자치단체의 지역적 특성과 여건을 고려한 지방 지속가능발전 기본계획을 지방추진계획에 포함하여 수립·시행하여야 한다.

3. 녹색국토의 관리

① 정부는 건강하고 쾌적한 환경과 아름다운 경관이 경제발전 및 사회개발과 조화를 이루는 국토(이하 "녹색국토"라 한다)를 조성하기 위하여 국토종합계획·도시·군기본계획 등 대통령령으로 정하는 계획을 녹색생활 및 지속가능발전의 기본원칙에 따라 수립·시행하여야 한다.

② 정부는 녹색국토를 조성하기 위하여 다음의 사항을 포함하는 시책을 마련하여야 한다.

> 1. 에너지·자원 자립형 탄소중립도시 조성
> 2. 산림·녹지의 확충 및 광역생태축 보전
> 3. 해양의 친환경적 개발·이용·보존
> 4. 저탄소 항만의 건설 및 기존 항만의 저탄소 항만으로의 전환
> 5. 친환경 교통체계의 확충
> 6. 자연재해로 인한 국토 피해의 완화
> 7. 그 밖에 녹색국토 조성에 관한 사항

③ 정부는 「국토기본법」에 따른 국토종합계획, 「국가균형발전 특별법」에 따른 지역발전계획 등 대통령령으로 정하는 계획을 수립할 때에는 미리 위원회의 의견을 들어야 된다.

4. 기후변화대응을 위한 물 관리

정부는 기후변화로 인한 가뭄 등 자연재해와 물 부족 및 수질악화와 수생태계 변화에 효과적으로 대응하고 모든 국민이 물의 혜택을 고루 누릴 수 있도록 하기 위하여 다음의 사항을 포함하는 시책을 수립·시행하여야 한다.

> 1. 깨끗하고 안전한 먹는 물 공급과 가뭄 등에 대비한 안정적인 수자원의 확보
> 2. 수생태계의 보전·관리와 수질개선
> 3. 물 절약 등 수요관리, 빗물 이용·하수 재이용 등 순환 체계의 정비 및 수해의 예방
> 4. 자연친화적인 하천의 보전·복원
> 5. 수질오염 예방·처리를 위한 기술 개발 및 관련 서비스 제공 등

5. 저탄소 교통체계의 구축

① 정부는 교통부문의 온실가스 감축을 위한 환경을 조성하고 온실가스 배출 및 에너지의 효율적인 관리를 위하여 대통령령으로 정하는 바에 따라 온실가스 감축목표 등을 설정·관리하여야 한다.

② 정부는 에너지소비량과 온실가스 배출량을 최소화하는 저탄소 교통체계를 구축하기 위하여 대중교통분담률, 철도수송분담률 등에 대한 중장기 및 단계별 목표를 설정·관리하여야 한다.

③ 정부는 철도가 국가기간교통망의 근간이 되도록 철도에 대한 투자를 지속적으로 확대하고 버스·지하철·경전철 등 대중교통수단을 확대하며, 자전거 등의 이용 및 연안해운을 활성화하여야 한다.

④ 정부는 온실가스와 대기오염을 최소화하고 교통체증으로 인한 사회적 비용을 획기적으로 줄이며 대도시·수도권 등에서의 교통체증을 근본적으로 해결하기 위하여 다음의 사항을 포함하는 교통수요관리대책을 마련하여야 한다.

1. 혼잡통행료 및 교통유발부담금 제도 개선
2. 버스·저공해차량 전용차로 및 승용차진입제한 지역 확대
3. 통행량을 효율적으로 분산시킬 수 있는 지능형교통정보시스템 확대·구축

6. 녹색건축물의 확대

① 정부는 에너지이용 효율 및 신·재생에너지의 사용비율이 높고 온실가스 배출을 최소화하는 건축물(이하 "녹색건축물"이라 한다)을 확대하기 위하여 녹색건축물 등급제 등의 정책을 수립·시행하여야 한다.

② 정부는 건축물에 사용되는 에너지소비량과 온실가스 배출량을 줄이기 위하여 대통령령으로 정하는 기준 이상의 건물에 대한 중장기 및 기간별 목표를 설정·관리하여야 한다.

③ 정부는 건축물의 설계·건설·유지관리·해체 등의 전 과정에서 에너지·자원 소비를 최소화하고 온실가스 배출을 줄이기 위하여 설계기준 및 허가·심의를 강화하는 등 설계·건설·유지관리·해체 등의 단계별 대책 및 기준을 마련하여 시행하여야 한다.

④ 정부는 기존 건축물이 녹색건축물로 전환되도록 에너지 진단 및 「에너지이용 합리화법」 제25조에 따른 에너지절약사업과 이를 통한 온실가스 배출을 줄이는 사업을 지속적으로 추진하여야 한다.

⑤ 정부는 신축되거나 개축되는 건축물에 대해서는 전력소비량 등 에너지의 소비량을 조절·절약할 수 있는 지능형 계량기를 부착·관리하도록 할 수 있다.

⑥ 정부는 중앙행정기관, 지방자치단체, 대통령령으로 정하는 공공기관 및 교육기관 등의 건축물이 녹색건축물의 선도적 역할을 수행하도록 시책을 적용하고 그 이행사항을 점검·관리하여야 한다.

⑦ 정부는 대통령령으로 정하는 일정 규모 이상의 신도시의 개발 또는 도시 재개발을 하는 경우에는 녹색건축물을 확대·보급하도록 노력하여야 한다.

⑧ 정부는 녹색건축물의 확대를 위하여 필요한 경우 대통령령으로 정하는 바에 따라 자금의 지원, 조세의 감면 등의 지원을 할 수 있다.

7. 친환경 농림수산의 촉진 및 탄소흡수원 확충

① 정부는 에너지 절감 및 바이오에너지 생산을 위한 농업기술을 개발하고, 기후변화에 대응하는 친환경 농산물 생산기술을 개발하여 화학비료·자재와 농약사용을 최대한 억제하고 친환경·유기농 농수산물 및 나무제품의 생산·유통 및 소비를 확산하여야 한다.

② 정부는 농지의 보전·조성 및 바다숲(대기의 온실가스를 흡수하기 위하여 바다 속에 조성하는 우뭇가사리 등의 해조류군을 말한다)의 조성 등을 통하여 탄소흡수원을 확충하여야 한다.

③ 정부는 산림의 보전 및 조성을 통하여 탄소흡수원을 대폭 확충하고, 산림바이오매스 활용을 촉진하여야 한다.

④ 정부는 기후변화에 적극 대응할 수 있는 신품종 개량 등을 통하여 식량자립도를 높일 수 있는 시책을 수립·시행하여야 한다.

8. 생태관광의 촉진 등

정부는 동·식물의 서식지, 생태적으로 우수한 자연환경자산, 지역의 특색 있는 문화자산 등을 조화롭게 보존·복원 및 이용하여 이를 관광자원화하고 지역경제를 활성화함으로써 생태관광을 촉진하고, 국민 모두가 생태체험·교육의 장으로 활용할 수 있도록 하여야 한다.

9. 녹색성장을 위한 생산·소비 문화의 확산

① 정부는 재화의 생산·소비·운반 및 폐기(이하 "생산등"이라 한다)의 전 과정에서 에너지와 자원을 절약하고 효율적으로 이용하며 온실가스와 오염물질의 발생을 줄일 수 있도록 관련 시책을 수립·시행하여야 한다.

② 정부는 재화 및 서비스의 가격에 에너지 소비량 및 탄소배출량 등이 합리적으로 연계·반영되고 그 정보가 소비자에게 정확하게 공개·전달될 수 있도록 하여야 한다.

③ 정부는 재화의 생산등의 전 과정에서 에너지와 자원의 사용량, 온실가스와 오염물질의 배출량 등을 분석·평가하고 그 결과에 관한 정보를 축적하여 이용할 수 있는 정보관리체계를 구축·운영할 수 있다.

④ 정부는 녹색제품의 사용·소비의 촉진 및 확산을 위하여 재화의 생산자와 판매자 등으로 하여금 그 재화의 생산등의 과정에서 발생되는 온실가스와 오염물질의 양에 대한 정보 또는 등급을 소비자가 쉽게 인식할 수 있도록 표시·공개하도록 하는 등의 시책을 수립·시행할 수 있다.

10. 녹색생활 운동의 촉진

① 정부는 국민 및 기업들이 녹색생활에 친숙할 수 있도록 하는 시책을 마련하고 지방자치단체·기업·민간단체 및 기구 등과 협력체계를 구축하며 교육·홍보를 강화하는 등 범국민적 녹색생활 운동을 적극 전개하여야 한다.
② 정부는 녹색생활 운동이 민간주도형의 자발적 실천운동으로 전개될 수 있도록 관련 민간단체 및 기구 등에 대하여 필요한 재정적·행정적 지원 등을 할 수 있다.

11. 녹색생활 실천의 교육·홍보

① 정부는 저탄소 녹색성장을 위한 교육·홍보를 확대함으로써 산업체와 국민 등이 저탄소 녹색성장을 위한 정책과 활동에 자발적으로 참여하고 일상생활에서 녹색생활 문화를 실천할 수 있도록 하여야 한다.
② 정부는 녹색생활 실천이 어릴 때부터 자연스럽게 이루어질 수 있도록 교과용 도서를 포함한 교재 개발 및 교원 연수 등 저탄소 녹색성장에 관한 학교교육을 강화하고 일반 교양교육, 직업교육, 기초평생교육 과정 등과 통합·연계한 교육을 강화하여야 한다.
③ 정부는 녹색생활 문화의 정착과 확산을 촉진하기 위하여 신문·방송·인터넷포털 등 대중매체를 통한 교육·홍보 활동을 강화하여야 한다.
④ 공영방송은 지구온난화에 따른 기후변화 및 에너지 관련 프로그램을 제작·방영하고 공익광고를 활성화하도록 적극 노력하여야 한다.

CHAPTER

07

보 칙

1. 자료제출 등의 요구

① 위원회는 직무 수행상 필요하다고 인정되는 경우 관계 중앙행정기관·지방자치단체·공공
기관의 장에게 저탄소 녹색성장에 관한 정보 또는 자료의 제출을 요구할 수 있다.

② 요구를 받은 관계 기관의 장은 국방상 또는 국가안전보장상 기밀을 요하는 사항 등 정당
한 사유가 없으면 이에 응하여야 한다.

2. 국제협력의 증진

① 정부는 외국 및 국제기구 등과 저탄소 녹색성장에 관한 정보교환, 기술협력 및 표준화, 공
동조사·연구 등의 활동에 참여하여 국제협력, 국외진출의 증진을 도모하기 위한 각종 시
책을 마련하도록 한다.

② 국가는 개발도상국가가 기후변화에 효과적으로 대응하고 지속가능발전을 촉진할 수 있
도록 재정 지원을 하는 등 국제사회의 기대에 맞는 국가적 책무를 성실히 이행하고 국가의
외교적 위상을 높일 수 있도록 노력하여야 한다.

③ 정부는 국제기구 및 관련 기관에서 발표하는 공신력 있는 기후변화대응 평가에 대한 국가
별 지수에서 우리나라의 위상 및 평가가 올라갈 수 있도록 기후변화대응을 적극 추진하고
국제협력을 강화하며 관련 정보를 충분히 제공하는 등 모든 노력을 기울여야 한다.

3. 국회 보고

① 정부는 녹색성장 국가전략을 수립하였을 때에는 지체없이 국회에 보고하여야 한다.
② 중앙행정기관의 장은 중앙추진계획을 수립하였을 때에는 지체없이 소관 상임위원회(또는 관련 특별위원회)에 보고하여야 하며, 그 이행결과를 다음 해 2월 말일까지 소관 상임위원회(또는 관련 특별위원회)에 보고하여야 한다.

4. 국가보고서의 작성

① 정부는 「기후변화에 관한 국제연합 기본협약」에서 정하는 바에 따라 국가보고서를 작성할 수 있다.
② 정부는 국가보고서를 작성하기 위하여 필요한 경우 관계 중앙행정기관의 장에게 자료의 제출을 요청할 수 있다. 이 경우 관계 중앙행정기관의 장은 특별한 사유가 없으면 요청에 따라야 한다.
③ 정부는 국가보고서를 「기후변화에 관한 국제연합 기본협약」의 당사국총회에 제출할 때에는 위원회의 심의를 거쳐야 한다.

5. 과태료

① 다음의 자에게는 1천만원 이하의 과태료를 부과한다.

> 1. 보고를 하지 아니하거나 거짓으로 보고한 자
> 2. 개선명령을 이행하지 아니한 자
> 3. 공개를 하지 아니한 자
> 4. 시정이나 보완 명령을 이행하지 아니한 자

★출제Point 1천만원 이하의 과태료 4가지 숙지

② 과태료는 대통령령으로 정하는 바에 따라 관계 행정기관의 장이 부과·징수한다.

전기사업법

CHAPTER 01

총 칙

1. 목 적

전기사업법은 전기사업에 관한 기본제도를 확립하고 전기사업의 경쟁을 촉진함으로써 전기 사업의 건전한 발전을 도모하고 전기사용자의 이익을 보호하여 국민경제의 발전에 이바지함을 목적으로 한다.

2. 용어의 정의

(1) 전기사업

전기사업이란 발전사업·송전사업·배전사업·전기판매사업 및 구역전기사업을 말한다.

(2) 전기사업자

전기사업자란 발전사업자·송전사업자·배전사업자·전기판매사업자 및 구역전기사업자를 말한다.

(3) 발전사업

발전사업이란 전기를 생산하여 이를 전력시장을 통하여 전기판매사업자에게 공급하는 것을 주된 목적으로 하는 사업을 말한다.

(4) 발전사업자

발전사업자란 발전사업의 허가를 받은 자를 말한다.

(5) 송전사업

송전사업이란 발전소에서 생산된 전기를 배전사업자에게 송전하는 데 필요한 전기설비를 설치·관리하는 것을 주된 목적으로 하는 사업을 말한다.

(6) 송전사업자

송전사업자란 송전사업의 허가를 받은 자를 말한다.

(7) 배전사업

배전사업이란 발전소로부터 송전된 전기를 전기사용자에게 배전하는 데 필요한 전기설비를 설치·운용하는 것을 주된 목적으로 하는 사업을 말한다.

(8) 배전사업자

배전사업자란 배전사업의 허가를 받은 자를 말한다.

(9) 전기판매사업

전기판매사업이란 전기사용자에게 전기를 공급하는 것을 주된 목적으로 하는 사업을 말한다.

(10) 전기판매사업자

전기판매사업자란 전기판매사업의 허가를 받은 자를 말한다.

(11) 구역전기사업

구역전기사업이란 3만5천㎾ 이하의 발전설비를 갖추고 특정한 공급구역의 수요에 맞추어 전기를 생산하여 전력시장을 통하지 아니하고 그 공급구역의 전기사용자에게 공급하는 것을 주된 목적으로 하는 사업을 말한다.

(12) 구역전기사업자

구역전기사업자란 구역전기사업의 허가를 받은 자를 말한다.

(13) 전력시장

전력시장이란 전력거래를 위하여 한국전력거래소가 개설하는 시장을 말한다.

(14) 전력계통

전력계통이란 전기의 원활한 흐름과 품질유지를 위하여 전기의 흐름을 통제·관리하는 체제를 말한다.

(15) 보편적 공급

보편적 공급이란 전기사용자가 언제 어디서나 적정한 요금으로 전기를 사용할 수 있도록 전기를 공급하는 것을 말한다.

(16) 전기설비

전기설비란 발전·송전·변전·배전 또는 전기사용을 위하여 설치하는 기계·기구·댐·수로·저수지·전선로·보안통신선로 및 그 밖의 설비(「댐건설 및 주변지역지원 등에 관한 법률」에 따라 건설되는 댐·저수지와 선박·차량 또는 항공기에 설치되는 것과 그 밖에 대통령령으로 정하는 것은 제외)로서 다음의 것을 말한다.

① 전기사업용전기설비
② 일반용전기설비
③ 자가용전기설비

> **시행령 제2조**(전기설비에서 제외하는 설비) ① 법 제2조 제16호에서 "선박·차량 또는 항공기에 설치되는 것"이란 해당 선박·차량 또는 항공기가 기능을 유지하도록 하기 위하여 설치되는 전기설비를 말한다.
>
> ② 법 제2조 제16호에서 "대통령령으로 정하는 것"이란 다음 각 호의 것을 말한다.
>
> 1. 전압 30볼트 미만의 전기설비로서 전압 30볼트 이상의 전기설비와 전기적으로 접속되어 있지 아니한 것
> 2. 「전기통신기본법」 제2조 제2호에 따른 전기통신설비. 다만, 전기를 공급하기 위한 수전설비는 제외한다.

(17) 전선로

전선로란 발전소·변전소·개폐소 및 이에 준하는 장소와 전기를 사용하는 장소 상호 간의 전선 및 이를 지지하거나 수용하는 시설물을 말한다.

(18) 전기사업용전기설비

전기사업용전기설비란 전기설비 중 전기사업자가 전기사업에 사용하는 전기설비를 말한다.

(19) 일반용전기설비

★출제Point 용어숙지 및 일반용 전기설비 정리

일반용전기설비란 산업통상자원부령으로 정하는 소규모의 전기설비로서 한정된 구역에서 전기를 사용하기 위하여 설치하는 전기설비를 말한다.

> **시행규칙 제3조**(일반용전기설비의 범위) ① 「전기사업법」(이하 "법"이라 한다) 제2조 제18호에 따른 일반용전기설비는 다음 각 호의 어느 하나에 해당하는 전기설비로 한다.
>
> 1. 전압 600볼트 이하로서 용량 75킬로와트(제조업 또는 심야전력을 이용하는 전기설비는 용량 100킬로와트) 미만의 전력을 타인으로부터 수전하여 그 수전장소(담·울타리 또는 그 밖의 시설물로 타인의 출입을 제한하는 구역을 포함한다. 이하 같다)에서 그 전기를 사용하기 위한 전기설비
> 2. 전압 600볼트 이하로서 용량 10킬로와트 이하인 발전기
>
> ② 제1항에도 불구하고 다음 각 호의 어느 하나에 해당하는 전기설비는 일반용전기설비로 보지 아니한다.

1. 자가용전기설비를 설치하는 자가 그 자가용전기설비의 설치장소와 동일한 수전장소에 설치하는 전기설비
2. 다음 각 목의 위험시설에 설치하는 용량 20킬로와트 이상의 전기설비
   ㉠ 「총포·도검·화약류 등 단속법」 제2조 제3항에 따른 화약류(장난감용 꽃불은 제외한다)를 제조하는 사업장
   ㉡ 「광산보안법 시행령」 제4조 제3항에 따른 갑종탄광
   ㉢ 「도시가스사업법」에 따른 도시가스사업장, 「액화석유가스의 안전관리 및 사업법」에 따른 액화석유가스의 저장·충전 및 판매사업장 또는 「고압가스 안전관리법」에 따른 고압가스의 제조소 및 저장소
   ㉣ 「위험물 안전관리법」 제2조 제1항 제3호 및 제5호에 따른 위험물의 제조소 또는 취급소
3. 다음 각 목의 여러 사람이 이용하는 시설에 설치하는 용량 20킬로와트 이상의 전기설비
   ㉠ 「공연법」 제2조 제4호에 따른 공연장
   ㉡ 「영화 및 비디오물의 진흥에 관한 법률」 제2조 제10호에 따른 영화상영관
   ㉢ 「식품위생법 시행령」에 따른 유흥주점·단란주점
   ㉣ 「체육시설의 설치·이용에 관한 법률」에 따른 체력단련장
   ㉤ 「유통산업발전법」 제2조 제3호 및 제6호에 따른 대규모점포 및 상점가
   ㉥ 「의료법」 제3조에 따른 의료기관
   ㉦ 「관광진흥법」에 따른 호텔
   ㉧ 「소방시설 설치유지 및 안전관리에 관한 법률 시행령」에 따른 집회장
   ③ 제1항 제1호에 따른 심야전력(이하 "심야전력"이라 한다)의 범위는 산업통상자원부장관이 정한다.

(20) 자가용전기설비

자가용전기설비란 전기사업용전기설비 및 일반용전기설비 외의 전기설비를 말한다.

(21) 안전관리

안전관리란 국민의 생명과 재산을 보호하기 위하여 전기사업법에서 정하는 바에 따라 전기설비의 공사·유지 및 운용에 필요한 조치를 하는 것을 말한다.

3. 정부 등의 책무

(1) 전력수급의 안정 등을 위한 종합적인 시책의 마련

산업통상자원부장관은 전기사업법의 목적을 달성하기 위하여 전력수급의 안정과 전력산업의 경쟁촉진 등에 관한 기본적이고 종합적인 시책을 마련하여야 한다.

(2) 전기의 안정적 공급을 위한 시책의 마련

특별시장·광역시장·도지사·특별자치도지사(이하 시·도지사) 및 시장·군수·구청장(자치구의 구청장)은 그 관할 구역의 전기사용자가 전기를 안정적으로 공급받기 위하여 필요한 시책을 마련하여야 하며, 산업통상자원부장관의 전력수급 안정을 위한 시책의 원활한 시행에 협력하여야 한다.

4. 전기사업자의 책무

(1) 전기사용자의 보호

전기사업자는 전기사용자의 이익을 보호하기 위한 방안을 마련하여야 한다.

(2) 환경보호

전기사업자는 전기설비를 설치하여 전기사업을 할 때에는 자연환경 및 생활환경을 적정하게 관리·보존하는 데 필요한 조치를 마련하여야 한다.

(3) 전기의 보편적 공급

① 전기의 보편적 공급의무: 전기사업자는 전기의 보편적 공급에 이바지할 의무가 있다.

② 전기의 보편적 공급 내용 결정 시 고려사항: 산업통상자원부장관은 다음의 사항을 고려하여 전기의 보편적 공급의 구체적 내용을 정한다.
   ㉠ 전기기술의 발전 정도
   ㉡ 전기의 보급 정도
   ㉢ 공공의 이익과 안전
   ㉣ 사회복지의 증진

CHAPTER

02

전기사업

저탄소 녹색성장의 추진

1. 사업의 허가

(1) 사업허가의 수수

① 전기사업을 하려는 자는 전기사업의 종류별로 산업통상자원부장관의 허가를 받아야 한다. 허가받은 사항 중 산업통상자원부령으로 정하는 중요 사항을 변경하려는 경우에도 또한 같다. 변경허가사항 숙지

> **시행규칙 제5조(변경허가사항 등)** ① 법 제7조 제1항 후단에서 "산업통상자원부령으로 정하는 중요 사항"이란 다음 각 호의 사항을 말한다.
> 1. 사업구역 또는 특정한 공급구역
> 2. 공급전압
> 3. 발전사업 또는 구역전기사업의 경우 발전용 전기설비에 관한 다음 각 목의 어느 하나에 해당하는 사항
>   ㉠ 설치장소(동일한 읍·면·동에서 설치장소를 변경하는 경우는 제외한다)
>   ㉡ 설비용량(변경 정도가 허가 또는 변경허가를 받은 설비용량의 100분의 10 이하인 경우는 제외한다)

ⓒ 원동력의 종류(허가 또는 변경허가를 받은 설비용량이 30만킬로와트 이상인 발전
　　용 전기설비에 「신에너지 및 재생에너지 개발·이용·보급 촉진법」 제2조에 따른
　　신·재생에너지를 이용하는 발전용 전기설비를 추가로 설치하는 경우는 제외한다)
　　② 법 제7조 제1항 후단에 따라 변경허가를 받으려는 자는 별지 제3호 서식의 사업허가
　　변경신청서에 변경내용을 증명하는 서류를 첨부하여 산업통상자원부장관 또는 시·도
　　지사에게 제출하여야 한다.

② 산업통상자원부장관은 전기사업을 허가 또는 변경허가를 하려는 경우에는 미리 전기위원
　회의 심의를 거쳐야 한다.

③ 동일인에게는 두 종류 이상의 전기사업을 허가할 수 없다. 다만, 대통령령으로 정하는 경우
　에는 예외로 한다.

　시행령 제3조(두 종류 이상의 전기사업의 허가) 법 제7조 제3항 단서에 따라 동일인이 두
　　종류 이상의 전기사업을 할 수 있는 경우는 다음 각 호와 같다.
　1. 배전사업과 전기판매사업을 겸업하는 경우
　2. 도서지역에서 전기사업을 하는 경우
　3. 「집단에너지사업법」 제48조에 따라 발전사업의 허가를 받은 것으로 보는 집단에너지사
　　업자가 전기판매사업을 겸업하는 경우. 다만, 같은 법 제9조에 따라 허가받은 공급구역에
　　전기를 공급하려는 경우로 한정한다.

④ 산업통상자원부장관은 필요한 경우 사업구역 및 특정한 공급구역별로 구분하여 전기사업
　의 허가를 할 수 있다. 다만, 발전사업의 경우에는 발전소별로 허가할 수 있다.

(2) 전기사업의 허가기준

① 전기사업을 적정하게 수행하는 데 필요한 재무능력 및 기술능력이 있을 것
② 전기사업이 계획대로 수행될 수 있을 것
③ 배전사업 및 구역전기사업의 경우 둘 이상의 배전사업자의 사업구역 또는 구역전기사업자
　의 특정한 공급구역 중 그 전부 또는 일부가 중복되지 아니할 것
④ 구역전기사업의 경우 특정한 공급구역의 전력수요의 50% 이상으로서 해당 특정한 공급구
　역의 전력수요의 60% 이상의 공급능력을 갖추고, 그 사업으로 인하여 인근 지역의 전기사
　용자에 대한 다른 전기사업자의 전기공급에 차질이 없을 것

⑤ 그 밖에 공익상 필요한 것으로서 발전사업에 있어서 다음의 기준에 적합할 것(세부기준은 산업통상자원부장관이 정하여 고시)

㉠ 발전소가 특정 지역에 편중되어 전력계통의 운영에 지장을 주지 아니할 것

㉡ 발전연료가 어느 하나에 편중되어 전력수급에 지장을 주지 아니할 것

(3) 사업허가의 신청

1) 서류의 제출

전기사업의 허가를 받으려는 자는 전기사업 허가신청서(전자문서로 된 신청서를 포함)에 다음의 서류(전자문서를 포함)를 첨부하여 산업통상자원부장관에게 제출하여야 한다. 다만, 발전설비용량이 3천kW 이하인 발전사업(발전설비용량이 200kW 이하인 발전사업은 제외)의 허가를 받으려는 자는 전기사업 허가신청서에 ①·⑥·⑦·⑨ 및 ⑫의 서류를 첨부하고, 발전설비용량이 200kW 이하인 발전사업의 허가를 받으려는 자는 전기사업 허가신청서에 ① 및 ⑤의 서류를 첨부하여 시·도지사에게 제출하여야 한다.

① 별표 1의 사업계획서 작성요령에 따라 작성한 사업계획서

② 사업개시 후 5년 동안의 연도별 예상사업손익산출서

③ 배전선로를 제외한 전기사업용전기설비의 개요서

④ 배전사업의 허가를 신청하는 경우에는 사업구역의 경계를 명시한 1/50,000 지형도

⑤ 구역전기사업의 허가를 신청하는 경우에는 특정한 공급구역의 위치 및 경계를 명시한 1/50,000 지형도

⑥ 발전사업 또는 구역전기사업의 허가를 신청하는 경우에는 송전관계 일람도

⑦ 발전사업 또는 구역전기사업의 허가를 신청하는 경우에는 발전원가명세서

⑧ 신용평가의견서(「신용정보의 이용 및 보호에 관한 법률」 제2조 제4호에 따른 신용정보업자가 거래신뢰도를 평가한 것을 말함) 및 재원 조달계획서

⑨ 전기설비의 운영을 위한 기술인력의 확보계획을 적은 서류

⑩ 신청인이 법인인 경우에는 그 정관 및 직전 사업연도 말의 대차대조표·손익계산서

⑪ 신청인이 설립 중인 법인인 경우에는 그 정관

⑫ 전기사업용 수력발전소 또는 원자력발전소를 설치하는 경우에는 발전용 수력의 사용에 대한 「하천법」 제33조 제1항의 허가 또는 발전용 원자로 및 관계시설의 건설에 대한 「원자력법」 제11조 제1항의 허가사실을 증명할 수 있는 허가서의 사본(허가신청 중인 경우에는 그 신청서의 사본)

2) 법인 등기사항증명서의 확인

허가신청을 받은 산업통상자원부장관 또는 시·도지사는 「전자정부법」 제36조 제1항에 따른 행정정보의 공동이용을 통하여 법인 등기사항증명서(법인인 경우만 해당)를 확인하여야 한다.

(4) 사업허가증의 발급

산업통상자원부장관 또는 시·도지사(발전설비용량이 3천kW 이하인 발전사업의 경우로 한정) 는 전기사업에 대한 허가(변경허가를 포함)를 하는 경우에는 사업허가증을 발급하여야 한다.

2. 결격사유

다음의 어느 하나에 해당하는 자는 전기사업의 허가를 받을 수 없다.

① 금치산자(피한정후견인) 또는 한정치산자(피성년후견인)
② 파산선고를 받고 복권되지 아니한 자
③ 「형법」 제172조의2(가스·전기 등 방류), 제173조(가스·전기 등 공급방해), 제173조의2(과실폭발성물건파열 등. 제172조 제1항(폭발성물건파열)의 죄를 범한 자는 제외], 제174조[미수범. 제172조의2 제1항(가스·전기 등 방류) 및 제173조 제1항(일반 가스·전기 등 공급방해)·제2항(공공용 가스·전기 등 공급방해)의 미수범만 해당] 및 제175조(예비·음모. 제172조의2 제1항 및 제173조 제1항·제2항의 죄를 범할 목적으로 예비 또는 음모한 자만 해당) 중 전기에 관한 죄를 짓거나 이 법을 위반하여 금고 이상의 실형을 선고받고 그 집행이 끝나거나(집행이 끝난 것으로 보는 경우를 포함) 집행이 면제된 날부터 2년이 지나지 아니한 자
④ ③에 규정된 죄를 지어 금고 이상의 형의 집행유예선고를 받고 그 유예기간 중에 있는 자
⑤ 전기사업의 허가가 취소된 후 2년이 지나지 아니한 자
⑥ ①부터 ⑤까지의 어느 하나에 해당하는 자가 대표자인 법인

★출제 Point 전기사업 허가 결격사유 6가지 숙지

3. 전기설비의 설치 및 사업의 개시 의무

(1) 사업의 개시 및 신고

① 전기사업자는 산업통상자원부장관이 지정한 준비기간에 사업에 필요한 전기설비를 설치

하고 사업을 시작하여야 한다.

② 전기사업자는 사업을 시작한 경우에는 지체 없이 그 사실을 산업통상자원부장관에게 신고하여야 한다. 이에 따라 사업개시의 신고를 하려는 자는 사업개시신고서를 산업통상자원부장관 또는 시·도지사(발전시설용량이 3천kW 이하인 발전사업의 경우로 한정)에게 제출하여야 한다.

(2) 준비기간

① 준비기간은 10년을 넘을 수 없다. 다만, 산업통상자원부장관이 정당한 사유가 있다고 인정하는 경우에는 준비기간을 연장할 수 있다.

② 산업통상자원부장관은 전기사업을 허가할 때 필요하다고 인정하면 전기사업별 또는 전기설비별로 구분하여 준비기간을 지정할 수 있다.

4. 사업의 양수 및 법인의 분할·합병

(1) 인가의 수수

① 전기사업자의 사업의 전부 또는 일부를 양수하거나 전기사업자인 법인의 분할이나 합병을 하려는 자는 산업통상자원부장관의 인가를 받아야 한다.

② 산업통상자원부장관은 인가를 하려는 경우에는 전기위원회의 심의를 거쳐야 한다.

③ 산업통상자원부장관은 인가를 하는 경우에는 산업통상자원부령으로 정하는 바에 따라 이를 공고하여야 한다.

④ 산업통상자원부장관은 인가를 하려는 경우 그 전기설비가 원자력발전소인 경우에는 원자력안전위원회와 협의하여야 한다.

(2) 사업의 양수 및 법인의 분할·합병에 대한 인가기준

전기사업자의 사업의 전부 또는 일부를 양수하거나 전기사업자인 법인의 분할이나 합병을 하려는 경우 그에 대한 인가기준은 다음과 같다.

① 전기사업의 허가기준에 적합할 것

② 양수 또는 분할·합병으로 인하여 전력수급에 지장을 주거나 전력의 품질이 낮아지는 등 공공의 이익을 현저하게 해칠 우려가 없을 것

(3) 사업의 양수 및 법인의 분할·합병 인가신청

1) 서류의 제출

사업의 양수 또는 법인의 분할·합병에 대한 인가를 받으려는 자는 사업양수 인가신청서 또는 법인합병(분할) 인가신청서에 다음의 서류를 첨부하여 산업통상자원부장관 또는 시·도지사(발전시설용량이 3천kW 이하인 발전사업의 경우로 한정)에게 제출하여야 한다.

① 양수이유서 또는 분할·합병이유서

② 분할계획서 또는 양수·합병에 관한 계약서의 사본

③ 양수에 필요한 자금총액 및 조달방법을 적은 서류(사업양수의 경우만 해당)

④ 분할·합병의 조건이 있는 경우에는 그 조건의 내용을 적은 서류

⑤ 양수인 또는 분할·합병 당사자의 어느 한쪽이 전기사업자 외의 법인인 경우에는 그 정관 및 직전 사업연도 말의 대차대조표와 손익계산서

⑥ 양수 또는 분할·합병으로 설립되거나 존속하게 되는 법인의 정관

⑦ 발전사업을 양수 또는 분할·합병하는 경우 기존 시설 또는 건설 중인 시설에 대하여 발전용 수력의 사용에 대한 「하천법」 제33조 제1항의 허가 또는 발전용 원자로 및 관계시설의 운영에 대한 「원자력법」 제21조의 허가사실을 증명할 수 있는 허가서의 사본

2) 법인 등기사항증명서의 확인

인가신청을 받은 산업통상자원부장관 또는 시·도지사는 「전자정부법」 제36조 제1항에 따른 행정정보의 공동이용을 통하여 법인 등기사항증명서(전기사업자 외의 법인인 경우만 해당)를 확인하여야 한다.

5. 사업의 승계 등

(1) 사업 승계인

★출제Point 전기사업자 지위승계 4 숙지

다음의 어느 하나에 해당하는 자는 전기사업자의 지위를 승계한다.

① 법인이 아닌 전기사업자가 사망한 경우에는 그 상속인

② 인가를 받아 전기사업자의 사업을 양수한 자

③ 법인인 전기사업자가 인가를 받아 합병한 경우 합병 후 존속하는 법인이나 합병으로 설립되는 법인

④ 법인인 전기사업자가 인가를 받아 법인을 분할한 경우 그 분할에 의하여 설립되는 법인

(2) 승계인의 결격사유

전기사업자의 지위 승계인에 관하여는 전기사업 허가의 결격사유에 관한 규정을 준용한다.

6. 사업허가의 취소 등

(1) 허가의 취소사유

★출제Point　취소와 반드시 취소 구분

산업통상자원부장관은 전기사업자가 다음의 어느 하나에 해당하는 경우에는 전기위원회의 심의를 거쳐 그 허가를 취소하거나 6개월 이내의 기간을 정하여 사업정지를 명할 수 있다. 다만, ①부터 ④까지의 어느 하나에 해당하는 경우에는 그 허가를 반드시 취소하여야 한다.

① 전기사업 허가 결격사유의 어느 하나에 해당하게 된 경우

② 준비기간에 전기설비의 설치 및 사업을 시작하지 아니한 경우

③ 원자력발전소를 운영하는 발전사업자(이하 원자력발전사업자)에 대한 외국인의 투자가 「외국인투자 촉진법」 제2조 제1항 제4호에 해당하게 된 경우

④ 거짓이나 그 밖의 부정한 방법으로 전기사업의 허가 또는 변경허가를 받은 경우

⑤ 인가를 받지 아니하고 전기사업의 전부 또는 일부를 양수하거나 법인의 분할이나 합병을 한 경우

⑥ 정당한 사유 없이 전기의 공급을 거부한 경우

⑦ 산업통상자원부장관의 인가 또는 변경인가를 받지 아니하고 전기설비를 이용하게 하거나 전기를 공급한 경우

⑧ 전기품질유지 관련 산업통상자원부장관의 명령을 위반한 경우

⑨ 금지행위 관련 산업통상자원부장관의 명령을 위반한 경우

⑩ 전기의 수급조절 관련 산업통상자원부장관의 명령을 위반한 경우

⑪ 전기사업용전기설비의 공사계획의 인가 또는 신고에 있어 인가를 받지 아니하거나 신고를 하지 아니한 경우

⑫ 산업통상자원부령의 규정을 위반하여 회계를 처리한 경우

⑬ 사업정지기간에 전기사업을 한 경우

(2) 유예기간

다음의 어느 하나에 해당하는 경우에는 그 사유가 발생한 날부터 6개월간은 허가취소 규정을 적용하지 아니한다.

① 전기사업자의 허가 결격사유에 어느 하나에 해당하는 자가 대표자인 법인
② 원자력발전사업자에 대한 외국인의 투자가 「외국인투자 촉진법」 제2조 제1항 제4호에 해당하게 된 경우
③ 전기사업자의 지위를 승계한 상속인이 전기사업자의 허가 결격사유 중 1)부터 5)까지의 어느 하나에 해당하는 경우

(3) 사업구역의 일부 감소

산업통상자원부장관은 배전사업자가 사업구역의 일부에서 허가받은 전기사업을 하지 아니하여 전기의 보편적 공급에 이바지할 의무를 위반한 사실이 인정되는 경우에는 그 사업구역의 일부를 감소시킬 수 있다.

(4) 과징금의 부과 및 납부

1) 과징금의 부과

① 산업통상자원부장관은 전기사업자가 허가의 취소사유 중 ⑤부터 ⑬까지의 어느 하나에 해당하는 경우로서 그 사업정지가 전기사용자 등에게 심한 불편을 주거나 그 밖에 공공의 이익을 해칠 우려가 있는 경우에는 사업정지명령을 갈음하여 5천만원 이하의 과징금을 부과할 수 있다.
② 산업통상자원부장관은 과징금을 부과할 때에는 그 위반행위의 종류와 과징금의 금액을 분명하게 적어 이를 납부할 것을 서면으로 통지하여야 한다.

2) 과징금의 납부

① 과징금 납부 통지를 받은 자는 30일 이내에 과징금을 산업통상자원부장관이 지정하는 수납기관에 내야 한다. 다만, 천재지변이나 그 밖의 부득이한 사유로 그 기간에 과징금을 낼 수 없을 때에는 그 사유가 없어진 날부터 7일 이내에 내야 한다.

② 과징금을 받은 수납기관은 과징금을 낸 자에게 영수증을 내줘야 한다.

③ 과징금의 수납기관은 과징금을 받았을 때에는 지체 없이 그 사실을 산업통상자원부장관에게 통보하여야 한다.

④ 과징금은 분할하여 낼 수 없다.

3) 체납처분에 따른 징수

산업통상자원부장관은 과징금을 내야 할 자가 납부기한까지 이를 내지 아니하면 국세 체납처분의 예에 따라 징수할 수 있다.

(5) 위반행위별 처분기준과 과징금의 금액

위반행위	해당 법조문	처분기준
① 법 제8조 각 호의 어느 하나에 해당하게 된 경우	법 제12조 제1항 제1호	허가취소
② 전기사업자가 법 제9조에 따른 준비기간에 전기설비의 설치 및 사업을 시작하지 아니한 경우	법 제12조 제1항 제2호	허가취소
③ 원자력발전소를 운영하는 발전사업자에 대한 외국인의 투자가 「외국인투자촉진법」 제2조 제1항 제4호에 해당하게 된 경우	법 제12조 제1항 제3호	허가취소
④ 거짓이나 그 밖의 부정한 방법으로 법 제7조 제1항에 따른 허가 또는 변경허가를 받은 경우	법 제12조 제1항 제4호	허가취소
⑤ 법 제10조 제1항에 따른 인가를 받지 아니하고 전기사업의 전부 또는 일부를 양수하거나 법인의 분할이나 합병을 한 경우	법 제12조 제1항 제5호	사업정지 6개월 또는 과징금 4천만원
⑥ 법 제14조를 위반하여 정당한 사유 없이 전기의 공급을 거부한 경우	법 제12조 제1항 제6호	사업정지 3개월 또는 과징금 2천만원
⑦ 법 제15조 제1항 또는 제16조 제1항을 위반하여 산업통상자원부장관의 인가 또는 변경인가를 받지 아니하고 전기설비를 이용하게 하거나 전기를 공급한 경우	법 제12조 제1항 제7호	사업정지 3개월 또는 과징금 2천만원
⑧ 법 제18조 제3항에 따른 산업통상자원부장관의 명령을 위반한 경우	법 제12조 제1항 제8호	사업정지 1개월 또는 과징금 1천만원

⑨ 법 제23조 제1항에 따른 산업통상자원부장관의 명령을 위반한 경우	법 제12조 제1항 제9호	사업정지 1개월 또는 과징금 1천만원
⑩ 법 제29조 제1항에 따른 산업통상자원부장관의 명령을 위반한 경우	법 제12조 제1항 제10호	사업정지 1개월 또는 과징금 1천만원
⑪ 법 제61조 제1항부터 제4항에 따른 인가 또는 신고를 하지 아니한 경우	법 제12조 제1항 제11호	사업정지 1개월 또는 과징금 1천만원
⑫ 법 제93조 제1항을 위반하여 회계를 처리한 경우	법 제12조 제1항 제12호	사업정지 1개월 또는 과징금 1천만원
⑬ 사업정지기간에 전기사업을 한 경우	법 제12조 제1항 제13호	허가취소 또는 과징금 4천만원

※ 위반행위의 동기, 위반의 정도 및 위반 횟수 등을 고려하여 위 표의 기준에 따른 업무정지의 기간 및 과징금 금액의 1/2의 범위에서 늘리거나 줄일 수 있다. 다만, 늘리는 경우에도 과징금의 총액이 5천만원을 초과할 수 없다.

★출제Point 과징금 금액 많은 순서대로 정리

(6) 청 문

산업통상자원부장관은 전기사업의 허가를 취소하려면 청문을 하여야 한다.

1. 전기공급의 의무

발전사업자 및 전기판매사업자는 정당한 사유 없이 전기의 공급을 거부하여서는 아니 된다.

> **시행규칙 제13조(전기의 공급을 거부할 수 있는 사유)** ① 법 제14조에 따라 발전사업자 및 전기판매사업자는 다음 각 호의 사유를 제외하고는 전기의 공급을 거부해서는 아니 된다.
>
> 1. 전기요금을 납기일까지 납부하지 아니한 전기사용자가 법 제16조에 따른 공급약관에서 정하는 기한까지 해당 요금을 내지 아니하는 경우
> 2. 전기의 공급을 요청하는 자가 불합리한 조건을 제시하거나 전기판매사업자의 정당한 조건에 따르지 아니하고 다른 방법으로 전기의 공급을 요청하는 경우
> 3. 전기사용자가 제18조에 따른 표준전압 또는 표준주파수 외의 전압 또는 주파수로 전기의 공급을 요청하는 경우
> 4. 발전용 전기설비의 정기적인 보수기간 중 전기의 공급을 요청하는 경우(발전사업자만 해당한다)
> 5. 전기를 대량으로 사용하려는 자가 다음 각 목에서 정하는 시기까지 전기판매사업자에게 미리 전기의 공급을 요청하지 아니하는 경우
>   ㉠ 용량 5천킬로와트(「건축법 시행령」 별표 1 제14호에 따른 업무시설 중 나목에 해당하는 경우에는 2천킬로와트) 이상 1만킬로와트 미만 : 사용 예정일 1년 전
>   ㉡ 용량 1만킬로와트 이상 10만킬로와트 미만 : 사용 예정일 2년 전
>   ㉢ 용량 10만킬로와트 이상 30만킬로와트 미만 : 사용 예정일 3년 전
>   ㉣ 용량 30만킬로와트 이상 : 사용 예정일 4년 전
> 6. 법 제66조 제1항 본문에 따른 전기설비의 사용전점검을 받지 아니하고 전기공급을 요청하는 경우
> 7. 법 제66조 제6항 또는 다른 법률에 따라 시·도지사 또는 그 밖의 행정기관의 장이 전기공급의 정지를 요청하는 경우
> 8. 재해나 그 밖의 비상사태로 인하여 전기공급이 불가능한 경우
> ② 전기를 대량으로 사용하려는 자가 전기판매사업자에게 미리 전기의 공급을 요청하는 경우에는 별지 제9호 서식의 전력수전예정통지서로 한다.

2. 송전·배전용 전기설비의 이용요금 등

(1) 인가의 수수

송전사업자 또는 배전사업자는 대통령령으로 정하는 바에 따라 전기설비의 이용요금과 그 밖의 이용조건에 관한 사항을 정하여 산업통상자원부장관의 인가를 받아야 한다. 이를 변경하려는 경우에도 또한 같다.

(2) 심 의

산업통상자원부장관은 인가를 하려는 경우에는 전기위원회의 심의를 거쳐야 한다.

3. 전기의 공급약관

(1) 기본공급약관의 인가

① 전기판매사업자는 대통령령으로 정하는 바에 따라 전기요금과 그 밖의 공급조건에 관한 약관(이하 기본공급약관)을 작성하여 산업통상자원부장관의 인가를 받아야 한다. 이를 변경하려는 경우에도 또한 같다.
② 산업통상자원부장관은 인가를 하려는 경우에는 전기위원회의 심의를 거쳐야 한다.

(2) 선택공급약관의 작성

전기판매사업자는 그 전기수요를 효율적으로 관리하기 위하여 필요한 범위에서 기본공급약관으로 정한 것과 다른 요금이나 그 밖의 공급조건을 내용으로 정하는 약관(이하 선택공급약관)을 작성할 수 있으며, 전기사용자는 기본공급약관을 갈음하여 선택공급약관으로 정한 사항을 선택할 수 있다.

(3) 공급약관의 비치·열람

전기판매사업자는 선택공급약관을 포함한 기본공급약관(이하 공급약관)을 시행하기 전에 영업소 및 사업소 등에 이를 갖춰 두고 전기사용자가 열람할 수 있게 하여야 한다.

(4) 공급약관에 따른 공급

전기판매사업자는 공급약관에 따라 전기를 공급하여야 한다.

4. 구역전기사업자와 전기판매사업자의 전력거래 등

(1) 전력거래

① 구역전기사업자는 사고나 그 밖에 산업통상자원부령으로 정하는 사유로 전력이 부족하거나 남는 경우에는 부족한 전력 또는 남는 전력을 전기판매사업자와 거래할 수 있다.

> **시행규칙 제17조의2(구역전기사업자와 전기판매사업자의 전력거래)** 법 제16조의2 제1항에서 "산업통상자원부령으로 정하는 사유"란 다음 각 호의 어느 하나에 해당하는 사유를 말한다.
> 1. 생산한 전력으로 특정한 공급구역의 수요에 미치지 못하거나 남는 경우
> 2. 발전기의 정기점검 및 보수
> 3. 법 제7조 제1항에 따른 허가를 받은 후 택지개발사업의 일정 변경 등 예상하지 못한 사유로 법 제9조에 따른 준비기간에 허가 받은 특정한 공급구역에서 전력수요가 발생하여 전력을 공급하는 것이 필요하다고 산업통상자원부장관이 인정한 경우

② 전기판매사업자는 정당한 사유 없이 거래를 거부하여서는 아니 된다.

(2) 보완공급약관의 인가

① 전기판매사업자는 거래에 따른 전기요금과 그 밖의 거래조건에 관한 사항을 내용으로 하는 약관(이하 보완공급약관)을 작성하여 산업통상자원부장관의 인가를 받아야 한다. 이를 변경하는 경우에도 또한 같다.
② 산업통상자원부장관은 인가를 하려는 경우에는 전기위원회의 심의를 거쳐야 한다.

5. 전기요금의 청구

전기판매사업자는 전기사용자에게 청구하는 전기요금청구서에 요금 명세를 항목별로 구분하여 명시하여야 한다.

6. 전기품질의 유지 등

(1) 전기품질의 유지

전기사업자는 산업통상자원부령으로 정하는 바에 따라 그가 공급하는 전기의 품질을 유지하여야 한다.

> **시행규칙 제18조(전기의 품질기준)** 법 제18조 제1항에 따라 전기사업자는 그가 공급하는 전기가 별표 3에 따른 표준전압·표준주파수 및 허용오차의 범위에서 유지되도록 하여야 한다.
>
> [별표 3] 표준전압·표준주파수 및 허용오차(제18조 관련)
>
> 1. 표준전압 및 허용오차
>
> | 표준전압 | 허용오차 |
> | --- | --- |
> | 110볼트 | 110볼트의 상하로 6볼트 이내 |
> | 220볼트 | 220볼트의 상하로 13볼트 이내 |
> | 380볼트 | 380볼트의 상하로 38볼트 이내 |
>
> 2. 표준주파수 및 허용오차
>
> | 표준주파수 | 허용오차 |
> | --- | --- |
> | 60헤르츠 | 60헤르츠 상하로 0.2헤르츠 이내 |
>
> 3. 비 고
> 제1호 및 제2호 외의 구체적인 품질유지 항목 및 그 세부기준은 산업통상자원부장관이 정하여 고시한다.

(2) 전기품질의 측정

전기사업자 및 한국전력거래소는 산업통상자원부령으로 정하는 바에 따라 전기품질을 측정하고 그 결과를 기록·보존하여야 한다.

> **시행규칙 제19조(전압 및 주파수의 측정)** ① 법 제18조 제2항에 따라 전기사업자 및 한국전력거래소는 다음 각 목의 사항을 매년 1회 이상 측정하여야 하며 측정 결과를 3년간 보존하여야 한다.
> 1. 발전사업자 및 송전사업자의 경우에는 전압 및 주파수

2. 배전사업자 및 전기판매사업자의 경우에는 전압

3. 한국전력거래소의 경우에는 주파수

② 전기사업자 및 한국전력거래소는 제1항에 따른 전압 및 주파수의 측정기준·측정방법 및 보존방법 등을 정하여 산업통상자원부장관에게 제출하여야 한다.

(3) 전기품질 유지를 위한 조치

산업통상자원부장관은 전기사업자가 공급하는 전기의 품질이 적합하게 유지되지 아니하여 전기사용자의 이익을 해친다고 인정하는 경우에는 전기위원회의 심의를 거쳐 그 전기사업자에게 전기설비의 수리 또는 개조, 전기설비의 운용방법의 개선, 그 밖에 필요한 조치를 할 것을 명할 수 있다.

7. 전력량계의 설치·관리

(1) 전력량계의 설치·관리자

다음의 자는 시간대별로 전력거래량을 측정할 수 있는 전력량계를 설치·관리하여야 한다.

① 발전사업자(대통령령으로 정하는 발전사업자는 제외)

시행령 제8조(전력량계 설치의 예외) 법 제19조 제1항 제1호에서 "대통령령으로 정하는 발전사업자"란 법 제31조 제1항 단서에 따라 전력거래를 하는 발전사업자를 말한다.

제19조(전력거래) ① 법 제31조 제1항 단서에서 "도서지역 등 대통령령으로 정하는 경우"란 다음 각 호의 경우를 말한다.

1. 한국전력거래소가 운영하는 전력계통에 연결되어 있지 아니한 도서지역에서 전력을 거래하는 경우

2. 「신에너지 및 재생에너지 개발·이용·보급 촉진법」 제2조 제5호에 따른 신·재생에너지발전사업자가 1천킬로와트 이하의 발전설비용량을 이용하여 생산한 전력을 거래하는 경우

② 자가용전기설비를 설치한 자(자기가 생산한 전력의 연간 총생산량의 50% 미만의 범위에서 전력을 거래하는 경우만 해당)

③ 구역전기사업자(특정한 공급구역의 수요에 부족하거나 남는 전력을 전력시장에서 거래하는 경우만 해당)

④ 배전사업자

⑤ 전력을 직접 구매하는 전기사용자

(2) 전력량계의 허용오차 등에 관한 사항

전력량계의 허용오차 등에 관한 사항은 산업통상자원부장관이 정한다.

8. 전기설비의 이용 제공 등

(1) 전기설비의 이용 제공

송전사업자 또는 배전사업자는 그 전기설비를 다른 전기사업자 또는 전력을 직접 구매하는 전기사용자에게 차별 없이 이용할 수 있도록 하여야 한다.

(2) 전기설비의 대여

① 전기사업자는 「국가정보화 기본법」 제51조 제2항에 따른 전기통신 선로설비(이하 전기통신선로설비)의 설치를 필요로 하는 자에게 전기설비를 대여할 수 있다.

② 전기사업자는 「국가정보화 기본법」 제51조 제4항에 따른 협의가 성립된 경우에는 그 협의 결과에 따라 같은 조 제3항에 따른 조정을 요청한 자에게 전기설비를 대여하여야 한다.

③ 전기설비를 대여받아 전기통신선로설비를 설치하는 자는 전기설비의 안전관리에 관한 기술기준을 준수하여야 한다.

9. 금지행위

(1) 금지행위의 내용

★출제Point 금지행위의 내용 6가지 정리

전기사업자는 전력시장에서의 공정한 경쟁을 해치거나 전기사용자의 이익을 해칠 우려가 있는 다음의 어느 하나의 행위를 하거나 제3자로 하여금 이를 하게 하여서는 아니 된다.

① 전력거래가격을 부당하게 높게 형성할 목적으로 발전소에서 생산되는 전기에 대한 거짓 자료를 한국전력거래소에 제출하는 행위

② 송전용 또는 배전용 전기설비의 이용을 제공할 때 부당하게 차별을 하거나 이용을 제공하는 의무를 이행하지 아니하는 행위 또는 지연하는 행위

③ 송전용 또는 배전용 전기설비의 이용을 제공함으로 인하여 알게 된 다른 전기사업자에 관한 정보를 이용하여 다른 전기사업자의 영업활동 또는 전기사용자의 이익을 부당하게 해치는 행위

④ 비용이나 수익을 부당하게 분류하여 전기요금이나 송전용 또는 배전용 전기설비의 이용요금을 부당하게 산정하는 행위

⑤ 전기사업자의 업무처리 지연 등 전기공급 과정에서 전기사용자의 이익을 현저하게 해치는 행위

⑥ 전력계통의 운영에 관한 한국전력거래소의 지시를 정당한 사유 없이 이행하지 아니하는 행위

(2) 금지행위의 유형 및 기준

① 전력거래가격을 부당하게 높게 형성할 목적으로 발전소에서 생산되는 전기에 대한 거짓 자료를 한국전력거래소에 제출하는 행위는 발전사업자가 발전기의 입찰가격, 가동능력 또는 기술특성에 관한 자료를 거짓으로 작성·제출하여 그 발전사업자가 공급하는 전력거래가격이 적정 가격을 초과하는 경우로 한다.

② 전력거래가격을 부당하게 높게 형성할 목적으로 발전소에서 생산되는 전기에 대한 거짓 자료를 한국전력거래소에 제출하는 행위는 전기의 안정적 공급에 대한 전문적·기술적인 사항에 관한 행위로서 다음의 어느 하나에 해당하는 행위로 한다.

㉠ 설비 이용에 관한 전기설비의 이용자와의 협의를 부당하게 지연하거나 기피하는 행위
㉡ 전기설비의 이용요금 또는 이용조건을 이용자 간에 부당하게 차별하는 행위
㉢ 전기설비의 이용 제공을 정당한 이유 없이 거부하거나 지연하는 행위
㉣ 이용을 제공하고 있는 전기설비의 유지 및 보수 등을 정당한 이유 없이 거절하는 행위
㉤ ㉠부터 ㉣까지에 준하여 전기설비의 이용 제공을 부당하게 차별하거나 이용 제공 의무를 지연 또는 기피하는 행위로서 산업통상자원부령으로 정하는 행위

③ 송전용 또는 배전용 전기설비의 이용을 제공함으로 인하여 알게 된 다른 전기사업자에 관

한 정보를 이용하여 다른 전기사업자의 영업활동 또는 전기사용자의 이익을 부당하게 해치는 행위는 다음의 어느 하나에 해당하는 행위로 한다.

㉠ 전기설비의 이용 제공을 통하여 알게 된 정보를 해당 전기사업자의 동의 없이 제3자에게 제공함으로써 그 전기사업자의 영업활동 또는 전기사용자의 이익을 침해하는 행위

㉡ 전기설비의 이용 제공을 통하여 알게 된 정보를 이용하여 해당 전기사업자의 전기설비 이용요금의 산정에 불이익을 주는 행위

㉢ ㉠ 및 ㉡에 준하여 다른 전기사업자에 관한 정보를 이용하여 다른 전기사업자의 영업활동 또는 전기사용자의 이익을 부당하게 침해하는 행위로서 산업통상자원부령으로 정하는 행위

④ 비용이나 수익을 부당하게 분류하여 전기요금이나 송전용 또는 배전용 전기설비의 이용요금을 부당하게 산정하는 행위는 다음의 어느 하나에 해당하는 행위로 한다.

㉠ 기업회계기준 등을 위반하여 전기요금 또는 전기설비의 이용요금을 산정하는 행위

㉡ 전기사업과 다른 사업을 겸업하거나 복수(複數)의 전기사업을 하는 경우로서 다른 사업에의 보조금 지급 등의 수단을 통하여 부당한 전기요금 또는 전기설비의 이용요금을 산정하는 행위

㉢ ㉠ 및 ㉡에 준하여 전기요금 또는 전기설비의 이용요금을 부당하게 산정하는 행위로서 산업통상자원부령으로 정하는 행위

⑤ 전기사업자의 업무처리 지연 등 전기공급 과정에서 전기사용자의 이익을 현저하게 해치는 행위는 다음의 어느 하나에 해당하는 행위로 한다.

㉠ 정당한 이유 없이 전기공급을 거부하거나 전기공급을 정지하는 행위

㉡ 전기사용자로부터 전기공급에 관한 업무처리를 요청받은 경우 정당한 이유 없이 지연하는 행위

㉢ 공급약관을 위반하거나 공급약관에 규정되지 아니한 방식으로 전기를 공급하는 행위

㉣ 정당한 이유 없이 전기사용자를 차별하여 전기사용자에게 불이익을 주는 행위

㉤ ㉠부터 ㉣까지에 준하여 전기사용자의 이익을 현저하게 해치는 행위로서 산업통상자원부령으로 정하는 행위

⑥ 전력계통의 운영에 관한 한국전력거래소의 지시를 정당한 사유 없이 이행하지 아니하는 행위는 다음의 어느 하나에 해당하는 행위로 한다.

㉠ 발전사업자·송전사업자 또는 배전사업자가 한국전력거래소의 전력계통의 운영에 관한 지시를 정당한 이유 없이 이행하지 아니하는 행위

㉡ 전력계통의 운영업무를 수행하는 송전사업자 또는 배전사업자가 해당 전력계통의 운영에 관한 한국전력거래소의 지시를 기간 내에 이행하지 아니하는 행위

(3) 금지행위에 대한 조치

① 산업통상자원부장관은 전기사업자가 금지행위를 한 것으로 인정하는 경우에는 전기위원회의 심의를 거쳐 전기사업자에게 다음의 어느 하나의 조치를 명할 수 있다.

  ㉠ 송전용 또는 배전용 전기설비의 이용 제공
  ㉡ 내부 규정 등의 변경
  ㉢ 정보의 공개
  ㉣ 금지행위의 중지
  ㉤ 금지행위를 하여 시정조치를 명령받은 사실에 대한 공표
  ㉥ 공급약관 또는 계약조건의 변경, 임직원의 징계

② 산업통상자원부장관의 명령을 받은 전기사업자는 산업통상자원부장관이 정한 기간에 이를 이행하여야 한다. 다만, 산업통상자원부장관은 천재지변이나 그 밖의 부득이한 사유로 전기사업자가 그 기간에 명령을 이행할 수 없다고 인정되는 경우에는 그 이행기간을 연장할 수 있다.

(4) 금지행위에 대한 과징금의 부과 · 징수

① 산업통상자원부장관은 전기사업자가 금지행위를 한 경우에는 전기위원회의 심의를 거쳐 대통령령으로 정하는 바에 따라 그 전기사업자의 매출액의 5/100의 범위에서 과징금을 부과 · 징수할 수 있다. 다만, 매출액이 없거나 매출액의 산정이 곤란한 경우로서 대통령령으로 정하는 경우에는 10억원 이하의 과징금을 부과 · 징수할 수 있다.

② 과징금의 상한액 및 부과기준

  ㉠ 과징금 부과 위반행위의 종류 및 과징금 상한액

위반행위	근거 법조문	과징금 상한액
㉮ 법 제33조에 따른 전력거래가격을 부당하게 높게 형성할 목적으로 발전소에서 생산되는 전기에 대한 거짓 자료를 한국전력거래소에 제출하는 행위	법 제21조 제1항 제1호	매출액의 4/100
㉯ 송전용 또는 배전용 전기설비의 이용을 제공할 때 부당하게 차별을 하거나 이용을 제공하는 의무를 이행하지 않는 행위 또는 지연하는 행위	법 제21조 제1항 제2호	매출액의 2/100

㉰ 송전용 또는 배전용 전기설비의 이용을 제공함으로 인하여 알게 된 다른 전기사업자에 관한 정보를 이용하여 다른 전기사업자의 영업활동 또는 전기사용자의 이익을 부당하게 해치는 행위	법 제21조 제1항 제3호	매출액의 4/100
㉱ 비용이나 수익을 부당하게 분류하여 전기요금이나 송전용 또는 배전용 전기설비의 이용요금을 부당하게 산정하는 행위	법 제21조 제1항 제4호	매출액의 4/100
㉲ 전기사업자의 업무처리 지연 등 전기공급 과정에서 전기사용자의 이익을 현저하게 해치는 행위	법 제21조 제1항 제5호	매출액의 1/100
㉳ 전력계통의 운영에 관한 한국전력거래소의 지시를 정당한 사유 없이 이행하지 않는 행위	법 제21조 제1항 제6호	매출액의 4/100

★출제Point 과징금 부과 금액 많은 순서대로 정리

ⓛ 과징금 금액 결정 시 고려사항 : 산업통상자원부장관은 상한액의 범위에서 구체적으로 과징금의 금액을 정할 때에는 다음의 사유를 모두 고려하여야 한다.
　㉮ 위반행위의 내용 및 정도
　㉯ 위반행위의 기간 및 횟수
　㉰ 위반행위로 인하여 취득한 경제적 이익의 규모
　㉱ 금지행위에 대한 조치 또는 과징금을 부과받은 횟수

③ 과징금의 부과 및 납부
　㉠ 산업통상자원부장관은 과징금을 부과하려는 경우에는 해당 위반행위를 조사·확인한 후 위반행위의 종류와 해당 과징금의 금액 등을 구체적으로 밝혀 이를 낼 것을 통지하여야 한다.
　㉡ 통지를 받은 자는 통지를 받은 날부터 30일 이내에 과징금을 산업통상자원부장관이 지정하는 수납기관에 내야 한다. 다만, 천재지변이나 그 밖의 부득이한 사유로 그 기간에 과징금을 낼 수 없을 때에는 그 사유가 없어진 날부터 7일 이내에 내야 한다.
　㉢ 과징금을 받은 수납기관은 납부자에게 영수증을 발급하여야 한다.
　㉣ 과징금의 수납기관은 과징금을 받았을 때에는 지체 없이 그 사실을 산업통상자원부장관에게 통보하여야 한다.
　㉤ 과징금은 분할하여 낼 수 없다.

④ 체납처분에 따른 징수 : 산업통상자원부장관은 과징금을 내야 할 자가 납부기한까지 이를 내지 아니하면 국세 체납처분의 예에 따라 징수할 수 있다.

10. 사실조사 등

(1) 사실조사

산업통상자원부장관은 공공의 이익을 보호하기 위하여 필요하다고 인정되거나 전기사업자가 금지행위를 한 것으로 인정되는 경우에는 전기위원회 소속 공무원으로 하여금 이를 확인하기 위하여 필요한 조사를 하게 할 수 있다.

(2) 출입·조사 등

① 산업통상자원부장관은 사실조사를 위하여 필요한 경우에는 전기사업자에게 필요한 자료나 물건의 제출을 명할 수 있으며, 대통령령으로 정하는 바에 따라 전기위원회 소속 공무원으로 하여금 전기사업자의 사무소와 사업장 또는 전기사업자의 업무를 위탁받아 취급하는 자의 사업장에 출입하여 장부·서류나 그 밖의 자료 또는 물건을 조사하게 할 수 있다.
② 산업통상자원부장관은 장부·서류나 그 밖의 자료 또는 물건을 조사를 하는 경우에는 조사 7일 전까지 조사 일시, 조사 이유 및 조사 내용 등을 포함한 조사계획을 조사대상자에게 알려야 한다. 다만, 긴급한 경우나 사전에 알리면 증거인멸 등으로 조사목적을 달성할 수 없다고 인정하는 경우에는 그러하지 아니하다.
③ 사업장에 출입·조사하는 자는 그 권한을 표시하는 증표를 지니고 이를 관계인에게 내보여야 하며, 조사 시 그 조사의 일시·목적 등을 기록한 서류를 관계인에게 내주어야 한다.

11. 구역전기사업자에 대한 준용

구역전기사업자에 관하여는 제14조(전기공급의 의무), 제15조(송전·배전용 전기설비의 이용요금 등) 제16조(전기의 공급약관)까지, 제17조(전기요금의 청구) 및 제20조 제1항(전기설비의 이용 제공)을 준용한다.

CHAPTER
03

전력수급의 안정

1. 전력수급기본계획의 수립

(1) 전력수급기본계획의 수립·공고

산업통상자원부장관은 전력수급의 안정을 위하여 전력수급기본계획(이하 기본계획)을 수립하고 공고하여야 한다. 기본계획을 변경하는 경우에도 또한 같다.

(2) 기본계획의 내용 ★출제Point 기본계획의 내용 5 숙지

① 전력수급의 기본방향에 관한 사항
② 전력수급의 장기전망에 관한 사항
③ 전기설비 시설계획에 관한 사항
④ 전력수요의 관리에 관한 사항
⑤ 그 밖에 전력수급에 관하여 필요하다고 인정하는 사항

(3) 자료 제출의 요구

산업통상자원부장관은 기본계획의 수립을 위하여 필요한 경우에는 전기사업자, 한국전력거래소, 그 밖에 대통령령으로 정하는 관계 기관 및 단체에 관련 자료의 제출을 요구할 수 있다.

시행령 제16조(자료제출 대상기관) 법 제25조 제3항에서 "대통령령으로 정하는 관계 기관 및 단체"란 다음 각 호에 해당하는 자를 말한다.

1. 법 제48조에 따른 전력산업기반기금(이하 "기금"이라 한다)을 사용하는 자
2. 「에너지이용 합리화법」 제45조에 따른 에너지관리공단
3. 「신에너지 및 재생에너지 개발·이용·보급 촉진법」 제31조 제1항에 따른 신·재생에 너지센터
4. 「과학기술분야 정부출연연구기관 등의 설립·운영 및 육성에 관한 법률」 제2조 제1호 에 따른 과학기술분야 정부출연연구기관 중 전력산업 관련 연구기관
5. 「공공기관의 운영에 관한 법률」에 따른 공공기관으로서 산업통상자원부장관이 정하 여 고시하는 기관
6. 자가용전기설비를 설치한 자 및 전력산업 관련 단체

2. 전기설비의 시설계획 등의 신고

전기사업자는 대통령령으로 정하는 바에 따라 전기설비의 시설계획 및 전기공급계획을 작성하여 산업통상자원부장관에게 신고하여야 한다. 신고한 사항을 변경하는 경우에도 또한 같다.

3. 송전사업자 등의 책무

(1) 설비의 구비 및 유지·관리

송전사업자·배전사업자 및 구역전기사업자는 전기의 수요·공급의 변화에 따라 전기를 원활하게 송전 또는 배전할 수 있도록 적합한 설비를 갖추고 이를 유지·관리하여야 한다.

(2) 송전용 전기설비 등의 기준

송전사업자·배전사업자 및 구역전기사업자가 전기의 수요·공급의 변화에 따라 전기를 원활하게 송전 또는 배전을 할 수 있도록 갖추어야 할 설비에 관한 기준은 산업통상자원부장관이 정하여 고시한다.

4. 원자력발전연료의 제조·공급계획

원자력발전연료를 원자력발전사업자에게 제조·공급하려는 자는 대통령령으로 정하는 바에 따라 장기적인 원자력발전연료의 제조·공급계획을 작성하여 산업통상자원부장관의 승인을 받아야 한다. 승인받은 사항을 변경하려는 경우에도 또한 같다.

5. 전기의 수급조절 등

(1) 비상사태 발생 시의 조치

산업통상자원부장관은 천재지변, 전시·사변, 경제사정의 급격한 변동, 그 밖에 이에 준하는 사태가 발생하여 공공의 이익을 위하여 특히 필요하다고 인정하는 경우에는 전기사업자 또는 자가용전기설비를 설치한 자에게 다음의 어느 하나에 해당하는 사항을 명할 수 있다.

① 특정한 전기판매사업자 또는 구역전기사업자에 대한 전기의 공급
② 특정한 전기사용자에 대한 전기의 공급
③ 특정한 전기판매사업자·구역전기사업자 또는 전기사용자에 대한 송전용 또는 배전용 전기설비의 이용 제공

★출제 Point 비상사태 발생 시의 조치 3가지 숙지

(2) 당사자 간의 협의

위의 명령이 있는 경우 당사자 간에 지급 또는 수령할 금액과 그 밖에 필요한 사항에 관하여는 당사자 간의 협의에 따른다.

(3) 손실보상

산업통상자원부장관은 위의 명령에 따라 전기사업자 또는 자가용전기설비를 설치한 자가 손실을 입은 경우에는 정당한 보상을 하여야 한다.

CHAPTER
04

전력시장

01 전력시장의 구성

1. 전력거래

(1) 전력시장에서의 거래

발전사업자 및 전기판매사업자는 전력시장운영규칙으로 정하는 바에 따라 전력시장에서 전력거래를 하여야 한다. 다만, 다음의 경우에는 예외로 한다.

① 한국전력거래소가 운영하는 전력계통에 연결되어 있지 아니한 도서지역에서 전력을 거래하는 경우
② 「신에너지 및 재생에너지 개발·이용·보급 촉진법」 제2조 제5호에 따른 신·재생에너지발전사업자가 1천㎾ 이하의 발전설비용량을 이용하여 생산한 전력을 거래하는 경우

(2) 자가용전기설비 설치자의 전력거래 금지

자가용전기설비를 설치한 자는 그가 생산한 전력을 전력시장에서 거래할 수 없다. 다만, 자기가 생산한 전력의 연간 총생산량의 50% 미만의 범위에서 전력을 거래하는 경우에는 예외로 한다.

(3) 구역전기사업자의 전력거래

구역전기사업자는 다음의 어느 하나에 해당하는 전력을 전력시장에서 거래할 수 있다.

① 허가받은 공급능력으로 해당 특정한 공급구역의 수요에 부족하거나 남는 전력

② 발전기의 고장, 정기점검 및 보수 등으로 인하여 해당 특정한 공급구역의 수요에 부족한 전력

③ 지역냉난방사업을 하는 자로서 15만kW 이하의 발전설비용량을 갖춘 자가 산업통상자원부령으로 정하는 기간(매년 6월 1일부터 9월 30일까지) 동안 해당 특정한 공급구역의 열 수요가 감소함에 따라 발전기 가동을 단축하는 경우 생산한 전력으로는 해당 특정한 공급구역의 수요에 부족한 전력

(4) 전기판매사업자의 우선 구매   ★출제Point 전기판매사업자의 우선 구매 5 숙지

전기판매사업자는 다음의 어느 하나에 해당하는 자가 생산한 전력을 전력시장운영규칙으로 정하는 바에 따라 우선적으로 구매할 수 있다.

① 설비용량이 2만kW 이하인 발전사업자

② 자가용전기설비를 설치한 자(자기가 생산한 전력의 연간 총생산량의 50% 미만의 범위에서 전력을 거래하는 경우만 해당)

③ 「신에너지 및 재생에너지 개발·이용·보급 촉진법」 제2조 제1호에 따른 신·재생에너지를 이용하여 전기를 생산하는 발전사업자

④ 「집단에너지사업법」 제48조에 따라 발전사업의 허가를 받은 것으로 보는 집단에너지사업자

⑤ 수력발전소를 운영하는 발전사업자

(5) 전력거래 절차 등의 고시

발전사업자, 전기판매사업자 및 자가용전기설비를 설치한 자 간의 전력거래 절차와 그 밖에 필요한 사항은 산업통상자원부장관이 정하여 고시한다.

2. 전력의 직접 구매

전기사용자는 전력시장에서 전력을 직접 구매할 수 없다. 다만, 수전설비(受電設備)의 용량이 3만kVA 이상인 전기사용자는 예외로 한다.

3. 전력거래의 가격 및 정산

(1) 전력의 거래가격

전력시장에서 이루어지는 전력의 거래가격(이하 전력거래가격)은 시간대별로 전력의 수요와 공급에 따라 결정되는 가격으로 한다.

(2) 전력거래의 정산

전력거래의 정산은 전력거래가격을 기초로 하며, 구체적인 정산방법은 전력시장운영규칙에 따른다.

4. 차액계약

발전사업자는 전기판매사업자, 전력을 구매하는 구역전기사업자 또는 전력을 직접 구매하는 전기사용자와 전력거래가격의 변동으로 인하여 발생하는 위험을 줄이기 위하여 일정한 기준가격을 설정하고 그 기준가격과 전력거래가격 간의 차액 보전(補塡)에 관한 것을 내용으로 하는 계약을 체결할 수 있다.

02 한국전력거래소

1. 한국전력거래소의 설립

전력시장 및 전력계통의 운영을 위하여 한국전력거래소를 설립한다. 한국전력거래소는 법인으로 하며, 주된 사무소의 소재지에서 설립등기를 함으로써 성립한다. 한국전력거래소의 주된 사무소는 정관으로 정한다.

2. 한국전력거래소의 업무

(1) 업무의 내용

★출제 Point 한국전력거래소업무 9 숙지

① 전력시장의 개설·운영에 관한 업무
② 전력거래에 관한 업무
③ 회원의 자격 심사에 관한 업무
④ 전력거래대금 및 전력거래에 따른 비용의 청구·정산 및 지불에 관한 업무
⑤ 전력거래량의 계량에 관한 업무
⑥ 전력시장운영규칙 등 관련 규칙의 제정·개정에 관한 업무
⑦ 전력계통의 운영에 관한 업무
⑧ 전기품질의 측정·기록·보존에 관한 업무
⑨ 그 밖에 ①부터 ⑧까지의 업무에 딸린 업무

(2) 업무의 위탁

한국전력거래소는 업무 중 일부를 다른 기관 또는 단체에 위탁하여 처리하게 할 수 있다.

(3) 회계의 구분 처리

한국전력거래소는 그가 수행하는 업무의 성격이 서로 다른 분야에 대하여는 회계를 구분하여 처리할 수 있다.

3. 정관의 기재사항

한국전력거래소의 정관에는 「공공기관의 운영에 관한 법률」 제16조 제1항에 따른 기재사항 외에 다음의 사항이 포함되어야 한다.

① 자산에 관한 사항
② 회원에 관한 사항
③ 회원의 보증금에 관한 사항
④ 회원의 지분 양도 및 반환에 관한 사항

4. 다른 법률과의 관계

한국전력거래소에 대하여 전기사업법 및 「공공기관의 운영에 관한 법률」에 규정된 것을 제외하고는 「민법」 중 사단법인에 관한 규정(같은 법 제39조는 제외)을 준용한다. 이 경우 사단법인의 "사원"·"사원총회"와 "이사 또는 감사"는 각각 한국전력거래소의 "회원"·"회원총회"와 "임원"으로 본다.

5. 회원의 자격

한국전력거래소의 회원은 다음의 자로 한다.

① 전력시장에서 전력거래를 하는 발전사업자
② 전기판매사업자
③ 전력시장에서 전력을 직접 구매하는 전기사용자
④ 전력시장에서 전력거래를 하는 자가용전기설비를 설치한 자
⑤ 전력시장에서 전력거래를 하는 구역전기사업자
⑥ 전력시장에서 전력거래를 하지 아니하는 자 중 한국전력거래소의 정관으로 정하는 요건을 갖춘 자

★출제Point 한국전력거래소 회원 6 숙지

6. 한국전력거래소의 운영경비

(1) 운영경비의 재원

한국전력거래소의 운영에 필요한 경비는 다음의 재원으로 충당한다.

① 회원의 회비
② 전력거래에 대한 수수료
③ 회원 또는 회원이 아닌 자의 출연금 및 회원의 출자금
④ 금융기관에 자산을 예치하여 발생하는 이자수입

(2) 전력거래에 대한 수수료 신고

한국전력거래소는 대통령령으로 정하는 바에 따라 전력거래에 대한 수수료를 정하여 산업통상자원부장관에게 신고하여야 한다.

7. 정보의 공개

한국전력거래소는 대통령령으로 정하는 바에 따라 전력거래량, 전력거래가격 및 전력수요 전망 등 전력시장에 관한 정보를 방송, 통신, 일간신문 또는 전력 관련 전문잡지에 게재하여 공개하여야 한다.

8. 임직원의 비밀누설 금지 등

한국전력거래소의 임직원은 그 직무와 관련하여 알게 된 비밀을 누설 또는 도용하거나 다른 사람으로 하여금 이용하게 하여서는 아니 된다. 이러한 비밀누설 등의 금지의무는 한국전력거래소의 업무를 위탁받은 기관 또는 단체의 임직원에 관하여 준용한다.

9. 전력시장운영규칙

(1) 전력시장운영규칙의 제정

한국전력거래소는 전력시장 및 전력계통의 운영에 관한 규칙(이하 전력시장운영규칙)을 정하여야 한다.

(2) 승 인

① 한국전력거래소는 전력시장운영규칙을 제정·변경 또는 폐지하려는 경우에는 산업통상자원부장관의 승인을 받아야 한다.

② 산업통상자원부장관은 승인을 하려면 전기위원회의 심의를 거쳐야 한다.

(3) 전력시장운영규칙의 내용

> ① 전력거래방법에 관한 사항
> ② 전력거래의 정산·결제에 관한 사항
> ③ 전력거래의 정보공개에 관한 사항
> ④ 전력계통의 운영 절차와 방법에 관한 사항
> ⑤ 전력량계의 설치 및 계량 등에 관한 사항
> ⑥ 전력거래에 관한 분쟁조정에 관한 사항
> ⑦ 그 밖에 전력시장의 운영에 필요하다고 인정되는 사항

★출제Point 전력시장운영규칙의 내용 7 숙지

10. 전력시장에의 참여자격

한국전력거래소의 회원이 아닌 자는 전력시장에서 전력거래를 하지 못한다.

11. 전력계통의 운영방법

(1) 전기사업자에 대한 지시

① 한국전력거래소는 전기사업자에게 전력계통의 운영을 위하여 필요한 지시를 할 수 있다. 이 경우 발전사업자에 대한 지시는 전력시장에서 결정된 발전의 우선순위에 따라 하여야 한다.

② 한국전력거래소는 전력계통의 운영을 위하여 필요하다고 인정하면 발전의 우선순위와 다르게 지시를 할 수 있다. 이 경우 변경된 지시는 객관적으로 공정한 기준에 따라 결정되어야 한다.

(2) 전력계통 운영업무의 일부 수행

산업통상자원부장관은 송전사업자 또는 배전사업자에게 154kV 이하의 송전선로 또는 배전선로에 대한 전력계통의 운영에 관한 업무 중 일부를 수행하게 할 수 있다. 이 경우 업무의 범위 등에 관하여 필요한 사항은 산업통상자원부장관이 정하여 고시한다.

12. 긴급사태에 대한 처분

(1) 전력거래의 정지·제한 등의 조치

산업통상자원부장관은 천재지변, 전시·사변, 경제사정의 급격한 변동, 그 밖에 이에 준하는 사태가 발생하여 전력시장에서 전력거래가 정상적으로 이루어질 수 없다고 인정하는 경우에는 전력시장에서의 전력거래의 정지·제한이나 그 밖에 필요한 조치를 할 수 있다.

(2) 조치의 해제

산업통상자원부장관은 전력거래의 정지·제한 등의 조치를 한 후 그 사유가 없어졌다고 인정되는 경우에는 지체 없이 해제하여야 한다.

CHAPTER
05

전력산업의 기반조성

1. 전력산업기반조성계획의 수립 등

(1) 전력산업기반조성계획의 수립·시행

① 산업통상자원부장관은 전력산업의 지속적인 발전과 전력수급의 안정을 위하여 전력산업의 기반조성을 위한 계획(이하 전력산업기반조성계획)을 수립·시행하여야 한다.

② 전력산업기반조성계획은 3년 단위로 수립·시행한다.

③ 산업통상자원부장관은 전력산업기반조성계획을 수립하려는 경우에는 전력정책심의회의 심의를 거쳐야 한다. 이를 변경하려는 경우에도 또한 같다.

④ 산업통상자원부장관은 전력산업기반조성계획을 수립할 때에는 「석탄산업법」 제3조에 따른 석탄산업장기계획에서의 석탄 사용량과, 발전연료로 석탄을 사용하는 발전사업자에 대한 전력거래 가격 및 발전에 따른 비용과의 차액 보전 방안 등을 반영하여야 한다.

(2) 전력산업기반조성계획의 내용

① 전력산업발전의 기본방향에 관한 사항

② 전력산업기반기금 사용 사업에 관한 사항

③ 전력산업전문인력의 양성에 관한 사항

④ 전력 분야의 연구기관 및 단체의 육성·지원에 관한 사항

⑤ 「석탄산업법」 제3조에 따른 석탄산업장기계획상 발전용 공급량의 사용에 관한 사항

⑥ 그 밖에 전력산업의 기반조성을 위하여 필요한 사항

★출제 Point 전력산업기반조성계획 내용 6가지 정리

2. 시행계획의 수립 등

(1) 시행계획의 수립·공고

산업통상자원부장관은 전력산업기반조성계획을 효율적으로 추진하기 위하여 매년 시행계획을 수립하고 공고하여야 한다.

(2) 시행계획의 내용

① 전력산업기반조성사업의 시행에 관한 사항
② 필요한 자금 및 자금 조달계획
③ 시행방법
④ 자금지원에 관한 사항
⑤ 그 밖에 시행계획의 추진에 필요한 사항

(3) 전력정책심의회의 심의

산업통상자원부장관은 시행계획을 수립하려는 경우에는 전력정책심의회의 심의를 거쳐야 한다. 이를 변경하려는 경우에도 또한 같다.

3. 전력산업기반조성사업의 시행

(1) 사업 실시 주관기관

① 산업통상자원부장관은 전기사업자, 한국전력거래소 및 전력산업기반기금을 사용하는 자, 에너지관리공단, 신·재생에너지센터, 과학기술분야 정부출연연구기관 중 전력산업 관련 연구기관, 공공기관으로서 산업통상자원부장관이 정하여 고시하는 기관, 자가용전기설비를 설치한 자 및 전력산업 관련 단체(이하 주관기관)로 하여금 전력산업기반조성사업의 시행에 관한 사항을 실시하게 할 수 있다.

② 주관기관은 전력산업기반조성사업 중 전력산업 관련 연구개발사업을 완료한 경우에는 그 성과를 직접 이용하거나 신청을 받아 다른 사람에게 이용하게 할 수 있다.

③ 주관기관은 성과를 직접 이용하거나 다른 사람에게 이용하게 하는 경우에는 협약에 따라 기술료를 기획관리평가전담기관에 내야 한다. 이 경우 기획관리평가전담기관은 납부받은 기술료를 기금에 출연하여야 한다.

(2) 협약체결

산업통상자원부장관은 전력산업기반조성사업을 실시하려는 경우에는 주관기관의 장과 협약을 체결하여야 한다. 협약에는 다음의 사항이 포함되어야 한다.

① 사업과제, 사업범위 및 사업 수행방법에 관한 사항
② 사업비의 지급에 관한 사항
③ 사업시행의 결과 보고 및 그 결과의 활용에 관한 사항
④ 협약의 변경·해약 및 위반에 관한 사항
⑤ 연구개발사업인 경우 기술료의 징수에 관한 사항
⑥ 그 밖에 산업통상자원부장관이 필요하다고 인정하는 사항

(3) 기획관리평가전담기관의 업무 대행 등

① 산업통상자원부장관은 산업통상자원부장관이 지정하는 기관(이하 기획관리평가전담기관)으로 하여금 전력산업기반조성사업의 시행에 관한 사항의 기획·관리 및 평가 등의 업무를 수행하게 할 수 있다.

② 전력산업기반조성사업의 참여대상, 기획·관리 및 평가 등에 관한 사항은 산업통상자원부장관이 정하여 고시한다.

4. 전력정책심의회

(1) 전력정책심의회의 설치

전력수급 및 전력산업기반조성에 관한 중요 사항을 심의하기 위하여 산업통상자원부에 전력정책심의회를 둔다.

(2) 전력정책심의회의 업무

전력정책심의회는 다음의 사항을 심의한다.

① 기본계획

② 전력산업기반조성계획

③ 전력산업기반조성계획의 시행계획

④ 그 밖에 전력산업의 발전에 중요한 사항으로서 산업통상자원부장관이 심의에 부치는 사항

(3) 전력정책심의회의 구성

전력정책심의회는 위원장 1명을 포함한 30명 이내의 위원으로 구성한다.

★출제Point 전력정책심의회 업무, 구성, 회의 정리

1) 위원장

① 전력정책심의회의 위원장은 위원 중에서 재적위원 과반수의 찬성으로 선출한다.

② 전력정책심의회의 위원장은 전력정책심의회를 대표하고, 전력정책심의회의 업무를 총괄한다.

2) 위 원

① 위원의 자격

> ㉮ 기획재정부·미래창조과학부·산업통상자원부·환경부·국토교통부 등 관계 중앙행정
> 기관의 3급 공무원 또는 고위공무원단에 속하는 일반직 공무원 중 소속 기관의 장이 지
> 정하는 사람
> ㉯ 전기사업자, 전력산업에 관한 학식과 경험이 풍부한 사람 또는 시민단체(「비영리민간단
> 체 지원법」 제2조에 따른 비영리민간단체를 말함)가 추천하는 사람 중 산업통상자원부
> 장관이 위촉하는 사람

② 위원의 임기 : 전기사업자, 전력산업에 관한 학식과 경험이 풍부한 사람 또는 시민단체가 추
천하는 사람 중 산업통상자원부장관이 위촉하는 위원의 임기는 2년으로 하며, 연임할 수
있다.

(4) 분과위원회의 설치

전력정책심의회를 효율적으로 운영하기 위하여 전력정책심의회에 분과위원회를 둘 수 있다.

(5) 전력정책심의회의 회의

① 전력정책심의회의 위원장은 전력정책심의회의 회의를 소집하고, 그 의장이 된다.

② 전력정책심의회의 회의는 위원장이 필요하다고 인정하거나 산업통상자원부장관이 요청하는 경우에 위원장이 소집한다.

③ 위원장은 전력정책심의회의 회의를 소집하려는 경우에는 회의일 7일 전까지 회의의 일시·장소 및 안건을 각 위원에게 알려야 한다. 다만, 긴급한 경우이거나 부득이한 사유가 있는 경우에는 예외로 한다.

④ 전력정책심의회의 회의는 재적위원 과반수의 출석으로 개의하고, 출석위원 과반수의 찬성으로 의결한다.

(6) 의견청취

전력정책심의회 및 분과위원회는 안건 심의나 그 밖의 업무 수행에 필요하다고 인정할 때에는 이해관계인을 출석하게 하여 그 의견을 들을 수 있으며, 관계 전문가에게 의견의 제출을 요청할 수 있다.

(7) 수 당

전력정책심의회 및 분과위원회에 출석한 위원과 관계 전문가에게는 예산의 범위에서 수당을 지급할 수 있다. 다만, 공무원인 위원이 그 소관업무와 직접 관련하여 출석하는 경우에는 그러하지 아니하다.

(8) 운영세칙

이상의 사항 외에 전력정책심의회 및 분과위원회의 운영 등에 필요한 사항은 전력정책심의회의 의결을 거쳐 위원장이 정한다.

5. 전력산업기반기금

(1) 기금의 설치

정부는 전력산업의 지속적인 발전과 전력산업의 기반조성에 필요한 재원을 확보하기 위하여 전력산업기반기금(이하 기금)을 설치한다.

(2) 기금의 사용 사업

★출제Point 기금의 사용 사업 10 숙지

① 「신에너지 및 재생에너지 개발·이용·보급 촉진법」 제2조 제1호에 따른 신·재생에너지를 이용하여 전기를 생산하는 사업자에 대한 지원사업

② 전력수요 관리사업

③ 전원개발의 촉진사업

④ 도서·벽지의 주민 등에 대한 전력공급 지원사업

⑤ 전력산업 관련 연구개발사업

⑥ 전력산업과 관련된 국내의 석탄산업, 액화천연가스산업 및 집단에너지사업에 대한 지원사업

⑦ 전기안전의 조사·연구·홍보에 관한 지원사업

⑧ 일반용전기설비의 점검사업

⑨ 「발전소주변지역 지원에 관한 법률」에 따른 주변지역에 대한 지원사업

⑩ 그 밖에 안전관리등 대통령령으로 정하는 전력산업과 관련한 중요 사업

(3) 기금의 조성

1) 기금의 재원

① 부담금 및 가산금

② 「신에너지 및 재생에너지 개발·이용·보급 촉진법」 제12조의6 제1항에 따른 과징금

③ 기금을 운용하여 생긴 수익금

④ 대통령령으로 정하는 수입금

> **시행령 제35조(기금의 조성)** 법 제50조 제1항 제3호에서 "대통령령으로 정하는 수입금"이란 다음 각 호의 수입금을 말한다.
> 1. 제25조 제4항에 따른 기술료
> 2. 기금의 부담으로 차입하는 자금

2) 자금의 차입

① 산업통상자원부장관은 조성된 재원 외에 기금의 부담으로 에너지 및 자원사업 특별회계 또는 다른 기금 등으로부터 자금을 차입할 수 있다.

② 산업통상자원부장관은 자금을 차입하는 경우에는 미리 기획재정부장관과 협의하여야
한다.

(4) 기금의 운용·관리

1) 기금의 운용·관리자

기금은 산업통상자원부장관이 운용·관리한다.

2) 기금의 운용·관리업무의 위탁

① 산업통상자원부장관은 기금의 운용·관리에 관한 업무의 일부를 다음의 법인 또는 단체에
위탁할 수 있다.
  ㉮ 기획관리평가전담기관
  ㉯ 전기사업자
  ㉰ 금융회사 등

② 산업통상자원부장관은 기금의 운용·관리에 관한 업무의 일부를 위탁하는 경우에는 그 위
탁받은 기관의 임원 중에서 기금수입 담당임원과 기금지출원인행위 담당임원을, 그 직원
중에서 기금 지출직원과 기금출납직원을 임명할 수 있다. 이 경우 기금수입 담당임원은 기
금수입징수관의 직무를, 기금지출원인행위 담당임원은 기금재무관의 직무를, 기금지출직
원은 기금지출관의 직무를, 기금출납직원은 기금출납공무원의 직무를 각각 수행한다.

3) 기금의 지원 조건·절차 및 사후관리 등 기금의 운용·관리에 필요한 세부사항

산업통상자원부장관이 정하여 고시한다.

6. 부담금

(1) 부담금의 부과·징수

산업통상자원부장관은 기금 사용 사업을 수행하기 위하여 전기사용자에 대하여 전기요금(전
력을 직접 구매하는 전기사용자의 경우에는 구매가격에 송전용 또는 배전용 전기설비의 이용요
금을 포함한 금액을 말함)의 65/1,000 이내에서 전기요금의 1천분의 37에 해당하는 금액으로 부
담금을 부과·징수할 수 있다.

(2) 부담금의 면제

산업통상자원부장관은 다음의 어느 하나에 해당하는 전기를 사용하는 자에게는 부담금을 부과·징수하지 아니할 수 있다.

① 자가발전설비(「신에너지 및 재생에너지 개발·이용·보급 촉진법」에 따른 자가발전설비를 포함)에 의하여 생산된 전기
② 전력시장에 판매할 전기를 생산할 목적으로 사용되는 양수발전사업용 전기
③ 구역전기사업자(전기사업법에 따라 구역전기사업자로 보는 집단에너지사업자를 포함)가 특정한 공급구역에서 공급하는 전기

★출제Point 부담금의 면제 3 숙지

(3) 가산금의 징수

산업통상자원부장관은 부담금의 징수대상자가 납부기한까지 부담금을 내지 아니한 경우에는 그 납부기한 다음 날부터 납부한 날의 전날까지의 기간에 대하여 5/100를 초과하지 아니하는 범위에서 가산금을 징수한다.

> ① 연체기간(부담금의 납부기한 다음 날부터 납부일 전날까지의 기간을 말한다. 이하 이 조에서 같다)이 1개월 이하인 경우 : 부담금의 1천분의 15에 해당하는 금액을 연체일수에 따라 일할계산(日割計算)하여 산정한 금액
> ② 연체기간이 1개월 초과 2개월 미만인 경우 : 처음 1개월에 대한 가산금(부담금의 1천분의 15에 해당하는 금액을 말한다)과 1개월을 초과하는 부분에 대한 가산금(부담금의 1천분의 10에 해당하는 금액을 연체일수에 따라 일할계산하여 산정한 금액을 말한다)을 합산한 금액
> ③ 연체기간이 2개월 이상인 경우 : 부담금의 1천분의 25에 해당하는 금액

(4) 체납처분에 따른 징수

산업통상자원부장관은 부담금의 징수대상자가 납부기한까지 부담금을 내지 아니하면 기간을 정하여 독촉하고, 그 지정된 기간에 부담금 및 가산금을 내지 아니하면 국세 체납처분의 예에 따라 징수할 수 있다.

(5) 부담금 및 가산금의 처리

산업통상자원부장관은 징수한 부담금 및 가산금을 기금에 내야 한다.

(6) 부담금의 축소 조치

산업통상자원부장관은 부담금이 축소되도록 노력하고, 이에 필요한 조치를 마련하여야 한다.

CHAPTER
06

전기위원회

1. 전기위원회의 설치 및 구성

(1) 전기위원회의 설치

전기사업의 공정한 경쟁환경 조성 및 전기사용자의 권익 보호에 관한 사항의 심의와 전기사업과 관련된 분쟁의 재정(裁定)을 위하여 산업통상자원부에 전기위원회를 둔다.

(2) 전기위원회의 구성

① 전기위원회는 위원장 1명을 포함한 9명 이내의 위원으로 구성하되, 위원 중 대통령령으로 정하는 수의 위원은 상임으로 한다.
② 전기위원회의 위원장을 포함한 위원은 산업통상자원부장관의 제청으로 대통령이 임명 또는 위촉한다.
③ 전기위원회의 사무를 처리하기 위하여 전기위원회에 사무기구를 둔다.

(3) 위 원

① 전기위원회 위원은 다음의 어느 하나에 해당하는 사람으로 하는데, ② 및 ③의 재직기간은 합산한다.
  ㉠ 3급 이상의 공무원으로 있거나 있었던 사람

○ 판사·검사 또는 변호사로서 10년 이상 있거나 있었던 사람

© 대학에서 법률학·경제학·경영학·전기공학이나 그 밖의 전기 관련 학과를 전공한 사람으로서 「고등교육법」에 따른 학교나 공인된 연구기관에서 부교수 이상으로 있거나 있었던 사람 또는 이에 상당하는 자리에 10년 이상 있거나 있었던 사람

② 전기 관련 기업의 대표자나 상임임원으로 5년 이상 있었거나 전기 관련 기업에서 15년 이상 종사한 경력이 있는 사람

◎ 전기 관련 단체 또는 소비자보호 관련 단체에서 10년 이상 종사한 경력이 있는 사람

② 공무원이 아닌 위원의 임기는 3년으로 하되, 연임할 수 있다.

③ 전기위원회의 위원은 다음의 어느 하나에 해당하는 경우를 제외하고는 그 의사에 반하여 해임 또는 해촉되지 아니한다.

㉠ 금고 이상의 형을 선고받은 경우

㉡ 심신쇠약으로 장기간 직무를 수행할 수 없게 된 경우

④ 위원의 제척·기피·회피

㉠ 전기위원회의 위원은 다음의 어느 하나에 해당하는 경우에는 심의·재정(이하 사건)에서 제척된다. 전기위원회는 직권 또는 당사자의 신청에 따라 제척의 결정을 하여야 한다.

> ㉮ 위원 또는 그 배우자나 배우자이었던 사람이 해당 사건의 당사자가 되거나 해당 사건의 당사자와 공동권리자 또는 공동의무자의 관계에 있는 경우
>
> ㉯ 위원이 해당 사건의 당사자와 친족(「민법」 제777조에 따른 친족을 말함)의 관계에 있거나 있었던 경우
>
> ㉰ 위원 또는 위원이 속한 법인이 해당 사건에 관하여 진술이나 감정을 한 경우
>
> ㉱ 위원 또는 위원이 속한 법인이 해당 사건에 관하여 당사자의 대리인으로서 관여하거나 관여하였던 경우
>
> ㉲ 위원 또는 위원이 속한 법인이 해당 사건의 원인이 된 작위 또는 부작위에 관여한 경우

㉡ 당사자는 해당 사건의 공정을 기대하기 어려운 사정이 있는 경우에는 전기위원회에 그 사유를 적어 기피 신청을 할 수 있으며, 전기위원회는 기피 신청이 타당하다고 인정하는 경우에는 기피의 결정을 한다.

㉢ 위원이 제척 또는 기피 사유에 해당하는 경우에는 스스로 해당 사건에서 회피할 수 있다.

(4) 전기위원회의 기능

① 심의·재정 : 전기위원회는 다음의 사항을 심의하고 재정을 한다.

    ㉠ 전기사업의 허가 또는 변경허가에 관한 사항

    ㉡ 전기사업의 양수 또는 법인의 분할·합병에 대한 인가에 관한 사항

    ㉢ 전기사업의 허가취소, 사업정지, 사업구역의 감소 및 과징금의 부과에 관한 사항

    ㉣ 송전용 또는 배전용 전기설비의 이용요금과 그 밖의 이용조건의 인가에 관한 사항

    ㉤ 전기판매사업자의 기본공급약관 및 보완공급약관의 인가에 관한 사항

    ㉥ 구역전기사업자의 기본공급약관의 인가에 관한 사항

    ㉦ 전기설비의 수리 또는 개조, 전기설비의 운용방법의 개선, 그 밖에 필요한 조치에 관한 사항

    ㉧ 금지행위에 대한 조치에 관한 사항

    ㉨ 금지행위에 대한 과징금의 부과·징수에 관한 사항

    ㉩ 전력시장운영규칙의 승인에 관한 사항

    ㉪ 전기사용자의 보호에 관한 사항

    ㉫ 전력산업의 경쟁체제 도입 등 전력산업의 구조개편에 관한 사항

    ㉬ 다른 법령에서 전기위원회의 심의사항으로 규정한 사항

    ㉭ 산업통상자원부장관이 심의를 요청한 사항

② 전기위원회는 산업통상자원부장관에게 전력시장의 관리·운영 등에 필요한 사항에 관한 건의를 할 수 있다.

★출제 Point 전기위원회의 기능과 재정

(5) 전기위원회의 재정

① 전기사업자 또는 전기사용자 등은 전기사업과 관련한 다음의 어느 하나의 사항에 관하여 당사자 간에 협의가 이루어지지 아니하거나 협의를 할 수 없는 경우에는 전기위원회에 재정을 신청할 수 있다.

    ㉠ 송전용 또는 배전용 전기설비 이용요금과 그 밖의 이용조건에 관한 사항

    ㉡ 공급약관에 관한 사항

    ㉢ 수급조절 명령에 따른 금액의 지급 또는 수령 등에 관한 당사자 간의 협의에 관한 사항

    ㉣ 전기설비 등의 장애 원인 제공자의 장애 제거 조치에 드는 비용의 부담에 관한 사항

ⓜ 토지의 일시사용 등에 대한 손실보상에 관한 사항

ⓗ 토지의 지상 등의 사용에 대한 손실보상에 관한 사항

ⓢ 그 밖에 전기사업과 관련한 분쟁이나 다른 법률에서 전기위원회의 재정사항으로 규정한 사항

② 재정신청 사실의 통지 등 : 전기위원회는 재정신청을 받은 경우에는 그 사실을 다른 당사자에게 통지하고 기간을 정하여 의견을 진술할 기회를 주어야 한다. 다만, 당사자가 정당한 사유 없이 이에 응하지 아니하는 경우에는 예외로 한다.

③ 재정서 정본의 송달 : 전기위원회는 재정신청에 대하여 재정을 한 경우에는 지체 없이 재정서의 정본을 당사자에게 송달하여야 한다.

④ 합의의 성립 : 전기위원회가 재정을 한 경우 그 재정의 내용에 대하여 재정서의 정본이 당사자에게 송달된 날부터 60일 이내에 다른 당사자를 피고로 하는 소송이 제기되지 아니하거나 그 소송이 취하된 경우에는 당사자 간에 그 재정의 내용과 동일한 합의가 성립된 것으로 본다.

(6) 전기위원회의 개회 및 운영

① 전기위원회의 위원장은 전기위원회의 회의를 소집하고, 그 의장이 된다.

② 전기위원회의 위원장은 회의를 소집하려는 경우에는 회의의 일시·장소 및 안건을 정하여 회의일 7일 전까지 각 위원에게 서면으로 알려야 한다. 다만, 긴급한 경우이거나 부득이한 사유가 있는 경우에는 예외로 한다.

③ 전기위원회는 이해관계인, 참고인 또는 관계 전문가를 회의에 출석하게 하여 의견을 진술하게 하거나 필요한 자료를 제출하게 할 수 있다.

(7) 의결정족수

전기위원회의 의사는 재적위원 과반수의 찬성으로 의결한다.

(8) 전문위원회

1) 전문위원회 설치

전기위원회는 그 업무를 효율적으로 수행하기 위하여 분야별로 전문위원회를 둘 수 있다.

2) 전문위원회의 구성 등

① 전문위원회의 분야 : 전기위원회는 법률·분쟁조정 분야, 전기요금 분야, 소비자보호 분야, 전력계통 분야, 구조개편 분야 및 시장조성 분야에 관한 전문위원회를 구성할 수 있다.

② 전문위원회의 구성 : 각 전문위원회는 위원장 1명을 포함한 15명 이내의 위원으로 구성한다.

③ 위원장 및 위원의 위촉 : 각 전문위원회의 위원장 및 위원은 해당 분야에 관한 학식과 경험이 풍부한 사람 중에서 전기위원회 위원장이 위촉한다.

④ 위원의 임기 : 위원의 임기는 2년으로 하며, 연임할 수 있다.

⑤ 간사 : 각 전문위원회는 사무를 처리하기 위하여 간사를 둘 수 있으며, 간사는 전기위원회 소속 5급 이상 공무원 중에서 전문위원회 위원장이 임명한다.

3) 전문위원회의 기능 및 운영

① 전문위원회의 기능

　ㄱ 해당 분야의 안건에 대한 전문적인 연구·검토

　ㄴ 전기위원회의 의사결정에 대한 자문

　ㄷ 그 밖에 전력 분야의 전문적인 사항에 관하여 전기위원회 위원장이 연구·검토를 요청하는 사항

② 전문위원회의 운영

　ㄱ 전문위원회의 소집 : 전문위원회는 전문위원회 위원장이 필요하다고 인정하거나 전기위원회 위원장이 요청하는 경우 소집된다.

　ㄴ 의사 및 의결정족수 : 전문위원회의 회의는 재적위원 과반수의 출석으로 개의하고, 출석위원 과반수의 찬성으로 의결한다.

(9) 수당 등

전기위원회에 출석하는 위원 및 참고인에게는 예산의 범위에서 수당과 여비를 지급할 수 있다. 다만, 공무원인 위원이 그 소관 업무와 직접 관련하여 위원회에 참석하는 경우에는 예외로 한다.

(10) 운영규정

제39조(전기위원회의 개회 및 운영), 제39조의2(재정의 신청 등), 제39조의3(위원의 제척·기피·회피) 및 제40조(수당 등)에서 규정한 사항 외에 전기위원회의 운영 등에 필요한 사항은 전기위원회가 정한다.

CHAPTER 07 전기설비의 안전관리

1. 전기사업용 전기설비의 공사계획의 인가 또는 신고

(1) 공사계획의 인가

① 전기사업자는 전기사업용 전기설비의 설치공사 또는 변경공사로서 산업통상자원부령으로 정하는 공사를 하려는 경우에는 그 공사계획에 대하여 산업통상자원부장관의 인가를 받아야 한다. 인가받은 사항을 변경하려는 경우에도 또한 같다.

(2) 공사의 신고

① 전기사업자는 인가를 받아야 하는 공사 외의 전기사업용전기설비의 설치공사 또는 변경공사로서 산업통상자원부령으로 정하는 공사를 하려는 경우에는 공사를 시작하기 전에 산업통상자원부장관에게 신고하여야 한다. 신고한 사항을 변경하려는 경우에도 또한 같다.

② 전기사업자는 전기설비가 사고·재해 또는 그 밖의 사유로 멸실·파손되거나 전시·사변 등 비상사태가 발생하여 부득이하게 공사를 하여야 하는 경우에는 산업통상자원부령으로 정하는 바에 따라 공사를 시작한 후 지체 없이 그 사실을 산업통상자원부장관에게 신고하여야 한다.

2. 자가용전기설비의 공사계획의 인가 또는 신고

(1) 공사계획의 인가

자가용전기설비의 설치공사 또는 변경공사로서 산업통상자원부령으로 정하는 공사를 하려는 자는 그 공사계획에 대하여 산업통상자원부장관의 인가를 받아야 한다. 인가받은 사항을 변경하려는 경우에도 또한 같다.

자가용전기설비 공사계획의 인가 및 신고의 대상(제28조 제3항 관련)

공사의 종류	인가가 필요한 것	신고가 필요한 것
1. 발전소		다만, 용량 75킬로와트 미만의 비상용 예비발전설비는 제외한다.
2. 전기수용설비(변전소 및 송전선로를 포함한다)		
가. 설치공사(증설공사를 포함한다)	수전전압 20만볼트 이상의 수용설비 설치	수전전압 20만볼트 미만의 수용설비 설치. 다만, 설비용량 1,000킬로와트 미만의 수용설비의 구내배전설비는 제외한다.
나. 변경공사 1) 차단기	전압 20만볼트 이상의 차단기 설치 또는 대체	고압 이상 수전용차단기와 특고압 이상 20만볼트 미만의 차단기 설치 또는 대체
2) 변압기	전압 20만볼트 이상의 변압기 설치 또는 대체	특고압 이상 20만볼트 미만의 변압기 설치 또는 대체
3) 전선로	전압 20만볼트 이상의 전선로 설치·연장 또는 변경	고압 이상 20만볼트 미만의 전선로 설치·연장 또는 변경

(2) 공사의 신고

① 인가를 받아야 하는 공사 외의 자가용전기설비의 설치 또는 변경공사로서 산업통상자원부령으로 정하는 공사를 하려는 자는 공사를 시작하기 전에 시·도지사에게 신고하여야 한다. 신고한 사항을 변경하려는 경우에도 또한 같다.

② 자가용전기설비가 사고·재해 또는 그 밖의 사유로 멸실·파손되거나 전시·사변 등 비상사태가 발생하여 부득이하게 공사를 하여야 하는 경우에는 공사를 시작한 후 지체 없이 그 사실을 시·도지사에게 신고하여야 한다.

(3) 공사계획신고를 갈음하는 경우

산업통상자원부령으로 정하는 저압에 해당하는 자가용전기설비의 설치 또는 변경공사의 경우에는 사용전검사 신청으로 공사계획신고를 갈음할 수 있다.

3. 공사계획의 인가

산업통상자원부장관은 전기사업용전기설비 및 자가용전기설비의 설치공사 또는 변경공사에 관한 계획을 인가할 때에는 해당 계획이 전기설비의 안전관리를 위하여 필요한 기술기준에 적합한 경우에만 인가하여야 한다.

4. 공사계획 인가 등의 신청

(1) 인가 신청 절차

전기사업용전기설비의 공사계획 및 자가용전기설비의 공사계획의 인가 또는 변경인가를 신청하려는 자는 공사계획 인가(변경인가)신청서에 공사계획의 인가신청 방법에 따라 작성한 서류를 첨부하여 제출 대상 기관에 제출하여야 한다.

(2) 신고 절차

전기사업용전기설비의 공사계획 및 자가용전기설비의 공사계획의 신고 또는 변경신고를 하려는 자는 공사계획 신고(변경신고)서에 공사계획의 신고방법에 따라 작성한 서류를 첨부하여 제출 대상 기관에 제출하여야 한다.

(3) 부득이한 공사의 기준 및 절차 등

① 부득이한 공사를 한 자는 공사개시일부터 10일 이내에 부득이한 공사 신고서를 산업통상 자원부장관, 시·도지사(1만kW 미만인 발전설비 또는 전압 20만V 미만인 송전·변전설비의 경우로 한정) 또는 자유무역지역관리원장(자유무역지역의 자가용전기설비의 경우로 한정) 에게 제출하여야 한다.

② 첨부서류
  ㉠ 공사의 개요 및 필요성을 적은 서류
  ㉡ 해당 공사 후 전기사업용전기설비공사 및 자가용전기설비공사가 필요한 경우에는 그 공사계획서

③ 부득이한 공사를 하는 경우에는 다음의 사항을 준수하여야 한다.
  ㉠ 공사계획에 대하여 전기안전관리자의 확인을 받고, 공사를 시행할 때 전기안전관리자의 감독을 받도록 할 것
  ㉡ 공사로 인하여 사람에게 위해를 끼치거나 주변 건축물이나 그 밖의 시설 등의 안전에 지장을 주지 아니하도록 할 것

5. 사용전 검사

전기사업용전기설비 및 자가용전기설비의 설치공사 또는 변경공사를 한 자는 산업통상자원 부령으로 정하는 바에 따라 산업통상자원부장관 또는 시·도지사가 실시하는 검사에 합격한 후 에 이를 사용하여야 한다.

6. 전기설비의 임시사용

(1) 전기설비 임시사용의 허용

산업통상자원부장관 또는 시·도지사는 사용전 검사에 불합격한 경우에도 안전상 지장이 없고 전기설비의 임시사용이 필요하다고 인정되는 경우에는 사용 기간 및 방법을 정하여 그 설비를 임시로 사용하게 할 수 있다. 이 경우 산업통상자원부장관 또는 시·도지사는 그 사용 기간 및 방법을 정하여 통지를 하여야 한다.

(2) 전기설비 임시사용의 허용기준

전기설비의 임시사용을 허용할 수 있는 경우는 다음의 어느 하나와 같다.

① 발전기의 출력이 인가를 받거나 신고한 출력보다 낮으나 사용상 안전에 지장이 없다고 인정되는 경우
② 송전·수전과 직접적인 관련이 없는 보호울타리 등이 시공되지 아니한 상태나 사람이 접근할 수 없도록 안전조치를 한 경우
③ 공사계획을 인가받거나 신고한 전기설비 중 교대성·예비성 설비 또는 비상용 예비발전기가 완공되지 아니한 상태나 주된 설비가 전기의 사용상이나 안전에 지장이 없다고 인정되는 경우

(3) 전기설비의 임시사용기간

전기설비의 임시사용기간은 3개월 이내로 한다. 다만, 임시사용기간에 임시사용의 사유를 해소할 수 없는 특별한 사유가 있다고 인정되는 경우에는 전체 임시사용기간이 1년을 초과하지 아니하는 범위에서 임시사용기간을 연장할 수 있다.

7. 정기검사

전기사업자 및 자가용전기설비의 소유자 또는 점유자는 산업통상자원부령으로 정하는 전기설비에 대하여 산업통상자원부령으로 정하는 바에 따라 산업통상자원부장관 또는 시·도지사로부터 정기적으로 검사를 받아야 한다.

8. 일반용 전기설비의 점검

(1) 사용전점검

산업통상자원부장관은 일반용 전기설비가 전기설비의 안전관리를 위하여 필요한 기술기준에 적합한지 여부에 대하여 산업통상자원부령으로 정하는 바에 따라 그 전기설비의 사용 전과 사용 중에 정기적으로 한국전기안전공사(이하 안전공사) 또는 전기판매사업자로 하여금 점검(전기판매사업자는 사용전 점검 중 대통령령으로 정하는 전기설비의 경우에 한함)하도록 하여야

한다. 다만, 주거용 시설물에 설치된 일반용전기설비를 정기적으로 점검(이하 정기점검)하는 경우 그 소유자 또는 점유자로부터 점검의 승낙을 받을 수 없는 경우에는 예외로 한다.

(2) 일반용 전기설비의 점검기준 및 방법

점검 항목	점검기준 및 방법
절연저항	주회로 및 분기회로 배선과 대지 간의 절연저항 측정치가 다음과 같을 것 · 대지전압 150V 이하 : 0.1MΩ 이상 · 대지전압 150V 초과 300볼트 이하 : 0.2MΩ 이상 · 사용전압 300V 초과 400V 미만(비접지 계통) : 0.3MΩ 이상 · 사용전압 400V 이상 : 0.4MΩ 이상
인입구 배선	다음 사항을 육안으로 점검할 것 · 규격전선의 사용 여부 · 전선 접속 상태 · 전선피복의 손상 여부 · 배선공사방법의 적합 여부
옥내배선(옥외 · 옥측배선을 포함한다)	다음 사항을 육안으로 점검할 것 · 규격전선의 사용 여부 · 전선피복의 손상 여부 · 배선공사방법의 적합 여부
누전차단기	· 설치 여부 · 작동 여부 · 열화 및 손상 여부
개폐기(차단기를 포함한다)	· 개폐기의 설치 여부 · 개폐기 설치 위치의 적합 여부 · 개폐기의 열화 및 손상 여부 · 정격퓨즈의 사용 여부 · 개폐기의 결선 상태 · 다선식 전로의 각극 개폐장치 여부
접지저항	전기기계기구의 금속제 외함과 대지 간의 접지저항 측정치가 다음과 같을 것 · 제3종접지 : 100Ω 이하 · 특별제3종접지 : 10Ω 이하
그 밖의 항목	그 밖에 전기설비의 안전관리를 위하여 산업통상자원부장관이 정하는 사항

(3) 통 지

안전공사 및 전기판매사업자는 사용전 점검 결과 일반용 전기설비가 전기설비의 안전관리에 관한 기술기준에 적합하지 아니하다고 인정되는 경우에는 지체 없이 다음의 사항을 그 소유자 또는 점유자에게 통지하여야 한다.

① 전기설비의 안전관리에 관한 기술기준에 적합하도록 하기 위하여 필요한 조치의 내용
② ①에 따른 조치를 하지 아니하는 경우에 발생할 수 있는 결과

(4) 직접 수리

안전공사는 정기점검 결과 전기설비의 안전관리에 관한 기술기준에 부합하지 아니한 전기설비 중 경미한 수리(「전기공사업법」 제3조 제1항 단서에 따른 경미한 전기공사에 한함)가 필요한 경우로서 해당 전기설비의 소유자 또는 점유자의 요청이 있는 경우에는 직접 이를 수리할 수 있다.

(5) 점검결과의 기록·보존

안전공사 및 전기판매사업자는 사용전 점검 또는 통지에 관한 업무를 수행하는 경우 산업통상자원부령으로 정하는 사항을 3년간 기록·보존하여야 한다.

① 일반용 전기설비의 소유자 등의 성명(법인인 경우에는 그 명칭과 대표자의 성명) 및 주소
② 점검 연월일
③ 점검의 결과
④ 통지 연월일
⑤ 통지사항
⑥ 점검자의 성명
⑦ 사용전 점검의 경우에는 시공자의 성명(법인인 경우에는 그 명칭과 대표자의 성명)

(6) 조치 불이행 사실의 통보

안전공사는 통지한 사항의 조치 이행 여부를 점검한 결과 그 소유자 또는 점유자가 통지를 받고도 전기설비의 안전관리에 관한 기술기준에 적합하도록 하기 위하여 필요한 조치를 하지 아니한 경우에는 특별자치도지사·시장·군수 또는 구청장(이하 시장·군수 또는 구청장)에게

그 조치 불이행 사실을 통보하여야 한다. 이 경우 시장·군수 또는 구청장은 그 소유자 또는 점유자에게 그 전기설비의 수리·개조 또는 이전에 관한 명령(이하 개선명령)을 하여야 한다. 다만, 전기설비가 기술기준에 적합하지 아니한 사항이 중대하여 시장·군수 또는 구청장의 개선명령을 기다릴 여유가 없다고 인정되는 경우로서 산업통상자원부령으로 정하는 경우에는 안전공사가 직접 개선명령을 한 후 이를 시장·군수 또는 구청장에게 통보하여야 한다.

(7) 전기공급의 정지요청

시장·군수 또는 구청장은 일반용 전기설비의 소유자 또는 점유자가 개선명령(안전공사가 직접 개선명령을 한 경우를 포함)을 이행하지 아니하여 전기로 인한 재해가 발생할 우려가 크다고 인정되는 경우에는 산업통상자원부령으로 정하는 바에 따라 전기판매사업자에게 그 소유자 또는 점유자에 대한 전기의 공급을 정지하여 줄 것을 요청하고 그 개선명령을 이행하지 아니한 내용을 즉시 안전공사에 통보하여야 한다. 이 경우 전기공급의 정지요청을 받은 전기판매사업자는 특별한 사유가 없으면 이에 따라야 한다.

① 시장·군수 또는 구청장이 전기판매사업자에게 전기공급의 정지요청을 하는 경우에는 서면으로 하여야 한다.
② 전기공급의 정지요청을 받은 전기판매사업자는 그 조치 결과를 시장·군수 또는 구청장에게 통보하여야 한다.

(8) 점검에 필요한 자료의 요청

안전공사는 점검에 필요한 자료를 산업통상자원부령으로 정하는 바에 따라 전기판매사업자에게 요청할 수 있다. 이 경우 자료요청을 받은 전기판매사업자는 특별한 사유가 없으면 이에 따라야 한다.

안전공사가 일반용 전기설비의 점검을 위하여 전기판매사업자에게 요청할 수 있는 자료는 다음과 같다.

① 일반용 전기설비의 설치장소, 공급전압, 계약전력 등 전기를 공급받는 자에 관한 자료
② 일반용 전기설비의 휴지, 폐지, 전기의 재공급, 계약전력의 증감 등 전기공급내용의 변경 자료
③ 자료의 제공요청을 받은 전기판매사업자는 요청을 받은 날부터 30일 이내에 해당 자료를 안전공사에 제공하여야 한다.

(9) 증표의 제시

사용전 점검을 하는 자는 그 권한을 표시하는 증표를 지니고 이를 관계인에게 내보여야 한다.

(10) 준용규정

구역전기사업자에 관하여는 제1항(사용전 점검), 제2항(통지), 제4항(기록·보존) 및 제6항(전기공급의 정지요청)부터 제9항(점검기준 및 점검방법 등)까지의 규정을 준용한다. 이 경우 "전기판매사업자"는 "구역전기사업자"로 본다.

9. 여러 사람이 이용하는 시설 등에 대한 전기안전점검

(1) 사전 전기안전점검

다음의 시설을 운영하려거나 그 시설을 증축 또는 개축하려는 자는 그 시설을 운영하기 위하여 다음의 법령에서 규정된 허가신청·등록신청·인가신청·신고(그 시설의 소재지 변경에 따른 변경허가신청·변경등록신청·변경인가신청·변경신고를 포함) 또는 「건축법」에 따른 건축물의 사용승인신청을 하기 전에 그 시설에 설치된 전기설비에 대하여 산업통상자원부령으로 정하는 바에 따라 안전공사로부터 안전점검을 받아야 한다.

① 「청소년활동진흥법」에 따른 청소년수련시설
② 「영화 및 비디오물의 진흥에 관한 법률」에 따른 비디오물시청제공업시설, 「게임산업진흥에 관한 법률」에 따른 게임제공업시설·인터넷컴퓨터게임시설제공업시설 및 「음악산업진흥에 관한 법률」에 따른 노래연습장업시설
③ 「식품위생법」에 따른 식품접객업 중 대통령령으로 정하는 단란주점영업 및 유흥주점영업의 시설
④ 「영유아보육법」에 따른 어린이집
⑤ 「유아교육법」에 따른 유치원
⑥ 그 밖에 전기설비에 대한 안전점검이 필요하다고 인정하는 시설로서 대통령령으로 정하는 시설

★출제Point 사전 전기안전점검 6가지 숙지

(2) 현상변경 후 전기안전점검

「문화재보호법」에 따른 지정문화재 및 그 보호구역의 시설에 대하여 같은 법 제35조 제1항 제1호·제2호에 따른 현상변경(같은 법 제74조에 따라 준용되는 경우를 포함)을 하려는 자는 그 현상변경이 끝난 후 산업통상자원부령으로 정하는 바에 따라 안전공사로부터 안전점검을 받아야 한다.

(3) 점검결과의 기록·보존

안전공사는 안전점검에 관한 업무를 수행하는 경우 산업통상자원부령으로 정하는 사항을 기록·보존하여야 한다.

안전공사는 전기안전점검을 한 경우에는 다음의 사항을 적은 서류 또는 자료를 3년간 보존하여야 한다.

① 다중이용시설등의 소유자 등의 성명(법인인 경우에는 그 명칭과 대표자의 성명을 말한다) 및 주소
② 전기안전점검 연월일
③ 전기안전점검의 결과
④ 전기안전점검자의 성명
⑤ 시공자의 성명(법인인 경우에는 그 명칭과 대표자의 성명을 말한다)

10. 특별안전점검 및 응급조치

(1) 특별안전점검

① 산업통상자원부장관은 다음의 시설에 설치된 전기설비가 전기설비의 안전관리를 위하여 필요한 기술기준에 적합한지 여부에 대하여 안전공사로 하여금 특별안전점검을 하게 할 수 있다.

★출제 Point 특별안전점검 대상 4 숙지

㉠ 태풍·폭설 등의 재난으로 전기사고가 발생하거나 발생할 우려가 있는 시설
㉡ 장마철·동절기 등 계절적인 요인으로 인한 취약시기에 전기사고가 발생할 우려가 있는 시설

ⓒ 국가 또는 지방자치단체가 화재예방을 위하여 관계 행정기관과 합동으로 안전점검을 하는 경우 그 대상 시설

ⓔ 국가 또는 지방자치단체가 주관하는 행사 관련 시설

② 안전공사는 특별안전점검의 결과를 전기설비의 소유자 또는 점유자와 관계 행정기관에 통보하여야 한다.

(2) 응급조치

산업통상자원부장관은 일반용전기설비(주거용만 해당)의 소유자 또는 점유자가 전기사용상의 불편 해소나 안전 확보에 필요한 응급조치를 요청하는 경우에는 안전공사로 하여금 신속히 응급조치를 하게 할 수 있다. **★출제 Point** 응급조치의 대상 5 숙지

① 응급조치는 다음의 어느 하나에 해당하는 자가 소유하거나 점유하는 일반용전기설비(주거용에 한정)를 대상으로 한다.

ㄱ 「국민기초생활 보장법」 제2조 제1호 및 제11호에 따른 수급권자 또는 차상위계층

ㄴ 「장애인복지법」 제2조에 따른 제1급부터 제3급까지의 장애인

ㄷ 「국가유공자 등 예우 및 지원에 관한 법률」 제6조의4에 따른 1급부터 3급까지의 상이등급 판정을 받은 사람

ㄹ 「독립유공자 예우에 관한 법률」 제4조 각 호의 어느 하나에 해당하는 독립유공자와 그 유족

ㅁ 「5 · 18민주유공자예우에 관한 법률」 제4조 및 제5조에 따른 5 · 18민주유공자와 5 · 18민주유공자의 유족 또는 가족

ㅂ 다음의 시설을 설치 · 운영하는 자

㉮ 「아동복지법」 제52조에 따른 아동복지시설

㉯ 「노인복지법」 제31조에 따른 노인복지시설

㉰ 「장애인복지법」 제58조에 따른 장애인복지시설

㉱ 「한부모가족 지원법」 제19조에 따른 한부모가족복지시설

㉲ 「영유아보육법」 제10조에 따른 어린이집

㉳ 「성매매방지 및 피해자보호 등에 관한 법률」 제5조에 따른 성매매피해자등을 위한 지원시설

㉴ 「정신보건법」 제16조에 따른 사회복귀시설

    ㉒ 「가정폭력방지 및 피해자보호 등에 관한 법률」 제7조의2에 따른 보호시설

    ㉓ 「성폭력방지 및 피해자보호 등에 관한 법률」 제10조 및 제12조에 따른 성폭력피해상 담소 및 성폭력피해자보호시설

  ② 응급조치의 범위

    ㉠ 「전기공사업법 시행령」 제5조 제1항 각 호에 따른 공사

    ※ 경미한 전기공사

      ㉮ 꽂음접속기, 소켓, 로제트, 실링블록, 접속기, 전구류, 나이프스위치, 그 밖에 개폐기의 보수 및 교환에 관한 공사

      ㉯ 벨, 인터폰, 장식전구, 그 밖에 이와 비슷한 시설에 사용되는 소형변압기(2차측 전압 36볼트 이하의 것으로 한정한다)의 설치 및 그 2차측 공사

      ㉰ 전력량계 또는 퓨즈를 부착하거나 떼어내는 공사

      ㉱ 「전기용품안전 관리법」에 따른 전기용품 중 꽂음접속기를 이용하여 사용하거나 전기기계·기구(배선기구는 제외한다. 이하 같다) 단자에 전선(코드, 캡타이어케이블 및 케이블을 포함한다. 이하 같다)을 부착하는 공사

      ㉲ 전압이 600볼트 이하이고, 전기시설 용량이 5킬로와트 이하인 단독주택 전기시설의 개선 및 보수 공사. 다만, 전기공사기술자가 하는 경우로 한정한다.

    ㉡ 누전·합선 등으로 인한 전기재해를 예방하기 위하여 필요한 범위에서의 일시적인 전기 사용 제한조치

11. 기술기준

(1) 기술기준의 고시

산업통상자원부장관은 전기설비의 안전관리를 위하여 필요한 기술기준(이하 기술기준)을 정 하여 고시하여야 한다. 이를 변경하는 경우에도 또한 같다.

(2) 기술기준의 제정

기술기준은 전기설비가 다음의 기준에 적합하도록 정하여야 한다.

① 사람이나 다른 물체에 위해 또는 손상을 주지 아니하도록 할 것

② 내구력의 부족 또는 기기 오작동에 의하여 전기공급에 지장을 주지 아니하도록 할 것

③ 다른 전기설비나 그 밖의 물건의 기능에 전기적 또는 자기적(磁氣的) 장애를 주지 아니하도록 할 것

④ 에너지의 효율적인 이용 및 신기술·신공법의 개발·활용 등에 지장을 주지 아니하도록 할 것

(3) 기술기준에의 적합명령

산업통상자원부장관 또는 시·도지사는 사용전 검사 또는 정기검사의 결과 전기설비 또는 전기통신선로설비가 기술기준에 적합하지 아니하다고 인정되는 경우에는 해당 전기사업자, 자가용전기설비·일반용전기설비의 소유자나 점유자(전기통신선로설비를 설치한 자를 포함)에게 그 전기설비 또는 전기통신선로설비의 수리·개조·이전 또는 사용정지나 사용제한을 명할 수 있다.

12. 기설비의 유지

전기사업자와 자가용 전기설비 또는 일반용 전기설비의 소유자나 점유자는 전기설비를 기술기준에 적합하도록 유지하여야 한다.

13. 물밑선로의 보호

(1) 물밑선로보호구역의 지정 신청

전기사업자는 물밑에 설치한 전선로(이하 물밑선로)를 보호하기 위하여 필요한 경우에는 물밑선로보호구역의 지정을 산업통상자원부장관에게 신청할 수 있다.

(2) 물밑선로보호구역의 지정

① 산업통상자원부장관은 물밑선로보호구역의 지정 신청이 있는 경우에는 물밑선로보호구역을 지정할 수 있다. 이 경우 「수산업법」에 따른 양식업 면허를 받은 지역을 물밑선로보호구역으로 지정하려는 경우에는 그 양식업 면허를 받은 자의 동의를 받아야 한다.

② 산업통상자원부장관은 물밑선로보호구역을 지정하였을 때에는 이를 고시하여야 한다.

③ 산업통상자원부장관은 물밑선로보호구역을 지정하려는 경우에는 미리 해양수산부장관과 협의하여야 한다.

(3) 물밑선로보호구역의 선로 손상행위 금지

누구든지 물밑선로보호구역에서는 다음의 행위를 하여서는 아니 된다. 다만, 산업통상자원부장관의 승인을 받은 경우에는 예외로 한다.

① 물밑선로를 손상시키는 행위
② 선박의 닻을 내리는 행위
③ 물밑에서 광물·수산물을 채취하는 행위
④ 그 밖에 물밑선로를 손상하게 할 우려가 있는 행위로서 안강망어업 등 대통령령으로 정하는 행위

14. 설비의 이설 등

(1) 장애 제거 조치 등

전기사업용 전기설비 또는 자가용 전기설비와 다른 자의 전기설비나 그 밖의 물건 또는 다른 사업 간에 상호 장애가 발생하거나 발생할 우려가 있는 경우에는 후에 그 원인을 제공한 자가 그 장애를 제거하기 위하여 필요한 조치를 하거나 그 조치에 드는 비용을 부담하여야 한다.

(2) 기술기준 적합 조치

① 전기사업용 전기설비가 다른 자가 설치하거나 설치하려는 지상물 또는 그 밖의 물건으로 인하여 기술기준에 적합하지 아니하게 되거나 아니하게 될 우려가 있는 경우 그 지상물 또는 그 밖의 물건을 설치하거나 설치하려는 자는 그 전기사업용 전기설비가 기술기준에 적합하도록 하기 위하여 필요한 조치를 하거나 전기사업자로 하여금 필요한 조치를 할 것을 요구할 수 있다.
② 전기사업자는 기술기준 적합 조치의 요구를 받은 경우 그 조치를 위한 이설부지 확보가 불가능하거나 기술기준에 적합하도록 할 수 없는 등 업무를 수행함에 있어서나 기술적으로 곤란한 경우로서 첫째, 전기설비 이설부지의 확보가 불가능하거나 이설 등의 조치 시 해당

전기설비를 기술기준에 적합하게 유지할 수 없는 경우와 둘째, 전기설비의 이설 등을 위하여 그 전기설비에 대한 전기공급을 중지하는 경우 전기사업자의 전력계통에 중대한 영향을 미치게 되는 경우 등 대통령령으로 정하는 경우를 제외하고는 필요한 조치를 하여야 한다.

(3) 비용의 부담

기술기준 적합 조치에 필요한 비용은 지상물 또는 그 밖의 물건을 설치하거나 설치하려는 자가 부담하여야 한다. 다만, 다른 자의 토지의 지상 또는 지하 공간에 전선로를 설치한 후 그 토지의 소유자 또는 점유자가 그 토지에 지상물 또는 그 밖의 물건을 설치하거나 설치하려는 경우에는 그 전선로의 이설계획 및 경과연도 등 대통령령으로 정하는 기준에 따라 이설비용을 감면할수 있다.

전선로의 이설비용 감면기준은 다음과 같다.

① 이설계획에 따라 이설공사가 시행되고 있는 전선로의 경우 : 이설비용의 전액 면제
② 다음의 요건을 모두 갖춘 전선로의 경우 : 이설비용의 30퍼센트 감면

　　가. 설치된 후 30년 이상 지났을 것
　　나. 「공익사업을 위한 토지 등의 취득 및 보상에 관한 법률」에 따른 국가의 공익사업 시행으로 국가가 소유하거나 점유하게 되는 토지 위에 설치될 것

(4) 설비의 이설 등 조치의 범위 및 방법 등

① 조치의 범위 및 방법

　　㉠ 전선로 등 전기설비의 기능이 동일하게 유지되도록 할 것
　　㉡ 설비의 이설, 철거, 이전 및 그 밖에 장애를 제거하거나 기술기준에 적합하도록 하기 위하여 필요한 조치를 할 것
　　㉢ 전기사업자 외의 자가 ②에 따른 필요한 조치를 하려는 경우에는 전기사업자와 협의할 것

② 조치에 필요한 비용은 다음의 금액으로 한다.

　　㉠ 설계, 측량, 감리, 전기설비의 신설 및 철거, 이설부지 확보 등 전기설비의 이설 등에 필요한 비용
　　㉡ 인·허가 및 권리 설정을 위한 지적측량수수료, 감정평가수수료, 등기수수료 등 이설공사를 위한 부대 비용

15. 가공전선로의 지중이설

(1) 지중이설의 요청

시장·군수·구청장 또는 토지소유자는 전주와 그 전주에 가공으로 설치된 전선로(전주에 설치된 전기통신선로설비를 포함)의 지중이설(이하 지중이설)이 필요하다고 판단하는 경우 전기사업자에게 이를 요청할 수 있다.

(2) 비용의 부담

지중이설에 필요한 비용은 그 요청을 한 자가 부담한다. 다만, 시장·군수·구청장이 공익적인 목적을 위하여 지중이설을 요청하는 경우 전선로를 설치한 자는 산업통상자원부장관이 정하는 기준과 절차에 따라 그 비용의 일부를 부담할 수 있다.

(3) 고 시

산업통상자원부장관은 비용부담의 기준과 절차, 그 밖에 지중이설의 원활한 추진에 필요한 구체적인 사항을 정하여 고시할 수 있다.

16. 전기안전관리자의 선임 등

(1) 분야별 전기안전관리자의 선임

전기사업자나 자가용전기설비의 소유자 또는 점유자는 전기설비(휴지 중인 전기설비는 제외)의 공사·유지 및 운용에 관한 안전관리업무를 수행하게 하기 위하여 산업통상자원부령으로 정하는 바에 따라 「국가기술자격법」에 따른 전기·기계·토목 분야의 기술자격을 취득한 사람 중에서 각 분야별로 전기안전관리자를 선임하여야 한다.

① 전압이 600볼트 이하인 전기수용설비(제3조 제2항 각 호의 것은 제외한다)로서 제조업 및「기업활동 규제완화에 관한 특별조치법 시행령」제2조에 따른 제조업관련 서비스업에 설치하는 전기수용설비
② 심야전력을 이용하는 전기설비로서 전압이 600볼트 이하인 전기수용설비
③ 휴지(休止) 중인 다음 각 목의 전기설비

가. 전기설비의 소유자 또는 점유자가 전기사업자에게 전기설비의 휴지를 통보한 전기설비

나. 심야전력 전기설비(전기공급계약에 의하여 사용을 중지한 경우만 해당한다)

다. 농사용 전기설비(전기를 공급받는 지점에서부터 사용설비까지의 모든 전기설비를 사용하지 아니하는 경우만 해당한다)

④ 설비용량 20킬로와트 이하의 발전설비

(2) 안전관리업무 수탁자의 전기안전관리자 선임

자가용 전기설비의 소유자 또는 점유자는 전기설비의 안전관리에 관한 업무를 다음의 자에게 위탁할 수 있다. 이 경우 안전관리업무를 위탁받은 자는 분야별 전기안전관리자를 선임하여야 한다.

① 전기안전관리업무를 전문으로 하는 자로서 자본금, 보유하여야 할 기술인력 등 대통령령으로 정하는 요건을 갖춘 자

② 시설물관리를 전문으로 하는 자로서 분야별 기술자격을 취득한 사람을 보유하고 있는 자

(3) 안전관리업무 대행자의 전기안전관리자 선임 의제

산업통상자원부령으로 정하는 규모 이하의 전기설비(자가용 전기설비와 「신에너지 및 재생에너지 개발·이용·보급 촉진법」 제2조에 따른 태양에너지 및 연료전지를 이용하여 전기를 생산하는 발전설비만 해당)의 소유자 또는 점유자는 다음의 어느 하나에 해당하는 자에게 산업통상자원부령으로 정하는 바에 따라 안전관리업무를 대행하게 할 수 있다. 이 경우 안전관리업무를 대행하는 자는 전기안전관리자로 선임된 것으로 본다.

① 안전공사

② 전기안전관리대행사업자

　㉠ 자본금, 기술인력, 장비 등 요건을 갖출 것

　㉡ 등록이 취소된 자(등록취소 사유의 발생에 직접 책임이 있는 자와 법인의 경우 대표자를 포함)는 취소된 후 2년 이상 지났을 것

③ 전기 분야의 기술자격을 취득한 사람으로서 대통령령으로 정하는 장비를 보유하고 있는 자 : 전기안전관리업무를 대행하려는 자는 「국가기술자격법」에 따른 전기분야의 전기산업기사 이상의 자격이 있는 사람으로서 다음의 장비를 갖추어야 한다.

장 비	수 량
· 절연저항 측정기(500V, 100MΩ)	1
· 접지저항 측정기	1
· 클램프미터	1
· 저압검전기	1
· 고압 및 특고압 검전기	1
· 절연저항 측정기(1,000V, 2,000MΩ)	1
· 계전기 시험기	1

※ 두 가지 이상의 기능을 함께 가지고 있는 장비를 갖춘 경우에는 각각의 장비를 갖춘 것으로 본다.

(4) 전기안전관리자 자격의 완화

전기안전관리자를 선임 또는 선임 의제하는 것이 곤란하거나 적합하지 아니하다고 인정되는 지역 또는 전기설비에 대하여는 산업통상자원부령으로 따로 정하는 바에 따라 전기안전관리자를 선임할 수 있다.

(5) 대행자의 지정

전기안전관리자를 선임한 자는 전기안전관리자가 여행·질병이나 그 밖의 사유로 일시적으로 그 직무를 수행할 수 없는 경우에는 그 기간 동안, 전기안전관리자를 해임한 경우에는 다른 전기안전관리자를 선임하기 전까지 산업통상자원부령으로 정하는 바에 따라 대행자를 각각 지정하여야 한다.

① 「국가기술자격법」에 따른 전기·토목·기계 분야 기능사 이상의 자격소지자
② 「초·중등교육법」에 따른 고등학교의 전기·토목·기계 관련 학과 졸업 이상의 학력 소지자로서 해당 분야에서 1년 이상의 실무경력이 있는 사람
③ 해당 전기설비의 일상적인 운용을 위한 운전·조작 또는 이에 대한 업무의 감독이 가능한 사람

(6) 전기안전관리자의 자격 및 직무 등

전기안전관리자의 세부기술자격 및 직무와 전기안전관리업무를 대행하는 자가 수행할 수 있는 전기안전관리대행의 범위 등에 관한 사항은 산업통상자원부령으로 정한다.

17. 전기안전관리자의 선임 및 해임신고 등

(1) 전기안전관리자의 선임 및 해임신고

전기안전관리자를 선임 또는 해임한 자는 산업통상자원부령으로 정하는 바에 따라 지체 없이 그 사실을 「전력기술관리법」 제18조 제1항에 따른 전력기술인단체 중 산업통상자원부장관이 정하여 고시하는 단체(이하 전력기술인단체)에 신고하여야 한다. 신고한 사항 중 산업통상자원부령으로 정하는 사항이 변경된 경우에도 또한 같다.

(2) 선임신고증명서의 발급

전기안전관리자의 선임신고를 한 자가 선임신고증명서의 발급을 요구한 경우에는 전력기술인단체는 산업통상자원부령으로 정하는 바에 따라 선임신고증명서를 발급하여야 한다.

(3) 다른 전기안전관리자의 선임

전기안전관리자의 해임신고를 한 자는 해임한 날부터 30일 이내에 다른 전기안전관리자를 선임하여야 한다.

18. 전기안전관리자의 성실의무 등

전기안전관리자는 직무를 성실히 수행하여야 한다. 한편, 전기사업자 및 자가용전기설비의 소유자 또는 점유자(전기설비의 안전관리업무를 위탁받은 자를 포함)와 그 종업원은 전기안전관리자의 안전관리에 관한 의견에 따라야 한다.

19. 전기안전관리자의 교육 등

(1) 안전관리교육의 수수

전기안전관리자는 산업통상자원부령으로 정하는 바에 따라 전기설비의 공사·유지 및 운용에 관한 안전관리교육을 받아야 한다.

(2) 안전관리교육 미수자의 해임

전기안전관리자를 선임한 자는 정당한 사유 없이 안전관리교육을 받지 아니한 전기안전관리자를 해임하여야 한다.

20. 전기안전관리업무를 전문으로 하는 자 등의 등록 또는 신고

(1) 등록 또는 신고

전기안전관리업무를 위탁받거나 대행하려는 자는 다음의 구분에 따라 산업통상자원부장관 또는 시·도지사에게 각각 등록 또는 신고를 하여야 한다.

1) 전기안전관리업무를 전문으로 하는 자로서 전기안전관리업무를 위탁받으려는 자

① 산업통상자원부장관에게 등록
② 산업통상자원부장관은 전기안전관리업무를 전문으로 하는 자로서 전기안전관리업무를 위탁받으려는 자의 등록 신청이 다음의 어느 하나에 해당하는 경우를 제외하고는 등록을 해 주어야 한다.
　㉮ 등록 요건을 갖추지 아니한 경우
　㉯ 그 밖에 전기사업법, 전기사업법 시행령 또는 다른 법령에 따른 제한에 위반되는 경우

2) 전기안전관리대행사업자로서 안전관리업무를 대행하려는 자

① 시·도지사에게 등록
② 시·도지사는 전기안전관리대행사업자로서 안전관리업무를 대행하려는 자의 등록 신청이 다음의 어느 하나에 해당하는 경우를 제외하고는 등록을 해 주어야 한다.
　㉮ 등록 요건을 갖추지 아니한 경우
　㉯ 그 밖에 전기사업법, 전기사업법 시행령 또는 다른 법령에 따른 제한에 위반되는 경우

3) 전기 분야의 기술자격을 취득한 사람으로서 안전관리업무를 대행하려는 자 : 시·도지사에게 신고

(2) 변경등록 또는 변경신고

등록 또는 신고한 사항 중 산업통상자원부령으로 정하는 사항이 변경된 경우에는 변경 사유가 발생한 날부터 30일 이내에 변경등록 또는 변경신고를 하여야 한다.

(3) 등록증 또는 신고증명서의 발급

산업통상자원부장관 또는 시·도지사는 등록이나 신고 또는 변경등록이나 변경신고를 받은 경우에는 등록신청자 또는 신고자에게 등록증 또는 신고증명서를 발급하여야 한다.

21. 등록의 취소 등

(1) 등록취소 사유

산업통상자원부장관 또는 시·도지사는 전기안전관리업무를 전문으로 하는 자 또는 전기안전관리대행사업자로 각각 등록한 자가 다음의 어느 하나에 해당하는 경우에는 그 등록을 취소하거나 산업통상자원부령으로 정하는 바에 따라 6개월 이내의 기간을 정하여 업무의 전부 또는 일부의 정지를 명할 수 있다. 다만, ①에 해당하는 경우에는 그 등록을 반드시 취소하여야 한다. ★출제 Point 취소와 반드시 취소 구분

① 속임수나 그 밖의 부정한 방법으로 등록한 경우
② 전기안전관리업무를 전문으로 하는 자 또는 전기안전관리대행사업자 요건에 미달한 날부터 1개월이 지난 경우
③ 발급받은 등록증을 타인에게 빌려 준 경우
④ 전기안전관리대행의 범위를 넘어서 업무를 수행한 경우

(2) 청 문

산업통상자원부장관 또는 시·도지사는 등록을 취소하려면 청문을 하여야 한다.

22. 전기안전관리업무를 위탁받아 수행하는 자 등에 대한 실태조사 등

(1) 등록취소 사유에 해당 여부의 판단을 위한 실태조사

산업통상자원부장관 또는 시·도지사는 등록취소 사유에 해당되는지 여부를 판단하기 위하여 필요하다고 인정하면 전기안전관리업무를 위탁받아 수행하거나 대행하는 자(이하 대행자 등)에 대하여 필요한 자료의 제출을 명하거나, 소속 공무원으로 하여금 대행자 등의 사업장 또는 대행자등이 전기안전관리업무를 수행하는 전기설비의 설치장소에 출입하여 장부·서류나 그밖의 자료 또는 물건을 조사하게 할 수 있다.

(2) 실태조사의 절차 및 방법

산업통상자원부장관은 조사를 하는 경우에는 조사 7일 전까지 조사 일시, 조사 이유 및 조사 내용 등을 포함한 조사계획을 조사대상자에게 알려야 한다. 다만, 긴급한 경우나 사전에 알리면 증거인멸 등으로 조사목적을 달성할 수 없다고 인정하는 경우에는 그러하지 아니하다.

출입·조사하는 자는 그 권한을 표시하는 증표를 지니고 이를 관계인에게 내보여야 하며, 조사 시 그 조사의 일시·목적 등을 기록한 서류를 관계인에게 내주어야 한다.

CHAPTER 08

한국전기안전공사

1. 한국전기안전공사의 설립

전기로 인한 재해를 예방하기 위하여 전기안전에 관한 조사·연구·기술개발 및 홍보업무와 전기설비에 대한 검사·점검업무를 수행하기 위하여 한국전기안전공사를 설립한다. 안전공사는 법인으로 하며, 주된 사업소의 소재지에서 설립등기를 함으로써 성립한다.

2. 안전공사의 운영 재원

안전공사의 운영에 필요한 경비는 다음의 재원으로 충당한다.

① 사용전검사, 정기검사 또는 여러 사람이 이용하는 시설 등에 대한 전기안전점검을 받으려는 자가 내는 수수료
②「재난 및 안전관리 기본법」에 따른 재난관리책임기관이 재난예방을 위하여 부담하는 재난예방점검비용 등
③ 기금에서의 출연금
④ 차입금 및 그 밖의 수입

★출제Point 한국전기안전공사 운영재원 4 숙지

3. 안전공사의 임원

안전공사의 임원은 사장 1명, 이사 8명 이내와 감사 1명으로 한다. 사장은 안전공사를 대표하고, 그 사무를 총괄한다.

4. 안전공사의 사업

① 전기안전에 관한 조사 및 연구
② 전기안전에 관한 기술개발 및 보급
③ 전기안전에 관한 전문교육 및 정보의 제공
④ 전기안전에 관한 홍보
⑤ 전기설비에 대한 검사·점검 및 기술지원
⑥ 전기사고의 원인·경위 등의 조사
⑦ 전기안전에 관한 국제기술협력
⑧ 전기안전을 위하여 산업통상자원부장관 또는 시·도지사가 위탁하는 사업
⑨ 전기설비의 안전진단과 그 밖에 전기안전관리를 위하여 필요한 사업

★출제 Point 한국전기안전공사의 사업 9 숙지

5. 다른 법률과의 관계

안전공사에 관하여 전기사업법 및 「공공기관의 운영에 관한 법률」에 규정된 것을 제외하고는 「민법」 중 재단법인에 관한 규정을 준용한다.

6. 감 독

산업통상자원부장관은 안전공사의 업무 중 다음의 어느 하나에 해당하는 사항에 관련되는 업무에 대하여 지도·감독한다.

① 사업의 수행에 관한 사항

② 토지·건물 등 안전공사의 주요 기본재산의 매각, 취득, 양도 또는 담보제공

③ 그 밖에 다른 법령에서 정하는 사항

7. 유사명칭의 사용금지

전기사업법에 따른 안전공사가 아닌 자는 한국전기안전공사 또는 이와 유사한 명칭을 사용하여서는 아니 된다.

CHAPTER
09

토지 등의 사용

1. 다른 자의 토지 등의 사용

(1) 토지 등의 사용

전기사업자는 전기사업용 전기설비의 설치나 이를 위한 실지조사·측량 및 시공 또는 전기사업용 전기설비의 유지·보수를 위하여 필요한 경우에는 「공익사업을 위한 토지 등의 취득 및 보상에 관한 법률」에서 정하는 바에 따라 다른 자의 토지 또는 이에 정착된 건물이나 그 밖의 공작물(이하 토지 등)을 사용하거나 다른 자의 식물 또는 그 밖의 장애물을 변경 또는 제거할 수 있다.

(2) 토지 등의 일시사용

① 전기사업자는 다음의 어느 하나에 해당하는 경우에는 다른 자의 토지 등을 일시사용하거나 다른 자의 식물을 변경 또는 제거할 수 있다. 다만, 다른 자의 토지 등이 주거용으로 사용되고 있는 경우에는 그 사용 일시 및 기간에 관하여 미리 거주자와 협의하여야 한다.
　㉠ 천재지변, 전시·사변, 그 밖의 긴급한 사태로 전기사업용전기설비 등이 파손되거나 파손될 우려가 있는 경우 15일 이내에서의 다른 자의 토지 등의 일시사용
　㉡ 전기사업용 전선로에 장애가 되는 식물을 방치하여 그 전선로를 현저하게 파손하거나 화재 또는 그 밖의 재해를 일으키게 할 우려가 있다고 인정되는 경우 그 식물의 변경 또는 제거

② 전기사업자는 다른 자의 토지 등을 일시사용하거나 식물의 변경 또는 제거를 한 경우에는 즉시 그 점유자나 소유자에게 그 사실을 통지하여야 한다.

2. 다른 자의 토지 등에의 출입

(1) 토지 등에의 출입 협의

전기사업자는 전기설비의 설치·유지 및 안전관리를 위하여 필요한 경우에는 다른 자의 토지 등에 출입할 수 있다. 이 경우 전기사업자는 출입방법 및 출입기간 등에 대하여 미리 토지 등의 소유자 또는 점유자와 협의하여야 한다.

(2) 토지 등에의 출입 허가

① 전기사업자는 협의가 성립되지 아니하거나 협의를 할 수 없는 경우에는 시장·군수 또는 구청장의 허가를 받아 토지 등에 출입할 수 있다.
② 시장·군수 또는 구청장은 허가신청이 있는 경우에는 그 사실을 토지 등의 소유자 또는 점유자에게 알리고 의견을 진술할 기회를 주어야 한다.
③ 전기사업자는 허가에 따라 다른 자의 토지 등에 출입하려면 미리 토지등의 소유자 또는 점유자에게 그 사실을 알려야 한다.
④ 허가에 따라 다른 자의 토지 등에 출입하는 자는 그 권한을 표시하는 증표를 지니고 이를 관계인에게 내보여야 한다.

3. 다른 자의 토지의 지상 등의 사용

(1) 토지의 지상 등의 사용 협의

전기사업자는 그 사업을 수행하기 위하여 필요한 경우에는 현재의 사용방법을 방해하지 아니하는 범위에서 다른 자의 토지의 지상 또는 지하 공간에 전선로를 설치할 수 있다. 이 경우 전기사업자는 전선로의 설치방법 및 존속기간 등에 대하여 미리 그 토지의 소유자 또는 점유자와 협의하여야 한다.

(2) 토지의 지상 등의 사용 허가

토지의 지상 등의 사용 협의가 성립되지 아니하거나 협의를 할 수 없는 경우에는 토지 등에의 출입 허가에 관한 규정을 준용한다.

4. 구분지상권의 설정등기 등

(1) 구분지상권의 설정 또는 이전

전기사업자는 다른 자의 토지의 지상 또는 지하 공간의 사용에 관하여 구분지상권의 설정 또는 이전을 전제로 그 토지의 소유자 및 「공익사업을 위한 토지 등의 취득 및 보상에 관한 법률」 제2조 제5호에 따른 관계인과 협의하여 그 협의가 성립된 경우에는 구분지상권을 설정 또는 이전한다.

(2) 구분지상권의 설정 또는 이전 등기 신청

전기사업자는 「공익사업을 위한 토지 등의 취득 및 보상에 관한 법률」에 따라 토지의 지상 또는 지하 공간의 사용에 관한 구분지상권의 설정 또는 이전을 내용으로 하는 수용·사용의 재결을 받은 경우에는 「부동산등기법」 제99조를 준용하여 단독으로 해당 구분지상권의 설정 또는 이전 등기를 신청할 수 있다.

(3) 구분지상권의 등기절차

토지의 지상 또는 지하 공간의 사용에 관한 구분지상권의 등기절차에 관하여 필요한 사항은 대법원규칙으로 정한다.

(4) 구분지상권의 존속기간

구분지상권의 존속기간은 「민법」 제280조 및 제281조에도 불구하고 송전선로인 발전소 상호 간, 변전소 상호 간 및 발전소와 변전소 간을 연결하는 전선로(통신용으로 전용하는 것은 제외)와 이에 속하는 전기설비를 말하고 이것이 존속하는 때까지로 한다.

5. 손실보상

(1) 토지의 일시사용 등에 대한 손실보상

전기사업자는 다른 자의 토지 등의 일시사용, 다른 자의 식물의 변경 또는 제거나 다른 자의 토지 등에의 출입으로 인하여 손실이 발생한 때에는 손실을 입은 자에게 정당한 보상을 하여야 한다.

(2) 토지의 지상 등의 사용에 대한 손실보상

전기사업자는 다른 자의 토지의 지상 또는 지하 공간에 송전선로를 설치함으로 인하여 손실이 발생한 때에는 손실을 입은 자에게 정당한 보상을 하여야 한다.

① 보상금액의 산정기준이 되는 토지 면적은 다음의 구분에 따른다.

    ㉠ 지상 공간의 사용 : 송전선로의 양측 가장 바깥선으로부터 수평으로 3m를 더한 범위에서 수직으로 대응하는 토지의 면적. 이 경우 건축물 등의 보호가 필요한 경우에는 기술기준에 따른 전선과 건축물 간의 전압별 이격거리까지 확장할 수 있다.

    ㉡ 지하 공간의 사용 : 송전선로 시설물의 설치 또는 보호를 위하여 사용되는 토지의 지하 부분에서 수직으로 대응하는 토지의 면적

★출제Point 손실보상의 산정기준

② 손실보상의 산정기준

구 분	사용기간	보상금액 산정기준
지상 공간의 사용	송전선로가 존속하는 기간까지 사용	보상금액=토지의 단위면적당 적정가격×지상 공간의 사용면적×(입체이용저해율+추가보정률)
	한시적 사용	보상금액=토지의 단위면적당 사용료 평가가액×지상 공간의 사용면적×(입체이용저해율+추가보정률)
지하 공간의 사용	송전선로가 존속하는 기간까지 사용	보상금액=토지의 단위면적당 적정가격×지하 공간의 사용면적×입체이용저해율

※ 1. "입체이용저해율"이란 송전선로를 설치함으로써 토지의 이용이 저해되는 정도에 따른 적정한 비율을 말한다.
   2. "추가보정률"이란 송전선로를 설치함으로써 해당 토지의 경제적 가치가 감소되는 정도를 나타내는 비율을 말한다.

3. "지상 공간의 사용면적"이란 법 제90조의2 제2항 제1호에 따른 면적을 말하며, "지하 공간의 사용면적"이란 법 제90조의2 제2항 제2호에 따른 면적을 말한다.
4. "한시적 사용"이란 법 제90조의2 제1항에 따라 전기사업자가 설치하는 송전선로에 대하여 「전원개발촉진법」 제5조에 따른 전원개발사업 실시계획 승인의 고시일부터 3년 이내에 철거가 계획된 경우를 말한다(법 제89조의2에 따른 구분지상권의 설정 또는 이전의 경우에 대해서는 적용하지 아니한다).
5. 토지의 가격(단위면적당 적정가격 및 단위면적당 사용료 평가가액을 말한다), 입체이용저해율 및 추가보정률 등 손실보상의 산정 방법에 관하여는 「공익사업을 위한 토지 등의 취득 및 보상에 관한 법률」 제67조 및 제68조에 따라 평가한다.

③ 손실보상의 방법 : 전기사업자는 다른 자의 토지의 지상 또는 지하 공간에 송전선로를 설치함으로써 보상을 할 때에는 손실을 입은 자마다 일시불로 보상금을 지급하여야 한다.

6. 원상회복

전기사업자는 토지 등의 일시사용이 끝난 경우에는 토지 등을 원상으로 회복하거나 이에 필요한 비용을 토지 등의 소유자 또는 점유자에게 지급하여야 한다.

7. 공공용 토지의 사용

(1) 토지 사용 허가

전기사업자는 국가 · 지방자치단체나 그 밖의 공공기관이 관리하는 공공용 토지에 전기사업용 전선로를 설치할 필요가 있는 경우에는 그 토지 관리자의 허가를 받아 토지를 사용할 수 있다.

(2) 관할 주무부장관의 사용 허가

① 토지 관리자가 정당한 사유 없이 허가를 거절하거나 허가조건이 적절하지 아니한 경우에는 전기사업자의 신청을 받아 그 토지를 관할하는 주무부장관이 사용을 허가하거나 허가조건을 변경할 수 있다.
② 주무부장관은 사용을 허가하거나 허가조건을 변경하려는 경우에는 미리 산업통상자원부장관과 협의하여야 한다.

CHAPTER
10

보 칙

1. 집단에너지사업자의 전기공급에 대한 특례

(1) 집단에너지사업자의 전기공급

「집단에너지사업법」제9조에 따라 사업허가를 받은 집단에너지사업자 중 30만kW 이하의 범위에서 대통령령으로 정하는 발전설비용량을 갖춘 자는 「집단에너지사업법」제9조에 따라 허가받은 공급구역에서 전기를 공급할 수 있다.

① 「집단에너지사업법 시행령」제2조 제1항 제1호의 지역냉난방사업을 하는 자로서 15만킬로와트 이하의 발전설비용량을 갖춘 자

② 「집단에너지사업법 시행령」제2조 제1항 제2호의 산업단지집단에너지사업을 하는 자로서 30만킬로와트 이하의 발전설비용량을 갖춘 자

(2) 구역전기사업자 의제

집단에너지사업자는 전기사업법을 적용할 때에는 구역전기사업자로 본다.

2. 회계의 구분

(1) 회계기준

발전사업자(설비용량이 3천kW 이하인 경우는 제외), 송전사업자 및 배전사업자는 사업연도, 계정과목분류, 대차대조표, 손익계산서, 고정자산회계, 그 밖에 재무계산에 관하여 산업통상자원부령으로 정하는 바에 따라 그 회계를 처리하여야 한다.

(2) 회계의 구분 처리

발전사업자(설비용량이 3천kW 이하인 경우는 제외), 송전사업자 및 배전사업자가 전기사업 외의 사업을 하는 경우에는 전기사업에 관한 회계와 전기사업 외의 사업에 관한 회계를 구분하여 처리하여야 한다.

3. 상각 등

산업통상자원부장관은 전기사업의 적절한 수행을 도모하기 위하여 특히 필요하다고 인정되는 경우에는 「법인세법」 또는 「조세특례제한법」에서 허용하는 범위에서 전기사업자에게 전기사업용 고정자산을 상각하거나 그 종류·방법 또는 금액을 정하여 적립금 또는 충당금을 설정할 것을 명할 수 있다.

4. 외국인투자기업에 대한 제한

산업통상자원부장관은 「외국인투자촉진법」에 따른 외국인투자기업에 대하여는 다음의 어느 하나의 허가·승인 또는 지정을 하여서는 아니 된다.

① 발전사업(원자력발전소를 운영하는 경우만 해당)의 허가
② 원자력발전연료의 제조·공급계획의 승인

5. 보고

(1) 산업통상자원부장관에 대한 보고

산업통상자원부장관은 산업통상자원부령으로 정하는 바에 따라 전기설비의 검사·점검현황 등 전기안전에 관한 사항을 시·도지사, 시장·군수·구청장, 안전공사, 전기판매사업자 및 구역전기사업자로 하여금 보고하게 할 수 있다.

시·도지사, 시장·군수·구청장, 안전공사 및 전기판매사업자가 산업통상자원부장관에게 보고하여야 할 사항 및 시기는 다음과 같다.

① 시·도지사, 시장·군수 또는 구청장의 보고사항

보고사항	서식	보고기한
가. 부적합 전기설비에 대한 조치 내용 및 처리 결과 (법 제66조, 제71조 및 제108조 관련)	별지 제46호 서식	해당 연도 실적을 다음 해 1월 31일까지 보고
나. 전기안전관리 대행사업자 및 개인대행자의 등록 및 신고수리 현황(법 제73조의5 제1항 관련)		

② 안전공사의 보고사항

보고사항	서식	보고기한
가. 검사업무 실시 결과(법 제63조 및 제65조 관련)	별지 제47호 서식	해당 연도 실적을 다음 해 1월 31일까지 보고
나. 일반용 전기설비 점검 결과(법 제66조 관련)	별지 제48호 서식	
다. 여러 사람이 이용하는 시설의 안전점검 결과(법 제66조의2 관련)	별지 제49호 서식	

③ 전기판매사업자의 보고사항

보고사항	서식	보고기한
가. 일반용 전기설비 사용전 점검 결과(법 제66조 관련)	별지 제50호 서식	해당 연도 실적을 다음 해 1월 31일까지 보고
나. 전기공급 정지 현황(법 제66조 제6항 및 제71조 관련)		

(2) 시·도지사에 대한 보고

시·도지사는 산업통상자원부령으로 정하는 바에 따라 전기안전관리자의 선임 및 해임에 관한 사항을 전력기술인단체로 하여금 보고하게 할 수 있다.

전력기술인단체가 시·도지사에게 보고하여야 할 사항과 그 시기는 다음과 같다.

시·도지사에게 보고할 사항

○ 전력기술인단체의 보고사항

보고사항	서 식	보고기한
전기안전관리자의 선임 및 해임에 관한 사항 (법 제73조의2 관련)	별지 제51호 서식	해당 연도 실적을 다음해 1월 31일까지 보고

6. 중대한 사고의 통보·조사

(1) 중대한 사고의 통보

전기사업자 및 자가용 전기설비의 소유자 또는 점유자는 그가 운용하는 전기설비로 인하여 산업통상자원부령으로 정하는 중대한 사고가 발생한 경우에는 산업통상자원부령으로 정하는 바에 따라 산업통상자원부장관에게 통보하여야 한다.

① 전기사업자 및 자가용 전기설비의 소유자 또는 점유자가 산업통상자원부장관에게 통보하여야 할 중대한 사고의 종류, 통보방법 및 통보기한은 다음과 같다.

※ 중대한 사고의 종류 및 통보방법 등

1. 사고 종류별 통보방법 및 통보기한은 다음 표와 같다.

사고의 종류	통보방법	통보기한	
		속보	상보
1. 감전사고(사망 2명 이상 또는 부상 3명 이상 발생한 경우) 2. 전기설비사고 　가. 공급지장전력이 3만킬로와트 이상 10만킬로와트 미만의 송전·변전설비 고장으로 공급지장 시간이 1시간 이상인 경우	전화 또는 팩스를 이용한 통보(이하 "속보"라 한다) 및 서면으로 제출하는 상세한 통보(이하 "상보"라 한다)	24시간 이내	사고발생 후 15일 이내

나. 공급지장전력이 10만킬로와트 이상의 송전·변전설비 고장으로 공급지장 시간이 30분 이상인 경우			
다. 전압 10만볼트 이상 송전선로 고장으로 인한 공급지장 시간이 6시간 이상인 경우			
라. 출력 30만킬로와트 이상의 발전소 고장으로 5일 이상의 발전지장을 초래한 경우			
마. 국가 주요 설비인 상수도·하수도 시설, 배수갑문, 다목적댐, 공항, 국제항만, 지하철의 수전설비·배전설비에서 사고가 발생하여 3시간 이상 전체 정전을 초래할 경우			
바. 전압 10만볼트 이상인 자가용 전기설비의 수전설비·배전설비에서 사고가 발생하여 30분 이상 정전을 초래한 경우			
사. 1,000세대 이상 아파트 단지의 수전설비·배전설비에서 사고가 발생하여 1시간 이상 정전을 초래한 경우			

② 사고통보 중 속보의 경우에는 다음의 사항이 포함되어야 한다.

가. 통보자의 소속, 직위, 성명 및 연락처

나. 사고 발생 일시

다. 사고 발생 장소

라. 사고 내용

마. 전기설비 현황(사용 전압 및 용량)

바. 피해 현황(인명 및 재산)

★출제Point 사고통보 중 속보 6가지 숙지

(2) 중대한 사고의 조사

산업통상자원부장관은 전기사고의 재발방지를 위하여 필요하다고 인정하는 경우에는 다음의 자로 하여금 대통령령으로 정하는 전기사고의 원인·경위 등에 관한 조사를 하게 할 수 있다.

① 안전공사

② 산업통상자원부령으로 정하는 기술인력 및 장비 등을 갖춘 자 중 산업통상자원부장관이 지정한 자

7. 수수료 등

(1) 수수료의 납부

다음의 어느 하나에 해당하는 자는 산업통상자원부령으로 정하는 바에 따라 수수료를 내야 한다.

① 사용전 검사 및 정기검사를 받으려는 자
② 여러 사람이 이용하는 시설 등에 대한 전기안전점검을 받으려는 자
③ 전기안전관리자의 선임신고증명서를 발급받으려는 자
④ 전기안전관리업무를 위탁받거나 대행하려는 자로서 등록한 사항을 변경하려는 자(변경사항이 기술인력인 경우만 해당)

(2) 교육비의 납부

전기안전관리자의 안전관리교육을 받으려는 사람은 산업통상자원부령으로 정하는 바에 따라 교육비를 내야 한다.

8. 권한의 위임·위탁

(1) 권한의 위임

산업통상자원부장관의 권한은 그 일부를 대통령령으로 정하는 바에 따라 그 소속 기관 또는 시·도지사에게 위임할 수 있다. **★출제 Point** 특별시장, 광역시장, 도지사의 위임

① 발전시설 용량이 3천킬로와트 이하인 발전사업에 대한 다음의 권한
　가. 전기사업의 허가
　나. 준비기간의 지정·연장 및 사업개시 신고의 접수
　다. 전기사업의 양수, 전기사업자인 법인의 분할·합병의 인가 및 공고 등
　라. 사업허가의 취소 및 사업의 정지, 사업구역의 감소, 과징금의 부과·징수 등
　마. 청문
② 설비용량이 1만킬로와트 미만인 발전설비, 전압이 20만볼트 미만인 송전·변전설비 또는 전압이 1만볼트 이상인 공동구 및 전력구의 배전선로에 대한 다음 각 목의 권한

가. 법 제61조 제3항에 따른 공사계획의 신고 및 변경신고의 접수

나. 법 제71조에 따른 기술기준에의 적합명령

③ 설비용량이 1만킬로와트 미만인 전기설비에 대한 법 제61조 제4항에 따른 공사 신고의 접수

④ 법 제62조 제4항에 따른 자가용전기설비의 설치 또는 변경공사 신고의 접수(제2항 제1호에 따라 자유무역지역관리원장에게 권한이 위임된 경우는 제외한다)

⑤ 법 제108조 제2항 제1호에 따른 과태료의 부과·징수 중 제1호 나목에 따라 시·도지사의 권한으로 위임된 사항과 관련된 과태료의 부과·징수

산업통상자원부장관은 법 제98조 제1항에 따라 「자유무역지역의 지정 및 운영에 관한 법률」 제2조 제1호에 따른 자유무역지역 안의 자가용 전기설비에 대한 다음 각 호의 사항을 자유무역지역관리원장에게 위임한다.

① 법 제62조 제4항에 따른 자가용 전기설비의 설치 또는 변경공사에 대한 신고의 접수

② 전기설비 또는 전기통신선로설비(법 제62조 제1항에 따라 산업통상자원부령으로 정하는 공사는 제외한다)에 관한 법 제71조에 따른 기술기준에의 적합명령

(2) 권한의 위탁

① 산업통상자원부장관 또는 시·도지사의 권한 중 다음의 업무 중 일부를 안전공사에 위탁할 수 있다.

㉠ 자가용 전기설비의 공사계획의 신고 및 변경신고의 접수

㉡ 사용전 검사 및 정기검사에 따른 전기설비의 검사

㉢ 전기설비 임시사용의 허용

② 산업통상자원부장관은 다음의 업무를 「전력기술관리법」 제18조 제1항에 따른 전력기술인단체 중 산업통상자원부장관이 지정하여 고시한 단체에 위탁할 수 있다.

㉠ 안전관리교육

㉡ 전기안전관리업무를 전문으로 하는 자 및 전기안전관리대행사업자의 변경등록(변경사항이 기술인력인 경우만 해당)

③ 산업통상자원부장관은 기술기준의 조사·연구 및 개정 검토에 관한 업무를 해당 업무를 수행할 수 있다고 인정되는 전기설비의 안전관리 관련 법인 또는 단체 중에서 산업통상자원부장관이 지정하여 고시하는 법인 또는 단체에 위탁할 수 있다.

9. 벌칙 적용 시의 공무원 의제

다음의 어느 하나에 해당하는 자는 「형법」 제129조(수뢰·사전수뢰), 제130조(제삼자뇌물제공), 제131조(수뢰후부정처사·사후수뢰), 제132조(알선수뢰)의 규정에 따른 벌칙을 적용할 때에는 공무원으로 본다.

① 전기위원회의 위원 중 공무원이 아닌 위원
② 산업통상자원부장관 또는 시·도지사가 위탁한 업무에 종사하는 안전공사, 법인 또는 단체의 임직원

CHAPTER
11
벌 칙

1. 형사벌

(1) 10년 이하의 징역 또는 5천만원 이하의 벌금 대상자

① 전기사업용 전기설비를 손괴하거나 절취하여 발전·송전·변전 또는 배전을 방해한 자(미수범 처벌)

② 전기사업용 전기설비에 장애를 발생하게 하여 발전·송전·변전 또는 배전을 방해한 자(미수범 처벌)

(2) 5년 이하의 징역 또는 3천만원 이하의 벌금 대상자

① 정당한 사유 없이 전기사업용 전기설비를 조작하여 발전·송전·변전 또는 배전을 방해한 자(미수범 처벌)

② 전기사업에 종사하는 자로서 정당한 사유 없이 전기사업용 전기설비의 유지 또는 운용업무를 수행하지 아니함으로써 발전·송전·변전 또는 배전에 장애가 발생하게 한 자

(3) 3년 이하의 징역 또는 2천만원 이하의 벌금 대상자(병과 가능)

① 허가 또는 변경허가를 받지 아니하고 전기사업을 한 자

② 금지행위를 한 자

③ 금지행위에 대한 조치 명령을 이행하지 아니한 자

④ 승인 또는 변경승인을 받지 아니하고 원자력발전연료를 제조·공급한 자

⑤ 전력시장 외에서 전력거래를 한 자

⑥ 직무와 관련하여 알게 된 비밀을 누설 또는 도용하거나 다른 사람으로 하여금 이용하게 한 자

(4) 2년 이하의 징역 또는 1천만원 이하의 벌금 대상자(병과 가능)

① 정당한 사유 없이 전기공급을 거부한 자

② 전기설비를 차별하여 이용하게 한 자

③ 대여를 받지 아니하고 전기사업용전기설비에 전기통신선로설비를 설치한 자

④ 물밑선로를 손상하거나 손상하게 할 우려가 있는 행위를 한 자

(5) 1년 이하의 징역 또는 500만원 이하의 벌금 대상자

① 인가 또는 변경인가를 받지 아니하고 전기설비를 이용하게 한 자

② 인가 또는 변경인가를 받지 아니하고 전기를 공급한 자

③ 전력시장에 관한 정보를 공개하지 아니한 자

④ 자격이 없는 자로서 전기설비의 안전관리업무를 대행한 자

⑤ 속임수나 그 밖의 부정한 방법으로 전기안전관리업무의 위탁(전기안전관리업무를 전문으로 하는 자)·대행(전기안전관리 대행사업자) 등록을 하거나 변경등록을 한 자

(6) 500만원 이하의 벌금 대상자

전기안전관리자를 선임하지 아니한 자

(7) 300만원 이하의 벌금 대상자

① 전기의 공급약관을 위반하여 전기를 공급한 자

② 전기품질 유지 명령 또는 비상사태 발생 시 전기의 수급조절 관련 명령을 위반한 자

③ 전기사업용전기설비의 공사계획의 인가 또는 자가용전기설비의 공사계획의 인가를 받지 않고 전기설비의 설치공사 또는 변경공사를 한 자

④ 기술기준에의 적합명령을 위반한 자(전기사업용 전기설비 및 자가용 전기설비의 소유자 또는 점유자만 해당)

⑤ 전기안전관리업무의 위탁(전기안전관리업무를 전문으로 하는 자)·대행(전기안전관리대행 사업자) 등록을 하지 아니하거나 변경등록을 하지 아니하고 전기안전관리업무를 수행한 자
⑥ 전기사업에 관한 회계와 전기사업 외의 사업에 관한 회계를 구분하여 처리하지 아니한 자

(8) 100만원 이하의 벌금 대상자

① 인가를 받아야 하는 공사 외의 전기사업용 전기설비의 설치공사 또는 변경공사로서 공사를 시작하기 전에 신고하지 아니하고 전기설비의 설치공사 또는 변경공사를 한 자
② 사용전 검사 또는 전기설비의 임시사용 통지를 받지 아니하고 전기설비를 사용한 자
③ 정기검사를 거부·방해 또는 기피한 자
④ 기안전관리자의 대행자를 지정하지 아니한 자
⑤ 전기안전관리 대행범위를 넘어서 전기안전관리업무를 수행한 자

(9) 양벌규정

법인의 대표자나 법인 또는 개인의 대리인, 사용인, 그 밖의 종업원이 그 법인 또는 개인의 업무에 관하여 위의 (3)부터 (8)까지의 어느 하나에 해당하는 위반행위를 하면 그 행위자를 벌하는 외에 그 법인 또는 개인에게도 해당 조문의 벌금형을 과한다. 다만, 법인 또는 개인이 그 위반행위를 방지하기 위하여 해당 업무에 관하여 상당한 주의와 감독을 게을리하지 아니한 경우에는 예외로 한다.

★출제Point 형사벌 금액 많은 순서대로 정리

2. 행정벌

(1) 300만원 이하의 과태료 부과 대상자

① 사실조사를 위한 자료나 물건의 제출명령 또는 장부·서류나 그 밖의 자료 또는 물건의 조사를 거부·방해 또는 기피한 자
② 시장·군수 또는 구청장, 안전공사의 개선명령을 위반한 자
③ 일반용 전기설비의 소유자 또는 점유자에게 내린 기술기준에의 적합명령을 위반한 자
④ 전기안전관리업무를 위탁받아 수행하는 자 등에 대한 실태조사를 위한 자료의 제출명령을 거부하거나, 장부·서류나 그 밖의 자료 또는 물건의 조사를 거부·방해 또는 기피한 자

⑤ 한국전기안전공사 또는 이와 유사한 명칭을 사용한 자

⑥ 전기사업용 고정자산의 상각 또는 적립금 또는 충당금의 설정 명령을 위반한 자

(2) 100만원 이하의 과태료 부과 대상자

① 전기사업의 개시신고, 전기설비의 시설계획 등의 신고, 전기안전관리자의 선임 및 해임신고, 안전관리업무의 대행(전기 분야의 기술자격을 취득한 사람) 신고 또는 변경신고를 하지 아니하거나 거짓으로 신고 또는 변경신고를 한 자

② 공급약관을 갖춰 두지 아니하거나 열람할 수 있게 하지 아니한 자

③ 전기품질을 측정 결과의 기록, 일반용 전기설비의 점검 또는 통지에 관련한 사항의 기록, 여러 사람이 이용하는 시설 등에 대한 전기안전점검에 관한 사항의 기록을 하지 아니하거나 거짓 기록을 한 자 또는 기록을 보존하지 아니한 자

④ 인가를 받아야 하는 공사 외의 전기사업용 전기설비 또는 자가용 전기설비의 설치·변경공사로서 공사를 시작하기 전에 신고하지 아니하고 전기설비의 설치공사 또는 변경공사를 한 자

⑤ 일반용 전기설비의 점검(주거용 시설물에 설치된 일반용 전기설비에 대한 점검은 제외)을 거부·방해 또는 기피한 자

⑥ 안전관리교육을 받지 아니한 사람 또는 안전관리교육을 받지 아니한 사람을 해임하지 아니한 자

(3) 과태료의 부과·징수

① 과태료는 산업통상자원부장관, 시·도지사 또는 시장·군수·구청장이 부과·징수한다.

② 과태료의 부과기준

위반행위	근거법령	과태료 금액
법 제9조 제4항, 제26조, 제73조의2 제1항, 제73조의5 제1항 제3호 또는 같은 조 제2항에 따른 신고 또는 변경신고를 하지 아니하거나 거짓으로 신고 또는 변경신고를 한 경우	법 제108조 제2항 제1호	80만원
법 제16조 제4항을 위반하여 공급약관을 갖춰 두지 않거나 열람할 수 있게 하지 않은 경우	법 제108조 제2항 제2호	50만원

법 제18조 제2항·제66조 제4항 또는 제66조의2 제3항에 따른 기록을 하지 아니하거나 거짓 기록을 한 경우 또는 기록을 보존하지 아니한 경우	법 제108조 제2항 제3호	50만원
법 제22조 제2항에 따른 자료나 물건의 제출명령 또는 장부·서류나 그 밖의 자료 또는 물건의 조사를 거부·방해 또는 기피한 경우	법 제108조 제1항 제1호	200만원
법 제61조 제2항 또는 제62조 제2항을 위반하여 전기설비의 설치공사 또는 변경공사를 한 경우	법 제108조 제2항 제4호	80만원
법 제66조 제1항에 따른 점검(주거용 시설물에 설치된 일반용 전기설비에 대한 점검은 제외)을 거부·방해 또는 기피한 경우	법 제108조 제2항 제5호	80만원
법 제66조 제5항에 따른 시장·군수 또는 구청장, 안전공사의 개선명령을 위반한 경우	법 제108조 제1항 제2호	200만원
법 제71조에 따라 일반용 전기설비의 소유자 또는 점유자에게 내린 명령을 위반한 경우	법 제108조 제1항 제3호	200만원
법 제73조의4를 위반하여 안전관리교육을 받지 아니한 경우 또는 안전관리교육을 받지 아니한 사람을 해임하지 아니한 경우	법 제108조 제2항 제6호	50만원
법 제73조의8 제1항에 따른 자료의 제출명령을 거부하거나, 장부·서류나 그 밖의 자료 또는 물건의 조사를 거부·방해 또는 기피한 경우	법 제108조 제1항 제4호	200만원
법 제81조를 위반하여 한국전기안전공사 또는 이와 유사한 명칭을 사용한 경우	법 제108조 제1항 제5호	200만원
법 제94조에 따른 명령을 위반한 경우	법 제108조 제1항 제6호	200만원

★슴계Point 행정벌 금액 많은 순서대로 정리

③ 산업통상자원부장관, 시·도지사 또는 시장·군수·구청장은 위반행위의 정도, 위반횟수, 위반행위의 동기와 그 결과 등을 고려하여 과태료의 부과기준에 따른 과태료 금액의 1/2의 범위에서 그 금액을 가중하거나 감경할 수 있다. 다만, 가중하는 경우에도 과태료 금액의 상한을 초과할 수 없다.

PART 04

전기공사업법

CHAPTER

01

총 칙

1. 목 적

전기공사업법은 전기공사업과 전기공사의 시공·기술관리 및 도급에 관한 기본적인 사항을 정함으로써 전기공사업의 건전한 발전을 도모하고 전기공사의 안전하고 적정한 시공을 확보함을 목적으로 한다.

2. 용어의 정의

(1) 전기공사

전기공사란 다음의 어느 하나에 해당하는 설비 등을 설치·유지·보수하는 공사 및 이에 따른 부대공사로서 대통령령으로 정하는 것을 말한다.

① 전기설비
② 전력 사용 장소에서 전력을 이용하기 위한 전기계장설비
③ 전기에 의한 신호표지

(2) 공사업

공사업이란 도급이나 그 밖에 어떠한 명칭이든 상관없이 전기공사를 업으로 하는 것을 말한다.

(3) 공사업자

공사업자란 공사업의 등록을 한 자를 말한다.

(4) 발주자

발주자란 전기공사를 공사업자에게 도급을 주는 자를 말한다. 다만, 수급인으로서 도급받은 전기공사를 하도급 주는 자는 제외한다.

(5) 도 급

도급이란 원도급, 하도급, 위탁, 그 밖에 어떠한 명칭이든 상관없이 전기공사를 완성할 것을 약정하고, 상대방이 그 일의 결과에 대하여 대가를 지급할 것을 약정하는 계약을 말한다.

(6) 하도급

하도급이란 도급받은 전기공사의 전부 또는 일부를 수급인이 다른 공사업자와 체결하는 계약을 말한다.

(7) 수급인

수급인이란 발주자로부터 전기공사를 도급받은 공사업자를 말한다.

(8) 하수급인

하수급인이란 수급인으로부터 전기공사를 하도급받은 공사업자를 말한다.

(9) 전기공사기술자

전기공사기술자란 다음의 어느 하나에 해당하는 사람으로서 산업통상자원부장관의 인정을 받은 사람을 말한다.

① 「국가기술자격법」에 따른 전기 분야의 기술자격을 취득한 사람

② 일정한 학력과 전기 분야에 관한 경력을 가진 사람

(10) 전기공사관리

전기공사관리란 전기공사에 관한 기획, 타당성 조사·분석, 설계, 조달, 계약, 시공관리, 감리, 평가, 사후관리 등에 관한 관리를 수행하는 것을 말한다.

(11) 시공책임형 전기공사관리

시공책임형 전기공사관리란 전기공사업자가 시공 이전 단계에서 전기공사관리 업무를 수행하고 아울러 시공 단계에서 발주자와 시공 및 전기공사관리에 대한 별도의 계약을 통하여 전기공사의 종합적인 계획·관리 및 조정을 하면서 미리 정한 공사금액과 공사기간 내에서 전기설비를 시공하는 것을 말한다. 다만, 「전력기술관리법」에 따른 설계 및 공사감리는 시공책임형 전기공사관리 계약의 범위에서 제외한다.

★출제Point 용어 숙지

3. 전기공사의 제한 등

(1) 전기공사자의 자격

전기공사는 공사업자가 아니면 도급받거나 시공할 수 없다. 다만, 대통령령으로 정하는 경미한 전기공사는 예외로 한다. **★출제Point** 경미한 전기공사 5 숙지

① 꽂음접속기, 소켓, 로제트, 실링블록, 접속기, 전구류, 나이프스위치, 그 밖에 개폐기의 보수 및 교환에 관한 공사

② 벨, 인터폰, 장식전구, 그 밖에 이와 비슷한 시설에 사용되는 소형변압기(2차측 전압 36볼트 이하의 것으로 한정한다)의 설치 및 그 2차측 공사

③ 전력량계 또는 퓨즈를 부착하거나 떼어내는 공사

④ 「전기용품안전 관리법」에 따른 전기용품 중 꽂음접속기를 이용하여 사용하거나 전기기계·기구(배선기구는 제외한다. 이하 같다) 단자에 전선(코드, 캡타이어케이블 및 케이블을 포함한다. 이하 같다)을 부착하는 공사

⑤ 전압이 600볼트 이하이고, 전기시설 용량이 5킬로와트 이하인 단독주택 전기시설의 개선 및 보수 공사. 다만, 전기공사기술자가 하는 경우로 한정한다.

(2) 직접 전기공사를 할 수 있는 경우

다음의 자는 그 수요에 의한 전기공사로서 전기설비가 멸실되거나 파손된 경우 또는 재해나 그 밖의 비상시에 부득이하게 하는 복구공사와 전기설비의 유지에 필요한 긴급보수공사를 직접 할 수 있다.

① 국가
② 지방자치단체
③ 「전기사업법」 제7조 제1항에 따라 전기사업의 허가를 받은 자

(3) 준용규정

전기공사를 직접 하는 경우에는 제16조(전기공사의 시공관리), 제17조(시공관리책임자의 지정), 제22조(전기공사의 시공) 및 제27조 제2호(전기공사기술자가 아닌 자에게 전기공사의 시공관리를 맡긴 경우의 시정명령 등)·제3호(전기공사의 시공관리를 하는 전기공사기술자가 부적당하다고 인정되는 경우의 시정명령 등)·제4호(시공관리책임자를 지정하지 아니한 경우의 시정명령 등)·제5호(전기공사업법, 기술기준 및 설계도서에 적합하게 시공하지 아니한 경우의 시정명령 등)를 준용한다.

CHAPTER
02

공사업의 등록 등

1. 공사업의 등록

(1) 공사업의 등록

① 공사업을 하려는 자는 산업통상자원부령으로 정하는 바에 따라 주된 영업소의 소재지를 관할하는 특별시장·광역시장·도지사 또는 특별자치도지사(이하 시·도지사)에게 등록하여야 한다.
② 시·도지사는 공사업의 등록을 받으면 등록증 및 등록수첩을 내주어야 한다.

(2) 공사업의 등록기준

① 공사업의 등록을 하려는 자는 대통령령으로 정하는 기술능력 및 자본금 등을 갖추어야 한다.
② 공사업을 등록한 자 중 등록한 날부터 5년이 지나지 아니한 자는 기술능력 및 자본금 등(이하 등록기준)에 관한 사항을 등록한 날부터 3년이 지날 때마다 산업통상자원부령으로 정하는 바에 따라 시·도지사에게 신고하여야 한다.

2. 결격사유

다음의 어느 하나에 해당하는 자는 공사업의 등록을 할 수 없다.

① 금치산자(피한정후견인) 또는 한정치산자(피성년후견인)

② 파산선고를 받고 복권되지 아니한 자

③ 다음의 어느 하나에 해당되어 금고 이상의 실형을 선고받고 그 집행이 끝나거나(집행이 끝 난 것으로 보는 경우를 포함) 면제된 날부터 2년이 지나지 아니한 사람

    ㉠ 「형법」 제172조의2(전기 방류), 제173조(전기 공급방해), 제173조의2[과실폭발성물건파열 등. 전기의 경우만 해당하며, 제172조 제1항(폭발성물건파열)의 죄를 범한 사람은 제외], 제174조[미수범. 전기의 경우만 해당하며, 제164조 제1항(현주건조물 등에의 방화), 제 165조(공용건조물 등에의 방화), 제166조 제1항(일반건조물 등에의 방화) 및 제172조 제 1항의 미수범은 제외] 또는 제175조(예비·음모. 전기의 경우만 해당하며, 제164조 제1항, 제165조, 제166조 제1항 및 제172조 제1항의 죄를 범할 목적으로 예비 또는 음모한 사람 은 제외)를 위반한 사람

    ㉡ 전기공사업법을 위반한 사람

④ ③에 따른 죄를 범하여 금고 이상의 형의 집행유예를 선고받고 그 유예기간에 있는 사람

⑤ 공사업의 등록이 취소된 후 2년이 지나지 아니한 자. 이 경우 공사업의 등록이 취소된 자가 법인인 경우에는 그 취소 당시의 대표자와 취소의 원인이 된 행위를 한 사람을 포함한다.

⑥ 임원 중에 ①부터 ⑤까지의 규정 중 어느 하나에 해당하는 사람이 있는 법인

3. 영업정지처분 등을 받은 후의 계속공사

(1) 계속공사를 하는 경우

등록취소처분이나 영업정지처분을 받은 공사업자 또는 그 포괄승계인은 그 처분을 받기 전에 도급계약을 체결하였거나 관계 법률에 따라 허가·인가 등을 받아 착공한 전기공사에 대하여는 이를 계속하여 시공할 수 있다. 이 경우 등록취소처분을 받은 공사업자 또는 그 포괄승계인이 전기공사를 계속하는 경우에는 해당 전기공사를 완성할 때까지는 공사업자로 본다.

(2) 처분의 통지 등

① 등록취소처분이나 영업정지처분을 받은 공사업자 또는 그 포괄승계인은 그 처분의 내용을 지체 없이 해당 전기공사의 발주자 및 수급인에게 알려야 한다.

② 전기공사의 발주자 및 수급인은 특별한 사유가 있는 경우를 제외하고는 해당 공사업자로

부터 등록취소처분이나 영업정지처분 내용의 통지를 받은 날 또는 그 사실을 안 날부터 30일 이내에 한하여 도급계약을 해지할 수 있다.

4. 공사업의 승계

(1) 공사업자의 지위 승계인

★솔개Point 공사업자의 지위 승계인

다음의 어느 하나에 해당하는 자는 공사업자의 지위를 승계한다.

① 공사업자가 사망한 경우 그 상속인
② 공사업자가 그 영업을 양도한 경우 그 양수인
③ 법인인 공사업자가 합병한 경우 합병 후 존속하는 법인이나 합병에 따라 설립되는 법인

(2) 공사업자의 지위 승계 신고

공사업자의 지위를 승계한 자는 산업통상자원부령으로 정하는 바에 따라 시·도지사에게 신고하여야 한다.

(3) 준용규정

공사업자의 지위 승계인에 관하여는 공사업자의 결격사유를 준용한다.

5. 공사업 양도의 제한

(1) 시공 중인 공사업의 양도 제한

공사업자는 시공 중인 전기공사가 있는 공사업을 양도하려면 그 전기공사 발주자의 동의를 받아 전기공사의 도급에 따른 권리·의무를 함께 양도하거나 그 전기공사의 도급계약을 해지한 후에 양도하여야 한다.

(2) 하자담보책임기간 존재 공사업의 양도 제한

공사업자는 하자담보책임기간이 끝나지 아니한 전기공사가 있는 공사업을 양도하려면 그 하자보수에 관한 권리·의무를 함께 양도하여야 한다.

6. 등록사항의 변경신고 등

(1) 변경신고

공사업자는 등록사항 중 대통령령으로 정하는 중요 사항이 변경된 경우에는 시·도지사에게 그 사실을 신고하여야 한다.

(2) 폐업신고

공사업자는 공사업을 폐업한 경우에는 시·도지사에게 그 사실을 신고하여야 한다.

7. 공사업 등록증 등의 대여금지 등

공사업자는 타인에게 자기의 성명 또는 상호를 사용하게 하여 전기공사를 수급 또는 시공하게 하거나, 등록증 또는 등록수첩을 빌려 주어서는 아니 된다.

CHAPTER
03

도급 및 하도급

1. 전기공사 및 시공책임형 전기공사관리의 분리발주

(1) 전기공사의 분리발주

전기공사는 다른 업종의 공사와 분리발주하여야 한다.

(2) 시공책임형 전기공사관리의 분리발주

시공책임형 전기공사관리는 「건설산업기본법」에 따른 시공책임형 건설사업관리 등 다른 업종의 공사관리와 분리발주하여야 한다.

(3) 분리발주의 예외

① 공사의 성질상 분리하여 발주할 수 없는 경우
② 긴급한 조치가 필요한 공사로서 기술관리상 분리하여 발주할 수 없는 경우
③ 국방 및 국가안보 등과 관련한 공사로서 기밀 유지를 위하여 분리하여 발주할 수 없는 경우

2. 전기공사의 도급계약 등

(1) 계약서의 작성 및 보관

도급 또는 하도급의 계약당사자는 그 계약을 체결할 때 도급 또는 하도급의 금액, 공사기간, 그 밖에 대통령령으로 정하는 사항을 계약서에 분명히 기재하여야 하며, 서명날인한 계약서를 서로 주고받아 보관하여야 한다.

① 공사 내용

② 도급금액과 도급금액 중 노임에 해당하는 금액

③ 공사의 착수 및 완성 시기

④ 도급금액의 우선지급금이나 기성금 지급을 약정한 경우에는 각각 그 지급의 시기·방법 및 금액

⑤ 도급계약 당사자 어느 한쪽에서 설계변경, 공사중지 또는 도급계약 해제 요청을 하는 경우 손해부담에 관한 사항

⑥ 천재지변이나 그 밖의 불가항력으로 인한 면책의 범위에 관한 사항

⑦ 설계변경, 물가변동 등에 따른 도급금액 또는 공사 내용의 변경에 관한 사항

⑧ 「하도급거래 공정화에 관한 법률」제13조의2에 따른 하도급대금 지급보증서 발급에 관한 사항(하도급계약의 경우만 해당한다)

⑨ 「하도급거래 공정화에 관한 법률」제14조에 따른 하도급대금의 직접 지급 사유와 그 절차

⑩ 「산업안전보건법」제30조에 따른 산업안전보건관리비 지급에 관한 사항

⑪ 「고용보험 및 산업재해보상보험의 보험료징수 등에 관한 법률」, 「국민연금법」 및 「국민건강보험법」에 따른 보험료 등 해당 공사와 관련하여 관계 법령 및 산업통상자원부장관이 정하여 고시하는 기준에 따라 부담하는 비용에 관한 사항

⑫ 도급목적물의 인도를 위한 검사 및 인도 시기

⑬ 공사가 완성된 후 도급금액의 지급시기

⑭ 계약 이행이 지체되는 경우의 위약금 및 지연이자 지급 등 손해배상에 관한 사항

⑮ 하자보수책임기간 및 하자담보방법

⑯ 해당 공사에서 발생된 폐기물의 처리방법과 재활용에 관한 사항

⑰ 그 밖에 다른 법령 또는 계약당사자 양쪽의 합의에 따라 명시되는 사항

★출제Point 전기공사 도급계약서 내용 17 숙지

(2) 도급대장의 비치

공사업자는 산업통상자원부령으로 정하는 바에 따라 도급·하도급 및 시공에 관한 사항을 적은 전기공사 도급대장을 비치하여야 한다.

3. 수급자격의 추가제한 금지

국가·지방자치단체 또는 「공공기관의 운영에 관한 법률」 제4조에 따라 공공기관으로 지정된 기관(이하 공공기관)인 발주자는 이 법 및 다른 법률에 특별한 규정이 있는 경우를 제외하고는 공사업자에 대하여 수급자격에 관한 제한을 하여서는 아니 된다.

4. 하도급의 제한 등

(1) 공사업자의 하도급 금지

① 원 칙 : 공사업자는 도급받은 전기공사를 다른 공사업자에게 하도급 주어서는 아니 된다.

② 예 외

ㄱ 대통령령으로 정하는 경우에는 도급받은 전기공사의 일부를 다른 공사업자에게 하도급 줄 수 있다.

ㄴ 공사업자는 전기공사를 하도급 주려면 미리 해당 전기공사의 발주자에게 이를 서면으로 알려야 한다.

(2) 하수급인의 하도급 금지

① 원 칙 : 하수급인은 하도급받은 전기공사를 다른 공사업자에게 다시 하도급 주어서는 아니 된다.

② 예 외

ㄱ 하도급받은 전기공사 중에 전기기자재의 설치 부분이 포함되는 경우로서 그 전기기자재를 납품하는 공사업자가 그 전기기자재를 설치하기 위하여 전기공사를 하는 경우에는 하도급 줄 수 있다.

ⓒ 하수급인은 전기공사를 다시 하도급 주려면 미리 해당 전기공사의 발주자 및 수급인에게 이를 서면으로 알려야 한다.

5. 하수급인의 변경 요구 등

(1) 하수급인 등의 변경 요구

① 공사업자의 하도급 통지 또는 하수급인 하도급 통지를 받은 발주자 또는 수급인은 하수급인 또는 다시 하도급받은 공사업자가 해당 전기공사를 하는 것이 부적당하다고 인정되는 경우에는 수급인 또는 하수급인에게 그 사유를 명시하여 하수급인 또는 다시 하도급받은 공사업자를 변경할 것을 요구할 수 있다.
② 발주자 또는 수급인이 하도급받거나 다시 하도급받은 공사업자의 변경을 요구할 때에는 그 사유가 있음을 안 날부터 15일 이내 또는 그 사유가 발생한 날부터 30일 이내에 서면으로 요구하여야 한다.

(2) 도급계약 등의 해지

발주자 또는 수급인은 수급인 또는 하수급인이 정당한 사유 없이 변경 요구에 따르지 아니하여 전기공사 결과에 중대한 영향을 초래할 우려가 있다고 인정되는 경우에는 그 전기공사의 도급계약 또는 하도급계약을 해지할 수 있다.

6. 전기공사 수급인의 하자담보책임

(1) 하자담보책임 기간

수급인은 발주자에 대하여 전기공사의 완공일부터 10년의 범위에서 전기공사의 종류별로 대통령령으로 정하는 기간에 해당 전기공사에서 발생하는 하자에 대하여 담보책임이 있다.

★출제 Point 전기공사의 종류별 하자담보책임 기간 정리

※ 전기공사의 종류별 하자담보책임기간

전기공사의 종류	하자담보책임기간
1. 발전설비공사	
가. 철근콘크리트 또는 철골구조부	7년
나. 가목 외 시설공사	3년
2. 터널식 및 개착식 전력구 송전·배전설비공사	
가. 철근콘크리트 또는 철골구조부	10년
나. 가목 외 송전설비공사	5년
다. 가목 외 배전설비공사	2년
3. 지중 송전·배전설비공사	
가. 송전설비공사(케이블공사 및 물밑 송전설비공사를 포함한다)	5년
나. 배전설비공사	3년
4. 송전설비공사	3년
5. 변전설비공사(전기설비 및 기기설치공사를 포함한다)	3년
6. 배전설비공사	
가. 배전설비 철탑공사	3년
나. 가목 외 배전설비공사	2년
7. 그 밖의 전기설비공사	1년

(2) 하자담보책임의 부존재

수급인은 다음의 어느 하나의 사유로 발생하는 하자에 대하여는 담보책임이 없다.

① 발주자가 제공한 재료의 품질이나 규격 등의 기준미달로 인한 경우
② 발주자의 지시에 따라 시공한 경우

(3) 다른 법률과의 관계

공사에 관한 하자담보책임에 관하여 다른 법률에 특별한 규정(「민법」 제670조 및 제671조는 제외)이 있는 경우에는 그 법률에서 정하는 바에 따른다.

CHAPTER
04

시공 및 기술관리

1. 전기공사의 시공관리

(1) 전기공사의 시공관리의 제한

공사업자는 전기공사기술자가 아닌 자에게 전기공사의 시공관리를 맡겨서는 아니 된다.

(2) 전기공사기술자의 시공관리 구분

공사업자는 전기공사의 규모별로 대통령령으로 정하는 구분에 따라 전기공사기술자로 하여금 전기공사의 시공관리를 하게 하여야 한다.

※ 전기공사기술자의 시공관리 구분

전기공사기술자의 구분	전기공사의 규모별 시공관리 구분
1. 특급 전기공사기술자 또는 고급 전기공사기술자	·모든 전기공사
2. 중급 전기공사기술자	·전기공사 중 사용전압이 100,000볼트 이하인 전기공사
3. 초급 전기공사기술자	·전기공사 중 사용전압이 1,000볼트 이하인 전기공사

2. 시공관리책임자의 지정

공사업자는 전기공사를 효율적으로 시공하고 관리하게 하기 위하여 전기공사기술자 중에서 시공관리책임자를 지정하고 이를 그 전기공사의 발주자(공사업자가 하수급인인 경우에는 발주자 및 수급인, 공사업자가 다시 하도급받은 자인 경우에는 발주자·수급인 및 하수급인을 말함)에게 알려야 한다.

3. 전기공사기술자의 인정

(1) 전기공사기술자의 인정 신청

① 전기공사기술자로 인정을 받으려는 사람은 산업통상자원부장관에게 신청하여야 한다.
② 전기공사기술자로 인정을 받으려는 사람은 산업통상자원부령으로 정하는 바에 따라 신청서를 제출하여야 한다. 등급의 변경 또는 경력인정을 받으려는 경우에도 또한 같다.

(2) 전기공사기술자로 인정하는 경우

① 산업통상자원부장관은 신청인이 다음의 어느 하나에 해당하면 전기공사기술자로 인정하여야 한다.
　　㉠ 「국가기술자격법」에 따른 전기 분야의 기술자격을 취득한 사람
　　㉡ 일정한 학력과 전기 분야에 관한 경력을 가진 사람

② 산업통상자원부장관은 전기공사기술자로 인정한 사람의 경력 및 등급 등에 관한 기록을 유지·관리하여야 한다.

(3) 전기공사기술자의 등급 및 인정기준

등급	국가기술자격자	학력·경력자
특급 전기공사 기술자	·기술사 또는 기능장의 자격을 취득한 사람	
고급 전기공사 기술자	·기사의 자격을 취득한 후 5년 이상 전기공사업무를 수행한 사람 ·산업기사의 자격을 취득한 후 8년 이상 전기공사업무를 수행한 사람 ·기능사의 자격을 취득한 후 11년 이상 전기공사업무를 수행한 사람	
중급 전기공사 기술자	·기사의 자격을 취득한 후 2년 이상 전기공사업무를 수행한 사람 ·산업기사의 자격을 취득한 후 5년 이상 전기공사업무를 수행한 사람 ·기능사의 자격을 취득한 후 8년 이상 전기공사업무를 수행한 사람	
초급 전기공사 기술자	·산업기사 또는 기사의 자격을 취득한 사람 ·기능사의 자격을 취득한 후 2년 이상 전기공사업무를 수행한 사람	·전기 관련 학과의 학사 이상의 학위를 취득한 사람 ·전기 관련 학과의 전문학사 학위를 취득한 후 2년 이상 전기공사업무를 수행한 사람 ·전기 관련 학과의 고등학교를 졸업한 후 4년 이상 전기공사업무를 수행한 사람 ·전기 관련 학과 외의 학사 이상의 학위를 취득한 후 4년 이상 전기공사업무를 수행한 사람 ·전기 관련 학과 외의 전문학사 학위를 취득한 후 6년 이상 전기공사업무를 수행한 사람 ·전기 관련 학과 외의 고등학교 이하인 학교를 졸업한 후 10년 이상 전기공사업무를 수행한 사람

★출제Point 전기공사기술자의 등급 및 인정기준 정리

4. 전기공사기술자의 의무

전기공사기술자는 전기공사에 따른 위험 및 장해가 발생하지 아니하도록 전기공사업법, 「전기사업법」 제67조에 따른 기술기준(이하 기술기준) 및 설계도서에 적합하게 전기공사를 시공관리하여야 한다.

5. 경력수첩

(1) 경력수첩의 발급

산업통상자원부장관은 신청인을 전기공사기술자로 인정하면 전기공사기술자의 등급 및 경력 등에 관한 증명서(이하 경력수첩)를 해당 전기공사기술자에게 발급하여야 한다.

(2) 경력수첩의 대여 금지 등

전기공사기술자는 타인에게 자기의 성명을 사용하여 공사를 수행하게 하거나 경력수첩을 빌려 주어서는 아니 되며, 누구든지 타인의 경력수첩을 빌려서 사용하여서는 아니 된다.

6. 전기공사기술자의 양성교육훈련

(1) 지정교육훈련기관

산업통상자원부장관은 전기공사기술자의 원활한 수급과 안전한 시공을 위하여 산업통상자원부장관이 지정하는 교육훈련기관(이하 지정교육훈련기관)이 전기공사기술자의 양성교육훈련을 실시하게 할 수 있다.

(2) 교육훈련기관의 지정요건

① 최근 3년간 전기공사 기술인력에 대한 교육실적이 있을 것
② 연면적 200㎡ 이상의 교육훈련시설이 있을 것

(3) 교육훈련기관의 지정신청

① 지정교육훈련기관의 지정을 받으려는 자는 양성교육훈련기관 지정신청서에 최근 3년간 전기공사기술인력의 교육실적을 증명하는 서류와 연면적 200㎡ 이상의 교육훈련시설의 보유를 증명하는 서류를 첨부하여 산업통상자원부장관에게 제출하여야 한다.

② 신청을 받은 산업통상자원부장관은 「전자정부법」 제36조 제1항에 따른 행정정보의 공동이용을 통하여 법인 등기사항증명서(법인인 경우만 해당)를 확인하여야 한다.

(4) 지정 내용의 변경신고

지정교육훈련기관은 교육훈련시설의 연면적의 100분의 10 이상의 증감이 있을때는 변경된 날부터 10일 이내 산업통상자원부장관에게 그 사실을 신고하여야 한다.

(5) 양성교육훈련의 실시 등

① 산업통상자원부장관은 지정교육훈련기관이 다음의 사람에 대하여 양성교육훈련을 실시하게 하여야 한다.

　㉠ 전기공사기술자로 인정을 받으려는 사람. 다만, 전기공사기술자의 등급 및 인정기준에 따른 국가기술자격자의 경우는 제외한다.

　㉡ 등급의 변경을 인정받으려는 전기공사기술자

② 양성교육훈련의 교육실시기준

대상자	교육 시간	교육 내용
전기공사기술자로 인정을 받으려는 사람 및 등급의 변경을 인정받으려는 전기공사기술자	20시간	기술능력의 향상

③ 공사업자는 그 소속 전기공사기술자가 양성교육훈련을 받는 데 필요한 편의를 제공하여야 하며, 양성교육훈련을 받는 것을 이유로 불이익을 주어서는 아니 된다.

④ 지정교육훈련기관은 양성교육훈련을 받은 전기공사기술자에 대하여 경력수첩에 교육 이수 사항을 기록하여야 한다.

(6) 지정교육훈련기관의 지정취소

산업통상자원부장관은 지정교육훈련기관이 교육훈련기관의 지정요건에 미달하게 된 경우와 3개월 이상의 휴업으로 교육훈련업무를 적절하게 수행할 수 없게 된 경우 중 다음의 어느 하나에 해당하면 그 지정을 취소할 수 있다.

7. 전기공사의 시공

공사업자는 전기공사를 시공할 때에는 이 법, 기술기준 및 설계도서에 적합하게 시공하여야 한다.

8. 공사업자 표시의 제한

공사업자가 아닌 자는 사업장·광고물 등에 공사업자임을 표시하거나 공사업자로 오인될 우려가 있는 표시를 하여서는 아니 된다.

9. 전기공사 표지의 게시 등

(1) 표지의 게시

공사업자는 전기공사현장의 눈에 잘 띄는 곳에 시공자, 전기공사의 내용, 그 밖에 산업통상자원부령으로 정하는 사항을 기재한 표지를 게시하여야 한다.

(2) 표지판의 설치

공사업자는 수급한 전기공사를 완공하면 시공자, 전기공사의 내용, 그 밖에 산업통상자원부령으로 정하는 사항을 적은 표지판을 주된 배전반에 붙이거나 확인하기 쉬운 부분에 설치하여야 한다.

CHAPTER 05

공사업자단체

1. 공사업자단체의 설립

공사업자는 품위의 유지, 기술의 향상, 전기공사 시공방법의 개선, 그 밖에 공사업의 건전한 발전을 위하여 산업통상자원부장관의 인가를 받아 공사업자단체를 설립할 수 있다. 공사업자단체는 법인으로 하며, 설립등기를 함으로써 성립한다.

2. 공사업자단체의 설립 절차

공사업자단체를 설립할 때에는 공사업자 10명 이상이 발기하고 전체 공사업자의 1/10 이상의 동의를 받아 창립총회에서 정관을 작성한 후 산업통상자원부장관에게 인가를 신청하여야 한다.

★출제Point 공사업자단체의 설립 절차 숙지

3. 감 독

산업통상자원부장관은 공사업자단체로 하여금 다음의 사항을 보고하게 할 수 있다.

① 총회 또는 이사회의 중요 의결사항
② 회원의 실태에 관한 사항

③ 그 밖에 공사업자단체와 회원에 관계되는 중요한 사항

4. 「민법」의 준용

공사업자단체에 관하여 전기공사업법에 규정된 것을 제외하고는 「민법」 중 사단법인에 관한 규정을 준용한다.

CHAPTER 06

감 독

1. 시정명령 등

시·도지사는 공사업자가 다음의 어느 하나에 해당하면 기간을 정하여 그 시정을 명하거나 그 밖에 필요한 지시를 할 수 있다.

① 하도급을 주거나 다시 하도급을 준 경우
② 전기공사기술자가 아닌 자에게 전기공사의 시공관리를 맡긴 경우
③ 전기공사의 시공관리를 하는 전기공사기술자가 부적당하다고 인정되는 경우
④ 시공관리책임자를 지정하지 아니하거나 그 지정 사실을 알리지 아니한 경우
⑤ 전기공사업법, 기술기준 및 설계도서에 적합하게 시공하지 아니한 경우
⑥ 전기공사 표지를 게시하지 아니하거나 전기공사 표지판을 부착 또는 설치하지 아니한 경우
⑦ 정당한 사유 없이 도급받은 전기공사를 시공하지 아니한 경우
⑧ 그 밖에 전기공사업법 또는 전기공사업법에 따른 명령을 위반한 경우

★출제 Point 시정명령 8 숙지

2. 등록취소 등

(1) 등록취소 등 사유

시·도지사는 공사업자가 다음의 어느 하나에 해당하면 등록을 취소하거나 6개월 이내의 기

간을 정하여 영업의 정지를 명할 수 있다. 다만, ①·③·④·⑦ 또는 ⑧에 해당하는 경우에는 등록을 반드시 취소하여야 한다.

★출제Point 취소와 반드시 취소 구분

① 거짓이나 그 밖의 부정한 방법으로 공사업의 등록이나 제공사업의 등록기준에 관한 신고 등 어느 하나에 해당하는 행위를 한 경우
② 대통령령으로 정하는 기술능력 및 자본금 등에 미달하게 된 경우
③ 공사업자의 결격사유 중 어느 하나에 해당하게 된 경우
④ 타인에게 성명·상호를 사용하게 하거나 등록증 또는 등록수첩을 빌려 준 경우
⑤ 시정명령 또는 지시를 이행하지 아니한 경우
⑥ 다음의 어느 하나에 해당하는 경우로서 해당 전기공사가 완료되어 같은 조에 따른 시정명령 또는 지시를 명할 수 없게 된 경우

> ㉠ 하도급을 주거나 다시 하도급을 준 경우
> ㉡ 전기공사기술자가 아닌 자에게 전기공사의 시공관리를 맡긴 경우
> ㉢ 전기공사의 시공관리를 하는 전기공사기술자가 부적당하다고 인정되는 경우
> ㉣ 시공관리책임자를 지정하지 아니하거나 그 지정 사실을 알리지 아니한 경우
> ㉤ 전기공사업법, 기술기준 및 설계도서에 적합하게 시공하지 아니한 경우

⑦ 공사업의 등록을 한 후 1년 이내에 영업을 시작하지 아니하거나 계속하여 1년 이상 공사업을 휴업한 경우
⑧ 영업정지처분기간에 영업을 하거나 최근 5년간 3회 이상 영업정지처분을 받은 경우

(2) 등록취소 등의 예외

다음의 어느 하나에 해당하는 경우에는 임원 중에 결격사유의 어느 하나에 해당하게 된 날 또는 상속을 개시한 날부터 6개월간은 등록취소 등의 규정을 적용하지 아니한다.

① 법인의 임원 중에 결격사유 중 어느 하나에 해당하는 사람이 있게 된 경우
② 공사업의 지위를 승계한 상속인이 결격사유 중 어느 하나에 해당하는 경우

(3) 과징금의 부과·징수

① 과징금의 부과 : 시·도지사는 공사업자가 다음에 해당되어 시정명령 또는 지시를 받고 이를 이행하지 아니하거나 대통령령으로 정하는 기술능력 및 자본금 등에 미달되어 영업정지

처분을 하는 경우 국민에게 심한 불편을 주거나 그 밖에 공익을 해칠 우려가 있을 때에는 영업정지처분을 갈음하여 1천만원 이하의 과징금을 부과할 수 있다.

　㉠ 전기공사기술자가 아닌 자에게 전기공사의 시공관리를 맡긴 경우

　㉡ 전기공사의 시공관리를 하는 전기공사기술자가 부적당하다고 인정되는 경우

　㉢ 시공관리책임자를 지정하지 아니하거나 그 지정 사실을 알리지 아니한 경우

　㉣ 전기공사업법, 기술기준 및 설계도서에 적합하게 시공하지 아니한 경우

　㉤ 그 밖에 전기공사업법 또는 전기공사업법에 따른 명령을 위반한 경우

② 행정처분 및 과징금의 부과기준

　㉠ 위반행위의 종류와 위반 정도 등에 따른 행정처분 및 과징금의 부과기준은 별표 1과 같다.

　㉡ 시·도지사는 위반행위의 동기, 내용 또는 그 횟수 등을 고려하여 영업정지기간 또는 과징금의 금액의 1/2의 범위에서 늘리거나 줄일 수 있다. 이 경우 늘릴 때에도 영업정지의 총 기간은 6개월 또는 과징금의 총액은 1천만원을 초과할 수 없다.

③ 과징금의 징수절차 : 과징금의 징수절차에 대해서는 「국고금관리법 시행규칙」을 준용한다. 이 경우 납입고지서에는 이의제기 방법 및 기간 등을 함께 적어야 한다.

④ 체납처분에 따른 징수 : 시·도지사는 과징금을 내야 할 자가 납부기한까지 과징금을 내지 아니하면 지방세 체납처분의 예에 따라 징수한다.

(4) 공사업자의 처분통지 등

① 시·도지사는 등록을 취소하거나 영업정지처분 또는 과징금을 부과하였을 때에는 지정공사업자단체에 그 사실을 알려주어야 한다.

② 행정처분 기록부의 작성·관리 : 시·도지사는 등록을 취소하거나 영업정지처분 또는 과징금을 부과하였을 때에는 공사업자 행정처분 기록부를 작성(전자적 방식으로 한 작성을 포함)하여 관리하여야 한다.

3. 전기공사기술자의 인정 취소 등

(1) 인정 취소

① 산업통상자원부장관은 거짓이나 그 밖의 부정한 방법으로 전기공사기술자로 인정받은 사람에 대하여 그 인정을 취소하여야 한다.

② 전기공사기술자로 인정받은 사람이 「국가기술자격법」 제16조에 따라 그 국가기술자격이 취소된 경우에는 그 인정을 취소하여야 한다.

(2) 인정 정지

산업통상자원부장관은 전기공사기술자로 인정받은 사람이 다른 사람에게 경력수첩을 빌려준 경우에는 3년의 범위에서 전기공사기술자의 인정을 정지시킬 수 있다.

4. 관할 구역 외의 지역에서의 위반행위에 대한 행정처분 요청

공사업자가 주된 영업소의 소재지가 아닌 곳에서 시정명령 대상의 어느 하나에 해당하는 행위 또는 등록취소 등 사유의 어느 하나에 해당하는 행위를 한 경우에는 해당 행위를 한 지역을 관할하는 시·도지사는 공사업자의 주된 영업소의 소재지를 관할하는 시·도지사에게 해당 공사업자에 대한 시정명령 등의 조치나 행정처분을 요청할 수 있다.

5. 이해관계인에 의한 조치의 요구

공사업자에게 시정명령 대상의 어느 하나에 해당하는 사실이 있는 경우에는 이해관계인은 시·도지사에게 그 사유를 명시하여 해당 공사업자에 대하여 합당한 조치를 할 것을 요구할 수 있다.

6. 공사업자의 실태조사 등

(1) 공사업자에 대한 경영실태의 조사

시·도지사는 등록기준에 적합한지 여부, 하도급의 적절 여부, 성실 시공 여부 등을 판단하기 위하여 필요하다고 인정하면 조사목적과 관련된 최소한의 범위를 정하여 다음의 행위를 할 수 있다.

① 공사업자에게 그 업무 및 시공 상황 등에 관한 보고를 명하는 것
② 소속 공무원에게 공사업자의 경영실태를 조사하게 하거나 공사시공에 필요한 자재 또는 시설을 검사하게 하는 것

(2) 자료의 제출 요구

시·도지사는 공사업자에 대한 경영실태의 조사를 위하여 필요하다고 인정하면 조사목적과 관련된 최소한의 범위를 정하여 전기공사의 발주자, 「전력기술관리법」 제2조 제5호에 따른 감리원, 그 밖의 전기공사 관계 기관에 전기공사의 시공 상황에 관한 자료의 제출을 요구할 수 있다.

(3) 조사계획의 통지

시·도지사는 공사업자에 대한 경영실태의 조사(자재·시설의 검사를 포함)를 하는 경우에는 조사 7일 전까지 조사 일시, 조사 이유 및 조사 내용 등을 포함한 조사계획을 조사대상자에게 알려야 한다. 다만, 긴급한 경우이거나 사전에 알리면 증거인멸 등으로 조사목적을 달성할 수 없다고 인정되는 경우에는 예외로 한다.

(4) 증표의 제시 등

공무원이 조사를 하는 경우 그 권한을 표시하는 증표를 지니고 이를 관계인에게 내보여야 하며, 조사 담당 공무원 자신의 성명, 조사 시간 및 조사 목적 등을 기재한 문서를 관계인에게 내주어야 한다.

(5) 실태조사 명령 등

산업통상자원부장관은 공사업자의 경영실태를 조사할 필요가 있다고 인정되면 시·도지사에게 실태조사 및 자료제출의 요구를 명할 수 있으며, 그 결과에 대한 보고를 요구할 수 있다.

7. 청 문

산업통상자원부장관 또는 시·도지사는 다음의 처분을 하려면 청문을 하여야 한다.

① 지정교육훈련기관의 지정 취소
② 공사업 등록의 취소
③ 전기공사기술자의 인정 취소

CHAPTER

07

보 칙

1. 공사업 관련 정보의 종합관리 등

(1) 공사업 관련 정보의 종합관리

① 정보의 종합관리 및 제공 : 산업통상자원부장관은 다음의 정보를 종합관리하여 이 정보가 필요한 행정기관, 발주자, 전기공사공제조합 및 관련 업체에 제공할 수 있다.
　　㉠ 공사업자의 자본금, 경영실태, 공사수행상황, 기술인력 보유현황 등 공사업자에 관한 정보
　　㉡ 전기공사에 필요한 자재 등 전기공사 관련 정보

② 전기공사종합정보시스템의 구축·운영 : 산업통상자원부장관은 정보를 종합적·체계적으로 관리하기 위하여 전기공사종합정보시스템을 구축·운영할 수 있다.

(2) 자료의 제출 요청

산업통상자원부장관은 정보의 종합관리를 위하여 산업통상자원부령으로 정하는 바에 따라 공사업자, 발주자, 관련 기관 및 단체 등에 필요한 자료를 제출하도록 요청할 수 있다.

(3) 시공능력의 평가 및 공시

① 산업통상자원부장관은 발주자가 적절한 공사업자를 선정할 수 있도록 하기 위하여 공사

업자의 신청이 있는 경우 그 공사업자의 전기공사실적, 자본금, 기술능력 및 신인도 등에 따라 시공능력을 평가하여 공시하여야 한다.

② 시공능력의 평가 및 공시를 받으려는 공사업자는 해마다 전년도 전기공사실적, 자본금, 그밖에 산업통상자원부령으로 정하는 사항을 산업통상자원부장관에게 신고하여야 한다.

③ 시공능력의 평가 및 공시방법과 그 밖에 필요한 사항은 산업통상자원부령으로 정한다.

2. 권한의 위임·위탁

(1) 권한의 위임

시·도지사의 권한은 그 일부를 대통령령으로 정하는 바에 따라 시장·군수 또는 구청장(자치구의 구청장)에게 위임할 수 있다.

(2) 권한의 위탁

① 산업통상자원부장관 또는 시·도지사의 권한 중 다음의 업무는 산업통상자원부장관이 지정하여 고시하는 공사업자단체에 위탁할 수 있다.

> ㉠ 공사업 등록신청의 접수
> ㉡ 공사업의 등록기준에 관한 신고의 수리
> ㉢ 공사업자의 지위승계 신고의 수리
> ㉣ 등록사항 변경신고의 수리
> ㉤ 정보의 종합관리 및 제공
> ㉥ 정보의 종합관리를 위한 자료의 제출 요청
> ㉦ 공사업자의 시공능력의 평가 및 공시
> ㉧ 시공능력의 평가 및 공시를 받으려는 공사업자 신고의 접수
> ㉨ 전기공사종합정보시스템의 구축·운영

② 산업통상자원부장관의 권한 중 전기공사기술자의 인정·인정취소 및 인정취소를 위한 청문 등 관련 업무는 대통령령으로 정하는 바에 따라 공사업자단체 또는 전기 분야 기술자를 관리하는 법인·단체에 위탁할 수 있다.

3. 벌칙 적용 시의 공무원 의제 등

(1) 벌칙 적용 시의 공무원 의제

다음의 사람은 「형법」 제129조(수뢰·사전수뢰), 제130조(제삼자뇌물제공), 제131조(수뢰후 부정처사·사후수뢰), 제132조(알선수뢰)의 규정을 적용할 때에는 공무원으로 본다.

① 지정교육훈련기관의 임원 및 직원
② 위탁한 업무에 종사하는 공사업자단체 또는 전기 분야 기술자를 관리하는 법인·단체의 임원 및 직원

(2) 공사업자단체 임직원의 청렴의무

공사업자단체의 임원 및 직원은 위탁받은 업무를 수행하면서 공사업자에게 공사업자단체에 가입할 것을 강요하거나 공사업 관련 정보를 제공받으려는 자가 내는 수수료 및 시공능력의 평가 및 공시를 받기 위하여 신청하는 자와 시공능력의 공시 자료를 이용하는 자가 내는 수수료 외의 금품을 받아서는 아니 된다.

4. 노임에 대한 압류의 금지 등

(1) 노임의 압류 금지

공사업자가 도급받은 전기공사의 도급금액 중 그 공사의 근로자에게 지급하여야 할 노임에 해당하는 금액은 압류할 수 없다.

(2) 압류 대상에서 제외되는 노임의 산정방법

노임에 해당하는 금액은 해당 전기공사의 도급 또는 하도급 금액 중 설계서에 기재된 노임을 합산하여 산정한다.

5. 수수료

(1) 수수료 납부자

다음의 어느 하나에 해당하는 자는 산업통상자원부령 또는 특별시·광역시·도·특별자치도
의 조례로 정하는 바에 따라 수수료를 내야 한다.

① 전기공사기술자의 인정을 받으려는 사람

② 공사업의 등록을 하려는 자

③ 공사업의 등록기준에 관한 신고를 하려는 자

④ 공사업자의 지위승계 신고를 하려는 자

⑤ 양성교육훈련을 받으려는 사람

⑥ 공사업 관련 정보를 제공받으려는 자

⑦ 시공능력의 평가 및 공시를 받기 위하여 신청하는 자와 시공능력의 공시 자료를 이용하
   는 자

(2) 수수료의 내역

내　　역	수수료(원)
① 전기공사기술자의 경력인정	40,000
② 전기공사기술자의 경력변경인정	5,000
③ 전기공사기술자의 경력수첩의 발급	10,000
④ 전기공사기술자의 경력수첩 재발급	5,000
⑤ 전기공사기술자의 경력확인서, 경력증명서 등 모든 증명서 발급	건당 5,000
⑥ 전기공사기술자의 양성교육훈련	140,000
⑦ 시공능력의 평가	100,000
⑧ 전기공사업 관련 정보의 모든 증명서 발급	건당 5,000

6. 비밀누설 금지

공사업자는 전기공사의 발주자가 해당 전기공사의 내용에 관하여 비밀보장을 요구한 경우에
는 그 전기공사에 관하여 알게 된 비밀을 누설하여서는 아니 된다.

7. 업무수행 중 알게 된 사실의 누설 금지

다음의 사람은 그 업무를 수행하면서 알게 된 공사업자의 업무 및 재산 상황 중 공사업자에게 피해가 되는 사실을 타인에게 누설하여서는 아니 된다.

① 전기공사업법에 따라 등록 또는 감독업무에 종사하는 공무원
② 지정교육훈련기관의 임원 및 직원
③ 위탁사무에 종사하는 공사업자단체 또는 전기 분야 기술자를 관리하는 법인·단체의 임원 및 직원

8. 공사업의 진흥시책

(1) 진흥시책의 수립·시행

산업통상자원부장관은 공사업의 건전한 발전을 위하여 필요한 진흥시책을 수립·시행할 수 있다.

(2) 진흥시책의 내용

★출제Point 진흥시책의 내용 5 숙지

① 공사업 진흥시책의 기본방향
② 전기공사기술의 개발
③ 전기공사에 관한 안전 및 품질의 확보대책
④ 중소공사업자의 육성대책
⑤ ①부터 ④까지의 규정과 관련된 주요 시책

9. 중소공사업자 지원을 위한 조치

산업통상자원부장관은 중소공사업자에 대한 지원을 위하여 필요하면 전기공사를 발주하는 국가·지방자치단체 또는 공공기관에 대하여 중소공사업자의 참여 기회의 확대와 그 밖에 필요한 조치를 취할 것을 요청할 수 있다. 국가·지방자치단체 또는 공공기관은 이러한 요청을 받은 때에는 특별한 사유가 없으면 적극 협조하여야 한다.

CHAPTER
08

벌 칙

1. 형사벌

(1) 적합 시공의무 위반죄

① 공사업자 또는 시공관리책임자로 지정된 사람으로서 제18조(전기공사기술자의 적합 시공 의무) 또는 제22조(공사업자의 적합 시공의무)를 위반하여 전기공사를 시공함으로써 착공 후 하자담보책임기간에 대통령령으로 정하는 주요 전력시설물의 주요 부분에 중대한 파손 을 일으키게 하여 사람들을 위험하게 한 자는 5년 이하의 징역 또는 5천만원 이하의 벌금에 처한다.

주요 전력시설물의 주요 부분의 주요 전력시설물의 주요 부분"이란 다음의 부분을 말한다.

1. 345킬로볼트 이상의 공중 송전설비 중 철탑 기초부분, 철탑 조립부분 및 공중전선 연결 부분

2. 345킬로볼트 이상의 변전소 개폐기 및 차단기의 연결부분

② ①의 죄를 범하여 사람을 상해에 이르게 한 경우에는 1년 이상의 유기징역 또는 1천만원 이 상 2억원 이하의 벌금에 처하며, 사망에 이르게 한 경우에는 3년 이상의 유기징역 또는 3천 만원 이상 5억원 이하의 벌금에 처한다.

③ 업무상 과실로 ①의 죄를 범한 자는 3년 이하의 금고 또는 3천만원 이하의 벌금에 처한다.

④ 업무상 과실로 ①의 죄를 범하여 사람을 상해에 이르게 한 경우에는 5년 이하의 금고 또는 5천만원 이하의 벌금에 처하며, 사망에 이르게 한 경우에는 7년 이하의 금고 또는 7천만원 이하의 벌금에 처한다.

(2) 1년 이하의 징역 또는 1천만원 이하의 벌금 대상자

① 등록을 하지 아니하고 공사업을 한 자
② 거짓이나 그 밖의 부정한 방법으로 공사업의 등록을 한 자
③ 공사업 등록증 등의 대여금지 등을 위반한 공사업자 및 그 상대방
④ 공사업의 하도급을 주거나 다시 하도급을 준 자 및 그 상대방
⑤ 경력수첩을 빌려 준 사람 또는 타인의 경력수첩을 빌려서 사용한 자
⑥ 영업정지처분기간에 영업을 한 자

(3) 500만원 이하의 벌금 대상자

① 공사업의 등록기준에 관한 신고를 하지 아니하고 공사업을 한 자
② 거짓이나 그 밖의 부정한 방법으로 공사업의 등록기준에 관한 신고를 한 자
③ 공사업의 지위승계 신고를 하지 아니하거나 거짓이나 그 밖의 부정한 방법으로 승계신고를 한 자
④ 전기공사를 다른 업종의 공사와 분리발주하지 아니한 자
⑤ 시공책임형 전기공사관리를 다른 업종의 공사관리와 분리발주하지 아니한 자
⑥ 전기공사기술자로 하여금 전기공사의 시공관리를 하게 하여야 하는(제3조 제3항에서 준용하는 경우를 포함) 시공관리에 관한 의무를 이행하지 아니한 자
⑦ 시공관리책임자를 지정(제3조 제3항에서 준용하는 경우를 포함)하지 아니한 자
⑧ 전기공사업법, 기술기준 및 설계도서에 적합하게 시공관리하지 아니한 전기공사기술자
⑨ 전기공사업법, 기술기준 및 설계도서에 적합하게 시공(제3조 제3항에서 준용하는 경우를 포함)하지 아니한 자

(4) 300만원 이하의 벌금 대상자

① 수수료 외의 금품을 받은 사람
② 전기공사에 관하여 알게 된 비밀을 누설한 공사업자
③ 업무수행 중 알게 된 사실을 누설한 사람

(5) 양벌규정

법인의 대표자나 법인 또는 개인의 대리인, 사용인, 그 밖의 종업원이 그 법인 또는 개인의 업무에 관하여 위의 형사벌의 어느 하나에 해당하는 위반행위를 하면 그 행위자를 벌하는 외에 그 법인 또는 개인에게도 해당 조문의 벌금형을 과한다. 다만, 법인 또는 개인이 그 위반행위를 방지하기 위하여 해당 업무에 관하여 상당한 주의와 감독을 게을리하지 아니한 경우에는 예외로 한다.

2. 행정벌

(1) 300만원 이하의 과태료 부과 대상자

① 등록취소처분이나 영업정지처분을 받은 경우 그 내용을 통지하지 아니한 공사업자 또는 그 승계인
② 등록사항의 변경신고를 하지 아니하거나 거짓으로 신고한 자
③ 전기공사의의 도급계약 체결 시 의무를 이행하지 아니한 자
④ 전기공사 도급대장을 비치하지 아니한 자
⑤ 하도급 통지를 하지 아니한 자
⑥ 시공관리책임자의 지정 사실을 알리지 아니한 자
⑦ 공사업자임을 표시하거나 공사업자로 오인될 우려가 있는 표시를 한 자
⑧ 전기공사 표지를 게시하지 아니한 자 또는 전기공사 완공 표지판을 붙이지 아니하거나 설치하지 아니한 자
⑨ 공무원의 공사업자 경영실태의 조사 또는 검사를 거부·방해 또는 기피하거나 거짓으로 보고를 한 자
⑩ 시공능력의 평가 및 공시를 받으려고 하는 신고를 거짓으로 한 자

(2) 100만원 이하의 과태료 부과 대상자

업무 및 시공 상황 등에 관한 보고를 하지 아니한 자

(3) 과태료의 부과·징수

① 과태료의 부과·징수자 : 과태료는 산업통상자원부장관 또는 시·도지사가 부과·징수한다.

② 과태료의 부과기준

위반행위	법조문	금 액
① 공사업자 또는 그 승계인이 법 제6조 제2항에 따른 통지를 하지 않은 경우	법 제46조 제1항 제1호	100만원
② 법 제9조에 따른 신고를 하지 않거나 거짓으로 신고한 경우	법 제46조 제1항 제2호	100만원
③ 법 제12조 제1항의 도급계약 체결 시 의무를 이행하지 않은 경우	법 제46조 제1항 제3호	300만원
④ 법 제12조 제2항에 따른 전기공사 도급대장을 갖춰 두지 않은 경우	법 제46조 제1항 제4호	100만원
⑤ 법 제14조 제3항 또는 제4항에 따른 하도급 통지를 하지 않은 경우	법 제46조 제1항 제5호	300만원
⑥ 법 제17조에 따른 시공관리책임자의 지정사실을 알리지 않은 경우	법 제46조 제1항 제6호	100만원
⑦ 법 제23조를 위반하여 공사업자임을 표시하거나 공사업자로 오인될 우려가 있는 표시를 한 경우	법 제46조 제1항 제7호	100만원
⑧ 법 제24조 제1항에 따른 표지를 게시하지 아니한 경우 또는 같은 조 제2항에 따른 표지판을 붙이지 않거나 설치하지 않은 경우	법 제46조 제1항 제8호	200만원
⑨ 법 제29조의2 제1항 제2호에 따른 조사 또는 검사를 거부·방해 또는 기피하거나, 거짓으로 보고를 한 경우	법 제46조 제1항 제9호	300만원
⑩ 법 제29조의2 제1항 제1호에 따른 보고를 하지 않은 경우	법 제46조 제2항	100만원
⑪ 법 제31조 제4항에 따른 신고를 거짓으로 한 경우	법 제46조 제1항 제10호	300만원

PART 05

전기설비기술기준

CHAPTER 01

총 칙

1. 목적

전기설비 기술기준 고시는 「전기사업법」 제67조 및 같은 법 시행령 제43조에 따라 발전·송전·변전·배전 또는 전기사용을 위하여 시설하는 기계·기구·댐·수로·저수지·전선로·보안통신선로 그 밖의 시설물의 안전에 필요한 성능과 기술적 요건을 규정함을 목적으로 한다.

2. 안전 원칙

① 전기설비는 감전, 화재 그 밖에 사람에게 위해(危害)를 주거나 물건에 손상을 줄 우려가 없도록 시설하여야 한다.
② 전기설비는 사용목적에 적절하고 안전하게 작동하여야 하며, 그 손상으로 인하여 전기 공급에 지장을 주지 않도록 시설하여야 한다.
③ 전기설비는 다른 전기설비, 그 밖의 물건의 기능에 전기적 또는 자기적인 장해를 주지 않도록 시설하여야 한다. ★출제 Point 안전원칙 3 숙지

3. 정의

이 고시에서 사용하는 용어의 정의는 다음과 같다.

① "발전소"란 발전기·원동기·연료전지·태양전지·해양에너지 그 밖의 기계기구[비상용(非常用) 예비전원을 얻을 목적으로 시설하는 것 및 휴대용 발전기를 제외한다]를 시설하여 전기를 발생시키는 곳을 말한다.

② "변전소"란 변전소의 밖으로부터 전송받은 전기를 변전소 안에 시설한 변압기·전동발전기·회전변류기·정류기 그 밖의 기계기구에 의하여 변성하는 곳으로서 변성한 전기를 다시 변전소 밖으로 전송하는 곳을 말한다.

③ "개폐소"란 개폐소 안에 시설한 개폐기 및 기타 장치에 의하여 전로를 개폐하는 곳으로서 발전소·변전소 및 수용장소 이외의 곳을 말한다.

④ "급전소"란 전력계통의 운용에 관한 지시 및 급전조작을 하는 곳을 말한다.

⑤ "전선"이란 강전류 전기의 전송에 사용하는 전기 도체, 절연물로 피복한 전기 도체 또는 절연물로 피복한 전기 도체를 다시 보호 피복한 전기 도체를 말한다.

⑥ "전로"란 통상의 사용 상태에서 전기가 통하고 있는 곳을 말한다.

⑦ "전선로"란 발전소·변전소·개폐소, 이에 준하는 곳, 전기사용장소 상호간의 전선(전차선을 제외한다) 및 이를 지지하거나 수용하는 시설물을 말한다.

⑧ "전기기계기구"란 전로를 구성하는 기계기구를 말한다.

⑨ "연접 인입선"이란 한 수용장소의 인입선에서 분기하여 지지물을 거치지 아니하고 다른 수용 장소의 인입구에 이르는 부분의 전선을 말한다. 여기에서 "인입선"이란 가공인입선[가공전선로의 지지물로부터 다른 지지물을 거치지 아니하고 수용장소의 붙임점에 이르는 가공전선(가공전선로의 전선을 말한다. 이하 같다)을 말한다] 및 수용장소의 조영물(토지에 정착한 시설물 중 지붕 및 기둥 또는 벽이 있는 시설물을 말한다. 이하 같다)의 옆면 등에 시설하는 전선으로서 그 수용장소의 인입구에 이르는 부분의 전선을 말한다.

⑩ "전차선"이란 전차의 집전장치와 접촉하여 동력을 공급하기 위한 전선을 말한다.

⑪ "전차선로"란 전차선 및 이를 지지하는 시설물을 말한다.

⑫ "배선"이란 전기사용 장소에 시설하는 전선(전기기계기구 내의 전선 및 전선로의 전선을 제외한다)을 말한다.

⑬ "약전류전선"이란 약전류 전기의 전송에 사용하는 전기 도체, 절연물로 피복한 전기 도체 또는 절연물로 피복한 전기 도체를 다시 보호 피복한 전기 도체를 말한다.

⑭ "약전류전선로"란 약전류전선 및 이를 지지하거나 수용하는 시설물(조영물의 옥내 또는 옥측에 시설하는 것을 제외한다)을 말한다.

⑮ "광섬유케이블"이란 광신호의 전송에 사용하는 보호 피복으로 보호한 전송매체를 말한다.

⑯ "광섬유케이블선로"란 광섬유케이블 및 이를 지지하거나 수용하는 시설물(조영물의 옥내 또는 옥측에 시설하는 것을 제외한다)을 말한다.

⑰ "지지물"이란 목주·철주·철근 콘크리트주 및 철탑과 이와 유사한 시설물로서 전선·약전류전선 또는 광섬유케이블을 지지하는 것을 주된 목적으로 하는 것을 말한다.

⑱ "조상설비"란 무효전력을 조정하는 전기기계기구를 말한다.

⑲ "전력보안 통신설비"란 전력의 수급에 필요한 급전·운전·보수 등의 업무에 사용되는 전화 및 원격지에 있는 설비의 감시·제어·계측·계통보호를 위해 전기적·광학적으로 신호를 송·수신하는 제 장치·전송로 설비 및 전원 설비 등을 말한다.

⑳ "전기철도"란 전기를 공급받아 열차를 운행하여 여객이나 화물을 운송하는 철도를 말한다.

㉑ 극저주파 전자계(Extremely Low Frequency Electric and Magnetic Fields :ELF EMF)라 함은 0 Hz를 제외한 300 Hz 이하의 전계와 자계를 말한다.

㉒ "수로"란 취수설비, 침사지, 도수로, 헤드탱크, 서지탱크, 수압관로 및 방수로를 말한다.

㉓ "설계홍수위(flood water level : FWL)"란 설계홍수량이 저수지로 유입될 경우에 여수로 방류량과 저수지내의 저류효과를 고려하여 상승할 수 있는 가장 높은 수위를 말한다. 일반적으로 설계홍수량은 빈도별 홍수유량을 기준으로 산정한다.

㉔ "최고수위(maximum water level : MWL)"란 가능최대홍수량이 저수지로 유입될 경우에 여수로 방류량과 저수지내의 저류효과를 고려하여 상승할 수 있는 가장 높은 수위를 말한다. 최고수위는 설계홍수위와 같거나, 빈도홍수를 설계홍수량으로 채택한 댐의 경우는 설계홍수위보다 높다.

㉕ "가능최대홍수량(probable maximum flood : PMF)"이란 가능최대강수량(probable maximum precipitation : PMP)으로 인한 홍수량을 말하며, 유역에서의 가능최대 강수량이란 주어진 지속시간 동안 어느 특정 위치에 주어진 유역면적에 대하여 연중 어느 지정된 기간에 물리적으로 발생할 수 있는 이론적 최대 강수량을 말한다.

㉖ "탈황, 탈질설비"란 연소시 발생하는 배연가스 중 황화합물과 질소화합물의 농도를 저감하는 설비로서 보일러, 압력용기 및 배관의 부속설비에 포함한다.

㉗ "해양에너지발전설비"란 조력, 조류, 파력 등으로 해수를 이용해 전력을 생산하는 설비를 말한다.

전압을 구분하는 저압, 고압 및 특고압은 다음의 것을 말한다.

1. 저압 : 직류는 750V 이하, 교류는 600V 이하인 것
2. 고압 : 직류는 750V를, 교류는 600V를 초과하고, 7kV 이하인 것
3. 특고압 : 7kV를 초과하는 것

특고압의 다선식 전로(중성선을 가지는 것에 한한다)의 중성선과 다른 1선을 전기적으로 접속하여 시설하는 전기설비의 사용전압 또는 최대 사용전압은 그 다선식 전로의 사용전압 또는 최대 사용전압을 말한다.

★출제 Point 저압, 고압 및 특고압 숙지

4. 적합성 판단

이 고시에서 규정하는 안전에 필요한 성능과 기술적 요건은 다음 각 호의 기준을 충족할 경우 이 고시에 적합한 것으로 판단한다.

① 대한전기협회에 설치된 한국전기기술기준위원회(이하 이조에서 "기준위원회"라 한다)에서 채택하여 산업통상자원부장관의 승인을 받은 "전기설비기술기준의 판단기준"
② 기준위원회에서 이 고시의 제정 취지로 보아 안전 확보에 필요한 충분한 기술적 근거가 있다고 인정되어 산업통상자원부장관의 승인을 받은 경우

제 5 편

CHAPTER 02

전기공급설비 및 전기사용설비

1. 일반사항

(1) 전로의 절연

① 전로는 다음 각 호의 경우 이외에는 대지로부터 절연시켜야 하며, 그 절연성능은 제27조 제3항 및 제52조에 따른 절연저항 외에도 사고 시에 예상되는 이상전압을 고려하여 절연파괴에 의한 위험의 우려가 없는 것이어야 한다.
　㉠ 구조상 부득이한 경우로서 통상 예견되는 사용형태로 보아 위험이 없는 경우
　㉡ 혼촉에 의한 고전압의 침입 등의 이상이 발생하였을 때 위험을 방지하기 위한 접지 접속점 그 밖의 안전에 필요한 조치를 하는 경우
② 변성기 안의 권선과 그 변성기 안의 다른 권선 사이의 절연성능은 사고 시에 예상되는 이상전압을 고려하여 절연파괴에 의한 위험의 우려가 없는 것이어야 한다.

(2) 전기설비의 접지

① 전기설비(제3장 발전용 화력설비, 제4장 발전용 수력설비 및 제6장 발전용 풍력설비에 의한 전기설비를 제외한다. 이하 이 장에서 같다)의 필요한 곳에는 이상 시 전위상승, 고전압의 침입 등에 의한 감전, 화재 그 밖에 사람에 위해를 주거나 물건에 손상을 줄 우려가 없도록 접지를 하고 그 밖에 적절한 조치를 하여야 한다. 다만, 전로에 관계되는 부분에 대해서는 제5조 제1항의 규정에서 정하는 바에 따라 이를 시행하여야 한다.

② 전기설비를 접지하는 경우에는 전류가 안전하고 확실하게 대지로 흐를 수 있도록 하여야 한다.

③ 뇌방전으로 인한 과전압으로부터 전기설비의 손상, 감전 또는 화재의 우려가 없도록 피뢰 설비를 시설하고 그 밖에 적절한 조치를 하여야 한다.

(3) 전선 등의 단선 방지

전선, 지선(支線), 가공지선(架空地線), 약전류전선 등(약전류전선 및 광섬유 케이블을 말한다. 이하 같다) 그 밖에 전기설비의 안전을 위하여 시설하는 선은 통상 사용상태에서 단선의 우려가 없도록 시설하여야 한다.

(4) 전선의 접속

전선은 접속부분에서 전기저항이 증가되지 않도록 접속하고 절연성능의 저하(나전선을 제외한다) 및 통상 사용상태에서 단선의 우려가 없도록 하여야 한다.

(5) 전기기계기구의 열적 강도

전로에 시설하는 전기기계기구는 통상 사용상태에서 그 전기기계기구에 발생하는 열에 견디는 것이어야 한다.

(6) 고압 또는 특고압 전기기계기구의 시설

① 고압 또는 특고압의 전기기계기구는 취급자 이외의 사람이 쉽게 접촉할 우려가 없도록 시설하여야 한다. 다만, 접촉에 의한 위험의 우려가 없는 경우에는 그러하지 아니하다.

② 고압 또는 특고압의 개폐기·차단기·피뢰기 그 밖에 이와 유사한 기구로서 동작할 때에 아크가 생기는 것은 화재의 우려가 없도록 목제(木製)의 벽 또는 천정 기타 가연성 구조물 등으로부터 이격하여 시설하여야 한다. 다만, 내화성 재료 등으로 양자 사이를 격리한 경우에는 그러하지 아니하다.

(7) 특고압을 직접 저압으로 변성하는 변압기의 시설

특고압을 직접 저압으로 변성하는 변압기는 다음 어느 하나에 해당하는 경우에 시설할 수 있다.

① 발전소 등 공중(公衆)이 출입하지 않는 장소에 시설하는 경우
② 혼촉 방지 조치가 되어 있는 등 위험의 우려가 없는 경우
③ 특고압측의 권선과 저압측의 권선이 혼촉하였을 경우 자동적으로 전로가 차단되는 장치의 시설 그 밖의 적절한 안전조치가 되어 있는 경우

(8) 특고압전로 등과 결합하는 변압기 등의 시설

① 고압 또는 특고압을 저압으로 변성하는 변압기의 저압측 전로에는 고압 또는 특고압의 침입에 의한 저압측 전기설비의 손상, 감전 또는 화재의 우려가 없도록 그 변압기의 적절한 곳에 접지를 시설하여야 한다. 다만, 시설방법 또는 구조상 부득이한 경우로서 변압기에서 떨어진 곳에 접지를 시설하고 그밖에 적절한 조치를 취함으로써 저압측 전기설비의 손상, 감전 또는 화재의 우려가 없는 경우에는 그러하지 아니하다.
② 특고압을 고압으로 변성하는 변압기의 고압측 전로에는 특고압의 침입에 의한 고압측 전기설비의 손상, 감전 또는 화재의 우려가 없도록 접지를 시설한 방전장치를 시설하고 그 밖에 적절한 조치를 하여야 한다.

(9) 과전류에 대한 보호

전로의 필요한 곳에는 과전류에 의한 과열소손으로부터 전선 및 전기기계기구를 보호하고 화재의 발생을 방지할 수 있도록 과전류로부터 보호하는 차단 장치를 시설하여야 한다.

(10) 지락에 대한 보호

전로에는 지락이 생겼을 경우 전선 또는 전기기계기구의 손상, 감전 또는 화재의 우려가 없도록 지락으로부터 보호하는 차단기를 시설하고 그 밖에 적절한 조치를 하여야 한다. 다만, 전기기계기구를 건조한 장소에 시설하는 등 지락에 의한 위험의 우려가 없는 경우에는 그러하지 아니하다.

(11) 공급지장의 방지

① 고압 또는 특고압의 전기설비는 그 손상으로 인하여 전기사업자의 원활한 전기공급에 지장을 주지 아니하도록 시설하여야 한다.

② 전기사용자에게 전기를 공급하는 사업용의 고압 또는 특고압의 전기설비는 그 전기설비의 손상으로 전기의 원활한 공급에 지장이 생기지 않도록 시설하여야 한다.

(12) 고주파 이용설비에 대한 장해 방지

고주파 이용설비(전로를 고주파전류의 전송로로서 이용하는 것만 해당한다. 이하 이 조에서 같다)는 다른 고주파 이용설비의 기능에 계속적이고 중대한 장해를 줄 우려가 없도록 시설하여야 한다.

(13) 유도장해 방지

① 특고압 가공전선로에서 발생하는 극저주파 전자계는 지표상 1m에서 전계강도(電界強度)가 3.5kV/m 이하, 자계강도가 83.3μT 이하가 되도록 시설하는 등 상시 정전유도(靜電誘導) 및 전자유도(電磁誘導) 작용에 의하여 사람에게 위험을 줄 우려가 없도록 시설하여야 한다. 다만, 논밭, 산림 그 밖에 사람의 왕래가 적은 곳에서 사람에 위험을 줄 우려가 없도록 시설하는 경우에는 그러하지 아니하다.
② 특고압의 가공전선로는 전자유도작용이 약전류전선로(전력보안 통신설비는 제외한다)를 통하여 사람에 위험을 줄 우려가 없도록 시설하여야 한다.
③ 전력보안 통신설비는 가공전선로로부터의 정전유도작용 또는 전자유도작용에 의하여 사람에 위험을 줄 우려가 없도록 시설하여야 한다.

(14) 통신장해 방지

① 전선로 또는 전차선로는 무선설비의 기능에 계속적이고 중대한 장해를 주는 전파를 발생할 우려가 없도록 시설하여야 한다.
② 전선로 또는 전차선로는 약전류전선로에 유도작용으로 인하여 통신상의 장해를 주지 않도록 시설하여야 한다. 다만, 약전류전선로 관리자의 승낙을 받은 경우에는 그러하지 아니하다.

(15) 지구자기관측소 등에 대한 장해 방지

직류의 전선로, 전차선로 및 귀선은 지구자기관측소 또는 지구전기관측소에 대하여 관측상의 장해를 주지 않도록 시설하여야 한다.

(16) 절연유

① 사용전압이 100kV 이상의 중성점 직접접지식 전로에 접속하는 변압기를 설치하는 곳에는 절연유의 구외 유출 및 지하 침투를 방지하기 위한 설비를 갖추어야 한다.

② 폴리염화비페닐을 함유한 절연유를 사용한 전기기계기구는 전로에 시설하여서는 아니 된다.

2. 전기공급설비의 시설

(1) 발전소 등의 시설

① 고압 또는 특고압의 전기기계기구·모선 등을 시설하는 발전소·변전소·개폐소 또는 이에 준하는 곳에는 위험표시를 하고 취급자 이외의 사람이 쉽게 구내에 출입할 우려가 없도록 적절한 조치를 하여야 한다.

② 발전소·변전소·개폐소 또는 이에 준하는 곳에 시설하는 배전반에 고압용 또는 특고압용의 기구 또는 전선을 시설하는 경우에는 취급자에게 위험이 없도록 방호에 필요한 공간을 확보하여야 한다.

③ 발전소·변전소·개폐소 또는 이에 준하는 곳에는 감시 및 조작을 안전하고 확실하게 하기 위하여 필요한 조명 설비를 하여야 한다.

④ 고압 또는 특고압의 전기기계기구·모선 등을 시설하는 발전소·변전소·개폐소 또는 이에 준하는 곳은 침수의 우려가 없도록 방호장치 등 적절한 시설이 갖추어진 곳이어야 한다.

⑤ 고압 또는 특고압의 전기기계기구·모선 등을 시설하는 발전소·변전소·개폐소 또는 이에 준하는 곳에 시설하는 전기설비는 자중, 적재하중, 적설 또는 풍압 및 지진 그 밖의 진동과 충격에 대하여 안전한 구조이어야 한다.

(2) 발전소 등의 부지 시설조건

전기설비의 부지(敷地)의 안정성 확보 및 설비 보호를 위하여 발전소·변전소·개폐소를 산지에 시설할 경우에는 풍수해, 산사태, 낙석 등으로부터 안전을 확보할 수 있도록 다음에 따라 시설하여야 한다.

① 부지조성을 위해 산지를 전용할 경우에는 전용하고자 하는 산지의 평균 경사도가 25도 이하여야 하며, 산지전용면적 중 산지전용으로 발생되는 절·성토 경사면의 면적이 50/100을 초과해서는 아니 된다.

② 산지전용 후 발생하는 절·성토면의 수직높이는 15m 이하로 한다. 다만, 345kV급 이상 변전소 또는 전기사업용전기설비인 발전소로서 불가피하게 절·성토면 수직높이가 15m 초과되는 장대비탈면이 발생할 경우에는 절·성토면의 안정성에 대한 전문용역기관(토질 및 기초와 구조분야 전문기술사를 보유한 엔지니어링 활동주체로 등록된 업체)의 검토 결과에 따라 용수, 배수, 법면보호 및 낙석방지 등 안전대책을 수립한 후 시행하여야 한다.

③ 산지전용 후 발생하는 절토면 최하단부에서 발전 및 변전설비까지의 최소이격거리는 보안울타리, 외곽도로, 수림대 등을 포함하여 6m 이상이 되어야 한다. 다만, 옥내변전소와 옹벽, 낙석방지망 등 안전대책을 수립한 시설의 경우에는 예외로 한다.

(3) 발전기 등의 보호 장치

① 발전기, 연료전지 또는 상용전원으로 사용하는 축전지에는 그 전기기계기구를 현저하게 손상할 우려가 있거나 전기사업에 관련된 전기의 원활한 공급에 지장을 줄 우려가 있는 이상(異常)이 그 전기기계기구에 생겼을 경우(원자력 발전소에 시설하는 비상용 예비 발전기에 있어서는 비상용 노심 냉각장치가 작동한 경우를 제외한다)에 자동적으로 이를 전로로부터 차단하는 장치를 시설하여야 한다.

② 특고압의 변압기 또는 조상설비에는 그 전기기계기구를 현저하게 손상할 우려가 있거나 전기사업에 관련된 전기의 원활한 공급에 지장을 줄 우려가 있는 이상(異常)이 그 전기기계기구에 생겼을 경우에 자동적으로 이를 전로로부터 차단하는 장치를 시설하고 그 밖에 적절한 조치를 하여야 한다.

(4) 발전기 등의 기계적 강도

① 발전기·변압기·조상기·계기용변성기·모선 및 이를 지지하는 애자는 단락전류에 의하여 생기는 기계적 충격에 견디는 것이어야 한다.

② 수차 또는 풍차에 접속하는 발전기의 회전하는 부분은 부하를 차단한 경우에 일어나는 속도에 대하여, 증기터빈, 가스터빈 또는 내연기관에 접속하는 발전기의 회전하는 부분은 비상 조속장치 및 그 밖의 비상 정지장치가 동작하여 도달하는 속도에 대하여 견디는 것이어야 한다.

③ 증기터빈에 접속하는 발전기의 진동에 대한 기계적 강도는 제82조 제2항을 준용한다.

(5) 발전소 등의 상시감시

① 이상이 생겼을 경우에 사람에게 위해를 주거나 물건에 손상을 줄 우려가 없도록 이상상태에 따른 제어가 필요한 발전소와 전기사업에 관련된 전기의 원활한 공급에 지장을 주지 않도록 이상을 조기에 발견할 필요가 있는 발전소는 발전소의 운전에 필요한 지식 및 기능을 가진 사람이 그 발전소에서 상시 감시할 수 있는 시설을 하여야 한다.

② 발전소 이외의 발전소 또는 변전소(이에 준하는 장소로서 50kV를 초과하는 특고압의 전기를 변성하기 위한 것을 포함한다. 이하 이 조에서 같다)로서 발전소 또는 변전소의 운전에 필요한 지식 및 기능을 가진 사람이 그 구내에서 상시감시하지 않는 발전소 또는 변전소(비상용 예비전원은 제외한다)는 이상이 생겼을 경우에 안전하고 또한 확실하게 정지할 수 있는 조치를 하여야 한다.

(6) 수소냉각식 발전기 등의 시설

수소냉각식의 발전기 혹은 조상설비 또는 이에 부속하는 수소냉각장치는 다음에 따라 시설하여야 한다.

① 구조는 수소의 누설 또는 공기의 혼입 우려가 없는 것일 것

② 발전기, 조상설비, 수소를 통하는 관, 밸브 등은 수소가 대기압에서 폭발하는 경우에 생기는 압력에 견디는 강도를 갖는 것일 것

③ 발전기축의 밀봉부로부터 수소가 누설될 때 누설을 정지시키거나 또는 누설된 수소를 안전하게 외부로 방출할 수 있는 것일 것

④ 발전기 또는 조상설비 안으로 수소의 도입 및 발전기 또는 조상설비 밖으로 수소의 방출이 안전하게 될 수 있는 것일 것

⑤ 이상을 조기에 검지하여 경보하는 기능이 있을 것

(7) 전선로 등의 시설

전선로 및 전차선로는 시설장소의 환경 및 전압에 따라 감전 또는 화재의 우려가 없도록 시설하여야 한다.

(8) 전선로의 전선 및 절연성능

① 저압 가공전선(중성선 다중접지식에서 중성선으로 사용하는 전선을 제외한다) 또는 고압 가공전선은 감전의 우려가 없도록 사용전압에 따른 절연성능을 갖는 절연전선 또는 케이블을 사용하여야 한다. 다만, 해협 횡단·하천 횡단·산악지 등 통상 예견되는 사용 형태로 보아 감전의 우려가 없는 경우에는 그러하지 아니하다.

② 지중전선(지중전선로의 전선을 말한다. 이하 같다)은 감전의 우려가 없도록 사용전압에 따른 절연성능을 갖는 케이블을 사용하여야 한다.

③ 저압전선로 중 절연 부분의 전선과 대지 사이 및 전선의 심선 상호 간의 절연저항은 사용전압에 대한 누설전류가 최대 공급전류의 1/2,000을 넘지 않도록 하여야 한다.

(9) 가공전선로 지지물의 승탑 및 승주 방지

가공전선로의 지지물에는 감전예방을 위해 취급자 이외의 사람이 쉽게 올라갈 수 없도록 적절한 조치를 하여야 한다.

(10) 가공전선 등의 높이

① 가공전선, 가공전력보안통신선 및 가공전차선은 접촉 또는 유도 작용에 의한 감전의 우려가 없고 교통에 지장을 줄 우려가 없는 높이에 시설하여야 한다.

② 지선은 교통에 지장을 줄 우려가 없는 높이에 시설하여야 한다.

(11) 가공전선 및 지지물의 시설

① 가공전선로의 지지물은 기 설치된 가공전선로의 전선, 가공약전류전선로의 약전류전선 또는 가공광섬유케이블선로의 광섬유케이블 사이를 관통하여 시설하여서는 아니 된다. 다만, 기 설치자의 승낙을 받은 경우에는 그러하지 아니하다.

② 가공전선은 기 설치된 가공전선로, 전차선로, 가공약전류전선로 또는 가공광섬유 케이블선로의 지지물을 사이에 두고 시설하여서는 아니 된다. 다만, 동일 지지물에 시설하는 경우 또는 기 설치자의 승낙을 받은 경우에는 그러하지 아니하다.

(12) 전선의 혼촉 방지

전선로의 전선, 전력보안 통신선 또는 전차선 등은 다른 전선이나 약전류전선 등과 접근하거나 교차하는 경우 또는 동일 지지물에 시설하는 경우에는 다른 전선 또는 약전류전선 등을 손상시킬 우려가 없고 접촉, 단선 등에 의해 생기는 혼촉에 의한 감전 또는 화재의 우려가 없도록 시설하여야 한다.

(13) 특고압 가공전선과 동일 지지물에 시설하는 가공전선 등의 시설

① 특고압 가공전선과 저압 가공전선, 고압 가공전선 또는 전차선을 동일 지지물에 시설하는 경우에는 이상 시 고전압의 침입에 의해 저압측 또는 고압측의 전기설비에 장해를 주지 않도록 접지를 하고 그 밖에 적절한 조치를 하여야 한다.
② 특고압 가공전선로의 전선의 위쪽에서 그 지지물에 저압의 전기기계기구를 시설하는 경우는 이상 시 고전압의 침입에 의하여 저압측의 전기설비에 장해를 주지 않도록 접지를 하고 그 밖에 적절한 조치를 하여야 한다.

(14) 지지물 강도

① 가공전선로 또는 가공전차선로 지지물의 재료 및 구조(지선을 시설하는 경우는 그 지선에 관계되는 것을 포함한다)는 그 지지물이 지지하는 전선 등에 의한 인장하중, 풍압하중 및 그 시설장소에서 통상 예상되는 기상의 변화, 진동, 충격 기타 외부 환경의 영향을 고려하여 도괴의 우려가 없도록 안전한 것이어야 한다. 다만, 인가(人家)가 많이 인접되어 있는 장소에 가공전선로를 시설하는 경우에는 그 장소의 풍압을 감안, 본문 풍압하중의 1/2을 고려하여 시설할 수 있다.
② 특고압 가공전선로의 지지물은 구조상 안전한 것으로 하는 등 연쇄적인 도괴의 우려가 없도록 시설하여야 한다.

(15) 고압 및 특고압 전로의 피뢰기 시설

전로에 시설된 전기설비는 뇌전압에 의한 손상을 방지할 수 있도록 그 전로 중 다음에 열거하는 곳 또는 이에 근접하는 곳에는 피뢰기를 시설하고 그 밖에 적절한 조치를 하여야 한다. 다만, 뇌전압에 의한 손상의 우려가 없는 경우에는 그러하지 아니하다.
① 발전소·변전소 또는 이에 준하는 장소의 가공전선 인입구 및 인출구

② 가공전선로(25kV 이하의 중성점 다중접지식 특고압 가공전선로를 제외한다)에 접속하는 배전용 변압기의 고압측 및 특고압측

③ 고압 또는 특고압의 가공전선로로부터 공급을 받는 수용 장소의 인입구

④ 가공전선로와 지중전선로가 접속되는 곳

(16) 시가지 등에서 특고압 가공전선로의 시설

특고압 가공전선로는 단선 또는 도괴에 의해 그 지역에 위험의 우려가 없도록 시설하고 그 지역으로부터의 화재에 의한 전선로의 손상에 의하여 전기사업에 관련된 전기의 원활한 공급에 지장을 줄 우려가 없도록 시설하며 동시에 기타 절연성, 전선의 강도 등에 관한 충분한 안전조치를 하는 경우에 시가지, 그 밖의 인가밀집 지역에 시설할 수 있다.

(17) 특고압 가공전선과 건조물 등의 접근 또는 교차

① 사용전압이 400kV 이상의 특고압 가공전선과 건조물 사이의 수평거리는 그 건조물의 화재로 인한 그 전선의 손상 등에 의하여 전기사업에 관련된 전기의 원활한 공급에 지장을 줄 우려가 없도록 3m 이상 이격하여야 한다.

② 사용전압이 170kV 초과의 특고압 가공전선이 건조물, 도로, 보도교, 그 밖의 시설물의 아래쪽에 시설될 때의 상호 간의 수평이격 거리는 그 시설물의 도괴 등에 의한 그 전선의 손상에 의하여 전기사업에 관련된 전기의 원활한 공급에 지장을 줄 우려가 없도록 3m 이상 이격하여야 한다.

(18) 전선과 다른 전선 및 시설물 등의 접근 또는 교차

① 전선로의 전선 또는 전차선 등은 다른 전선, 다른 시설물 또는 식물(이하 이 조에서 "다른 시설물 등"이라 한다)과 접근하거나 교차하는 경우에는 다른 시설물 등을 손상시킬 우려가 없고 접촉, 단선 등에 의해 생기는 감전 또는 화재의 위험이 없도록 시설하여야 한다.

② 지중전선, 옥측전선 및 터널 안의 전선, 그 밖에 시설물에 고정하여 시설하는 전선은 다른 전선, 약전류전선 등 또는 관(이하 이 조에서 "다른 전선 등"이라 한다)과 접근하거나 교차하는 경우에는 고장 시의 아크방전에 의하여 다른 전선 등을 손상시킬 우려가 없도록 시설하여야 한다. 다만, 감전 또는 화재의 우려가 없는 경우로서 다른 전선 등의 관리자의 승낙을 받은 경우에는 그러하지 아니하다.

(19) 지중전선로의 시설

① 지중전선로는 차량, 기타 중량물에 의한 압력에 견디고 그 지중전선로의 매설표시 등으로 굴착공사로부터의 영향을 받지 않도록 시설하여야 한다.
② 지중전선로 중 그 내부에서 작업이 가능한 것에는 방화조치를 하여야 한다.
③ 지중전선로에 시설하는 지중함은 취급자 이외의 사람이 쉽게 출입할 수 없도록 시설하여야 한다.

(20) 연접인입선의 시설

고압 또는 특고압의 연접인입선은 시설하여서는 아니 된다. 다만, 특별한 사정이 있고, 그 전선로를 시설하는 조영물의 소유자 또는 점유자의 승낙을 받은 경우에는 그러하지 아니하다.

(21) 옥내전선로 등의 시설

옥내를 관통하여 시설하는 전선로와 옥측, 옥상 또는 지상에 시설하는 전선로는 그 전선로로부터 전기의 공급을 받는 자 이외의 자의 구내에 시설하여서는 아니 된다. 다만, 특별한 사정이 있고, 그 전선로를 시설하는 조영물(지상에 시설하는 전선로에 있어서는 그 토지)의 소유자 또는 점유자의 승낙을 받은 경우에는 그러하지 아니하다.

(22) 가스절연기기 등의 시설

발전소·변전소·개폐소 또는 이에 준하는 곳에 시설하는 가스절연기기(충전부분이 압축절연가스로 절연된 전기기계기구를 말한다. 이하 같다) 및 개폐기 또는 차단기에 사용하는 압축공기장치는 다음에 따라 시설하여야 한다.

① 압력을 받는 부분의 재료 및 구조는 최고 사용압력에 대하여 충분히 견디고 안전한 것일 것
② 압력이 상승할 경우에 그 압력이 최고 사용압력에 도달하기 이전에 그 압력을 저하시키는 기능이 있는 것일 것
③ 이상 압력을 조기에 검지할 수 있는 기능이 있을 것
④ 압축공기 장치의 공기탱크는 내식성이 있는 것일 것
⑤ 압축공기 장치는 주 공기탱크의 압력이 저하하였을 경우에 압력을 자동적으로 회복시키는 기능이 있는 것일 것

⑥ 가스절연기기에 사용하는 절연 가스는 가연성, 부식성 및 유독성이 없는 것일 것

★출제Point 가스절연기기 등의 시설 6가지 정리

(23) 가압장치의 시설

압축가스를 사용하여 케이블에 압력을 가하는 장치는 다음에 따라 시설하여야 한다.

① 압력을 받는 부분은 최고 사용압력에 대하여 충분히 견디고 안전한 것일 것
② 자동적으로 압축가스를 공급하는 가압장치로서 고장에 의하여 압력이 현저하게 상승할 우려가 있는 것은 상승한 압력에 견디는 재료 및 구조임과 동시에 압력이 상승하는 경우에 그 압력이 최고 사용압력에 도달하기 이전에 그 압력을 저하시키는 기능을 갖는 것일 것
③ 압축가스는 가연성, 부식성 및 유독성이 없는 것일 것

(24) 전력보안 통신설비의 시설

① 발전소·변전소·개폐소·급전소 및 기술원 근무지, 그 밖의 곳으로서 전기사업에 관련된 전기의 원활한 공급에 대한 지장을 방지하고 또한 안전을 확보하기 위하여 필요한 곳의 상호간에는 전력보안 통신용 전화설비를 시설하여야 한다.
② 전력보안 통신선은 기계적 충격, 화재 등에 의하여 통신 기능이 손상될 우려가 없도록 시설하여야 한다.

(25) 시가지의 특고압 전선로에 첨가(添架)하는 전력보안통신선의 시설

시가지에 시설하는 전력보안 통신선은 특고압 전선로의 지지물에 첨가된 전력보안 통신선과 접속하여서는 아니 된다. 다만, 유도전압에 의한 감전의 우려가 없도록 안전장치를 시설하고 그 밖에 적절한 조치를 하는 경우에는 그러하지 아니하다.

(26) 무선통신용 안테나 등의 지지물 강도

전력보안 통신설비에 사용하는 무선통신용 안테나 또는 반사판(이하 이 조에서 "무선용 안테나 등"이라 한다)을 시설하는 지지물의 재료 및 구조는 풍압하중을 고려하여 도괴에 의한 통신기능을 손상할 우려가 없도록 시설하여야 한다. 다만, 전선로 주위의 상태를 감시할 목적으로 시설하는 무선용 안테나 등을 가공전선로의 지지물에 시설하는 경우에는 그러하지 아니하다.

(27) 전차선로의 시설

① 직류 전차선로의 사용전압은 저압 또는 고압으로 하여야 한다.
② 교류 전차선로의 공칭전압은 25kV 이하로 하여야 한다.
③ 전차선로는 전기철도의 전용부지 안에 시설하여야 한다. 다만, 감전의 우려가 없는 경우에는 그러하지 아니하다.
④ 전용부지는 전차선로가 제3레일방식인 경우 등 사람이 그 부지 안에 들어갔을 경우에 감전의 우려가 있는 경우에는 고가철도 등 사람이 쉽게 들어갈 수 없는 것이어야 한다.

(28) 전기부식작용에 의한 장해 방지

직류귀선은 누설전류에 의하여 생기는 전기부식작용에 의한 장해의 우려가 없도록 시설하여야 한다.

(29) 전압 불평형에 의한 장해 방지

교류식 전기철도는 그 단상부하에 의한 전압 불평형으로 인하여 교류식 전기철도 변전소의 변압기에 접속하는 전기사업용 발전기, 조상설비, 변압기, 그 밖의 전기기계기구에 장해가 생기지 아니하도록 시설하여야 한다.

3. 전기사용설비의 시설

(1) 배선의 시설

① 배선은 시설장소의 환경 및 전압에 따라 감전 또는 화재의 우려가 없도록 시설하여야 한다.
② 이동전선을 전기기계기구와 접속하는 경우에는 접속불량에 의한 감전 또는 화재의 우려가 없도록 시설하여야 한다.
③ 특고압 이동전선은 제1항 및 제2항의 규정에도 불구하고 시설하여서는 아니 된다. 다만, 충전부분에 사람이 접촉하였을 때 사람에 위해를 줄 우려가 없고 이동전선과 접속하는 것이 필수적인 전기기계기구에 접속하는 것은 그러하지 아니하다.

(2) 배선의 사용전선

① 배선에 사용하는 전선(나전선 및 특고압에 사용하는 접촉전선을 제외한다)은 감전 또는
  화재의 우려가 없도록 시설장소의 환경 및 전압에 따라 사용상 충분한 강도 및 절연 성능
  을 갖는 것이어야 한다.
② 배선에는 나전선을 사용하여서는 아니 된다. 다만, 시설장소의 환경 및 전압에 따라 사용
  상 충분한 강도를 갖고 있고 또한 절연성이 없음을 고려하여 감전 또는 화재의 우려가 없
  도록 시설하는 경우에는 그러하지 아니하다.
③ 특고압 배선에는 접촉전선을 사용하여서는 아니 된다.

(3) 저압전로의 절연성능

전기사용 장소의 사용전압이 저압인 전로의 전선 상호간 및 전로와 대지 사이의 절연저항은
개폐기 또는 과전류차단기로 구분할 수 있는 전로마다 다음 표에서 정한 값 이상이어야 한다.
다만, 전동기 등 기계기구를 쉽게 분리하기 곤란한 분기회로의 경우 전로의 전선 상호 간의 절연
저항에 대해서는 기기 접속 전에 측정한다.

전로의 사용전압 구분		절연저항
400V 미만	대지전압(접지식 전로는 전선과 대지 사이의 전압, 비접지식 전로는 전선 간의 전압을 말한다. 이하 같다)이 150V 이하인 경우	0.1MΩ
	대지전압이 150V 초과 300V 이하인 경우	0.2MΩ
	사용전압이 300V 초과 400V 미만인 경우	0.3MΩ
400V 이상		0.4MΩ

(4) 전기기계기구의 시설

전기사용 장소에 시설하는 전기기계기구는 충전부가 노출되지 않아야 하며, 사람에 위해를
주거나 화재발생의 우려가 있는 발열이 없도록 시설하여야 한다. 다만, 전기기계기구를 사용하
기 위하여 충전부의 노출 또는 발열체의 시설이 기술상 부득이한 경우에 감전 기타 사람에 위해
를 주거나 화재 발생의 우려가 없도록 시설하는 경우에는 그러하지 아니하다.

(5) 전기자동차 전원공급설비의 시설

전기자동차(도로 운행용 자동차로서 재충전이 가능한 축전지, 연료전지, 광전지 또는 그 밖의 전원장치에서 전류를 공급받는 전동기에 의해 구동되는 것을 말한다.)에 전기를 공급하기 위한 전기설비는 감전, 화재 그 밖에 사람에게 위해(危害)를 주거나 물건에 손상을 줄 우려가 없도록 시설하여야 한다.

(6) 무선설비에 대한 장해 방지

전기사용 장소에 시설하는 전기기계기구 또는 접촉전선은 전파, 고주파전류 등이 발생함으로서 무선설비의 기능에 계속적이고 중대한 장해를 줄 우려가 없도록 시설하여야 한다.

(7) 배선과 다른 배선 및 시설물의 접근 또는 교차

① 배선은 다른 배선, 약전류전선 등과 접근하거나 교차하는 경우에 혼촉에 의한 감전 또는 화재의 우려가 없도록 시설하여야 한다.
② 배선은 수도관, 가스관 또는 이에 준하는 것과 접근하거나 교차하는 경우는 방전에 의하여 이 시설물들을 손상할 우려가 없고 누전이나 방전에 의하여 이 시설물들을 통하여 감전 또는 는 화재의 우려가 없도록 시설하여야 한다.

(8) 저압간선 등의 과전류에 대한 보호

① 저압간선, 저압간선에서 분기하여 전기기계기구에 이르는 저압의 전로 및 인입구에서 저압 간선을 거치지 않고 전기기계기구에 이르는 저압의 전로(이하 "간선 등"이라 한다)에는 적절한 곳에 개폐기를 시설함과 동시에 과전류가 생겼을 경우에 그 간선 등을 보호할 수 있도록 자동적으로 전로를 차단하는 장치를 시설하여야 한다. 다만, 그 간선 등에서 단락사고에 의한 과전류가 생길 우려가 없는 경우에는 그러하지 아니하다.
② 전기사용 장소의 옥내에 시설하는 전동기(정격출력이 0.2kW 이하의 것을 제외한다)에는 과전류에 의한 그 전동기의 소손으로 인하여 화재가 발생할 우려가 없도록 과전류가 생겼을 때 자동적으로 전로를 차단하는 장치를 시설하고 그 밖에 적절한 조치를 하여야 한다. 다만, 전동기의 구조 또는 부하의 특성이 전동기를 소손할 정도의 과전류가 발생할 우려가 없는 경우에는 그러하지 아니하다.

③ 교통신호등, 그 밖에 손상으로 공공의 안전 확보에 지장을 줄 우려가 있는 것에 전기를 공급하는 전로에는 과전류에 의한 과열소손으로부터 그 기기들의 전선 및 전기기계기구를 보호할 수 있도록 과전류가 생겼을 때 자동적으로 전로를 차단하는 장치를 시설하여야 한다.

(9) 일반 공중 출입 장소의 전기설비의 지락에 대한 보호

일반 공중이 출입할 우려가 있는 장소 또는 절연체에 손상을 줄 우려가 있는 장소에 시설하는 것에 전기를 공급하는 전로에는 지락이 생겼을 경우에 감전 또는 화재의 우려가 없도록 전로를 자동적으로 차단하는 장치를 시설하고 그 밖에 적절한 조치를 하여야 한다.

(10) 고압 이동전선 및 접촉전선에 대한 보호

① 이동전선 및 접촉전선(전차선을 제외한다. 이하 같다)에 고압의 전기를 공급하는 전로에는 과전류가 생겼을 경우에 그 이동전선 및 접촉전선을 보호할 수 있도록 자동적으로 전로를 차단하는 장치를 시설하여야 한다.
② 제1항의 전로에는 지락이 생겼을 경우에 감전 또는 화재의 우려가 없도록 전로를 자동적으로 차단하는 장치를 시설하고 그 밖에 적절한 조치를 하여야 한다.

(11) 다중 이용 시설의 전기설비 시설

다중이 이용하는 시설에 설치하는 전기설비는 감전, 화재 기타 사람에 위해를 주거나 물건에 손상을 줄 우려가 없도록 설치장소의 환경에 맞는 보호등급으로 시설하는 등 적절한 조치를 하여야 한다.

(12) 분진이 많은 장소

분진이 많은 장소에 시설하는 전기설비는 분진에 의한 그 전기설비의 절연성능 또는 도전성능의 열화에 따른 감전 또는 화재의 우려가 없도록 시설하여야 한다.

(13) 가연성 가스 등이 있는 장소

다음의 장소에 시설하는 전기설비는 통상 사용상태에서 그 전기설비가 점화원이 되어 폭발 또는 화재의 우려가 없도록 시설하여야 한다.

① 가연성 가스 또는 인화성 물질의 증기가 새거나 체류하는 장소로 점화원이 있으면 폭발할 우려가 있는 장소

② 분진이 있는 곳으로 점화원이 있으면 폭발할 우려가 있는 장소

③ 화약류가 있는 장소

④ 셀룰로이드, 성냥, 석유류, 기타 타기 쉬운 위험한 물질을 제조하거나 저장하는 장소

(14) 부식성 가스 등이 있는 장소

부식성 가스 또는 용액이 발산되는 장소(산류, 알카리류, 염소산카리, 표백분, 염료 혹은 인조비료의 제조공장, 동, 아연 등의 제련소, 전기분동소, 전기도금공장, 개방형 축전지를 설치한 축전지실 또는 이에 준하는 장소를 말한다)에 시설하는 전기설비는 부식성 가스 또는 용액에 의한 그 전기설비의 절연성능 또는 도전성능의 열화에 따른 감전 또는 화재의 우려가 없도록 예방조치를 하여야 한다.

(15) 화약류 저장소

조명을 위한 전기설비(개폐기 및 과전류차단기를 제외한다) 이외의 전기설비는 제61조에도 불구하고 화약류 저장소 안에 시설하여서는 아니 된다. 다만, 쉽게 착화하지 않도록 하는 조치가 강구되어 있는 화약류를 보관하는 장소로서 부득이한 경우에는 그러하지 아니하다.

(16) 특수장소의 특고압 전기설비

특고압 전기설비는 제60조 및 제61조에도 불구하고 제60조 및 제61조 각 호에서 규정하는 장소에 시설하여서는 아니 된다. 다만, 가연성 가스 등에 착화할 우려가 없도록 조치가 강구된 정전도장장치(靜電塗裝裝置), 동기전동기, 동기발전기, 유도전동기 및 이에 전기를 공급하는 전기설비를 시설할 때는 그러하지 아니하다.

(17) 특수장소의 접촉전선

① 접촉전선은 제60조에도 불구하고 제60조에서 규정하는 장소에 시설하여서는 아니 된다. 다만, 개방된 장소에서 저압 접촉전선 및 그 주위에 분진이 집적하는 것을 방지하기 위한

조치를 하고 또한 면, 마, 견, 그 밖의 타기 쉬운 섬유의 분진이 존재하는 장소에는 저압 접촉전선과 그 접촉전선에 접촉되는 집전장치가 사용상태에서 떨어지기 어렵도록 시설한 경우에는 그러하지 아니하다.

② 접촉전선은 제61조에도 불구하고 제61조 각 호에서 규정하는 장소에 시설하여서는 아니 된다.

③ 고압 접촉전선은 제62조에도 불구하고 제62조에서 규정하는 장소에 시설하여서는 아니 된다.

(18) 전기울타리의 시설

전기울타리(옥외에서 나전선을 고정하여 시설한 울타리로서 그 나전선을 충전하여 사용하는 것을 말한다)는 시설하여서는 아니 된다. 다만, 논밭, 목장 기타 이와 유사한 장소에서 짐승의 침입 또는 가축의 탈출을 방지하기 위하여 시설하는 경우로서 절연성이 없음을 고려하여 감전 또는 화재의 우려가 없도록 시설할 때는 그러하지 아니하다.

(19) 파이프라인 등에 전열장치의 시설

파이프라인 등(도관 및 기타 시설물에 의하여 액체를 수송하는 시설의 총체를 말한다)에 시설하는 전열장치는 제60조부터 제62조까지에서 규정하는 장소에는 시설하여서는 아니 된다. 다만, 감전, 폭발 또는 화재의 우려가 없도록 적절한 조치를 하였을 경우에는 그러하지 아니하다.

PART **06**

전기설비기술기준의 판단기준 (전기설비)

CHAPTER
01

총 칙

1. 통칙

(1) 목 적

전기설비기술기준의 판단기준은 전기설비기술기준(이하 "기술기준"이라 한다) 제1장 및 제2장에서 정하는 전기공급설비 및 전기사용설비의 안전성능에 대한 구체적인 기술적 사항을 정하는 것을 목적으로 한다.

(2) 정 의

전기설비기술기준의 판단기준에서 사용하는 용어의 정의는 다음과 같다.

① "가공인입선"이란 가공전선로의 지지물로부터 다른 지지물을 거치지 아니하고 수용장소의 붙임점에 이르는 가공전선을 말한다.

② "전기철도용 급전선"이란 전기철도용 변전소로부터 다른 전기철도용 변전소 또는 전차선에 이르는 전선을 말한다.

③ "전기철도용 급전선로"란 전기철도용 급전선 및 이를 지지하거나 수용하는 시설물을 말한다.

④ "옥내배선"이란 옥내의 전기사용장소에 고정시켜 시설하는 전선[전기기계기구 안의 배선, 관등회로(管燈回路)의 배선, 엑스선관 회로의 배선, 제151조에 규정하는 전선로의 전선, 제206조 제1항, 제211조 제1항 또는 제232조 제1항 제2호에 규정하는 접촉전선, 제244조 제1항

에 규정하는 소세력회로(小勢力回路) 및 제245조에 규정하는 출퇴표시등회로(出退表示燈回路)의 전선을 제외한다)을 말한다.

⑤ "옥측배선"이란 옥외의 전기사용장소에서 그 전기사용장소에서의 전기사용을 목적으로 조영물에 고정시켜 시설하는 전선(전기기계기구 안의 배선, 관등회로의 배선, 제206조 제1항 또는 제211조 제1항에 규정하는 접촉 전선, 제244조 제1항에 규정하는 소세력회로 및 제245조에 규정하는 출퇴표시등회로의 전선을 제외한다)을 말한다.

⑥ "옥외배선"이란 옥외의 전기사용장소에서 그 전기사용장소에서의 전기사용을 목적으로 고정시켜 시설하는 전선(옥측배선, 전기기계기구 안의 배선, 관등회로의 배선, 제206조 제1항, 제211조 제1항 또는 제232조 제1항 제2호에 규정하는 접촉전선, 제244조 제1항에 규정하는 소세력회로 및 제245조에 규정하는 출퇴표시등회로의 전선을 제외한다)을 말한다.

⑦ "관등회로"란 방전등용 안정기(방전등용 변압기를 포함한다. 이하 같다)로부터 방전관까지의 전로를 말한다.

⑧ "지중 관로"란 지중 전선로·지중 약전류 전선로·지중 광섬유 케이블 선로·지중에 시설하는 수관 및 가스관과 이와 유사한 것 및 이들에 부속하는 지중함 등을 말한다.

⑨ "제1차 접근상태"란 가공 전선이 다른 시설물과 접근(병행하는 경우를 포함하며 교차하는 경우 및 동일 지지물에 시설하는 경우를 제외한다. 이하 같다)하는 경우에 가공전선이 다른 시설물의 위쪽 또는 옆쪽에서 수평거리로 가공 전선로의 지지물의 지표상의 높이에 상당하는 거리 안에 시설(수평거리로 3m 미만인 곳에 시설되는 것을 제외한다)됨으로써 가공전선로의 전선의 절단, 지지물의 도괴 등의 경우에 그 전선이 다른 시설물에 접촉할 우려가 있는 상태를 말한다.

⑩ "제2차 접근상태"란 가공 전선이 다른 시설물과 접근하는 경우에 그 가공 전선이 다른 시설물의 위쪽 또는 옆쪽에서 수평거리로 3m 미만인 곳에 시설되는 상태를 말한다.

⑪ "접근상태"란 제1차 접근상태 및 제2차 접근상태를 말한다.

⑫ "이격거리"란 떨어져야 할 물체의 표면 간의 최단거리를 말한다.

⑬ "가섭선(架涉線)이란 지지물에 가설되는 모든 선류를 말한다.

⑭ "분산형전원"이란 중앙급전 전원과 구분되는 것으로서 전력소비지역 부근에 분산하여 배치 가능한 전원(상용전원의 정전 시에만 사용하는 비상용 예비전원을 제외한다)을 말하며, 신·재생에너지 발전설비 등을 포함한다.

⑮ "계통연계"란 분산형전원을 송전사업자나 배전사업자의 전력계통에 접속하는 것을 말한다.

⑯ "단독운전"이란 전력계통의 일부가 전력계통의 전원과 전기적으로 분리된 상태에서 분산형전원에 의해서만 가압되는 상태를 말한다.

⑰ "인버터"란 전력용 반도체소자의 스위칭 작용을 이용하여 직류전력을 교류전력으로 변환하는 장치를 말한다.

⑱ "접속설비"란 공용 전력계통으로부터 특정 분산형전원 설치자의 전기설비에 이르기까지의 전선로와 이에 부속하는 개폐장치, 모선 및 기타 관련 설비를 말한다.

⑲ "리플프리직류"는 교류를 직류로 변환할 때 리플성분이 10%(실효값) 이하 포함한 직류를 말한다.

★출제Point 용어 정리

2. 전 선

(1) 전선 일반 요건

① 전선은 「전기용품안전 관리법」의 적용을 받는 것 이외에는 한국산업표준에 적합한 것과 한국전기기술기준위원회 표준에 적합한 것 중 어느 하나에 적합한 것을 사용하여야 한다.

② 전선은 통상 사용상태에서의 온도에 견디는 것이어야 한다.

③ 전선은 설치장소의 환경조건에 적절하고 발생할 수 있는 전기·기계적 응력에 견디는 능력이 있는 것을 선정하여야 한다.

(2) 절연전선

① 절연전선은 「전기용품안전 관리법」의 적용을 받는 것 이외에는 다음의 사항에 적합한 것을 사용하여야 한다.

　㉠ KS C IEC에 적합한 것으로서 450/750V 비닐 절연전선·450/750V 저독 난연 폴리올레핀 절연전선·750V 고무절연전선

　㉡ 제1호 이외의 것은 한국전기기술기준위원회 표준 KECS 1501-2009의 501.02에 적합한 특고압 절연전선·고압 절연전선·600V급 저압 절연전선 또는 옥외용 비닐 절연전선

② 제1항에 따른 절연전선은 다음의 절연전선인 경우에는 예외로 한다.

　㉠ 제31조 제1항 제6호에 의한 인하용 절연전선

　㉡ 제244조 제1항 제3호 "나" 단서에 의한 절연전선

　㉢ 제244조 제1항 제6호 "나"에 의하여 제244조 제1항 제3호 "나" 단서에 의한 절연전선

　㉣ 제245조 제4호 "가"에 의한 절연전선

(3) 다심형 전선

절연물로 피복한 도체와 절연물로 피복하지 아니한 도체로 구성되는 전선(이하 "다심형 전선"이라 한다)에는 한국전기기술기준위원회 표준 KECS 1501-2009의 501.03에서 정하는 표준에 적합한 것을 사용하여야 한다.

(4) 코 드

① 코드는 「전기용품안전 관리법」에 의한 안전인증을 받은 것을 사용하여야 한다.
② 코드는 이 판단기준에서 허용된 경우에 한하여 사용할 수 있다.

(5) 캡타이어케이블

캡타이어케이블은 「전기용품안전 관리법」의 적용을 받는 것 이외에는 KS C IEC 60502 "정격전압 1kV~30kV 압출 성형 절연 전력케이블 및 그 부속품"에 적합한 것을 사용하여야 한다.

(6) 저압 케이블

① 사용전압이 저압인 전로(전기기계기구 안의 전로를 제외한다)의 전선으로 사용하는 케이블은 「전기용품안전 관리법」의 적용을 받는 것 이외에는 KS C IEC 60502-1에 적합한 0.6/1kV 연피(鉛皮)케이블·알루미늄피케이블·클로로프렌외장(外裝)케이블·비닐외장케이블·폴리에틸렌외장케이블·제2항에 따른 미네럴인슈레이션케이블, 제3항에 따른 유선텔레비전용 급전겸용 동축 케이블(그 외부도체를 접지하여 사용하는 것에 한한다)·제4항에 따른 가요성 알루미늄피케이블을 사용하여야 한다. 다만, 다음의 케이블을 사용하는 경우에는 적용하지 않는다.
　　㉠ 물밑케이블
　　㉡ 선박용 케이블
　　㉢ 엘리베이터용 케이블
　　㉣ 발열선 접속용 케이블
　　㉤ 통신용 케이블
　　㉥ 용접용 케이블
② 미네럴인슈레이션케이블(MI 케이블)은 한국전기기술기준위원회 표준 KECS 1501-2009의 501.05에 적합한 것을 사용하여야 한다.

③ 유선텔레비전용 급전겸용 동축케이블은 KS C 3339(1997) "CATV용(급전겸용)알루미늄파이프형 동축케이블"에 적합한 것을 사용한다.

④ 가요성 알루미늄피케이블은 한국전기기술기준위원회 표준 KECS 1501-2009의 501.06에 적합한 것을 사용하여야 한다.

(7) 고압케이블 및 특고압케이블

① 사용전압이 고압인 전로(전기기계기구 안의 전로를 제외한다)의 전선으로 사용하는 케이블은 KS C IEC 60502에 적합한 0.6/1kV 또는 6/10kV 연피케이블·알루미늄피케이블·클로로프렌외장케이블·비닐외장케이블·폴리에틸렌외장케이블·콤바인 덕트 케이블 또는 이들에 보호피복을 한 것을 사용하여야 한다. 다만, 제69조 제3항에 따라 반도전성 외장 조가용 고압케이블을 사용하는 경우, 제242조 제1호 "가"에 따라 비행장등화용 고압케이블을 사용하는 경우 또는 제146조 제2항에 따라 물밑케이블을 사용하는 경우에는 그러하지 아니하다.

② 사용전압이 특고압인 전로(전기기계기구 안의 전로를 제외한다)에 전선으로 사용하는 케이블은 절연체가 부틸고무혼합물·에틸렌 프로필렌고무혼합물 또는 폴리에틸렌 혼합물인 케이블로서 선심위에 금속제의 전기적 차폐층을 설치한 것이거나 파이프형 압력 케이블·연피케이블·알루미늄피케이블 그 밖의 금속피복을 한 케이블을 사용하여야 한다. 다만, 제146조 제3항에 따른 특고압 물밑전선로의 전선에 사용하는 케이블에는 절연체가 부틸고무혼합물·에틸렌 프로필렌고무혼합물 또는 폴리에틸렌 혼합물인 케이블로서 금속제의 전기적 차폐층을 설치하지 아니한 것을 사용할 수 있다.

★출제 Point 고압케이블 및 특고압케이블 주의

③ 특고압 전로에 사용하는 수밀형케이블은 다음에 적합한 것을 사용하여야 한다.

㉠ 사용전압은 25kV 이하일 것

㉡ 도체는 경알루미늄선을 소선으로 구성한 원형압축 연선으로 할 것. 또한, 연선 작업 전의 경알루미늄선의 기계적, 전기적 특성은 KS C 3111(전기용 경알루미늄선)에 적합하여야 하며, 도체 내부의 홈에 물이 쉽게 침입하지 않도록 수밀성 컴파운드 또는 이와 동등 이상의 컴파운드를 충진할 것

㉢ 내부 반도전층은 절연층과 완전 밀착되는 압출 반도전층으로 두께의 최소값은 0.5㎜ 이상일 것

㉣ 절연층은 가교폴리에틸렌을 동심원상으로 피복하며, 절연층 두께의 최소값은 [표 9-1]의

90% 이상일 것

    ㉺ 외부 반도전층은 절연층과 밀착되어야 하고, 또한 절연층과 쉽게 분리되어야 하며, 두께 의 최소값은 0.5㎜ 이상일 것

(8) 나전선 등

나전선(버스덕트의 도체 기타 구부리기 어려운 전선, 라이팅덕트의 도체 및 절연트롤리선의 도체를 제외한다) 및 지선·가공지선·보호선·보호망·전력보안 통신용 약전류전선 기타의 금속선(절연전선·다심형 전선·코드·캡타이어케이블 및 제244조 제1항 제3호 "나"의 단서에 따라 사용하는 피복선을 제외한다)은 KS C IEC 60228 '절연 케이블용 도체'에 적합한 것 또는 한국전기기술기준위원회 표준 KECS 1501-2009의 501.07에 적합한 것을 사용하여야 한다.

(9) 전선의 접속법

전선을 접속하는 경우에는 전선의 전기저항을 증가시키지 아니하도록 접속하여야 하며 또한 다음에 따라야 한다.

① 나전선(다심형 전선의 절연물로 피복 되어 있지 아니한 도체를 포함한다. 이하 이 조에서 같다) 상호 또는 나전선과 절연전선(다심형 전선의 절연물로 피복한 도체를 포함한다. 이하 이 조에서 같다) 캡타이어케이블 또는 케이블과 접속하는 경우에는 다음에 의한다.

    ㉠ 전선의 세기[인장하중(引張荷重)으로 표시한다. 이하 같다를 20% 이상 감소시키지 아니할 것. 다만, 점퍼선을 접속하는 경우와 기타 전선에 가하여지는 장력이 전선의 세기에 비하여 현저히 작을 경우에는 그러하지 아니하다.

    ㉡ 접속부분은 접속관 기타의 기구를 사용 할 것. 다만, 가공전선 상호, 전차선상호, 또는 광산의 갱도 안에서 전선 상호를 접속하는 경우에 기술상 곤란할 때에는 그러하지 아니하다.

② 절연전선 상호·절연전선과 코드, 캡타이어케이블 또는 케이블과를 접속하는 경우에는 제1호의 규정에 준하는 이외에 접속부분의 절연전선에 절연물과 동등 이상의 절연효력이 있는 접속기를 사용하는 경우 이외에는 접속부분을 그 부분의 절연전선의 절연물과 동등 이상의 절연효력이 있는 것으로 충분히 피복할 것

③ 코드 상호, 캡타이어케이블 상호, 케이블 상호 또는 이들 상호를 접속하는 경우에는 코드접속기·접속함 기타의 기구를 사용할 것. 다만, 공칭단면적이 10㎟ 이상인 캡타이어케이블 상호를 접속하는 경우에는 접속부분을 제1호 및 제2호의 규정에 준하여 시설하고 또한 절

연피복을 완전히 유화(硫化)하거나 접속부분의 위에 견고한 금속제의 방호장치를 할 때 또는 금속피복이 아닌 케이블상호를 제1호 및 제2호의 규정에 준하여 접속하는 경우에는 그러하지 아니하다.

④ 도체에 알루미늄(알루미늄 합금을 포함한다. 이하 이조에서 같다)을 사용하는 전선과 동(동합금을 포함한다)을 사용하는 전선을 접속하는 등 전기 화학적 성질이 다른 도체를 접속하는 경우에는 접속부분에 전기적 부식(電氣的腐蝕)이 생기지 아니하도록 할 것

⑤ 도체에 알루미늄을 사용하는 절연전선 또는 케이블을 옥내배선·옥측배선 또는 옥외배선에 사용하는 경우에 그 전선을 접속할 때에는 「전기용품안전 관리법」의 적용을 받는 접속기를 사용할 경우 이외에는 KS C 2810(2004) "옥내배선용 전선 접속구 통칙"의 "5.2 온도상승", "5.3 히트사이클" 및 "6. 구조"에 적합한 접속 관 기타의 기구를 사용할 것

⑥ 두개 이상의 전선을 병렬로 사용하는 경우에는 다음에 의하여 시설할 것

  ㉠ 병렬로 사용하는 각 전선의 굵기는 동선 50㎟ 이상 또는 알루미늄 70㎟ 이상으로 하고, 전선은 같은 도체, 같은 재료, 같은 길이 및 같은 굵기의 것을 사용할 것

  ㉡ 같은 극의 각 전선은 동일한 터미널러그에 완전히 접속할 것

  ㉢ 같은 극인 각 전선의 터미널러그는 동일한 도체에 2개 이상의 리벳 또는 2개 이상의 나사로 접속할 것

  ㉣ 병렬로 사용하는 전선에는 각각에 퓨즈를 설치하지 말 것

  ㉤ 교류회로에서 병렬로 사용하는 전선은 금속관 안에 전자적 불평형이 생기지 않도록 시설할 것

⑦ 밀폐된 공간에서 전선의 접속부에 사용하는 테이프 및 튜브 등 도체의 절연에 사용되는 절연 피복은 KS C IEC 60454에 적합한 것을 사용할 것

3. 전로의 절연 및 접지

(1) 전로의 절연

전로는 다음의 부분 이외에는 대지로부터 절연하여야 한다.

① 제22조 제1항, 제23조 제2항 및 제3항, 제43조 제2호 "가", 제123조, 제206조 제7항 제2호 "다" 또는 제247조 제5호에 따라 저압전로에 접지공사를 하는 경우의 접지점

② 제23조 제1항, 제27조 또는 제215조 제1항 제8호에 따라 전로의 중성점에 접지공사를 하는 경우의 접지점

③ 제26조에 따라 계기용변성기의 2차측 전로에 접지공사를 하는 경우의 접지점

④ 제120조 제1항 제5호 "가"에 따라 저압 가공 전선의 특고압 가공 전선과 동일 지지물에 시설되는 부분에 접지공사를 하는 경우의 접지점

⑤ 중성점이 접지된 특고압 가공선로의 중성선에 제135조 제2항 및 제4항 제11호에 따라 다중접지를 하는 경우의 접지점

⑥ 소구경관(小口經管)(박스를 포함한다)에 접지공사를 하는 경우의 접지점

⑦ 저압전로와 사용전압이 300V 이하의 저압전로[자동제어회로·원방조작회로·원방감시장치의 신호회로 기타 이와 유사한 전기회로(이하 "제어회로 등" 이라 한다)에 전기를 공급하는 전로에 한한다]를 결합하는 변압기의 2차측 전로에 접지공사를 하는 경우의 접지점

⑧ 다음과 같이 절연할 수 없는 부분

  ㉠ 시험용 변압기, 제17조 단서에 규정하는 전력선 반송용 결합 리액터, 제231조 제3항에 규정하는 전기울타리용 전원장치, 엑스선발생장치(엑스선관, 엑스선관용변압기, 음극 가열용 변압기 및 이의 부속 장치와 엑스선관 회로의 배선을 말한다. 이하 같다), 제243조에 규정하는 전기부식방지용 양극, 단선식 전기철도의 귀선(가공 단선식 또는 제3레일식 전기 철도의 레일 및 그 레일에 접속하는 전선을 말한다. 이하 같다) 등 전로의 일부를 대지로부터 절연하지 아니하고 전기를 사용하는 것이 부득이한 것

  ㉡ 전기욕기(電氣浴器)·전기로·전기보일러·전해조 등 대지로부터 절연하는 것이 기술상 곤란한 것

⑨ 직류계통에 접지공사를 하는 경우의 접지점

(2) 전로의 절연저항 및 절연내력

① 사용전압이 저압인 전로에서 정전이 어려운 경우 등 절연저항 측정이 곤란한 경우에는 누설전류를 1mA 이하로 유지하여야 한다.

② 직류 저압측 전로의 절연내력시험 전압의 계산방법

$$E = V \times \frac{1}{\sqrt{2}} \times 0.5 \times 1.2$$

E : 교류 시험 전압(V를 단위로 한다)

V : 역변환기의 전류(轉流) 실패시 중성선 또는 귀선이 되는 전로에 나타나는 교류성 이상전압의 파고 값(V를 단위로 한다). 다만, 전선에 케이블을 사용하는 경우 시험전압은 E의 2배의 직류전압으로 한다.

③ 최대사용전압이 60kV를 초과하는 중성점 직접접지식 전로에 사용되는 전력케이블은 정격전압을 24시간 가하여 절연내력을 시험하였을 때 이에 견디는 경우, 제2항의 규정에 의하지 아니할 수 있다(참고표준 : IEC 62067 및 IEC 60840).

④ 최대사용전압이 170kV를 초과하고 양단이 중성점 직접접지 되어 있는 지중전선로는, 최대사용전압의 0.64배의 전압을 전로와 대지 사이(다심케이블에 있어서는, 심선상호 간 및 심선과 대지 사이)에 연속 60분간 절연내력시험을 했을 때 견디는 것인 경우 제2항의 규정에 의하지 아니할 수 있다.

⑤ 고압 및 특고압의 전로에 전선으로 사용하는 케이블의 절연체가 XLPE 등 고분자재료인 경우 0.1Hz 정현파전압을 상전압의 3배 크기로 전로와 대지사이에 연속하여 1시간 가하여 절연내력을 시험하였을 때에 이에 견디는 것에 대하여는 제2항의 규정에 따르지 아니할 수 있다.

(3) 회전기 및 정류기의 절연내력

회전기 및 정류기는 다음의 시험도표에서 정한 시험방법으로 절연내력을 시험하였을 때에 이에 견디어야 한다. 다만, 회전변류기 이외의 교류의 회전기로 시험도표에서 정한 시험전압의 1.6배의 직류전압으로 절연내력을 시험하였을 때 이에 견디는 것을 시설하는 경우에는 그러하지 아니하다.

※ 시험도표

종 류			시험전압	시험방법
회전기	발전기·전동기·조상기·기타회전기(회전변류기를 제외한다)	최대사용전압 7kV 이하	최대사용전압의 1.5배의 전압(500V 미만으로 되는 경우에는 500V)	권선과 대지 사이에 연속하여 10분간 가한다.
		최대사용전압 7kV 초과	최대사용전압의 1.25배의 전압(10,500V 미만으로 되는 경우에는 10,500V)	
	회전변류기		직류측의 최대사용전압의 1배의 교류전압(500V 미만으로 되는 경우에는 500V)	
정류기	최대사용전압이 60kV 이하		직류측의 최대사용전압의 1배의 교류전압(500V 미만으로 되는 경우에는 500V)	충전부분과 외함 간에 연속하여 10분간 가한다.
	최대사용전압 60kV 초과		교류측의 최대사용전압의 1.1배의 교류전압 또는 직류측의 최대사용전압의 1.1배의 직류전압	교류측 및 직류고전압측 단자와 대지 사이에 연속하여 10분간 가한다.

(4) 연료전지 및 태양전지 모듈의 절연내력

연료전지 및 태양전지 모듈은 최대사용전압의 1.5배의 직류전압 또는 1배의 교류전압(500V 미만으로 되는 경우에는 500V)을 충전부분과 대지 사이에 연속하여 10분간 가하여 절연내력을 시험하였을 때에 이에 견디는 것이어야 한다.

(5) 변압기 전로의 절연내력

① 변압기(방전등용 변압기·엑스선관용 변압기·흡상 변압기·시험용 변압기·계기용변성기와 제246조 제1항에 규정하는 전기집진 응용 장치용의 변압기 기타 특수 용도에 사용되는 것을 제외한다. 이하 이장에서 같다)의 전로에서 정하는 시험전압 및 시험방법으로 절연내력을 시험하였을 때에 이에 견디어야 한다.

② 특고압전로와 관련되는 절연내력에 있어 한국전기기술기준위원회 표준 KECS 1201-2011(전로의 절연내력 확인방법)에서 정하는 방법에 따르는 경우는 제1항의 규정에 의하지 아니할 수 있다.

(6) 기구 등의 전로의 절연내력

① 개폐기·차단기·전력용 커패시터·유도전압조정기·계기용변성기 기타의 기구의 전로 및 발전소·변전소·개폐소 또는 이에 준하는 곳에 시설하는 기계기구의 접속선 및 모선(전로를 구성하는 것에 한한다. 이하 이 조에서 "기구 등의 전로"라 한다)은 시험전압을 충전부분과 대지 사이(다심케이블은 심선 상호 간 및 심선과 대지 사이)에 연속하여 10분간 가하여 절연내력을 시험하였을 때에 이에 견디어야 한다. 다만, 접지형계기용변압기·전력선 반송용 결합커패시터·뇌서지 흡수용 커패시터·지락검출용 커패시터·재기전압 억제용 커패시터·피뢰기 또는 전력선반송용 결합리액터로서 다음 표준에 적합한 것 혹은 전선에 케이블을 사용하는 기계기구의 교류의 접속선 또는 모선으로서 시험전압의 2배의 직류전압을 충전부분과 대지 사이(다심케이블에서는 심선 상호 간 및 심선과 대지 사이)에 연속하여 10분간 가하여 절연내력을 시험하였을 때에 이에 견디도록 시설할 때에는 그러하지 아니하다.

㉠ 단서의 규정에 의한 접지형계기용변압기의 표준은 KS C 1706(2007) "계기용변성기(표준용 및 일반 계기용)"의 "6.2.3 내전압" 또는 KS C 1707(2007) "계기용변성기(전력수급용)"의 "6.2.4 내전압"에 적합할 것

ⓛ 단서의 규정에 의한 전력선 반송용 결합커패시터의 표준은 고압단자와 접지된 저압단자 간 및 저압단자와 외함 간의 내전압이 각각 KS C 1706(2007) "계기용변성기(표준용 및 일반 계기용)"의 "6.2.3 내전압"에 규정하는 커패시터형 계기용변압기의 주 커패시터 단자 간 및 1차접지측 단자와 외함 간의 내전압의 표준에 준할 것

ⓒ 단서의 규정에 의한 뇌서지흡수용 커패시터·지락검출용 커패시터·재기전압억제용 커패시터의 표준은 다음과 같다.

㉮ 사용전압이 고압 또는 특고압일 것

㉯ 고압단자 또는 특고압단자 및 접지된 외함 사이에 공칭전압의 구분 및 절연계급의 구분에 따라 각각 같은 표에서 정한 교류전압 및 직류전압을 다음과 같이 일정시간 가하여 절연내력을 시험하였을 때에 이에 견디는 것일 것

ⓐ 교류전압에서는 1분간

ⓑ 직류전압에서는 10초간

ⓔ 단서의 규정에 의한 직렬 갭이 있는 피뢰기의 표준은 다음과 같다.

㉮ 건조 및 주수상태에서 2분 이내의 시간간격으로 10회 연속하여 상용주파 방전개시전압을 측정하였을 때의 상용주파 방전개시전압의 값 이상일 것

㉯ 직렬 갭 및 특성요소를 수납하기 위한 자기용기 등 평상 시 또는 동작 시에 전압이 인가되는 부분에 대하여 "상용주파전압"을 건조상태에서 1분간, 주수상태에서 10초간 가할 때 섬락 또는 파괴되지 아니할 것

㉰ "뇌임펄스전압"을 건조 및 주수상태에서 정·부양극성으로 뇌임펄스전압(파두장 0.5 μs 이상 1.5μs 이하, 파미장 32μs 이상 48μs 이하인 것)에서 각각 3회 가할 때 섬락 또는 파괴되지 아니할 것

㉱ 건조 및 주수상태에서 "뇌임펄스 방전개시전압(표준)"을 정·부양극성으로 각각 10회 인가하였을 때 모두 방전하고 또한, 정·부양극성의 뇌임펄스전압에 의하여 방전개시전압과 방전개시시간의 특성을 구할 때 0.5μs에서의 전압 값은 "뇌임펄스방전개시전압(0.5μs)"의 값 이하일 것

㉲ 정·부양극성의 뇌임펄스전류(파두장 0.5μs 이상 1.5μs 이하, 파미장 32μs 이상 48μs 이하의 파형인 것)에 의하여 제한전압과 방전전류와의 특성을 구할 때, 공칭방전전류에서의 전압 값은 "제한전압"의 값 이하일 것

(7) 접지공사의 종류

① 제2종 접지공사의 접지저항값은 제23조 또는 제24조의 규정에 의하여 접지공사를 하는 경우에는 제1항의 규정에 불구하고 5Ω미만의 값이 아니어도 된다.

② 고압측 전로의 1선 지락전류는 실측치 또는 다음 계산식에 의하여 계산한 값으로 한다.

㉠ 중성점 비접지식 고압전로

㉮ 전선에 케이블 이외의 것을 사용하는 전로

$$I_1 = 1 + \frac{\frac{V}{3}L - 100}{150}$$

우변의 제2항의 값은 소수점 이하는 절상한다. I_1이 2 미만으로 되는 경우에는 2로 한다.

㉯ 케이블을 사용하는 전로

$$I_1 = 1 + \frac{\frac{V}{3}L' - 1}{2}$$

우변의 제2항의 값은 소수점 이하는 절상한다. I_1이 2미만으로 되는 경우에는 2로 한다.

㉰ 전선에 케이블 이외의 것을 사용하는 전로와 전선에 케이블을 사용하는 전로로 되어 있는 전로

$$I_1 = 1 + \frac{\frac{V}{3}L - 100}{150} + \frac{\frac{V}{3}L' - 1}{2}$$

우변의 제2항 및 제3항의 값은 각각의 값이 마이너스로 되는 경우에는 0으로 한다.

I_1의 값은 소수점 이하는 절상한다. I_1이 2 미만으로 되는 경우에는 2로 한다.

I_1 : 일선지락 전류(A를 단위로 한다)

V : 전로의 공칭전압을 1.1로 나눈 전압(kV를 단위로 한다)

L : 동일모선에 접속되는 고압전로(전선에 케이블을 사용하는 것을 제외한다)의 전선연장(km를 단위로 한다)

L' : 동일모선에 접속되는 고압전로(전선에 케이블을 사용하는 것에 한한다)의 선로연장(km를 단위로 한다)

ⓛ 중성점 접지식 고압전로(다중접지 중성선을 가지는 것을 제외한다) 및 대지로부터 절연하지 아니하고 사용하는 전기보일러·전기로 등을 직접 접속하는 중성점 비접지식 고압전로

$$I_2 = \sqrt{I_1^2 + \frac{V^2}{3R^2} \times 10^6}$$

(소수점 이하는 절상한다)

I_2 : 일선지락 전류(A를 단위로 한다)

I_1 : 제1호에 의하여 계산한 일선지락 전류

V : 전로의 공칭전압(kV를 단위로 한다)

R : 중성점에 사용하는 저항기의 전기저항값(중성점의 접지공사의 접지저항값을 포함하는 것으로 하며 Ω을 단위로 한다)

ⓒ 중성점 리액터 접지식 고압전로

$$I_3 = \sqrt{\left[\frac{\frac{V}{\sqrt{3}} \cdot R}{R^2 + X^2} \times 10^3\right]^2 + \left[I_1 - \frac{\frac{V}{\sqrt{3}} \cdot X}{R^2 + X^2} \times 10^3\right]^2}$$

(소수점 이하는 절상한다. I_3이 2미만으로 되는 경우에는 2로 한다)

I_3 : 일선지락 전류(A를 단위로 한다)

I_1 : 제1호에 의하여 계산한 전류 값

V : 전로의 공칭전압(kV를 단위로 한다)

R : 중성점에 사용하는 리액터의 전기저항값(중성점의 접지공사의 접지저항값을 포함하는 것으로 하며 Ω을 단위로 한다)

X : 중성점에 사용하는 리액터의 유도 리액턴스의 값(Ω을 단위로 한다)

④ 특고압측의 전로의 1선 지락전류는 실측치에 의하는 것으로 한다. 다만, 실측치를 측정하기 곤란한 경우에는 선로정수(線路定數) 등에 의하여 계산한 값에 의할 수 있다.

⑤ 저압전로에서 그 전로에 지락이 생겼을 경우에 0.5초 이내에 자동적으로 전로를 차단하는 장치를 시설하는 경우에는 제3종 접지공사와 특별 제3종 접지공사의 접지저항값은 자동 차단기의 정격감도전류에 따라 다음의 표에서 정한 값 이하로 하여야 한다.

정격감도전류(mA)	접지저항값(Ω)	
	물기 있는 장소, 전기적 위험도가 높은 장소	그 외 다른 장소
30 이하	500	500
50	300	500
100	150	500
200	75	250
300	50	166
500	30	100

⑥ 고압 및 특고압과 저압 전기설비의 접지극이 서로 근접하여 시설되어 있는 변전소 또는 이
   와 유사한 곳에서는 다음에 적합하게 공통접지공사를 할 수 있다.

　㉠ 저압 접지극이 고압 및 특고압 접지극의 접지저항 형성영역에 완전히 포함되어 있다면
   위험전압이 발생하지 않도록 이들 접지극을 상호 접속하여야 한다.

　㉡ 접지공사를 하는 경우 고압 및 특고압계통의 지락사고로 인해 저압계통에 가해지는 상
   용주파 과전압은 다음의 표에서 정한 값을 초과해서는 안 된다.

고압계통에서 지락고장시간(초)	저압설비의 허용 상용주파 과전압(V)
> 5	U_0 + 250
≤ 5	U_0 + 1,200
중성선 도체가 없는 계통에서 U_0는 선간전압을 말한다.	

※ 1. 이 표의 1행은 중성점 비접지나 소호리액터 접지된 고압계통과 같이 긴 차단시간을 갖는 고압계통에
     관한 것이다. 2행은 저저항 접지된 고압계통과 같이 짧은 차단시간을 갖는 고압계통에 관한 것이다.
     두 행 모두 순시 상용주파 과전압에 대한 저압기기의 절연 설계기준과 관련된다.
   2. 중성선이 변전소 변압기의 접지계에 접속된 계통에서 외함이 접지되어 있지 않은 건물 외부에 위치한
     기기의 절연에도 일시적 상용주파 과전압이 나타날 수 있다.

　㉢ 그 밖에 공통접지와 관련된 사항은 KS C IEC 60364-4-44 및 KS C IEC 61936-1의 10에 따
   른다.

⑦ 전기설비의 접지계통과 건축물의 피뢰설비 및 통신설비 등의 접지극을 공용하는 통합접지
   (국부접지계통의 상호접속으로 구성되는 그 국부접지계통의 근접구역에서는 위험한 접촉
   전압이 발생하지 않도록 하는 등가 접지계통)공사를 할 수 있다. 낙뢰 등에 의한 과전압으
   로부터 전기설비 등을 보호하기 위해 KS C IEC 60364-5-53-534 또는 한국전기기술기준위원
   회 기술지침 KECG 9102-2011에 따라 서지보호장치(SPD)를 설치하여야 한다.

⑧ 서지보호장치(SPD)는 KS C IEC 61643-11에 적합한 것이어야 한다.

(8) 각종 접지공사의 세목

① 접지공사의 접지선[제2항에서 규정하는 것 및 제211조 제6항(제224조 제8항에서 준용하는 경우를 포함한다)에서 규정하는 것을 제외한다]은 다음의 표에서 정한 굵기의 연동선 또는 이와 동등 이상의 세기 및 굵기의 쉽게 부식하지 않는 금속선으로서 고장 시 흐르는 전류를 안전하게 통할 수 있는 것을 사용하여야 한다.

접지공사의 종류	접지선의 굵기
제1종 접지공사	공칭단면적 6mm² 이상의 연동선
제2종 접지공사	공칭단면적 16mm² 이상의 연동선(고압전로 또는 제135조 제1항 및 제4항에 규정하는 특고압 가공전선로의 전로와 저압 전로를 변압기에 의하여 결합하는 경우에는 공칭단면적 6mm² 이상의 연동선)
제3종 접지공사 및 특별 제3종 접지공사	공칭단면적 2.5mm² 이상의 연동선

② 이동하여 사용하는 전기기계기구의 금속제 외함 등에 접지공사를 하는 경우에는 각 접지공사의 접지선 중 가요성을 필요로 하는 부분에는 다음의 표에서 정한 값 이상의 단면적을 가지는 접지선으로서 고장 시에 흐르는 전류를 안전하게 통할 수 있는 것을 사용하여야 한다.

접지공사의 종류	접지선의 굵기	접지선의 단면적
제1종 접지공사 및 제2종 접지공사	3종 및 4종 클로로프렌캡타이어케이블, 3종 및 4종 클로로설포네이트폴리에틸렌캡타이어케이블의 일심 또는 다심 캡타이어케이블의 차폐 기타의 금속체	10mm²
제3종 접지공사 및 특별 제3종 접지공사	다심 코드 또는 다심 캡타이어케이블의 일심	0.75mm²
	다심 코드 및 다심 캡타이어케이블의 일심 이외의 가요성이 있는 연동연선	1.5mm²

③ 제1종 접지공사 또는 제2종 접지공사에 사용하는 접지선을 사람이 접촉할 우려가 있는 곳에 시설하는 경우에는 제2항의 경우 이외에는 다음 각 호에 따라야 한다. 다만, 발전소·변전소·개폐소 또는 이에 준하는 곳에 접지 극을 제27조 제1항 제1호의 규정에 준하여 시설하는 경우에는 그러하지 아니하다.

⊙ 접지극은 지하 75㎝ 이상으로 하되 동결 깊이를 감안하여 매설할 것

⊙ 접지선을 철주 기타의 금속체를 따라서 시설하는 경우에는 접지극을 철주의 밑면(底面) 으로부터 30㎝ 이상의 깊이에 매설하는 경우 이외에는 접지극을 지중에서 그 금속체로 부터 1m 이상 떼어 매설할 것

⊙ 접지선에는 절연전선(옥외용 비닐절연전선을 제외한다), 캡타이어케이블 또는 케이블 (통신용 케이블을 제외한다)을 사용할 것. 다만, 접지선을 철주 기타의 금속체를 따라서 시설하는 경우 이외의 경우에는 접지선의 지표상 60㎝를 초과하는 부분에 대하여는 그 러하지 아니하다.

⊙ 접지선의 지하 75㎝로부터 지표상 2m까지의 부분은 「전기용품안전 관리법」의 적용을 받는 합성수지관(두께 2㎜ 미만의 합성수지제 전선관 및 난연성이 없는 콤바인덕트관을 제외한다) 또는 이와 동등 이상의 절연효력 및 강도를 가지는 몰드로 덮을 것

④ 제1종 접지공사 또는 제2종 접지공사에 사용하는 접지선을 시설한 지지물에는 피뢰침용 지 선을 시설하여서는 아니 된다.

(9) 제3종 접지공사 등의 특례

① 제3종 접지공사를 하여야 하는 금속체와 대지 사이의 전기저항값이 100Ω이하인 경우에는 제3종 접지공사를 한 것으로 본다.

② 특별 제3종 접지공사를 하여야 하는 금속체와 대지 사이의 전기저항값이 10Ω이하인 경우 에는 특별 제3종 접지공사를 한 것으로 본다.

★출제Point 제3종 접지공사 등의 특례 정리

(10) 수도관 등의 접지극

① 지중에 매설되어 있고 대지와의 전기저항값이 3Ω이하의 값을 유지하고 있는 금속제 수도 관로는 이를 제1종 접지공사·제2종 접지공사·제3종 접지공사·특별 제3종 접지공사 기타 의 접지공사의 접지극으로 사용할 수 있다.

② 금속제 수도관로를 접지공사의 접지극으로 사용하는 경우에는 다음에 따라야 한다.

★출제Point 수도관 등의 접지극 숙지

제
6
편

1. 접지선과 금속제 수도관로의 접속은 안지름 75㎜ 이상인 금속제 수도관의 부분 또는 이로부터 분기한 안지름 75㎜ 미만인 금속제 수도관의 분기점으로부터 5m 이내의 부분에서 할 것. 다만, 금속제 수도관로와 대지 사이의 전기저항값이 2Ω이하인 경우에는 분기점으로부터의 거리는 5m을 넘을 수 있다.
2. 접지선과 금속제 수도관로의 접속부를 수도계량기로부터 수도 수용가측에 설치하는 경우에는 수도계량기를 사이에 두고 양측 수도관로를 전기적으로 확실하게 연결할 것
3. 접지선과 금속제 수도관로의 접속부를 사람이 접촉할 우려가 있는 곳에 설치하는 경우에는 손상을 방지하도록 방호장치를 설치할 것
4. 접지선과 금속제 수도관로의 접속에 사용하는 금속제는 접속부에 전기적 부식이 생기지 아니하는 것일 것

③ 대지와의 사이에 전기저항값이 2Ω이하인 값을 유지하는 건물의 철골 기타의 금속제는 이를 비접지식 고압전로에 시설하는 기계기구의 철대(鐵臺) 또는 금속제 외함에 실시하는 제1종 접지공사나 비접지식 고압전로와 저압전로를 결합하는 변압기의 저압전로에 시설하는 제2종 접지공사의 접지극으로 사용할 수 있다.

④ 금속제 수도관로 또는 철골 기타의 금속체를 접지극으로 사용한 제1종 접지공사 또는 제2종 접지공사는 제19조 제3항의 규정에 의하지 아니할 수 있다. 이 경우에 접지선은 제193조 제1항(제4호 및 제5호를 제외한다)의 규정에 준하여 시설하여야 한다.

(11) 수용장소의 인입구의 접지

① 수용장소의 인입구 부근에서 다음의 것을 접지극으로 사용하여 이를 제2종 접지공사를 한 저압전선로의 중성선 또는 접지측 전선에 추가로 접지공사를 할 수 있다.

1. 제21조 제1항의 금속제 수도관로가 있는 경우
2. 대지 사이의 전기저항값이 3Ω이하인 값을 유지하는 건물의 철골이 있는 경우
3. 제22조의2에 따라 TN-C-S 접지계통으로 시설하는 저압수용장소의 접지극

② 접지공사를 할 경우의 접지선은 공칭단면적 6㎟ 이상의 연동선 또는 이와 동등 이상의 세기 및 굵기의 쉽게 부식하지 않는 금속선으로서 고장 시 흐르는 전류를 안전하게 통할 수 있는 것이어야 한다. 이 경우에 접지선을 사람이 접촉할 우려가 있는 곳에 시설할 때에는 접지선은 제193조 제1항(제4호 및 제5호는 제외한다)의 규정에 준하여 시설하여야 한다.

(12) 주택 등 저압수용장소 접지

① 주택 등 저압수용장소에서 TN-C-S 접지방식으로 접지공사를 하는 경우에 보호도체는 다음에 따라 시설하여야 한다.
   중성선 겸용 보호도체(PEN)는 고정 전기설비에만 사용할 수 있고, 그 도체의 단면적이 구리는 10㎟ 이상, 알루미늄은 16㎟ 이상이어야 하며, 그 계통의 최고전압에 대하여 절연시켜야 한다.
② 접지공사를 하는 경우에는 제19조 제6항에 따라 등전위본딩을 하여야 한다. 다만, 이 조건을 충족시키지 못하는 경우에 중성선 겸용 보호도체를 수용장소의 인입구 부근에 추가로 접지하여야 하며, 그 접지저항값은 접촉전압을 허용접촉전압 범위내로 제한하는 값 이하하여야 한다.

(13) 고압 또는 특고압과 저압의 혼촉에 의한 위험방지 시설

① 고압전로 또는 특고압전로와 저압전로를 결합하는 변압기(제24조에 규정하는 것 및 철도 또는 궤도의 신호용 변압기를 제외한다)의 저압측의 중성점에는 제2종 접지공사(사용전압이 35kV 이하의 특고압전로로서 전로에 지락이 생겼을 때에 1초 이내에 자동적으로 이를 차단하는 장치가 되어 있는 것 및 제135조 제1항 및 제4항에 규정하는 특고압 가공전선로의 전로 이외의 특고압전로와 저압전로를 결합하는 경우에 제18조 제1항의 규정에 의하여 계산한 값이 10을 넘을 때에는 접지저항값이 10Ω이하인 것에 한한다)를 하여야 한다. 다만, 저압전로의 사용전압이 300V 이하인 경우에 그 접지공사를 변압기의 중성점에 하기 어려울 때에는 저압측의 1단자에 시행할 수 있다.
② 접지공사는 변압기의 시설장소마다 시행하여야 한다. 다만, 토지의 상황에 의하여 변압기의 시설장소에서 제18조 제1항에 규정하는 접지저항값을 얻기 어려운 경우에 인장강도 5.26kN 이상 또는 지름 4㎜ 이상의 가공 접지선을 제71조 제2항, 제72조, 제73조, 제75조, 제79조부터 제84조까지 및 제87조의 저압가공전선에 관한 규정에 준하여 시설할 때에는 변압기의 시설장소로부터 200m까지 떼어놓을 수 있다.
③ 접지공사를 하는 경우에 토지의 상황에 의하여 제2항의 규정에 의하기 어려울 때에는 다음 각 호에 따라 가공공동지선(架空共同地線)을 설치하여 2 이상의 시설장소에 공통의 제2종 접지공사를 할 수 있다.

1. 가공공동지선은 인장강도 5.26kN 이상 또는 지름 4mm 이상의 경동선을 사용하여 제71조 제2항, 제72조, 제75조, 제79조부터 제84조까지 및 제87조의 저압가공전선에 관한 규정에 준하여 시설할 것
2. 접지공사는 각 변압기를 중심으로 하는 지름 400m 이내의 지역으로서 그 변압기에 접속되는 전선로 바로 아래의 부분에서 각 변압기의 양쪽에 있도록 할 것. 다만, 그 시설장소에서 접지공사를 한 변압기에 대하여는 그러하지 아니하다.
3. 가공공동지선과 대지 사이의 합성 전기저항값은 1km를 지름으로 하는 지역 안마다 제18조 제1항에 규정하는 제2종 접지공사의 접지저항값을 가지는 것으로 하고 또한 각 접지선을 가공공동지선으로부터 분리하였을 경우의 각 접지선과 대지 사이의 전기저항값은 300Ω이하로 할 것

④ 제3항의 가공공동지선에는 인장강도 5.26kN 이상 또는 지름 4 mm의 경동선을 사용하는 저압 가공전선의 1선을 겸용할 수 있다.

⑤ 직류단선식 전기철도용 회전변류기·전기로·전기보일러 기타 상시 전로의 일부를 대지로부터 절연하지 아니하고 사용하는 부하에 공급하는 전용의 변압기를 시설한 경우에는 제1항의 규정에 의하지 아니할 수 있다.

(14) 혼촉방지판이 있는 변압기에 접속하는 저압 옥외전선의 시설 등

고압전로 또는 특고압전로와 비접지식의 저압전로를 결합하는 변압기(철도 또는 궤도의 신호용변압기를 제외한다)로서 그 고압권선 또는 특고압권선과 저압권선 간에 금속제의 혼촉방지판(混觸防止板)이 있고 또한 그 혼촉방지판에 제2종 접지공사(사용전압이 35kV 이하의 특고압전로로서 전로에 지락이 생겼을 때 1초 이내에 자동적으로 이것을 차단하는 장치를 한 것과 제135조 제1항 및 제4항에 규정하는 특고압 가공전선로의 전로 이외의 특고압전로와 저압전로를 결합하는 경우에 제18조 제1항의 규정에 의하여 계산한 값이 10을 넘을 때에는 접지저항값이 10Ω이하인 것에 한한다)를 한 것에 접속하는 저압전선을 옥외에 시설할 때에는 다음에 따라 시설하여야 한다.

① 저압전선은 1구내에만 시설할 것
② 저압 가공전선로 또는 저압 옥상전선로의 전선은 케이블일 것
③ 저압 가공전선과 고압 또는 특고압의 가공전선을 동일 지지물에 시설하지 아니할 것. 다만, 고압 가공전선로 또는 특고압 가공전선로의 전선이 케이블인 경우에는 그러하지 아니하다.

(15) 특고압과 고압의 혼촉 등에 의한 위험방지 시설

① 변압기(제23조 제5항에 규정하는 변압기를 제외한다)에 의하여 특고압전로(제135조 제1항에 규정하는 특고압 가공전선로의 전로를 제외한다)에 결합되는 고압전로에는 사용전압의 3배 이하인 전압이 가하여진 경우에 방전하는 장치를 그 변압기의 단자에 가까운 1극에 설치하여야 한다. 다만, 사용전압의 3배 이하인 전압이 가하여진 경우에 방전하는 피뢰기를 고압전로의 모선의 각상에 시설하거나 특고압권선과 고압권선 간에 혼촉방지판을 시설하여 제1종 접지공사 또는 제18조 제1항 제5호에 따른 접지공사를 한 경우에는 그러하지 아니하다.

② 제1항에서 규정하고 있는 장치의 접지는 제1종 접지공사에 의하여야 한다.

(16) 계기용변성기의 2차측 전로의 접지

① 고압의 계기용변성기의 2차측 전로에는 제3종 접지공사를 하여야 한다.

② 특고압 계기용변성기의 2차측 전로에는 제1종 접지공사를 하여야 한다.

★출제 Point 계기용변성기의 2차측 전로의 접지 숙지

(17) 전로의 중성점의 접지

① 전로의 보호 장치의 확실한 동작의 확보, 이상 전압의 억제 및 대지전압의 저하를 위하여 특히 필요한 경우에 전로의 중성점에 접지공사를 할 경우에는 다음에 따라야 한다.

> 1. 접지극은 고장 시 그 근처의 대지 사이에 생기는 전위차에 의하여 사람이나 가축 또는 다른 시설물에 위험을 줄 우려가 없도록 시설할 것
> 2. 접지선은 공칭단면적 16㎟ 이상의 연동선 또는 이와 동등 이상의 세기 및 굵기의 쉽게 부식하지 아니하는 금속선(저압 전로의 중성점에 시설하는 것은 공칭단면적 6㎟ 이상의 연동선 또는 이와 동등 이상의 세기 및 굵기의 쉽게 부식하지 않는 금속선)으로서 고장 시 흐르는 전류가 안전하게 통할 수 있는 것을 사용하고 또한 손상을 받을 우려가 없도록 시설할 것
> 3. 접지선에 접속하는 저항기·리액터 등은 고장 시 흐르는 전류를 안전하게 통할 수 있는 것을 사용할 것
> 4. 접지선·저항기·리액터 등은 취급자 이외의 자가 출입하지 아니하도록 설비한 곳에 시설하는 경우 이외에는 사람이 접촉할 우려가 없도록 시설할 것

② 제1항에 규정하는 경우 이외의 경우로서 저압전로에 시설하는 보호장치의 확실한 동작을 확보하기 위하여 특히 필요한 경우에 전로의 중성점에 접지공사를 할 경우(저압전로의 사용전압이 300V 이하의 경우에 전로의 중성점에 접지공사를 하기 어려울 때에 전로의 1단자에 접지공사를 시행할 경우를 포함한다) 접지선은 공칭단면적 6㎟ 이상의 연동선 또는 이와 동등 이상의 세기 및 굵기의 쉽게 부식하지 않는 금속선으로서 고장 시 흐르는 전류가 안전하게 통할 수 있는 것을 사용하고 또한 제19조 제3항의 규정에 준하여 시설하여야 한다.

③ 변압기의 안정권선(安定卷線)이나 유휴권선(遊休卷線) 또는 전압조정기의 내장권선(內藏卷線)을 이상전압으로부터 보호하기 위하여 특히 필요할 경우에 그 권선에 접지공사를 할 때에는 제1종 접지공사를 하여야 한다.

④ 특고압의 직류전로의 보호 장치의 확실한 동작의 확보 및 이상전압의 억제를 위하여 특히 필요한 경우에 대해 그 전로에 접지공사를 시설할 때에는 제1항 각 호에 따라 시설하여야 한다.

⑤ 계속적인 전력공급이 요구되는 화학공장·시멘트공장·철강공장 등의 연속공정설비 또는 이에 준하는 곳의 전기설비로서 지락전류를 제한하기 위하여 저항기를 사용하는 중성점 고저항 접지계통은 다음 각 호에 따를 경우 300V 이상 1kV 이하의 3상 교류계통에 적용할 수 있다.

　㉠ 자격을 가진 기술원("계통 운전에 필요한 지식 및 기능을 가진 자"를 말한다)이 설비를 유지관리할 것

　㉡ 계통에 지락검출장치가 시설될 것

　㉢ 전압선과 중성선 사이에 부하가 없을 것

　㉣ 고저항 중성점접지계통은 다음 각목에 적합할 것

　　㉮ 접지저항기는 계통의 중성점과 접지극 도체와의 사이에 설치할 것. 중성점을 얻기 어려운 경우에는 접지변압기에 의한 중성점과 접지극 도체 사이에 접지저항기를 설치한다.

　　㉯ 변압기 또는 발전기의 중성점에서 접지저항기에 접속하는 점까지의 중성선은 동선 10㎟ 이상, 알루미늄선 또는 동복 알루미늄선은 16㎟ 이상의 절연전선으로서 접지저항기의 최대정격전류 이상일 것

　　㉰ 계통의 중성점은 접지저항기를 통하여 접지할 것

　　㉱ 변압기 또는 발전기의 중성점과 접지저항기 사이의 중성선은 별도로 배선할 것

　　㉲ 최초 개폐장치 또는 과전류장치와 접지 저항기의 접지측 사이의 기기 본딩 점퍼(기기 접지도체와 접지저항기 사이를 잇는 것)는 도체에 접속점이 없어야 한다.

　　㉳ 접지극 도체는 접지저항기의 접지 측과 최초 개폐장치의 접지 접속점 사이에 시설할 것

4. 기계 및 기구

(1) 특고압용 변압기의 시설 장소

특고압용 변압기는 발전소·변전소·개폐소 또는 이에 준하는 곳에 시설하여야 한다. 다만, 다음의 변압기는 각각의 규정에 따라 필요한 장소에 시설할 수 있다.

① 제29조에 따라 시설하는 배전용 변압기

② 제135조 제1항 및 제4항에 규정하는 다중접지식 특고압 가공전선로에 접속하는 변압기

③ 교류식 전기철도용 신호회로 등에 전기를 공급하기 위한 변압기

(2) 특고압 배전용 변압기의 시설

특고압 전선로(제135조 제1항 및 제4항에 규정하는 특고압 가공전선로를 제외한다)에 접속하는 배전용 변압기(발전소·변전소·개폐소 또는 이에 준하는 곳에 시설하는 것을 제외한다. 이하 같다)를 시설하는 경우에는 특고압 전선에 특고압 절연전선 또는 케이블을 사용하고 또한 다음에 따라야 한다.

> 1. 변압기의 1차 전압은 35kV 이하, 2차 전압은 저압 또는 고압일 것
> 2. 변압기의 특고압측에 개폐기 및 과전류차단기를 시설할 것. 다만, 변압기를 다음에 따라 시설하는 경우는 특고압측의 과전류차단기를 시설하지 아니할 수 있다.
>   ① 2 이상의 변압기를 각각 다른 회선의 특고압 전선에 접속할 것
>   ② 변압기의 2차측 전로에는 과전류차단기 및 2차측 전로로부터 1차측 전로에 전류가 흐를 때에 자동적으로 2차측 전로를 차단하는 장치를 시설하고 그 과전류차단기 및 장치를 통하여 2차측 전로를 접속할 것
> 3. 변압기의 2차 전압이 고압인 경우에는 고압측에 개폐기를 시설하고 또한 쉽게 개폐할 수 있도록 할 것

★출제Point 특고압 배전용 변압기의 시설 주의

(3) 특고압을 직접 저압으로 변성하는 변압기의 시설

특고압을 직접 저압으로 변성하는 변압기는 다음의 것 이외에는 시설하여서는 아니 된다.

① 전기로 등 전류가 큰 전기를 소비하기 위한 변압기

② 발전소·변전소·개폐소 또는 이에 준하는 곳의 소내용 변압기

③ 제135조 제1항 및 제4항에 규정하는 특고압 전선로에 접속하는 변압기

④ 사용전압이 35kV 이하인 변압기로서 그 특고압측 권선과 저압측 권선이 혼촉한 경우에 자동적으로 변압기를 전로로부터 차단하기 위한 장치를 설치한 것

⑤ 사용전압이 100kV 이하인 변압기로서 그 특고압측 권선과 저압측 권선 사이에 제2종 접지공사(제18조 제1항의 규정에 의하여 계산한 값이 10을 초과하는 경우에는 접지저항값이 10Ω이하인 것에 한한다)를 한 금속제의 혼촉방지판이 있는 것

⑥ 교류식 전기철도용 신호회로에 전기를 공급하기 위한 변압기

(4) 특고압용 기계기구의 시설

① 특고압용 기계기구(이에 부속하는 특고압의 전기로 충전하는 전선으로서 케이블 이외의 것을 포함한다. 이하 이 조에서 같다)는 다음의 어느 하나에 해당하는 경우, 발전소·변전소·개폐소 또는 이에 준하는 곳에 시설하는 경우, 제246조 제1항 제2호 단서 또는 제248조 제2항 및 제3항의 규정에 의하여 시설하는 경우 이외에는 시설하여서는 아니 된다.

㉠ 기계기구의 주위에 제44조 제1항, 제2항 및 제4항의 규정에 준하여 울타리·담 등을 시설하는 경우

㉡ 기계기구를 지표상 5m 이상의 높이에 시설하고 충전부분의 지표상의 높이를 다음의 표에서 정한 값 이상으로 하고 또한 사람이 접촉할 우려가 없도록 시설하는 경우

사용전압의 구분	울타리의 높이와 울타리로부터 충전부분까지의 거리의 합계 또는 지표상의 높이
35kV 이하	5m
35kV 초과 160kV 이하	6m
160kV 초과	6m에 160kV를 초과하는 10kV 또는 그 단수마다 12㎝를 더한 값

㉢ 공장 등의 구내에서 기계기구를 콘크리트제의 함 또는 제1종 접지공사를 한 금속제의 함에 넣고 또한 충전부분이 노출하지 아니하도록 시설하는 경우

㉣ 옥내에 설치한 기계기구를 취급자 이외의 사람이 출입할 수 없도록 설치한 곳에 시설하는 경우

㉤ 충전부분이 노출하지 아니하는 기계기구를 사람이 쉽게 접촉할 우려가 없도록 시설하는 경우

㉥ 제135조 제1항 및 제4항에 규정하는 특고압 가공전선로에 접속하는 기계기구를 제36조(제1항 제2호의 "고압 인하용 절연전선"은 "특고압 인하용 절연전선"으로 제1항 제5호

의 "제3종 접지공사"는 "제1종 접지공사"로 한다)의 규정에 준하여 시설하는 경우

② 특고압용 기계기구는 노출된 충전부분에 취급자가 쉽게 접촉할 우려가 없도록 시설하여야 한다.

(5) 고주파 이용 설비의 장해방지

고주파 이용 설비에서 다른 고주파 이용 설비에 누설되는 고주파 전류의 허용한도는 다음 그림의 측정장치 또는 이에 준하는 측정장치로 2회 이상 연속하여 10분간 측정하였을 때에 각각 측정값의 최대값에 대한 평균값이 −30dB(1MW를 0dB로 한다)일 것

• 다른 고주파 이용 설비가 이용하는 전로
  LM : 선택 레벨계
  MT : 정합변성기(整合變成器)
  L : 고주파대역의 하이임피던스장치(고주파 이용
     설비가 이용하는 전로와 다른 고주파 이용 설
     비가 이용하는 전로와의 경계점에 시설할 것)
  HPF : 고역여파기
  W : 고주파 이용 설비

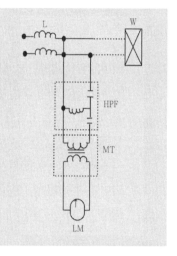

(6) 기계기구의 철대 및 외함의 접지

① 전로에 시설하는 기계기구의 철대 및 금속제 외함(외함이 없는 변압기 또는 계기용변성기는 철심)에는 다음의 어느 하나에 따라 접지공사를 하여야 한다.

기계기구의 구분	접지공사의 종류
400V 미만인 저압용의 것	제3종 접지공사
400V 이상의 저압용의 것	특별 제3종 접지공사
고압용 또는 특고압용의 것	제1종 접지공사

② 다음의 어느 하나에 해당하는 경우에는 규정에 따르지 않을 수 있다.
  ㉠ 사용전압이 직류 300V 또는 교류 대지전압이 150V 이하인 기계기구를 건조한 곳에 시설하는 경우

제
6
편

ⓛ 저압용의 기계기구를 건조한 목재의 마루 기타 이와 유사한 절연성 물건 위에서 취급하도록 시설하는 경우

ⓒ 저압용이나 고압용의 기계기구, 제29조에 규정하는 특고압 전선로에 접속하는 배전용 변압기나 이에 접속하는 전선에 시설하는 기계기구 또는 제135조 제1항 및 제4항에 규정하는 특고압 가공전선로의 전로에 시설하는 기계기구를 사람이 쉽게 접촉할 우려가 없도록 목주 기타 이와 유사한 것의 위에 시설하는 경우

ⓔ 철대 또는 외함의 주위에 적당한 절연대를 설치하는 경우

ⓜ 외함이 없는 계기용변성기가 고무·합성수지 기타의 절연물로 피복한 것일 경우

ⓗ 「전기용품안전 관리법」의 적용을 받는 2중 절연구조로 되어 있는 기계기구를 시설하는 경우

ⓢ 저압용 기계기구에 전기를 공급하는 전로의 전원측에 절연변압기(2차 전압이 300V 이하이며, 정격용량이 3kVA 이하인 것에 한한다)를 시설하고 또한 그 절연변압기의 부하측 전로를 접지하지 않은 경우

ⓞ 물기 있는 장소 이외의 장소에 시설하는 저압용의 개별 기계기구에 전기를 공급하는 전로에 「전기용품안전 관리법」의 적용을 받는 인체감전보호용 누전차단기(정격감도전류가 30mA 이하, 동작시간이 0.03초 이하의 전류동작형에 한한다)를 시설하는 경우

ⓩ 외함을 충전하여 사용하는 기계기구에 사람이 접촉할 우려가 없도록 시설하거나 절연대를 시설하는 경우

★출제Point 기계기구의 철대 및 외함의 접지 정리

(7) 전기기계기구의 열적 강도

전로에 시설하는 변압기, 차단기, 개폐기, 전력용 커패시터, 계기용변성기 기타의 전기기계기구는 한국전기기술기준위원회 표준 KECS 1202-2006(전기기계기구의 열적강도 확인방법)에서 정하는 방법에 규정하는 열적강도에 적합할 것

(8) 아크를 발생하는 기구의 시설

고압용 또는 특고압용의 개폐기·차단기·피뢰기 기타 이와 유사한 기구(이하 이 조에서 "기구 등"이라 한다)로서 동작 시에 아크가 생기는 것은 목재의 벽 또는 천장 기타의 가연성 물체로부터 다음의 표에서 정한 값 이상 떼어놓아야 한다.

기구 등의 구분	이격거리
고압용의 것	1m 이상
특고압용의 것	2m 이상(사용전압이 35kV 이하의 특고압용의 기구 등으로서 동작할 때에 생기는 아크의 방향과 길이를 화재가 발생할 우려가 없도록 제한하는 경우에는 1m 이상)

(9) 고압용 기계기구의 시설

① 고압용 기계기구(이에 부속하는 고압의 전기로 충전하는 전선으로서 케이블 이외의 것을 포함한다. 이하 이 조에서 같다)는 다음의 어느 하나에 해당하는 경우와 발전소·변전소·개폐소 또는 이에 준하는 곳에 시설하는 경우 이외에는 시설하여서는 아니 된다.

　　㉠ 기계기구의 주위에 제44조 제1항·제2항 및 제4항의 규정에 준하여 울타리·담 등을 시설하는 경우

　　㉡ 기계기구(이에 부속하는 전선에 케이블 또는 고압 인하용 절연전선을 사용하는 것에 한한다)를 지표상 4.5m(시가지 외에는 4m) 이상의 높이에 시설하고 또한 사람이 쉽게 접촉할 우려가 없도록 시설하는 경우

　　㉢ 공장 등의 구내에서 기계기구의 주위에 사람이 쉽게 접촉할 우려가 없도록 적당한 울타리를 설치하는 경우

　　㉣ 옥내에 설치한 기계기구를 취급자 이외의 사람이 출입할 수 없도록 설치한 곳에 시설하는 경우

　　㉤ 기계기구를 콘크리트제의 함 또는 제3종 접지공사를 한 금속제 함에 넣고 또한 충전부분이 노출하지 아니하도록 시설하는 경우

　　㉥ 충전부분이 노출하지 아니하는 기계기구를 사람이 쉽게 접촉할 우려가 없도록 시설하는 경우

　　㉦ 충전부분이 노출하지 아니하는 기계기구를 온도상승에 의하여 또는 고장 시 그 근처의 대지와의 사이에 생기는 전위차에 의하여 사람이나 가축 또는 다른 시설물에 위험의 우려가 없도록 시설하는 경우

② 인하용 고압 절연전선은 KS C IEC 60502-2에서 정하는 6/10kV 인하용 절연전선에 적합한 것이거나 한국전기기술기준위원회 표준 KECS 1501-2009의 501.02.2에 적합한 것이어야 한다.

★출제 Point　고압용 기계기구의 시설 정리

③ 고압용의 기계기구는 노출된 충전부분에 취급자가 쉽게 접촉할 우려가 없도록 시설하여야 한다.

(10) 개폐기의 시설

① 전로 중에 개폐기를 시설하는 경우(이 기준에서 개폐기를 시설하도록 정하는 경우에 한한 다)에는 그곳의 각 극에 설치하여야 한다. 다만, 다음의 경우에는 그러하지 아니하다.

    ㉠ 제176조 제1항 제2호 단서(제176조 제2항에서 준용하는 경우를 포함한다)의 규정에 의하여 개폐기를 시설하는 경우

    ㉡ 제179조 제2항(제218조 제1항에서 준용하는 경우를 포함한다) 및 제3항(제218조 제1항에서 준용하는 경우를 포함한다)의 규정에 의하여 개폐기를 시설하는 경우

    ㉢ 제135조 제1항 및 제4항에 규정하는 특고압 가공전선로로서 다중 접지를 한 중성선을 가지는 것의 그 중성선 이외의 각 극에 개폐기를 시설하는 경우

    ㉣ 제어회로 등에 조작용 개폐기를 시설하는 경우

② 고압용 또는 특고압용의 개폐기는 그 작동에 따라 그 개폐상태를 표시하는 장치가 되어 있는 것이어야 한다. 다만, 그 개폐상태를 쉽게 확인할 수 있는 것은 그러하지 아니하다.

③ 고압용 또는 특고압용의 개폐기로서 중력 등에 의하여 자연히 작동할 우려가 있는 것은 자물쇠장치 기타 이를 방지하는 장치를 시설하여야 한다.

④ 고압용 또는 특고압용의 개폐기로서 부하전류를 차단하기 위한 것이 아닌 개폐기는 부하전류가 통하고 있을 경우에는 개로(開路)할 수 없도록 시설하여야 한다. 다만, 개폐기를 조작하는 곳의 보기 쉬운 위치에 부하전류의 유무를 표시한 장치 또는 전화기 기타의 지령 장치를 시설하거나 터블렛 등을 사용함으로서 부하전류가 통하고 있을 때에 개로조작을 방지하기 위한 조치를 하는 경우는 그러하지 아니하다.

⑤ 전로에 이상이 생겼을 때 자동적으로 전로를 개폐하는 장치를 시설하는 경우에는 그 개폐기의 자동 개폐 기능에 장해가 생기지 않도록 시설하여야 한다.

(11) 저압전로 중의 과전류차단기의 시설

① 과전류차단기로 저압전로에 사용하는 퓨즈(「전기용품안전 관리법」의 적용을 받는 것, 배선용차단기와 조합하여 하나의 과전류차단기로 사용하는 것 및 제5항에 규정하는 것을 제외한다)는 수평으로 붙인 경우(판상 퓨즈는 판면을 수평으로 붙인 경우)에 다음에 적합

한 것이어야 한다.

 ㉠ 정격전류의 1.1배의 전류에 견딜 것

 ㉡ 정격전류의 1.6배 및 2배의 전류를 통한 경우에 정한 시간 내에 용단될 것

② IEC 표준을 도입한 과전류차단기로 저압전로에 사용하는 퓨즈(「전기용품안전 관리법」 및 제5항에 규정하는 것을 제외한다)는 다음의 표에 적합한 것이어야 한다.

정격전류의 구분	시간	정격전류의 배수	
		불용단전류	용단전류
4 A 이하	60분	1.5배	2.1배
4 A 초과 16 A 미만	60분	1.5배	1.9배
16 A 이상 63 A 이하	60분	1.25배	1.6배
63 A 초과 160 A 이하	120분	1.25배	1.6배
160 A 초과 400 A 이하	180분	1.25배	1.6배
400 A 초과	240분	1.25배	1.6배

③ 과전류차단기로 저압전로에 사용하는 배선용차단기(「전기용품안전 관리법」의 적용을 받는 것 및 제5항에 규정하는 것을 제외한다)는 다음에 적합한 것이어야 한다.

 ㉠ 정격전류에 1배의 전류로 자동적으로 동작하지 아니할 것

 ㉡ 정격전류의 1.25배 및 2배의 전류를 통한 경우에 정한 시간 내에 자동적으로 동작할 것

(12) 고압 및 특고압 전로 중의 과전류차단기의 시설

① 과전류차단기로 시설하는 퓨즈 중 고압전로에 사용하는 포장 퓨즈(퓨즈 이외의 과전류 차단기와 조합하여 하나의 과전류 차단기로 사용하는 것을 제외한다)는 정격전류의 1.3배의 전류에 견디고 또한 2배의 전류로 120분 안에 용단되는 것 또는 다음에 적합한 고압전류제한퓨즈이어야 한다.

 ㉠ 구조는 KS C 4612(2006) "고압전류제한퓨즈"의 "7. 구조"에 적합한 것일 것

 ㉡ 완성품은 KS C 4612(2006) "고압전류제한퓨즈"의 "8. 시험방법"에 의해서 시험하였을 때 "6. 성능"에 적합한 것일 것

② 과전류차단기로 시설하는 퓨즈 중 고압전로에 사용하는 비포장 퓨즈는 정격전류의 1.25배의 전류에 견디고 또한 2배의 전류로 2분 안에 용단되는 것이어야 한다.

③ 고압 또는 특고압의 전로에 단락이 생긴 경우에 동작하는 과전류차단기는 이것을 시설하는 곳을 통과하는 단락전류를 차단하는 능력을 가지는 것이어야 한다.

④ 고압 또는 특고압의 과전류차단기는 그 동작에 따라 그 개폐상태를 표시하는 장치가 되어 있는 것이어야 한다. 다만, 그 개폐상태가 쉽게 확인될 수 있는 것은 적용하지 않는다.

(13) 과전류차단기의 시설 제한

접지공사의 접지선, 다선식 전로의 중성선 및 제23조 제1항부터 제3항까지의 규정에 의하여 전로의 일부에 접지공사를 한 저압 가공전선로의 접지측 전선에는 과전류차단기를 시설하여서는 안 된다. 다만, 다선식 전로의 중성선에 시설한 과전류차단기가 동작한 경우에 각 극이 동시에 차단될 때 또는 제27조 제1항(제27조 제4항에서 준용하는 경우를 포함한다)의 규정에 의한 저항기·리액터 등을 사용하여 접지공사를 한 때에 과전류차단기의 동작에 의하여 그 접지선이 비접지 상태로 되지 아니할 때는 적용하지 않는다.

(14) 지락차단장치 등의 시설

① 금속제 외함을 가지는 사용전압이 60V를 초과하는 저압의 기계 기구로서 사람이 쉽게 접촉할 우려가 있는 곳에 시설하는 것에 전기를 공급하는 전로에는 전로에 지락이 생겼을 때에 자동적으로 전로를 차단하는 장치를 하여야 한다. 다만, 다음의 어느 하나에 해당하는 경우는 적용하지 않는다.

㉠ 기계기구를 발전소·변전소·개폐소 또는 이에 준하는 곳에 시설하는 경우

㉡ 기계기구를 건조한 곳에 시설하는 경우

㉢ 대지전압이 150V 이하인 기계기구를 물기가 있는 곳 이외의 곳에 시설하는 경우

㉣ 「전기용품안전 관리법」의 적용을 받는 2중 절연구조의 기계기구를 시설하는 경우

㉤ 그 전로의 전원측에 절연변압기(2차 전압이 300V 이하인 경우에 한한다)를 시설하고 또한 그 절연변압기의 부하측의 전로에 접지하지 아니하는 경우

㉥ 기계기구가 고무·합성수지 기타 절연물로 피복된 경우

㉦ 기계기구가 유도전동기의 2차측 전로에 접속되는 것일 경우

㉧ 기계기구가 제12조 제8호에 규정하는 것일 경우

㉨ 기계기구내에 「전기용품안전 관리법」의 적용을 받는 누전차단기를 설치하고 또한 기계기구의 전원연결선이 손상을 받을 우려가 없도록 시설하는 경우

② 특고압전로 또는 고압전로에 변압기에 의하여 결합되는 사용전압 400V 이상의 저압전로 또는 발전기에서 공급하는 사용전압 400V 이상의 저압전로(발전소 및 변전소와 이에 준하

는 곳에 있는 부분의 전로를 제외한다. 이하 이항에서 같다)에는 전로에 지락이 생겼을 때에 자동적으로 전로를 차단하는 장치를 시설하여야 한다.

③ 고압 및 특고압 전로 중 다음에 열거하는 곳 또는 이에 근접한 곳에는 전로(제2호의 곳 또는 이에 근접한 곳에 시설하는 경우에는 수전점의 부하측의 전로, 제3호의 곳 또는 이에 근접한 곳에 시설하는 경우에는 배전용 변압기의 부하측의 전로, 이하 이 항 및 제4항에서 같다)에 지락(전기철도용 급전선에 있어서는 과전류)이 생겼을 때에 자동적으로 전로를 차단하는 장치를 시설하여야 한다. 다만, 전기사업자로부터 공급을 받는 수전점에서 수전하는 전기를 모두 그 수전점에 속하는 수전장소에서 변성하거나 또는 사용하는 경우는 그러하지 아니하다.

1. 발전소·변전소 또는 이에 준하는 곳의 인출구
2. 다른 전기사업자로부터 공급받는 수전점
3. 배전용변압기(단권변압기를 제외한다)의 시설 장소

④ 저압 또는 고압전로로서 비상용 조명장치·비상용승강기·유도등·철도용 신호장치, 300V 초과 1kV 이하의 비접지 전로, 제27조 제6항의 규정에 의한 전로, 기타 그 정지가 공공의 안전 확보에 지장을 줄 우려가 있는 기계기구에 전기를 공급하는 것에는 전로에 지락이 생겼을 때에 이를 기술원 감시소에 경보하는 장치를 설치한 때에는 제1항부터 제3항까지에 규정하는 장치를 시설하지 않을 수 있다.

⑤ 독립된 무인 통신중계소, 무인 기지국 또는 이에 준하는 곳에 전기를 공급하기 위한 전로에는 전기용품안전기준 "K60947-2의 부속서 P"에 적용을 받는 자동재폐로 기능을 갖는 누전차단기를 시설할 수 있다.

(15) 피뢰기의 시설

① 고압 및 특고압의 전로 중 다음에 열거하는 곳 또는 이에 근접한 곳에는 피뢰기를 시설하여야 한다.
　㉠ 발전소·변전소 또는 이에 준하는 장소의 가공전선 인입구 및 인출구
　㉡ 가공전선로에 접속하는 제29조의 배전용 변압기의 고압측 및 특고압측
　㉢ 고압 및 특고압 가공전선로로부터 공급을 받는 수용장소의 인입구
　㉣ 가공전선로와 지중전선로가 접속되는 곳
② 다음의 어느 하나에 해당하는 경우에는 제1항의 규정에 의하지 아니할 수 있다.

- ㉠ 제1항 각 호의 곳에 직접 접속하는 전선이 짧은 경우
- ㉡ 제1항 각 호의 경우 피보호기기가 보호범위 내에 위치하는 경우

★출제Point 피뢰기의 시설 정리

(16) 피뢰기의 접지

고압 및 특고압의 전로에 시설하는 피뢰기에는 제1종 접지공사를 하여야 한다. 다만, 고압가 공전선로에 시설하는 피뢰기(제42조 제1항의 규정에 의하여 시설하는 것을 제외한다. 이하 이 조에서 같다)를 제23조 제2항 및 제3항의 규정에 의하여 제2종 접지공사를 한 변압기에 근접하여 시설하는 경우에는 다음 각 호의 어느 하나에 해당할 때 또는 고압가공전선로에 시설하는 피뢰기(제23조 제1항부터 제3항까지의 규정에 의하여 제2종 접지공사를 한 변압기에 근접하여 시설하는 것을 제외한다)의 제1종 접지공사의 접지선이 그 제1종 접지공사 전용의 것인 경우에 그 제1종 접지공사의 접지저항값이 30Ω이하인 때에는 그 제1종 접지공사의 접지저항값에 관하여는 제18조 제1항의 규정을 적용하지 아니한다.

- ㉠ 피뢰기의 제1종 접지공사의 접지극을 변압기의 제2종 접지공사의 접지극으로부터 1m 이상 격리하여 시설하는 경우에 그 제1종 접지공사의 접지저항값이 30Ω이하인 때
- ㉡ 피뢰기의 제1종 접지공사의 접지선과 변압기의 제2종 접지공사의 접지선을 변압기에 근접한 곳에서 접속하여 다음에 의하여 시설하는 경우에 그 제1종 접지공사의 접지저항값이 75Ω이하인 때 또는 그 제2종 접지공사의 접지저항값이 65Ω이하인 때
  - ㉮ 변압기를 중심으로 하는 반지름 50m의 원과 반지름 300m의 원으로 둘러 싸여지는 지역에서 그 변압기에 접속하는 제2종 접지공사가 되어있는 저압 가공전선(인장강도 5.26kN 이상인 것 또는 지름 4㎜ 이상의 경동선에 한한다)의 한 곳 이상에 제19조 제3항 및 제4항의 규정에 준하는 접지공사(접지선으로 공칭단면적 6㎟ 이상인 연동선 또는 이와 동등 이상의 세기 및 굵기의 쉽게 부식하지 않는 금속선을 사용하는 것에 한한다)를 할 것. 다만, 그 제2종 접지공사의 접지선이 제23조 제3항 및 제4항에 규정하는 가공 공동지선(그 변압기를 중심으로 하는 지름 300m의 원 안에서 제2종 접지공사가 되어 있는 것에 한한다)인 경우에는 그러하지 아니하다.
  - ㉯ 피뢰기의 제1종 접지공사, 변압기의 제2종 접지공사, "가"의 규정에 의하여 저압가공 전선에 제19조 제3항 및 제4항의 규정에 준하여 행한 접지공사 및 "가" 단서의 가공 공동지선에서의 합성 접지저항값은 20Ω이하일 것
  - ㉰ 피뢰기의 제1종 접지공사의 접지선과 제23조 제2항 및 제3항에 의하여 제2종 접지공사가 시

설된 변압기의 저압가공전선 또는 가공공동지선과를 그 변압기가 시설된 지지물 이외의 지지물에서 접속하고 또한 다음에 의하여 시설하는 경우에 그 제1종 접지공사의 접지저항값이 65Ω이하인 때

㉠ 변압기에 접속하는 저압가공전선 및 그것에 시설하는 접지공사 또는 그 변압기에 접속하는 가공공동지선은 제2호 "가"의 규정에 의하여 시설할 것

㉡ 피뢰기의 제1종 접지공사는 변압기를 중심으로 하는 반지름 50m 이상의 지역으로 또한 그 변압기와 "가"의 규정에 의하여 시설하는 접지공사와의 사이에 시설할 것. 다만, 가공공동지선과 접속하는 그 피뢰기의 제1종 접지공사는 변압기를 중심으로 하는 반지름 50m 이내 지역에 시설할 수 있다.

㉢ 피뢰기의 제1종 접지공사, 변압기의 제2종 접지공사, "가"의 규정에 의하여 저압가공전선에 시설한 접지공사 및 "가"의 규정에 의한 가공공동지선의 합성저항값은 16Ω이하일 것

CHAPTER 02 발전소·변전소·개폐소 또는 이에 준하는 곳의 시설

1. 발전소 등의 울타리·담 등의 시설

① 고압 또는 특고압의 기계기구·모선 등을 옥외에 시설하는 발전소·변전소·개폐소 또는 이에 준하는 곳에는 다음 각 호에 따라 구내에 취급자 이외의 사람이 들어가지 아니하도록 시설하여야 한다. 다만, 토지의 상황에 의하여 사람이 들어갈 우려가 없는 곳은 그러하지 아니하다.

> ㉠ 울타리·담 등을 시설할 것
> ㉡ 출입구에는 출입금지의 표시를 할 것
> ㉢ 출입구에는 자물쇠장치 기타 적당한 장치를 할 것

② 제1항의 울타리·담 등은 다음의 각 호에 따라 시설하여야 한다.
　㉠ 울타리·담 등의 높이는 2m 이상으로 하고 지표면과 울타리·담 등의 하단 사이의 간격은 15cm 이하로 할 것
　㉡ 울타리·담 등과 고압 및 특고압의 충전부분이 접근하는 경우에는 울타리·담 등의 높이와 울타리·담 등으로부터 충전부분까지 거리의 합계는 다음의 표에서 정한 값 이상으로 할 것

사용전압의 구분	울타리·담 등의 높이와 울타리·담 등으로부터 충전부분까지의 거리의 합계
35kV 이하	5m
35kV 초과 160kV 이하	6m
160kV 초과	6m에 160kV를 초과하는 10kV 또는 그 단수마다 12㎝를 더한 값

③ 고압 또는 특고압의 기계기구, 모선 등을 옥내에 시설하는 발전소·변전소·개폐소 또는 이에 준하는 곳에는 다음 각 호의 어느 하나에 의하여 구내에 취급자 이외의 자가 들어가지 아니하도록 시설하여야 한다. 다만, 제1항의 규정에 의하여 시설한 울타리·담 등의 내부는 그러하지 아니하다.

  ㉠ 울타리·담 등을 제2항의 규정에 준하여 시설하고 또한 그 출입구에 출입금지의 표시와 자물쇠장치 기타 적당한 장치를 할 것

  ㉡ 견고한 벽을 시설하고 그 출입구에 출입금지의 표시와 자물쇠장치 기타 적당한 장치를 할 것

④ 고압 또는 특고압 가공전선(전선에 케이블을 사용하는 경우는 제외함)과 금속제의 울타리·담 등이 교차하는 경우에 금속제의 울타리·담 등에는 교차점과 좌, 우로 45m 이내의 개소에 제1종 접지공사를 하여야 한다. 또한 울타리·담 등에 문 등이 있는 경우에는 접지공사를 하거나 울타리·담 등과 전기적으로 접속하여야 한다. 다만, 토지의 상황에 의하여 제1종 접지저항값을 얻기 어려울 경우에는 제3종 접지공사에 의하고 또한 고압 가공전선로는 고압보안공사. 특고압 가공전선로는 제2종 특고압 보안공사에 의하여 시설할 수 있다.

⑤ 공장 등의 구내(구내 경계 전반에 울타리, 담 등을 시설하고, 일반인이 들어가지 않게 시설한 것에 한한다)에 있어서 옥외 또는 옥내에 고압 또는 특고압의 기계기구 및 모선 등을 시설하는 발전소·변전소·개폐소 또는 이에 준하는 곳에는 "위험" 경고 표지를 하고 제31조 및 제36조 규정에 준하여 시설하는 경우에는 제1항 및 제3항의 규정에 의하지 아니할 수 있다.

⑥ 기술기준 제21조 제5항에 따라 내진설계를 하는 경우에는 한국전기기술기준위원회 표준 KECG 9701-2009 및 KECC 7701-2008을 참고할 수 있다.

2. 절연유의 구외 유출방지

사용전압이 100kV 이상의 변압기를 설치하는 곳에는 절연유의 구외 유출 및 지하침투를 방지하기 위하여 다음에 따라 절연유 유출 방지설비를 하여야 한다.

ㄱ 변압기 주변에 집유조 등을 설치할 것

ㄴ 절연유 유출방지설비의 용량은 변압기 탱크 내장유량의 50% 이상으로 할 것. 다만, 주수식(注水式)의 소화설비 사용이 예상될 경우는 초기소화 및 공공소방차의 방수소요량을 고려할 것

ㄷ 변압기 탱크가 2개 이상일 경우에는 공동의 집유조 등을 설치할 수 있으며 그 용량은 변압기 1 탱크 내장유량이 최대인 것의 50% 이상일 것

3. 특고압전로의 상 및 접속 상태의 표시

① 발전소·변전소 또는 이에 준하는 곳의 특고압전로에는 그의 보기 쉬운 곳에 상별(相別) 표시를 하여야 한다.

② 발전소·변전소 또는 이에 준하는 곳의 특고압전로에 대하여는 그 접속 상태를 모의모선(模擬母線)의 사용 기타의 방법에 의하여 표시하여야 한다. 다만, 이러한 전로에 접속하는 특고압전선로의 회선수가 2 이하이고 또한 특고압의 모선이 단일모선인 경우에는 그러하지 아니하다.

4. 발전기 등의 보호장치

① 발전기에는 다음의 경우에 자동적으로 이를 전로로부터 차단하는 장치를 시설하여야 한다.

ㄱ 발전기에 과전류나 과전압이 생긴 경우

ㄴ 용량이 500kVA 이상의 발전기를 구동하는 수차의 압유 장치의 유압 또는 전동식 가이드밴 제어장치, 전동식 니이들 제어장치 또는 전동식 디플렉터 제어장치의 전원전압이 현저히 저하한 경우

ㄷ 용량 100kVA 이상의 발전기를 구동하는 풍차(風車)의 압유장치의 유압, 압축 공기장치의 공기압 또는 전동식 브레이드 제어장치의 전원전압이 현저히 저하한 경우

② 용량이 2,000kVA 이상인 수차 발전기의 스러스트 베어링의 온도가 현저히 상승한 경우

⑩ 용량이 10,000kVA 이상인 발전기의 내부에 고장이 생긴 경우

⑭ 정격출력이 10,000kW를 초과하는 증기터빈은 그 스러스트 베어링이 현저하게 마모되거나 그의 온도가 현저히 상승한 경우

② 연료전지는 다음의 경우에 자동적으로 이를 전로에서 차단하고 연료 전지에 연료가스 공급을 자동적으로 차단하며 연료전지내의 연료가스를 자동적으로 배제하는 장치를 시설하여야 한다.

㉠ 연료전지에 과전류가 생긴 경우

㉡ 발전요소(發電要素)의 발전전압에 이상이 생겼을 경우 또는 연료가스 출구에서의 산소 농도 또는 공기 출구에서의 연료가스 농도가 현저히 상승한 경우

㉢ 연료 전지의 온도가 현저하게 상승한 경우

③ 상용 전원으로 쓰이는 축전지에는 이에 과전류가 생겼을 경우에 자동적으로 이를 전로로부터 차단하는 장치를 시설하여야 한다.

★출제Point 발전기 등의 보호장치 정리

5. 특고압용 변압기의 보호장치

특고압용의 변압기에는 그 내부에 고장이 생겼을 경우에 보호하는 장치를 다음의 표와 같이 시설하여야 한다. 다만, 변압기의 내부에 고장이 생겼을 경우에 그 변압기의 전원인 발전기를 자동적으로 정지하도록 시설한 경우에는 그 발전기의 전로로부터 차단하는 장치를 하지 아니하여도 된다.

뱅크용량의 구분	동작조건	장치의 종류
5,000kVA 이상 10,000kVA 미만	변압기 내부 고장	자동차단장치 또는 경보장치
10,000kVA 이상	변압기 내부 고장	자동차단장치
타냉식변압기(변압기의 권선 및 철심을 직접 냉각시키기 위하여 봉입한 냉매를 강제 순환시키는 냉각 방식을 말한다)	냉각장치에 고장이 생긴 경우 또는 변압기의 온도가 현저히 상승한 경우	경보장치

6. 조상설비의 보호장치

조상설비에는 그 내부에 고장이 생긴 경우에 보호하는 장치를 다음의 표와 같이 시설하여야 한다.

설비종별	뱅크용량의 구분	자동적으로 전로로부터 차단하는 장치
전력용 커패시터 및 분로리액터	500kVA 초과 15,000kVA 미만	내부에 고장이 생긴 경우에 동작하는 장치 또는 과전류가 생긴 경우에 동작하는 장치
	15,000kVA 이상	내부에 고장이 생긴 경우에 동작하는 장치 및 과전류가 생긴 경우에 동작하는 장치 또는 과전압이 생긴 경우에 동작하는 장치
조상기(調相機)	15,000kVA 이상	내부에 고장이 생긴 경우에 동작하는 장치

7. 계측장치

① 발전소에는 다음 각 호의 사항을 계측하는 장치를 시설하여야 한다. 다만, 태양전지 발전소는 연계하는 전력계통에 그 발전소 이외의 전원이 없는 것에 대하여는 그러하지 아니하다.

> ㉠ 발전기·연료전지 또는 태양전지 모듈(복수의 태양전지 모듈을 설치하는 경우에는 그 집합체)의 전압 및 전류 또는 전력
> ㉡ 발전기의 베어링(수중 메탈을 제외한다) 및 고정자(固定子)의 온도
> ㉢ 정격출력이 10,000kW를 초과하는 증기터빈에 접속하는 발전기의 진동의 진폭(정격출력이 400,000kW 이상의 증기터빈에 접속하는 발전기는 이를 자동적으로 기록하는 것에 한한다)
> ㉣ 주요 변압기의 전압 및 전류 또는 전력
> ㉤ 특고압용 변압기의 온도

② 정격출력이 10kW 미만의 내연력 발전소는 연계하는 전력계통에 그 발전소 이외의 전원이 없는 것에 대해서는 제1항 제1호 및 제4호의 사항 중 전류 및 전력을 측정하는 장치를 시설하지 아니할 수 있다.

③ 동기발전기(同期發電機)를 시설하는 경우에는 동기검정장치를 시설하여야 한다. 다만, 동기발전기를 연계하는 전력계통에는 그 동기발전기 이외의 전원이 없는 경우 또는 동기발전기의 용량이 그 발전기를 연계하는 전력계통의 용량과 비교하여 현저히 적은 경우에는 그러하지 아니하다.

④ 변전소 또는 이에 준하는 곳에는 다음의 사항을 계측하는 장치를 시설하여야 한다. 다만, 전기철도용 변전소는 주요 변압기의 전압을 계측하는 장치를 시설하지 아니할 수 있다.

　㉠ 주요 변압기의 전압 및 전류 또는 전력

　㉡ 특고압용 변압기의 온도

⑤ 동기조상기를 시설하는 경우에는 다음의 사항을 계측하는 장치 및 동기검정장치를 시설하여야 한다. 다만, 동기조상기의 용량이 전력계통의 용량과 비교하여 현저히 적은 경우에는 동기검정장치를 시설하지 아니할 수 있다.

　㉠ 동기조상기의 전압 및 전류 또는 전력

　㉡ 동기조상기의 베어링 및 고정자의 온도

8. 수소냉각식 발전기 등의 시설

수소냉각식의 발전기·조상기 또는 이에 부속하는 수소 냉각 장치는 다음에 따라 시설하여야 한다.

㉠ 발전기 또는 조상기는 기밀구조(氣密構造)의 것이고 또한 수소가 대기압에서 폭발하는 경우에 생기는 압력에 견디는 강도를 가지는 것일 것

㉡ 발전기축의 밀봉부에는 질소가스를 봉입할 수 있는 장치 또는 발전기축의 밀봉부로부터 누설된 수소가스를 안전하게 외부에 방출할 수 있는 장치를 설치할 것

㉢ 발전기 안 또는 조상기 안의 수소의 순도가 85 % 이하로 저하한 경우에 이를 경보하는 장치를 시설할 것

㉣ 발전기 안 또는 조상기 안의 수소의 압력을 계측하는 장치 및 그 압력이 현저히 변동한 경우에 이를 경보하는 장치를 시설할 것

㉤ 발전기 안 또는 조상기 안의 수소의 온도를 계측하는 장치를 시설할 것

㉥ 발전기 안 또는 조상기 안으로 수소를 안전하게 도입할 수 있는 장치 및 발전기 안 또는 조상기 안의 수소를 안전하게 외부로 방출할 수 있는 장치를 시설할 것

㉦ 수소를 통하는 관은 동관 또는 이음매 없는 강판이어야 하며, 또한 수소가 대기압에서 폭발하는 경우에 생기는 압력에 견디는 강도의 것일 것

㉧ 수소를 통하는 관·밸브 등은 수소가 새지 아니하는 구조로 되어 있을 것

㉨ 발전기 또는 조상기에 붙인 유리제의 점검 창 등은 쉽게 파손되지 아니하는 구조로 되어 있을 것

9. 가스절연기기 등의 압력용기의 시설

① 발전소·변전소·개폐소 또는 이에 준하는 곳에 시설하는 가스 절연기기는 다음에 따라 시설하여야 한다.

　㉠ 100kPa를 초과하는 절연가스의 압력을 받는 부분으로써 외기에 접하는 부분은 다음의 어느 하나에 적합하여야 한다.

　　㉮ 최고사용압력의 1.5배의 수압(수압을 연속하여 10분간 가하여 시험을 하기 어려울 때에는 최고사용압력의 1.25배의 기압)을 연속하여 10분간 가하여 시험하였을 때에 이에 견디고 또한 새지 아니하는 것일 것. 다만, 가스 압축기에 접속하여 사용하지 아니하는 가스절연기기는 최고사용압력의 1.25배의 수압을 연속하여 10분간 가하였을 때 이에 견디고 또한 누설이 없는 경우에는 그러하지 아니하다.

　　㉯ 정격전압이 52kV를 초과하는 가스절연기기로서 용접된 알루미늄 및 용접된 강판 구조일 경우는 설계압력의 1.3배, 주물형 알루미늄 및 복합알루미늄(composite aluminium) 구조일 경우는 설계압력의 2배를 1분 이상 가하였을 때 파열이나 변형이 나타나지 않을 것

　㉡ 절연가스는 가연성·부식성 또는 유독성의 것이 아닐 것

　㉢ 절연가스 압력의 저하로 절연파괴가 생길 우려가 있는 것은 절연가스의 압력저하를 경보하는 장치 또는 절연가스의 압력을 계측하는 장치를 설치할 것

　㉣ 가스 압축기를 가지는 것은 가스 압축기의 최종단(最終段) 또는 압축절연 가스를 통하는 관의 가스 압축기에 근접하는 곳 및 가스절연기기 또는 압축 절연가스를 통하는 관의 가스 절연기기에 근접하는 곳에는 최고사용압력 이하의 압력으로 동작하고 또한 KS B 6216(2008) "증기용 및 가스용 스프링 안전밸브"에 적합한 안전밸브를 설치할 것

② 발전소·변전소·개폐소 또는 이에 준하는 곳에서 개폐기 또는 차단기에 사용하는 압축공기장치는 다음에 따라 시설하여야 한다.

　㉠ 공기압축기는 최고 사용압력의 1.5배의 수압(수압을 연속하여 10분간 가하여 시험을 하기 어려울 때에는 최고 사용압력의 1.25배의 기압)을 연속하여 10분간 가하여 시험을 하였을 때에 이에 견디고 또한 새지 아니할 것

　㉡ 공기탱크는 제1호의 규정에 준하는 이외에 다음에 의할 것

　　㉮ 재료는 KS B 6733(2008) "압력용기-기반규격"의 "6.1 재료 일반" 및 "6.3.1 철강 재료의 사용제한"에 적합한 것이어야 하고, 재료의 허용응력은 KS B 6733(2008) "압력용기-

기반규격"의 "7.2 설계에 사용하는 재료의 허용응력 또는 1차의 응력의 허용한계"에 적합한 것일 것

㉯ 구조는 다음 표준에 적합한 것일 것

ⓐ 동체는 원통형으로 그 진원도는 KS B 6733(2008) "압력용기-기반규격"의 "9.8.1 내압을 받는 몸체의 진원도"에 적합할 것

ⓑ 동판의 두께는 KS B 6733(2008) "압력용기-기반규격"의 "7.1.5 최소제한 두께", "7.1.6 부식여유 및 마찰여유" 및 "7.5.1 내압을 받는 몸체"에 적합할 것

ⓒ 경판의 모양은 KS B 6733(2008) "압력용기-기반규격"의 "9.9 성형경판의 제작 공차"에 적합할 것

ⓓ 경판의 두께는 KS B 6733(2008) "압력용기-기반규격"의 "7.5.2 중저면에 압력을 받는 경판" 및 "7.5.4 중고면에 압력을 받는 경판"에 적합할 것

ⓔ 평판의 두께는 KS B 6733(2008) "압력용기-기반규격"의 "7.5.2 중저면에 압력을 받는 경판(h)"에 적합할 것

ⓕ 구멍은 KS B 6733 "압력용기-기반규격"의 "7.9.1 구멍의 모양, 치수 및 보강", "7.9.3 용접선상 또는 그 근방의 구멍", "7.9.5 몸체 및 경판에 설치하는 끼어 넣음 플랜지를 갖는 구멍", "7.9.6 성형경판에 보강하지 않는 구멍", "8.6.4 용접선상 또는 그 근방의 구멍" 및 KS B 6714 "압력용기의 구멍보강"의 "4.1.3 보강을 요하지 않는 구멍", "4.1.5 봉강재로서 산입될 수 있는 보강의 유효범위", "4.1.6 몸통판 또는 경판의 두께 및 노즐넥의 두께 중 보강재로서 산입될 수 있는 부분의 면적", "4.1.7 보강재의 강도", "4.1.11 2개 이상의 구멍을 근접하여 만드는 경우의 보강에 적합할 것

ⓖ 용접 이음의 효율은 KS B 6733(2008) "압력용기-기반규격"의 "8.2 용접 이음 품질계수"에 준할 것

ⓗ 주요 재료의 수치의 허용차는 KS B 6733(2008) "압력용기-기반규격"의 "6.1 d) 재료의 치수 허용차"에 준할 것

㉰ 사용 압력에서 공기의 보급이 없는 상태로 개폐기 또는 차단기의 투입 및 차단을 연속하여 1회 이상 할 수 있는 용량을 가지는 것일 것

㉱ 내식성을 가지지 아니하는 재료를 사용하는 경우에는 외면에 산화방지를 위한 도장을 할 것

㉢ 압축공기를 통하는 관은 제1호 및 제2호 "가"의 규정에 준하는 이외에 KS B 6733(2008) "압력용기-기반규격"의 "7.7.1 b) 노즐용 관 플랜지" 및 KS B 6281(2008) "냉동용 압력용기의 구조"의 "5.4.9 관의 강도" 또는 제2호 "나"의 (6)부터 (8)까지의 표준에 적합한 구

조로 되어 있을 것

ㄹ 공기압축기·공기탱크 및 압축공기를 통하는 관은 용접에 의한 잔류응력이 생기거나 나사의 조임에 의하여 무리한 하중이 걸리지 아니하도록 할 것

ㅁ 공기압축기의 최종단(最終段) 또는 압축공기를 통하는 관의 공기압축기에 근접하는 곳 및 공기탱크 또는 압축공기를 통하는 관의 공기탱크에 근접하는 곳에는 최고 사용압력 이하의 압력으로 동작하고 또한 KS B 6216(1998) "증기용 및 가스용 스프링 안전밸브"에 적합한 안전밸브를 시설할 것. 다만, 압력 1㎫ 미만인 압축공기장치는 최고사용압력 이하의 압력으로 동작하는 안전장치로서 이에 갈음할 수 있다.

ㅂ 주 공기탱크의 압력이 저하한 경우에 자동적으로 압력을 회복하는 장치를 시설할 것

ㅅ 주 공기탱크 또는 이에 근접한 곳에는 사용압력의 1.5배 이상 3배 이하의 최고 눈금이 있는 압력계를 시설할 것

10. 배전반의 시설

① 발전소·변전소·개폐소 또는 이에 준하는 곳에 시설하는 배전반에 붙이는 기구 및 전선(관에 넣은 전선 및 제136조 제4항 제2호에 규정하는 개장한 케이블을 제외한다)은 점검할 수 있도록 시설하여야 한다.

② 배전반에 고압용 또는 특고압용의 기구 또는 전선을 시설하는 경우에는 취급자에게 위험이 미치지 아니하도록 적당한 방호장치 또는 통로를 시설하여야 하며, 기기조작에 필요한 공간을 확보하여야 한다.

11. 태양전지 모듈 등의 시설

① 태양전지 발전소에 시설하는 태양전지 모듈, 전선 및 개폐기 기타 기구는 다음에 따라 시설하여야 한다.

ㄱ 충전부분은 노출되지 아니하도록 시설할 것

ㄴ 태양전지 모듈에 접속하는 부하측의 전로(복수의 태양전지 모듈을 시설한 경우에는 그 집합체에 접속하는 부하측의 전로)에는 그 접속점에 근접하여 개폐기 기타 이와 유사한 기구(부하전류를 개폐할 수 있는 것에 한한다)를 시설할 것

ⓒ 태양전지 모듈을 병렬로 접속하는 전로에는 그 전로에 단락이 생긴 경우에 전로를 보호하는 과전류차단기 기타의 기구를 시설할 것. 다만, 그 전로가 단락전류에 견딜 수 있는 경우에는 그러하지 아니하다.

ⓓ 전선은 다음에 의하여 시설할 것. 다만, 기계기구의 구조상 그 내부에 안전하게 시설할 수 있을 경우에는 그러하지 아니하다.

> ㉮ 전선은 공칭단면적 2.5㎟ 이상의 연동선 또는 이와 동등 이상의 세기 및 굵기의 것일 것
> ㉯ 옥내에 시설할 경우에는 합성수지관공사, 금속관공사, 가요전선관공사 또는 케이블공사로 제183조, 제184조, 제186조 또는 제193조, 제195조 제2항 및 제196조 제2항, 제3항의 규정에 준하여 시설할 것
> ㉰ 옥측 또는 옥외에 시설할 경우에는 합성수지관공사, 금속관공사, 가요전선관공사 또는 케이블공사로 제183조, 제184조, 제186조 또는 제218조 제1항 제7호 및 제195조 제2항, 제196조 제2항 및 제3항의 규정에 준하여 시설할 것

ⓔ 태양전지 모듈 및 개폐기 그 밖의 기구에 전선을 접속하는 경우에는 나사 조임 그 밖에 이와 동등 이상의 효력이 있는 방법에 의하여 견고하고 또한 전기적으로 완전하게 접속함과 동시에 접속점에 장력이 가해지지 아니하도록 할 것

② 태양전지 모듈의 지지물은 자중, 적재하중, 적설 또는 풍압 및 지진 기타의 진동과 충격에 대하여 안전한 구조의 것이어야 한다.

12. 상주 감시를 하지 아니하는 발전소의 시설

① 발전소의 운전에 필요한 지식 및 기능을 가진 자(이하 이 조에서 "기술원"이라 한다)가 그 발전소에서 상주 감시를 하지 아니하는 발전소는 다음의 어느 하나에 의하여 시설하여야 한다.

㉠ 원동기 및 발전기 또는 연료전지에 자동부하조정장치 또는 부하제한장치를 시설하는 수력발전소, 풍력발전소, 내연력발전소, 연료전지발전소(출력 500kW 미만으로서 연료개질계통설비의 압력이 100kPa 미만의 인산형의 것에 한 한다. 이하 이 조에서 같다) 및 태양전지발전소로서 전기공급에 지장을 주지 아니하고 또한 기술원이 그 발전소를 수시 순회하는 경우

ⓛ 수력발전소, 풍력발전소, 내연력발전소, 연료전지발전소 및 태양전지발전소로서 그 발전소를 원격감시 제어하는 제어소(이하 이 조 및 제153조에서 "발전제어소"라 한다)에 기술원이 상주하여 감시하는 경우

② 제1항에 규정하는 발전소는 비상용 예비 전원을 얻을 목적으로 시설하는 것 이외에는 다음에 따라 시설하여야 한다.

㉠ 다음과 같은 경우에는 발전기를 전로에서 자동적으로 차단하고 또한 수차 또는 풍차를 자동적으로 정지하는 장치 또는 내연기관에 연료 유입을 자동적으로 차단하는 장치를 시설할 것. 다만, 수차의 무구속회전이 정지될 때까지의 사이에 회전부가 구조상 안전하고 또 이 사이에 하류에 방류로 인한 인체에 위해를 미치지 않으며 또한 물건에 손상을 줄 위험이 없을 경우에는 발전기를 자동적으로 무부하 또는 무여자(無勵磁)로 하는 장치를 시설하는 경우에는 수차의 스러스트 베어링이 구조상 과열의 우려가 없는 경우에는 "라"의 경우의 수차를 자동적으로 정지시키는 장치의 시설을 하지 아니하여도 된다.

> ㉮ 원동기 제어용의 압유장치의 유압, 압축 공기장치의 공기압 또는 전동 제어 장치의 전원 전압이 현저히 저하한 경우
> ㉯ 원동기의 회전속도가 현저히 상승한 경우
> ㉰ 발전기에 과전류가 생긴 경우
> ㉱ 정격 출력이 500kW 이상의 원동기(풍차를 시가지 그 밖에 인가가 밀집된 지역에 시설하는 경우에는 100kW 이상) 또는 그 발전기의 베어링의 온도가 현저히 상승한 경우
> ㉲ 용량이 2,000kVA 이상의 발전기의 내부에 고장이 생긴 경우
> ㉳ 내연기관의 냉각수 온도가 현저히 상승한 경우 또는 냉각수의 공급이 정지된 경우
> ㉴ 내연기관의 윤활유 압력이 현저히 저하한 경우
> ㉵ 내연력 발전소의 제어회로 전압이 현저히 저하한 경우
> ㉶ 시가지 그 밖에 인가 밀집지역에 시설하는 것으로서 정격 출력이 10kW 이상의 풍차의 중요한 베어링 또는 그 부근의 축에서 회전중에 발생하는 진동의 진폭이 현저히 증대된 경우

㉡ 다음의 경우에 연료전지를 자동적으로 전로로부터 차단하여 연료전지, 연료 개질계통 설비 및 연료기화기에의 연료의 공급을 자동적으로 차단하고 또한 연료전지 및 연료 개질계통 설비의 내부의 연료가스를 자동적으로 배제하는 장치를 시설할 것

㉮ 발전소의 운전제어장치에 이상이 생긴 경우
㉯ 발전소의 제어용 압유장치의 유압, 압축공기장치의 공기압 또는 전동식 제어장치의 전원전압이 현저히 저하한 경우

ⓓ 설비 내의 연료가스를 배제하기 위한 불활성 가스 등의 공급압력이 현저히 저하한 경우

ⓒ 다음의 발전소에서는 발전제어소에 경보하는 장치를 시설할 것. 다만, 수력발전소 또는 풍력발전소의 발전기 및 변압기를 전로에서 자동적으로 차단하고 또한 수차 또는 풍차를 자동적으로 정지하는 장치를 시설하는 경우에는 발전제어소에 경보하는 장치의 시설을 하지 아니하여도 된다.

> ㉮ 원동기가 자동정지한 경우
> ㉯ 운전조작에 필요한 차단기가 자동적으로 차단된 경우(차단기가 자동적으로 재폐로된 경우를 제외한다)
> ㉰ 수력발전소 또는 풍력발전소의 제어회로 전압이 현저히 저하한 경우
> ㉱ 특고압용의 타냉식변압기(他冷式變壓器)의 온도가 현저히 상승한 경우 또는 냉각장치가 고장인 경우
> ㉲ 발전소 안에 화재가 발생한 경우
> ㉳ 내연기관의 연료유면(燃料油面)이 이상 저하된 경우
> ㉴ 가스절연기기(압력의 저하에 따라 절연파괴 등이 생길 우려가 없는 것을 제외한다)의 절연가스의 압력이 현저히 저하한 경우

ⓓ 제1항 제2호의 발전소에 대하여는 발전제어소에 다음의 장치를 시설할 것. 다만, "라"의 차단기중 자동재폐로 장치를 한 고압 또는 25kV 이하인 특고압의 배전선로용의 것은 이를 조작하는 장치의 시설을 하지 아니하여도 된다.

> ㉮ 원동기 및 발전기, 연료전지 또는 태양전지 모듈(복수의 태양전지 모듈을 시설하는 경우에는 그 집합체)의 부하를 조정하는 장치
> ㉯ 운전 및 정지를 조작하는 장치 및 감시하는 장치
> ㉰ 운전조작에 상시 필요한 차단기를 조작하는 장치 및 개폐상태를 감시하는 장치
> ㉱ 고압 또는 특고압의 배전선로용 차단기를 조작하는 장치 및 개폐를 감시하는 장치

13. 상주 감시를 하지 아니하는 변전소의 시설

① 변전소(이에 준하는 곳으로서 50kV를 초과하는 특고압의 전기를 변성하기 위한 것을 포함한다. 이하 이 조에서 같다)의 운전에 필요한 지식 및 기능을 가진 자(이하 이 조에서 "기술원"이라고 한다)가 그 변전소에 상주하여 감시를 하지 아니하는 변전소는 다음에 따라 시설하는 경우에 한 한다.

ⓐ 사용전압이 170kV 이하의 변압기를 시설하는 변전소로서 기술원이 수시로 순회하거나 그 변전소를 원격감시 제어하는 제어소(이하 이 조 및 제153조에서 "변전제어소"라 한다)에서 상시 감시하는 경우

ⓑ 사용전압이 170kV를 초과하는 변압기를 시설하는 변전소로서 변전제어소에서 상시 감시하는 경우

② 변전소는 다음에 따라 시설하여야 한다. ★출제Point 변전소의 시설 정리

ⓐ 다음의 경우에는 변전제어소 또는 기술원이 상주하는 장소에 경보장치를 시설할 것

> ㉮ 운전조작에 필요한 차단기가 자동적으로 차단한 경우(차단기가 재폐로한 경우를 제외한다)
> ㉯ 주요 변압기의 전원측 전로가 무전압으로 된 경우
> ㉰ 제어회로의 전압이 현저히 저하한 경우
> ㉱ 옥내변전소에 화재가 발생한 경우
> ㉲ 출력 3,000kVA를 초과하는 특고압용 변압기는 그 온도가 현저히 상승한 경우
> ㉳ 특고압용 타냉식변압기는 그 냉각장치가 고장 난 경우
> ㉴ 조상기는 내부에 고장이 생긴 경우
> ㉵ 수소냉각식 조상기는 그 조상기안의 수소의 순도가 90% 이하로 저하한 경우, 수소의 압력이 현저히 변동한 경우 또는 수소의 온도가 현저히 상승한 경우
> ㉶ 가스절연기기(압력의 저하에 의하여 절연파괴 등이 생길 우려가 없는 경우를 제외한다)의 절연가스의 압력이 현저히 저하한 경우

ⓑ 수소냉각식 조상기를 시설하는 변전소는 그 조상기 안의 수소의 순도가 85% 이하로 저하한 경우에 그 조상기를 전로로부터 자동적으로 차단하는 장치를 시설할 것

ⓒ 전기철도용 변전소는 주요 변성기기에 고장이 생긴 경우 또는 전원측 전로의 전압이 현저히 저하한 경우에 그 변성기기를 자동적으로 전로로부터 차단하는 장치를 할 것. 다만, 경미한 고장이 생긴 경우에 기술원주재소에 경보하는 장치를 하는 때에는 그 고장이 생긴 경우에 자동적으로 전로로부터 차단하는 장치의 시설을 하지 아니하여도 된다.

③ 변전소는 2 이상의 신호전송경로[적어도 1경로가 무선, 전력선(특고압 전선에 의하는 것에 한한다) 통신용 케이블 또는 광섬유 케이블인 것에 한한다]에 의하여 원격감시 제어하도록 시설하여야 한다.

CHAPTER 03

전 선 로

1. 통칙

(1) 전파장해의 방지

① 가공전선로는 무선설비의 기능에 계속적이고 또한 중대한 장해를 주는 전파를 발생할 우려가 있는 경우에는 이를 방지하도록 시설하여야 한다.

② 1kV초과의 가공전선로에서 발생하는 전파장해 측정용 루우프안테나의 중심은 가공전선로의 최외측 전선의 직하로부터 가공전선로와 직각방향으로 외측 15m 떨어진 지점의 지표상 2m에 있게 하고 안테나의 방향은 잡음 전계강도가 최대로 되도록 조정하며 측정기의 기준 측정주파수는 0.5MHz±0.1MHz 범위에서 방송주파수를 피하여 정한다.

③ 1kV 초과의 가공전선로에서 발생하는 전파의 허용한도는 531kHz에서 1,602kHz까지의 주파수대에서 신호대잡음비(SNR)가 24dB 이상 되도록 가공전선로를 설치해야하며 잡음강도(N)는 청명시의 준첨두치(Q.P.)로 측정하되 장기간 측정에 의한 통계적 분석이 가능하고 정규분포에 해당 지역의 기상조건이 반영될 수 있도록 충분한 주기로 샘플링 데이터를 얻어야 하고 또한 지역별 여건을 고려하지 않은 단일 기준으로 전파장해를 평가할 수 있도록 신호강도(S)는 저잡음지역의 방송전계강도인 71dBμV/m(전계강도)로 한다.

★출제Point 전파장해의 방지 3 정리

(2) 가공전선 및 지지물의 시설

① 가공전선로의 지지물은 다른 가공전선, 가공약전류전선, 가공광섬유케이블, 약전류전선 또

제 6 편

는 광섬유케이블 사이를 관통하여 시설하여서는 아니 된다.

② 가공전선은 다른 가공전선로, 가공전차전로, 가공약전류전선로 또는 가공광섬유케이블선로의 지지물을 사이에 두고 시설하여서는 아니 된다.

③ 가공전선과 다른 가공전선, 가공약전류전선, 가공광섬유케이블 또는 가공전차선을 동일 지지물에 시설하는 경우에는 제1항 및 제2항에 의하지 아니할 수 있다.

(3) 가공전선의 분기

가공전선의 분기는 시설하는 경우 또는 분기점에서 전선에 장력이 가하여지지 않도록 시설하는 경우 이외에는 그 전선의 지지점에서 하여야 한다.

(4) 가공전선로 지지물의 승탑 및 승주방지

가공전선로의 지지물에 취급자가 오르고 내리는데 사용하는 발판 볼트 등을 지표상 1.8m 미만에 시설하여서는 아니 된다. 다만, 다음의 어느 하나에 해당되는 경우에는 그러하지 아니하다.

> 1. 발판 볼트 등을 내부에 넣을 수 있는 구조로 되어 있는 지지물에 시설하는 경우
> 2. 지지물에 승탑 및 승주 방지장치를 시설하는 경우
> 3. 지지물 주위에 취급자 이외의 자가 출입할 수 없도록 울타리·담 등의 시설을 하는 경우
> 4. 지지물이 산간(山間) 등에 있으며 사람이 쉽게 접근할 우려가 없는 곳에 시설하는 경우

(5) 옥외 H형 지지물의 주상설비 시설

고압 또는 특고압 옥외 H형 지지물에 가대 등을 시설하여 주상설비를 시설할 경우에는 점검 및 작업을 안전하게 할 수 있도록 하여야 한다.

(6) 풍압하중의 종별과 적용

① 가공 전선로에 사용하는 지지물의 강도 계산에 적용하는 풍압 하중은 다음의 3종으로 한다.
　㉠ 갑종 풍압하중
　　구성재의 수직 투영면적 1㎡에 대한 풍압을 기초로 하여 계산한 것

ⓛ 을종 풍압하중

전선 기타의 가섭선(架涉線) 주위에 두께 6mm, 비중 0.9의 빙설이 부착된 상태에서 수직 투영면적 372Pa(다도체를 구성하는 전선은 333Pa), 그 이외의 것은 풍압의 1/2을 기초로 하여 계산한 것

ⓒ 병종 풍압하중

풍압의 1/2을 기초로 하여 계산한 것

② 풍압은 가공전선로의 지지물의 형상에 따라 다음과 같이 가하여 지는 것으로 한다.

ⓐ 단주형상의 것

가. 전선로와 직각의 방향에서는 지지물·가섭선 및 애자장치에 제1항의 풍압의 1배

나. 전선로의 방향에서는 지지물·애자장치 및 완금류에 제1항의 풍압에 1배

ⓑ 기타 형상의 것

가. 전선로와 직각의 방향에서는 그 방향에서의 전면 결구(結構)·가섭선 및 애자장치에 제1항의 풍압의 1배

나. 전선로의 방향에서는 그 방향에서의 전면 결구 및 애자장치에 제1항의 풍압의 1배

③ 풍압하중의 적용은 다음에 따른다.

ⓐ 빙설이 많은 지방 이외의 지방에서는 고온계절에는 갑종 풍압하중, 저온계절에는 병종 풍압하중

ⓑ 빙설이 많은 지방(제3호의 지방은 제외한다)에서는 고온계절에는 갑종 풍압하중, 저온계절에는 을종 풍압 하중

ⓒ 빙설이 많은 지방 중 해안지방 기타 저온계절에 최대풍압이 생기는 지방에서는 고온계절에는 갑종 풍압하중, 저온계절에는 갑종 풍압하중과 을종 풍압하중 중 큰 것

④ 인가가 많이 연접되어 있는 장소에 시설하는 가공전선로의 구성재 중 다음의 풍압하중에 대하여는 갑종 풍압하중 또는 을종 풍압하중 대신에 병종 풍압하중을 적용할 수 있다.

ⓐ 저압 또는 고압 가공전선로의 지지물 또는 가섭선

ⓑ 사용전압이 35kV 이하의 전선에 특고압 절연전선 또는 케이블을 사용하는 특고압 가공전선로의 지지물, 가섭선 및 특고압 가공전선을 지지하는 애자장치 및 완금류

★출제Point 풍압하중의 종별과 적용 주의

(7) 가공전선로 지지물의 기초의 안전율

가공전선로의 지지물에 하중이 가하여지는 경우에 그 하중을 받는 지지물의 기초의 안전율은

2(제117조 제1항에 규정하는 이상 시 상정하중이 가하여지는 경우의 그 이상 시 상정하중에 대한 철탑의 기초에 대하여는 1.33) 이상이어야 한다. 다만, 다음에 따라 시설하는 경우에는 그러하지 아니하다.

   ㉠ 강관을 주체로 하는 철주(이하 "강관주"라 한다.) 또는 철근 콘크리트주로서 그 전체길이가 16m 이하, 설계하중이 6.8kN 이하인 것 또는 목주를 다음에 의하여 시설하는 경우

     ㉮ 전체의 길이가 15m 이하인 경우는 땅에 묻히는 깊이를 전체길이의 1/6 이상으로 할 것

     ㉯ 전체의 길이가 15m을 초과하는 경우는 땅에 묻히는 깊이를 2.5m 이상으로 할 것

     ㉰ 논이나 그 밖의 지반이 연약한 곳에서는 견고한 근가(根架)를 시설할 것

   ㉡ 철근 콘크리트주로서 그 전체의 길이가 16m 초과 20m 이하이고, 설계하중이 6.8kN 이하의 것을 논이나 그 밖의 지반이 연약한 곳 이외에 그 묻히는 깊이를 2.8m 이상으로 시설하는 경우

   ㉢ 철근 콘크리트주로서 전체의 길이가 14m 이상 20m 이하이고, 설계하중이 6.8kN 초과 9.8kN 이하의 것을 논이나 그 밖의 지반이 연약한 곳. 이외에 시설하는 경우 그 묻히는 깊이는 제1호 "가" 및 "나"에 의한 기준보다 30㎝를 가산하여 시설하는 경우

   ㉣ 철근 콘크리트주로서 그 전체의 길이가 14m 이상 20m 이하이고, 설계하중이 9.81kN 초과 14.72kN 이하의 것을 논이나 그 밖의 지반이 연약한 곳 이외에 다음과 같이 시설하는 경우

     1. 전체의 길이가 15m 이하인 경우에는 그 묻는 깊이를 제1호 "가"에 규정한 기준보다 50㎝를 더한 값 이상으로 할 것

     2. 전체의 길이가 15m 초과 18m 이하인 경우에는 그 묻히는 깊이를 3m 이상으로 할 것

     3. 전체의 길이가 18m을 초과하는 경우에는 그 묻히는 깊이를 3.2m 이상으로 할 것

(8) 철주 또는 철탑의 구성 등

① 가공 전선로의 지지물로 사용하는 철주 또는 철탑은 다음 제1호부터 제3호까지에서 정하는 표준에 적합한 강판(鋼板)·형강(形鋼)·평강(平鋼)·봉강(棒鋼)(볼트재를 포함한다. 이하 같다)·강관(鋼管)(콘크리트 또는 몰탈을 충전한 것을 포함한다. 이하 같다) 또는 리벳재로서 구성하여야 한다. 다만, 강관주로서 제4호에서 정하는 표준에 적합한 것을 가공전선로의 지지물로 사용하는 경우에는 그러하지 아니하다.

   ㉠ 철주 또는 철탑을 구성하는 강판(鋼板)·형강(形鋼)·평강(平鋼)·봉강(棒鋼)의 표준은 다음과 같다.

㉮ 강재는 다음 중 어느 하나에 의할 것

> 1. KS D 3503(2008)에 규정하는 "일반구조용 압연강재" 중 SS400, SS490 또는 SS540
> 2. KS D 3515(2008)에 규정하는 "용접구조용 압연강재"
> 3. KS D 3529(2008)에 규정하는 "용접구조용 내후성(耐候性) 열간 압연강재"
> 4. KS D 3752(2007)에 규정하는 "기계구조용 탄소강재" 중 SM 55C
> 5. KS D 3707(1982)에 규정하는 "크롬 강재" 중 SCr 430
> 6. KS D 3711(1982)에 규정하는 "크롬몰리브덴강 강재" 중 SCM 435

㉯ 두께는 다음 값 이상의 것일 것

> 1. 철주의 주주재(主柱材)(완금주재를 포함한다. 이하 이 조에서 같다)로 사용하는 것은 4mm
> 2. 철탑의 주주재로 사용하는 것은 5mm
> 3. 기타의 부재로 사용하는 것은 3mm

㉰ 압축재의 세장비(細長比)는 주주재로 사용하는 것은 200 이하, 주주재 이외의 압축재(보조재를 제외한다.)로 사용하는 것은 220 이하, 보조재(압축재로 사용하는 것에 한한다)로 사용하는 것은 250 이하일 것

ⓛ 철주 또는 철탑을 구성하는 강관의 표준은 다음과 같다.

㉮ 강재는 다음 중 어느 하나에 의할 것

> 1. KS D 3515(2008)에 규정하는 "용접구조용 압연강재"를 관상으로 용접한 것
> 2. KS D 3566(2007)에 규정하는 "일반구조용 탄소강 강관" 중 STK 400, STK 490 또는 STK 540
> 3. KS D 3780(2006)에 규정하는 "철탑용 고장력강 강관"

㉯ 두께는 다음 값 이상일 것

> 1. 철주의 주주재로 사용하는 것은 2mm
> 2. 철탑의 주주재로 사용하는 것은 2.4mm
> 3. 기타의 부재(部材)로 사용하는 것은 1.6mm

㉰ 압축재의 세장비는 주주재로 사용하는 것은 200 이하, 주주재 이외의 압축재(보조재를 제외한다)로 사용하는 것은 220 이하, 보조재(압축재로 사용하는 것에 한한다)로 사용하는 것은 250 이하일 것

      ㉣ 콘크리트를 충전하는 경우의 콘크리트의 배합은 단위 시멘트량이 35 kg 이상이고 또한 물과 시멘트 비율이 50% 이하인 것일 것

      ㉤ 몰탈을 충전하는 경우의 몰탈의 배합은 단위 시멘트량이 810kg 이상이며, 또한 물과 시멘트 비율이 50% 이하의 것일 것

   ⓒ 철주 또는 철탑을 구성하는 리벳재의 표준은 KS D 3557(2007)에 규정하는 "리벳용 원형강" 중 SV 400에 관계되는 것으로 한다.

   ⓔ 강관주의 표준은 다음과 같다.

      ㉮ 강관은 다음 중 어느 하나에 의할 것

      ㉯ 강관의 두께는 2.3mm 이상일 것

      ㉰ 강관은 그 안쪽면 및 외면에 녹이 슬지 아니하도록 도금 또는 도장을 한 것일 것

      ㉱ 완성품은 주의 밑 부분으로부터 전체길이의 1/6(2.5m을 초과하는 경우에는 2.5m)까지의 관에 변형이 생기지 아니하도록 고정시키고 꼭대기 부분에서 30㎝의 점에서 주의 축에 직각으로 설계하중의 3배의 하중을 가하였을 때에 이에 견디는 것일 것

② 강판·형강·평강·봉강·강관 및 리벳재의 허용 응력은 다음과 같다.

   ㉠ 철주 또는 철탑을 구성하는 강판·형강·평강·봉강 및 강관의 허용응력은 다음과 같다.

      ㉮ 허용인장응력·허용압축응력·허용굽힘응력·허용전단응력 및 허용지압응력은 다음의 표에서 정한 값일 것

※ 허용능력

허용응력의 종류		허용응력((N/mm²)	
허용인장 응력	$\frac{1}{1.5}\sigma_Y \leq \frac{0.7}{1.5}\sigma_B$의 경우	$\frac{1}{1.5}\sigma_Y$	
	$\frac{1}{1.5}\sigma_Y \leq \frac{0.7}{1.5}\sigma_B$의 경우	$\frac{1}{1.5}\sigma_B$	
허용압축응력 또는 허용굽힘응력		$\frac{1}{1.5}\sigma_Y$	
허용전단 응력	$\frac{1}{1.5}\sigma_Y \leq \frac{0.7}{1.5}\sigma_B$의 경우	$\frac{1}{1.5\sqrt{3}}\sigma_Y$	KS D 3503에 규정한 일반구조용 압연강재 중 SS 400 또는 SS 490을 볼트재에 사용하는 경우에는 1.25배의 값
	$\frac{1}{1.5}\sigma_Y \leq \frac{0.7}{1.5}\sigma_B$의 경우	$\frac{1}{1.5\sqrt{3}}\sigma_B$	
허용지압응력		$1.1\sigma_Y$	

※ 1. σ_Y는 강재의 항복점(N/mm²를 단위로 한다)
   2. σ_B는 강재의 인장강도(N/mm²를 단위로 한다)

㉯ 허용좌굴응력(許容挫屈應力)은 다음 계산식으로 계산한 값일 것. 다만, 편플랜지 접합산형구조재(接合山形構造材)로 사용하는 경우에 다음 계산식에 의하여 계산한 값이 허용좌굴응력의 상한치를 초과하는 때에는 그 상한치로 한다.

ⓐ $0 < \lambda_\chi < \Lambda$의 경우

$$\sigma Ka = \sigma Ka_0 - K_1 \left[\frac{\lambda\chi}{100} \right]$$

ⓑ $\lambda_\chi \geqq \Lambda$의 경우

$$\sigma Ka = \frac{93}{\left(\frac{\lambda\chi}{100} \right)^2}$$

λ_χ는 부재의 유효세장비로 다음 계산식에 의하여 계산한 값

$$\lambda\chi = \frac{lK}{\gamma}$$

lk : 부재의 유효좌굴장(有效挫屈長)으로 부재의 지지점 간 거리(㎝를 단위로 한다) 다만, 부재의 지지점의 상태에 따라서 주주재에 있어서는 부재의 지지점 간 거리의 0.9배, 복재(腹材)에 있어서는 부재의 지지점 간 거리의 0.8배(철주의 복재로 지지점의 양쪽 끝이 용접되어 있는 것에 있어서는 0.7배)까지로 할 수 있다.

γ : 부재의 단면의 회전반경(㎝를 단위로 한다) 다만, 콘크리트(몰탈을 포함한다. 이하 이 항에서 같다)를 충전한 강관은 부재의 단면의 등가회전 반경으로 할 수 있다.

σKa : 부재의 허용좌굴응력[부재의 유효단면적(콘크리트를 충전한 강관은 등가유효단면적)에 대하여 N/㎟를 단위로 한다]

$\Lambda \cdot \sigma Ka \cdot K_1$ 및 K_2 : 구성재의 구분재 및 항복점에 따라 각각 [표 64-2]의 값

㉰ 제2호의 경우에 콘크리트를 충전한 강관부재의 허용좌굴응력의 계산에 사용되는 등가회전반경은 다음 "ⓐ"의 계산식, 등가유효단면적은 다음"ⓑ"의 계산식에 의한다.

1. $$\gamma = \sqrt{\frac{I_s + \frac{1}{8} I_c}{A_s + \frac{1}{8} A_c}}$$

$$2. \ A = A_s + \frac{1}{8}A_c$$

   γ : 등가회전 반지름(㎝를 단위로 한다)

   A : 등가단면적(㎠를 단위로 한다)

   Is : 강관의 단면 2차 모멘트(㎝⁴를 단위로 한다)

   Ic : 콘크리트의 단면 2차 모멘트(㎝⁴를 단위로 한다)

   As : 강관의 단면적(㎠를 단위로 한다)

   Ac : 콘크리트의 단면적(㎠를 단위로 한다)

  ⓛ 철주 또는 철탑을 구성하는 리벳재의 허용응력은 다음과 같다.

   ㉮ 허용전단응력은 107N/㎟ 일 것

   ㉯ 허용지압응력은 245N/㎟ 일 것

(9) 철근 콘크리트주의 구성 등

① 가공전선로의 지지물로 사용되는 철근 콘크리트주는 콘크리트 및 다음에서 정하는 표준에 적합한 형강·평강 또는 봉강으로 구성하여야 한다. 다만, 공장제조 철근 콘크리트주 또는 강관을 조합한 철근 콘크리트주(이하 "복합 철근 콘크리트주"라고 한다)로서 다음에서 정하는 표준에 적합한 것을 가공전선로의 지지물로 사용하는 경우에는 그러하지 아니하다.

 ㉠ 철근 콘크리트주를 구성하는 평강 및 봉강의 표준은 다음에 의할 것

  ㉮ KS D 3503(2008)에 규정하는 "일반구조용 압연강재" 중 SS,400 또는 SS,490

  ㉯ KS D 3504(2007)에 규정하는 "철근 콘크리트용 봉강" 중 열간 압연봉강 또는 열간압연이형봉강(SD 20A, SD 30B, SD 35에 한한다)

 ㉡ 공장제조 철근 콘크리트주의 표준은 KS F 4304(2002) "프리텐션방식 원심력 PC전주"의 "4.2 휨강도", "6. 재료", "7. 제조방법" 및 "8. 휨강도의 시험방법"의 1종에 관계되는 것으로 한다.

 ㉢ 복합 철근 콘크리트주의 표준은 다음과 같다.

  ㉮ 강관은 다음 중 어느 하나에 의할 것

1. KS D 3503(2008)에 규정하는 "일반구조용 압연강재" 중 SS 400, SS 490 또는 SS 540 을 관상으로 용접한 것

2. KS D 3515(2008)에 규정하는 "용접구조용 압연강재"

3. KS D 3566(2007)에 규정하는 "일반구조용 탄소강관" 중 STK 400, STK 490 또는 STK 500

4. KS D 3517(2008)에 규정하는 "기계구조용 탄소강관" 중 13종·14종·15종·16종 또는 17종

5. 규소가 0.4 % 이하, 인이 0.06 % 이하 및 유황이 0.06% 이하인 강으로서 인장강도가 539N/㎟ 이상, 항복점이 392N/㎟ 및 신장률이 8% 이상인 것을 관상으로 용접한 것

㉯ 강관의 두께는 1㎜ 이상일 것

㉰ 철근 콘크리트는 KS F 4304(2007) "프리텐션방식 원심력 PC전주"의 "6. 재료" 및 "7. 제조방법"에 적합한 것일 것

㉱ 완성품은 주의 밑 부분으로부터 1/6(2.5m을 초과하는 경우에는 2.5m)까지를 관에 변형이 생기지 아니하도록 고정시키고 꼭대기부분으로부터 30㎝의 점에서 주의 축에 직각으로 설계하중의 2배의 하중을 가하였을 때에 이에 견디는 것일 것

(10) 목주의 강도 계산

가공 전선로의 지지물로 사용하는 목주의 가공 전선로와 직각 방향의 풍압 하중에 대한 강도 계산 방법은 다음과 같다.

㉠ 저압 또는 고압의 가공전선로의 경우에는 다음에 의할 것

㉮ 지선이 없는 단주

$$\frac{P}{F} \geq 10K\frac{30D_0H^2 - 18H^3 + S(\Sigma 7.6dh)}{(D_0')^3}$$

S : 양측경간의 2분의 1을 더한 것(m를 단위로 한다)

d : 전선 기타의 가섭선에 바깥지름(㎜를 단위로 하고 을종 풍압하중의 경우에는 빙설 이 부착한 값으로 한다)

h : 전선 기타의 가섭선 지지점 간의 지표상 높이(m을 단위로 한다)

H : 목주의 지표상 높이(m를 단위로 한다)

D₀ : 지표면의 목주지름(㎝를 단위로 한다)으로 다음 계산식에 의하여 계산한 값(㎝를 단위로 한다)

$D_0 = D + 0.9H$

D : 목주의 말구(㎝를 단위로 한다)

D₀′ : 지표면에서 목주가 부식되어 있는 경우에 지표면의 단면적에서 그 부식된 부분을 뺀 면적의 목주 원지름(㎝를 단위로 한다)

P : 목주의 굽힘에 대한 파괴강도

(11) 지선의 시설

① 가공전선로의 지지물로 사용하는 철탑은 지선을 사용하여 그 강도를 분담시켜서는 아니 된다.

② 가공전선로의 지지물로 사용하는 철주 또는 철근 콘크리트주는 지선을 사용하지 아니하는 상태에서 1/2 이상의 풍압하중에 견디는 강도를 가지는 경우 이외에는 지선을 사용하여 그 강도를 분담시켜서는 아니 된다.

③ 가공전선로의 지지물에 시설하는 지선은 다음 각 호에 따라야 한다.

㉠ 지선의 안전율은 2.5(제6항에 의하여 시설하는 지선은 1.5) 이상일 것. 이 경우에 허용 인장하중의 최저는 4.31kN으로 한다.

㉡ 지선에 연선을 사용할 경우에는 다음에 의할 것

가. 소선(素線) 3가닥 이상의 연선일 것
나. 소선의 지름이 2.6㎜ 이상의 금속선을 사용한 것일 것. 다만, 소선의 지름이 2㎜ 이상인 아연도강연선(亞鉛鍍鋼然線)으로서 소선의 인장강도가 $0.68kN/㎟$ 이상인 것을 사용하는 경우에는 그러하지 아니하다.

㉢ 지중부분 및 지표상 30㎝까지의 부분에는 내식성이 있는 것 또는 아연도금을 한 철봉을 사용하고 쉽게 부식되지 아니하는 근가에 견고하게 붙일 것. 다만, 목주에 시설하는 지선에 대해서는 그러하지 아니하다.

㉣ 지선근가는 지선의 인장하중에 충분히 견디도록 시설할 것

④ 도로를 횡단하여 시설하는 지선의 높이는 지표상 5m 이상으로 하여야 한다. 다만, 기술상 부득이한 경우로서 교통에 지장을 초래할 우려가 없는 경우에는 지표상 4.5m 이상, 보도의 경우에는 2.5m 이상으로 할 수 있다.

⑤ 저압 및 고압 또는 제135조에 의한 25kV 미만인 특고압 가공전선로의 지지물에 시설하는 지선으로서 전선과 접촉할 우려가 있는 것에는 그 상부에 애자를 삽입하여야 한다. 다만, 저압 가공전선로의 지지물에 시설하는 지선을 논이나 습지 이외의 장소에 시설하는 경우에는 그러하지 아니하다.

⑥ 고압 가공전선로 또는 특고압 전선로의 지지물로 사용하는 목주·A종 철주 또는 A종 철근 콘크리트주(이하 이 조에서 "목주 등"이라 한다)에는 다음에 따라 지선을 시설하여야 한다.

　㉠ 전선로의 직선 부분(5도 이하의 수평각도를 이루는 곳을 포함한다)에서 그 양쪽의 경간 차가 큰 곳에 사용하는 목주 등에는 양쪽의 경간 차에 의하여 생기는 불평균 장력에 의한 수평력에 견디는 지선을 그 전선로의 방향으로 양쪽에 시설할 것

　㉡ 전선로 중 5도를 초과하는 수평각도를 이루는 곳에 사용하는 목주 등에는 전 가섭선(全架涉線)에 대하여 각 가섭선의 상정 최대장력에 의하여 생기는 수평횡분력(水平橫分力)에 견디는 지선을 시설할 것

　㉢ 전선로 중 가섭선을 인류(引留)하는 곳에 사용하는 목주 등에는 전 가섭선에 대하여 각 가섭선의 상정 최대장력에 상당하는 불평균 장력에 의한 수평력에 견디는 지선을 그 전선로의 방향에 시설할 것

⑦ 가공전선로의 지지물에 시설하는 지선은 이와 동등 이상의 효력이 있는 지주로 대체할 수 있다.

2. 저압 및 고압의 가공전선로

(1) 가공 약전류전선로의 유도장해 방지

① 저압 가공전선로(전기철도용 급전선로는 제외한다) 또는 고압 가공전선로(전기철도용 급전선로는 제외한다)와 기설 가공약전류전선로가 병행하는 경우에는 유도작용에 의하여 통신상의 장해가 생기지 아니하도록 전선과 기설 약전류 전선간의 이격거리는 2m 이상이어야 한다. 다만, 저압 또는 고압의 가공전선이 케이블인 경우 또는 가공약전류 전선로의 관리자의 승낙을 받은 경우에는 그러하지 아니하다.

② 시설하더라도 기설 가공약전류전선로에 장해를 줄 우려가 있는 경우에는 다음 중 한 가지 또는 두 가지 이상을 기준으로 하여 시설하여야 한다.

1. 가공전선과 가공약전류 전선간의 이격거리를 증가시킬 것
2. 교류식 가공전선로의 경우에는 가공전선을 적당한 거리에서 연가할 것
3. 가공전선과 가공약전류전선 사이에 인장강도 5.26kN 이상의 것 또는 지름 4㎜ 이상인 경동선의 금속선 2가닥 이상을 시설하고 이에 제3종 접지공사를 할 것

(2) 가공케이블의 시설

① 저압 가공전선[저압옥측전선로(저압의 인입선 및 연접인입선의 옥측 부분을 제외한다. 이하 이 장에서 같다) 또는 시설하는 저압 전선로에 인접하는 1경간의 전선, 가공 인입선 및 연접 인입선의 가공부분을 제외한다. 이하 이 절에서 같다] 또는 고압 가공전선[고압 옥측 전선로(고압 인입선의 옥측부분을 제외한다. 이하 이 장에서 같다) 또는 제151조 제2항의 규정에 의하여 시설하는 고압 전선로에 인접하는 1경간의 전선 및 가공 인입선을 제외한다. 이하 이 절에서 같다]에 케이블을 사용하는 경우에는 다음에 따라 시설하여야 한다.

㉠ 케이블은 조가용선에 행거로 시설할 것. 이 경우에는 사용전압이 고압인 때에는 그 행거의 간격을 50㎝ 이하로 시설하여야 한다.

㉡ 조가용선은 인장강도 5.93kN 이상의 것 또는 단면적 22㎟ 이상인 아연도강연선일 것

㉢ 조가용선 및 케이블의 피복에 사용하는 금속체에는 제3종 접지공사를 할 것. 다만, 저압 가공전선에 케이블을 사용하고 조가용선에 절연전선 또는 이와 동등 이상의 절연내력이 있는 것을 사용할 때에 조가용선에 제3종 접지공사를 하지 아니할 수 있다.

㉣ 고압 가공전선에 케이블을 사용하는 경우의 조가용선은 제71조 제1항의 규정에 준하여 시설할 것. 이 경우에 조가용선의 중량 및 조가용선에 대한 수평풍압에는 각각 케이블의 중량[제71조 제1항 제2호 또는 제3호에 규정하는 빙설이 부착한 경우에는 그 피빙전선(被氷電線)의 중량] 및 케이블에 대한 수평풍압(제71조 제1항 제2호 또는 제3호에 규정하는 빙설이 부착한 경우에는 그 피빙전선에 대한 수평풍압)을 가산한다.

② 조가용선의 케이블에 접촉시켜 그 위에 쉽게 부식하지 아니하는 금속 테이프 등을 20㎝ 이하의 간격을 유지하며 나선상으로 감는 경우, 조가용선을 케이블의 외장에 견고하게 붙이는 경우 또는 조가용선과 케이블을 꼬아 합쳐 조가하는 경우에 그 조가용선이 인장강도 5.93kN 이상의 금속선의 것 또는 단면적 22㎟ 이상인 아연도강연선의 경우에는 제1항 제1호 및 제2호의 규정에 의하지 아니할 수 있다.

③ 고압 가공전선에 반도전성 외장 조가용 고압케이블을 사용하는 경우는 제1항 제2호부터 제4호까지의 규정에 준하여 시설하는 이외에 조가용선을 반도전성 외장조가용 고압 케이블에 접속시켜 그 위에 쉽게 부식하지 아니하는 금속 테이프를 6㎝ 이하의 간격을 유지하면서 나선상으로 감아 시설하여야 한다.

④ 제3항에서 규정하는 반도전성 외장 조가용 고압케이블은 KS C IEC 60502에 적합한 것이어야 한다.

(3) 저고압 가공전선의 굵기 및 종류

① 저압 가공전선은 나전선(중성선 또는 다중접지된 접지측 전선으로 사용하는 전선에 한한다), 절연전선, 다심형 전선 또는 케이블을, 고압 가공전선은 고압 절연전선, 특고압 절연전선, 또는 케이블(제69조 제3항에 규정하는 반도전성 외장 조가용 고압 케이블을 포함한다. 이하 이 절 및 제102조에서 같다)을 사용하여야 한다.

② 사용전압이 400V 미만인 저압 가공전선은 케이블인 경우를 제외하고는 인장강도 3.43kN 이상의 것 또는 지름 3.2㎜(절연전선인 경우는 인장강도 2.3kN 이상의 것 또는 지름 2.6㎜ 이상의 경동선) 이상의 것이어야 한다.

③ 사용전압이 400V 이상인 저압 가공전선 또는 고압 가공전선은 케이블인 경우 이외에는 시가지에 시설하는 것은 인장강도 8.01kN 이상의 것 또는 지름 5㎜ 이상의 경동선, 시가지 외에 시설하는 것은 인장강도 5.26kN 이상의 것 또는 지름 4㎜ 이상의 경동선이어야 한다.

④ 사용전압이 400V 이상인 저압 가공전선에는 인입용 비닐절연전선 또는 다심형 전선을 사용하여서는 아니 된다.

⑤ 사용전압이 400V 미만인 저압 가공전선에 다심형 전선을 사용하는 경우에 그 절연물로 피복되어 있지 아니한 도체는 제2종 접지공사를 한 중성선이나 접지측 전선 또는 제3종 접지공사를 한 조가용선으로 사용하여야 한다.

★출제Point 저고압 가공전선의 굵기 및 종류 정리

(4) 저고압 가공전선의 안전율

① 고압 가공전선은 케이블인 경우 이외에는 다음에 규정하는 경우에 그 안전율이 경동선 또는 내열 동합금선은 2.2 이상, 그 밖의 전선은 2.5 이상이 되는 이도(弛度)로 시설하여야 한다.

1. 빙설(氷雪)이 많은 지방 이외의 지방에서는 그 지방의 평균온도에서 전선의 중량과 그 전선의 수직 투영면적 1㎡에 대하여 745Pa의 수평풍압과의 합성하중을 지지하는 경우 및 그 지방의 최저온도에서 전선의 중량과 그 전선의 수직 투영면적 1㎡에 대하여 372Pa의 수평풍압과의 합성하중을 지지하는 경우

2. 빙설이 많은 지방(제3호의 지방을 제외한다)에서는 그 지방의 평균온도에서 전선의 중량과 그 전선의 수직 투영면적 1㎡에 대하여 745Pa의 수평풍압과의 합성하중을 지지하는 경우 및 그 지방의 최저온도에서 전선의 주위에 두께 6㎜, 비중 0.9의 빙설이 부착한 때의 전선 및 빙설의 중량과 그 피빙전선의 수직 투영면적 1㎡에 대하여 372Pa의 수평풍압과의 합성하중을 지지하는 경우

3. 빙설이 많은 지방 중 해안지방, 기타 저온계절에 최대풍압이 생기는 지방에서는 그 지방의 평균온도에서 전선의 중량과 그 전선의 수직 투영면적 1㎡에 대하여 745Pa의 수평풍압과의 합성하중을 지지하는 경우 및 그 지방의 최저온도에서 전선의 중량과 그 전선의 수직 투영면적 1㎡에 대하여 745Pa의 수평풍압과의 합성하중 또는 전선의 주위에 두께 6㎜, 비중 0.9의 빙설이 부착한 때의 전선 및 빙설의 중량과 그 피빙전선의 수직 투영면적 1㎡에 대하여 372Pa의 수평풍압과의 합성하중 중 어느 것이나 큰 것을 지지하는 경우

② 저압 가공전선이 다음의 어느 하나에 해당하는 경우에는 준하여 시설하여야 한다.
   ㉠ 다심형 전선인 경우
   ㉡ 사용전압이 400V 이상인 경우

★출제Point 저고압 가공전선의 안전율 주의

(5) 저고압 가공전선의 높이

① 저압 가공전선 또는 고압 가공전선 높이는 다음에 따라야 한다.
   ㉠ 도로[농로 기타 교통이 번잡하지 아니한 도로 및 횡단보도교(도로·철도·궤도 등의 위를 횡단하여 시설하는 다리 모양의 시설물로서 보행용으로만 사용되는 것을 말한다. 이하 같다)를 제외한다. 이하 같다]를 횡단하는 경우에는 지표상 6m 이상
   ㉡ 철도 또는 궤도를 횡단하는 경우에는 레일면상 6.5m 이상
   ㉢ 횡단보도교의 위에 시설하는 경우에는 저압 가공전선은 그 노면상 3.5m[전선이 저압 절연전선 (인입용 비닐절연전선·450/750V 비닐절연전선·450/750V 고무절연전선·옥외용 비닐 절연전선을 말한다. 이하 같다)·다심형 전선·고압 절연전선·특고압 절연전선 또는 케이블인 경우에는 3m] 이상, 고압 가공전선은 그 노면상 3.5m 이상

ⓔ 지표상 5m 이상. 다만, 저압 가공전선을 도로 이외의 곳에 시설하는 경우 또는 절연전선이나 케이블을 사용한 저압 가공전선으로서 옥외 조명용에 공급하는 것으로 교통에 지장이 없도록 시설하는 경우에는 지표상 4m까지로 감할 수 있다.

② 다리의 하부 기타 이와 유사한 장소에 시설하는 저압의 전기철도용 급전선은 제1항 제4호의 규정에도 불구하고 지표상 3.5m까지로 감할 수 있다.

③ 저압 가공전선 또는 고압 가공전선을 수면상에 시설하는 경우에는 전선의 수면상의 높이를 선박의 항해 등에 위험을 주지 아니하도록 유지하여야 한다.

④ 고압 가공전선로를 빙설이 많은 지방에 시설하는 경우에는 전선의 적설상의 높이를 사람 또는 차량의 통행 등에 위험을 주지 않도록 유지하여야 한다.

(6) 고압 가공전선로의 가공지선

고압 가공전선로에 사용하는 가공지선은 인장강도 5.26kN 이상의 것 또는 지름 4㎜ 이상의 나경동선을 사용하고 또한 이를 제71조 제1항의 규정에 준하여 시설하여야 한다.

(7) 저고압 가공전선로의 지지물의 강도 등

① 저압 가공전선로의 지지물은 목주인 경우에는 풍압하중의 1.2배의 하중, 기타의 경우에는 풍압하중에 견디는 강도를 가지는 것이어야 한다.

② 고압 가공전선로의 지지물로서 사용하는 목주는 다음에 따라 시설하여야 한다.

　　㉠ 풍압하중에 대한 안전율은 1.3 이상일 것

　　㉡ 굵기는 말구(末口) 지름 12㎝ 이상일 것

③ 철주(이하 "A종 철주"라 한다) 또는 철근 콘크리트주(이하 "A종 철근 콘크리트주"라 한다) 중 복합 철근 콘크리트주로서 고압 가공전선로의 지지물로 사용하는 것은 풍압하중 및 제116조 제1항 제1호 "가"에 규정하는 수직하중에 견디는 강도를 가지는 것이어야 한다.

④ A종 철근 콘크리트주중 복합 철근 콘크리트주 이외의 것으로서 고압 가공전선로의 지지물로 사용하는 것은 풍압하중에 견디는 강도를 가지는 것이어야 한다.

⑤ A종 철주 이외의 철주(이하 "B종 철주"라 한다)·A종 철근 콘크리트주 이외의 철근 콘크리트주(이하 "B종 철근 콘크리트주"라 한다) 또는 철탑으로서 고압 가공전선로의 지지물로 사용하는 것은 제116조 제1항에 규정하는 상시 상정하중에 견디는 강도를 가지는 것이어야 한다.

(8) 저고압 가공전선 등의 병가

① 저압 가공전선(다중접지된 중성선은 제외한다. 이하 같다)과 고압 가공전선을 동일 지지물에 시설하는 경우에는 다음에 따라야 한다.

    ㉠ 저압 가공전선을 고압 가공전선의 아래로 하고 별개의 완금류에 시설할 것

    ㉡ 저압 가공전선과 고압 가공전선 사이의 이격거리는 50㎝ 이상일 것. 다만, 각도주(角度柱)·분기주(分岐柱) 등에서 혼촉(混觸)의 우려가 없도록 시설하는 경우에는 그러하지 아니하다.

② 다음의 어느 하나에 해당하는 경우에는 제1항에 의하지 아니할 수 있다.

    ㉠ 고압 가공전선에 케이블을 사용하고 또한 그 케이블과 저압 가공전선 사이의 이격거리를 30㎝ 이상으로 하여 시설하는 경우

    ㉡ 저압 가공 인입선을 분기하기 위하여 저압 가공전선을 고압용의 완금류에 견고하게 시설하는 경우

③ 저압 또는 고압의 가공전선과 교류전차선 또는 이와 전기적으로 접속되는 조가용선, 브래킷이나 장선(이하 "교류전차선 등"이라 한다)을 동일 지지물에 시설하는 경우에는 제120조 제1항 제2호부터 제4호까지의 규정에 준하여 시설하는 이외에 저압 또는 고압의 가공전선을 지지물이 교류전차선 등을 지지하는 쪽의 반대쪽에서 수평거리를 1m 이상으로 하여 시설하여야 한다. 이 경우에 저압 또는 고압의 가공전선을 교류전차선 등의 위로 할 때에는 수직거리를 수평거리의 1.5배 이하로 하여 시설하여야 한다.

④ 저압 또는 고압의 가공전선과 교류전차선 등의 수평거리를 3m 이상으로 하여 시설하는 경우 또는 구내 등에서 지지물의 양쪽에 교류전차선 등을 시설하는 경우에 다음 각 호에 따라 시설할 때에는 제3항의 규정에 불구하고 저압 또는 고압의 가공전선을 지지물의 교류전차선 등을 지지하는 쪽에 시설할 수 있다.

> 1. 저압 또는 고압의 가공전선로의 경간은 60m 이하일 것
> 2. 저압 또는 고압 가공전선은 인장강도 8.71kN 이상의 것 또는 단면적 22㎟ 이상의 경동연선일 것. 다만, 저압 가공전선을 교류전차선 등의 아래에 시설할 경우는 저압 가공전선에 인장강도 8.01kN 이상의 것 또는 지름 5㎜(저압 가공전선로의 경간이 30m 이하인 경우에는 인장하중 5.26kN 이상의 것 또는 지름 4㎜ 이상의 경동선) 이상의 경동선을 사용할 수 있다.
> 3. 저압 가공전선을 제71조 제1항의 규정에 준하여 시설할 것

(9) 고압 가공전선로 경간의 제한

① 고압 가공전선로의 경간은 다음의 표에서 정한 값 이하이어야 한다.

지지물의 종류	경간
목주·A종 철주 또는 A종 철근 콘크리트주	150m
B종 철주 또는 B종 철근 콘크리트주	250m
철탑	600m

② 고압 가공전선로의 경간이 100m를 초과하는 경우에는 그 부분의 전선로는 다음에 따라 시설하여야 한다.

　㉠ 고압 가공전선은 인장강도 8.01kN 이상의 것 또는 지름 5㎜ 이상의 경동선의 것

　㉡ 목주의 풍압하중에 대한 안전율은 1.5 이상일 것

③ 고압 가공전선로의 전선에 인장강도 8.71kN 이상의 것 또는 단면적 22㎟ 이상의 경동연선의 것을 다음 각 호에 따라 지지물을 시설하는 때에는 제1항의 규정에 의하지 아니할 수 있다. 이 경우에 그 전선로의 경간은 그 지지물에 목주·A종 철주 또는 A종 철근 콘크리트주를 사용하는 경우에는 300m 이하, B종 철주 또는 B종 철근 콘크리트 주를 사용하는 경우에는 500m 이하이어야 한다.

　㉠ 목주·A종 철주 또는 A종 철근 콘크리트주에는 전 가섭선마다 각 가섭선의 상정 최대장력의 1/3에 상당하는 불평균 장력에 의한 수평력에 견디는 지선을 그 전선로의 방향으로 양쪽에 시설할 것. 다만, 토지의 상황에 의하여 그 전선로 중의 경간에 근접하는 곳의 지지물에 그 지선을 시설하는 경우에는 그러하지 아니하다.

　㉡ B종 철주 또는 B종 철근 콘크리트주에는 제115조 제1항 또는 제2항의 규정에 준하는 강도를 가지는 제114조 제4호의 규정에 준하는 내장형의 철주나 철근 콘크리트주 혹은 이와 동등 이상의 강도를 가지는 형식의 철주나 철근 콘크리트주를 사용하거나 제1호 본문의 규정에 준하는 지선을 시설할 것. 다만, 토지의 상황에 의하여 그 전선로 중의 경간에 근접하는 곳의 지지물에 그 철주나 철근 콘크리트주를 사용하거나 그 지선을 시설하는 경우에는 그러하지 아니하다.

　㉢ 철탑에는 제115조 제3항의 규정에 준하는 강도를 가지는 형식의 것을 사용할 것

★출제Point 고압 가공전선로 경간의 제한 주의

(10) 저압 보안공사

저압 보안공사는 다음에 따라야 한다.

　㉠ 전선은 케이블인 경우 이외에는 인장강도 8.01kN 이상의 것 또는 지름 5㎜(사용전압이 400V 미만인 경우에는 인장강도 5.26kN 이상의 것 또는 지름 4㎜ 이상의 경동선) 이상의 경동선이여야 하며 또한 이를 제71조 제1항의 규정에 준하여 시설할 것

　㉡ 목주는 다음에 의할 것

　　㉮ 풍압하중에 대한 안전율은 1.5 이상일 것

　　㉯ 목주의 굵기는 말구(末口)의 지름 12㎝ 이상일 것

　㉢ 경간은 다음의 표에서 정한 값 이하일 것. 다만, 전선에 인장강도 8.71kN 이상의 것 또는 단면적 22㎟ 이상의 경동연선을 사용하는 경우에는 제76조 제1항 또는 제3항의 규정에 준할 수 있다.

지지물의 종류	경간
목주·A종 철주 또는 A종 철근 콘크리트주	100m
B종 철주 또는 B종 철근 콘크리트주	150m
철탑	400m

(11) 고압 보안공사

고압 보안공사는 다음에 따라야 한다.

㉠ 전선은 케이블인 경우 이외에는 인장강도 8.01kN 이상의 것 또는 지름 5㎜ 이상의 경동선일 것

㉡ 목주의 풍압하중에 대한 안전율은 1.5 이상일 것

(12) 저고압 가공 전선과 건조물의 접근

① 저압 가공전선 또는 고압 가공전선이 건조물(사람이 거주 또는 근무하거나 빈번히 출입하거나 모이는 조영물을 말한다. 이하 같다)과 접근 상태로 시설되는 경우에는 다음에 따라야 한다.

　㉠ 고압 가공전선로(고압 옥측 전선로 또는 제151조 제2항의 규정에 의하여 시설하는 고압 전선로에 인접하는 1경간의 전선 및 가공 인입선을 제외한다. 이하 이 절에서 같다)는 고압 보안공사에 의할 것

　㉡ 저압 가공전선과 건조물의 조영재 사이의 이격거리는 다음의 표에서 정한 값 이상일 것

건조물 조영재의 구분	접근형태	이격거리
상부 조영재[지붕·챙(차양 : 遮陽)·옷말리는 곳 기타 사람이 올라갈 우려가 있는 조영재를 말한다. 이하 같다]	위쪽	2m(전선이 고압 절연전선, 특고압 절연전선 또는 케이블인 경우는 1m)
	옆쪽 또는 아래쪽	1.2m(전선에 사람이 쉽게 접촉할 우려가 없도록 시설한 경우에는 80cm, 고압절연전선, 특고압 절연전선 또는 케이블인 경우에는 40cm)
기타의 조영재		1.2m(전선에 사람이 쉽게 접촉할 우려가 없도록 시설한 경우에는 80cm, 고압 절연전선, 특고압 절연전선 또는 케이블인 경우에는 40cm)

② 저압 가공전선 또는 고압 가공전선이 건조물과 접근하는 경우에 저압 가공전선 또는 고압 가공 전선이 건조물의 아래쪽에 시설될 때에는 저압 가공전선 또는 고압 가공전선과 건조물 사이의 이격거리는 다음의 표에서 정한 값 이상으로 하고 또한 위험의 우려가 없도록 시설하여야 한다.

가공전선의 종류	이격거리
저압 가공전선	60cm(전선이 고압 절연전선, 특고압 절연전선 또는 케이블인 경우에는 30cm)
고압 가공전선	80cm(전선이 케이블인 경우에는 40cm)

③ 저압 가공전선 또는 고압 가공전선이 건조물에 시설되어 있는 간이한 돌출간판 기타 사람이 올라갈 우려가 없는 조영재와 접근하는 경우에 다음 각 호의 어느 하나에 의하여 시설할 때에는 저압 가공 전선 또는 고압 가공 전선과 그 조영재 사이의 이격거리에 대하여는 규정에 의하지 아니할 수 있다.

㉠ KS C IEC 61235(활선작업-전기용 절연 중공관)에 적합한 방호구이거나 한국전기기술기준위원회 표준 KECS 1501-2009의 501.27에 적합한 방호구에 의하여 방호된 절연전선, 다심형 전선 또는 케이블(이하 "저압 방호구에 넣은 절연전선 등" 이라 한다)을 사용하는 저압 가공전선을 그 조영재에 접촉하지 아니하도록 시설하는 경우

㉡ 제1호에 규정하는 방호구에 의하여 충전부분이 쉽게 노출되지 아니하도록 방호된 나전선(이하 "저압 방호구에 넣은 나전선"이라 한다) 또는 저압 절연전선을 사용하는 저압 가공 전선과 그 조영재 사이의 이격거리를 40cm 이상으로 하여 시설하는 경우

㉢ KS C IEC 61235(활선작업-전기용 절연 중공관)에 적합한 방호구이거나 한국전기기술기준위원회 표준 KECS 1501-2009의 501.27에 적합한 방호구에 의하여 방호된 고압 절연전

선, 특고압 절연전선 또는 케이블(이하 "고압 방호구에 넣은 고압 절연전선 등"이라 한다)을 사용하는 고압 가공전선을 그 조영재에 접촉하지 아니하도록 시설하는 경우

④ 제1항 및 제2항에서 규정하는 가공전선과 건조물의 조영재 사이의 이격거리 산정방법(이하 이 조와 제80조, 제126조, 제131조, 제135조 제4항 제2호에서 같다)은 다음과 같다.

㉠ 수직이격거리는 건조물의 조영재로부터 수직방향으로 떨어져야 할 거리, 수평이격거리는 수평방향으로 떨어져야 할 거리를 말하며 이격거리의 관계는 다음의 그림과 같다.

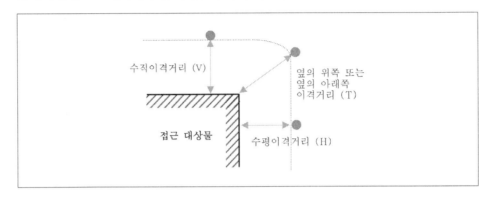

㉡ 옆의 위쪽 또는 옆의 아래쪽에서 이격거리 적용범위는 건조물의 조영재 모서리에서 수직이격거리를 반지름으로 하는 원호와 수평이격거리의 수직 연장선과 교차하는 점을 연결하는 사선이 이루는 영역으로 하고, 이 사선과 수평이격거리의 수직연장선이 이루는 영역은 다음의 그림과 같이 수평이격거리 적용범위로 한다. 다만, 수평이격거리가 수직이격거리보다 클 경우에는 수직이격거리와 수평이격거리를 바꾸어 적용한다.

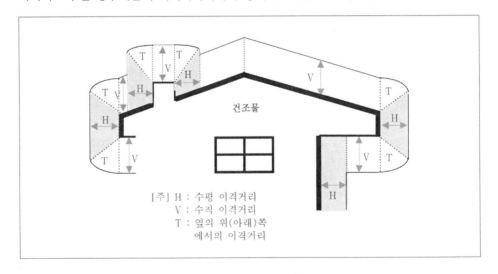

(13) 저고압 가공전선과 도로 등의 접근 또는 교차

① 저압 가공전선 또는 고압 가공전선이 도로·횡단보도교·철도·궤도·삭도[반기(搬器)를 포함하고 삭도용 지주를 제외한다. 이하 같다] 또는 저압 전차선(이하 이 조에서 "도로 등"이라 한다)과 접근상태로 시설되는 경우에는 다음에 따라야 한다.

  ⊙ 고압 가공전선로는 고압 보안공사에 의할 것

  ⓛ 저압 가공전선과 도로 등의 이격거리(도로나 횡단보도교의 노면상 또는 철도나 궤도의 레일면상의 이격거리를 제외한다. 이하 이 항에서 같다)는 다음의 표에서 정한 값 이상일 것. 다만, 저압 가공전선과 도로·횡단보도교·철도 또는 궤도와의 수평 이격거리가 1m 이상인 경우에는 그러하지 아니하다.

도로 등의 구분	이격거리
도로·횡단보도교·철도 또는 궤도	3m
삭도나 그 지주 또는 저압 전차선	60cm (전선이 고압 절연전선, 특고압 절연전선 또는 케이블인 경우에는 30cm)
저압 전차선로의 지지물	30cm

  ⓒ 고압 가공전선과 도로 등의 이격거리는 다음의 표에서 정한 값 이상일 것. 다만, 고압 가공전선과 도로·횡단보도교·철도 또는 궤도와의 수평 이격거리가 1.2m 이상인 경우에는 그러하지 아니하다.

도로 등의 구분	이격거리
도로·횡단보도교·철도 또는 궤도	3m
삭도나 그 지주 또는 저압 전차선	80cm (전선이 케이블인 경우에는 40cm)
저압 전차선로의 지지물	60cm (고압 가공전선이 케이블인 경우에는 30cm)

② 저압 가공전선 또는 고압 가공전선이 도로 등과 교차하는 경우(동일 지지물에 시설되는 경우를 제외한다. 이하 같다)에 저압 가공전선 또는 고압 가공전선이 도로 등의 위에 시설되는 때에는 제1항 각 호(도로·횡단보도교·철도 또는 궤도와의 이격거리에 관한 부분을 제외한다)의 규정에 준하여 시설하여야 한다.

③ 저압 가공전선 또는 고압 가공전선이 삭도와 접근하는 경우에는 저압 가공전선 또는 고압

가공전선은 삭도의 아래쪽에 수평거리로 삭도의 지주의 지표상의 높이에 상당하는 거리 안에 시설하여서는 아니 된다. 다만 가공전선과 삭도의 수평거리가 저압은 2m 이상, 고압은 2.5m 이상이고 또한 삭도의 지주의 도괴 등의 경우에 삭도가 가공전선에 접촉할 우려가 없는 경우 또는 가공전선이 삭도와 수평거리로 3m 미만에 접근하는 경우에 가공전선의 위쪽에 견고한 방호장치를 그 전선과 60㎝ (전선이 케이블인 경우에는 30㎝) 이상 떼어서 시설하고 또한 금속제 부분에 제3종 접지공사를 한 때에는 그러하지 아니하다.

④ 저압 가공전선 또는 고압 가공전선이 삭도와 교차하는 경우에는 저압 가공전선 또는 고압 가공전선은 삭도의 아래에 시설하여서는 아니 된다. 다만, 가공전선의 위쪽에 견고한 방호장치를 그 전선과 60㎝(전선이 케이블인 경우에는 30㎝) 이상 떼어서 시설하고 또한 그 금속제 부분에 제3종 접지공사를 한 경우에는 그러하지 아니하다.

(14) 저고압 가공전선과 가공약전류전선 등의 접근 또는 교차

① 저압 가공전선 또는 고압 가공전선이 가공약전류 전선 또는 가공 광섬유 케이블(이하 "가공약전류 전선 등"이라 한다)과 접근상태로 시설되는 경우에는 다음에 따라야 한다.

　㉠ 고압 가공전선은 고압 보안공사에 의할 것. 다만, 고압 가공전선이 제154조에 규정하는 전력보안 통신선(고압 또는 특고압의 가공전선로의 지지물에 시설하는 것에 한한다)이나 이에 직접 접속하는 전력보안 통신선과 접근하는 경우에는 고압 보안공사에 의하지 아니할 수 있다.

　㉡ 저압 가공전선이 가공약전류 전선 등과 접근하는 경우에는 저압 가공전선과 가공약전류 전선 등 사이의 이격거리는 60㎝[가공약전류 전선로 또는 가공 광섬유 케이블 선로(이하 "가공약전류 전선로 등"이라 한다)로서 가공약전류전선 등이 절연전선과 동등 이상의 절연효력이 있는 것 또는 통신용 케이블인 경우는 30㎝] 이상일 것. 다만, 저압 가공전선이 고압 절연전선, 특고압 절연전선 또는 케이블인 경우로서 저압 가공전선과 가공약전류전선 등 사이의 이격거리가 30㎝(가공약전류 전선 등이 절연전선과 동등 이상의 절연효력이 있는 것 또는 통신용 케이블인 경우에는 15㎝) 이상인 경우에는 그러하지 아니하다.

　㉢ 고압 가공전선이 가공약전류 전선 등과 접근하는 경우는 고압 가공전선과 가공약전류 전선 등 사이의 이격거리는 80㎝(전선이 케이블인 경우에는 40㎝) 이상일 것

　㉣ 가공전선과 약전류전선로 등의 지지물 사이의 이격거리는 저압은 30㎝ 이상, 고압은 60㎝(전선이 케이블인 경우에는 30㎝) 이상일 것

② 저압 가공전선 또는 고압 가공전선이 가공약전류전선 등과 교차하는 경우, 저압 가공전선

또는 고압 가공전선이 가공약전류전선 등의 위에 시설될 때는 제1항의 규정에 준하여 시설하여야 한다. 이 경우 저압 가공전선로의 중성선에는 절연전선을 사용하여야 한다.

(15) 저고압 가공전선과 안테나의 접근 또는 교차

① 저압 가공전선 또는 고압 가공전선이 안테나와 접근상태로 시설되는 경우에는 다음에 따라야 한다.

> 1. 고압 가공전선로는 고압 보안공사에 의할 것
> 2. 가공전선과 안테나 사이의 이격거리(가섭선에 의하여 시설하는 안테나에 있어서는 수평 이격거리)는 저압은 60㎝(전선이 고압 절연전선, 특고압 절연전선 또는 케이블인 경우에는 30㎝) 이상, 고압은 80㎝(전선이 케이블인 경우에는 40㎝) 이상일 것

② 저압 가공전선 또는 고압 가공전선이 가섭선에 의하여 시설하는 안테나와 교차하는 경우에 저압 가공전선 또는 고압 가공전선이 안테나의 위에 시설되는 때에는 제1항(제2호에 있어서는 이격거리에 관한 부분에 한한다)의 규정에 준하여 시설하여야 한다.

③ 저압 가공전선 또는 고압 가공전선이 안테나와 접근하는 경우에는 저압 가공전선 또는 고압 가공전선은 안테나의 아래쪽에서 수평거리로 안테나의 지주의 지표상의 높이에 상당하는 거리 안에 시설하여서는 아니 된다. 다만, 기술상 부득이한 경우에는 제1항의 규정에 준하여 시설하고 또한 위험의 우려가 없도록 시설하는 이외에 가섭선에 의하여 시설하는 안테나는 그 안테나를 제81조 제3항 제1호의 가공약전류 전선 등의 규정에 준하여 시설하는 때 또는 고압 가공전선과 안테나 사이의 수평거리가 2.5m 이상이고 또한 안테나의 지주의 도괴 등의 경우에 안테나가 가공전선에 접촉할 우려가 없는 경우에는 그러하지 아니하다.

④ 저압 가공전선 또는 고압 가공전선이 가섭선으로 시설하는 안테나와 교차하는 경우에는 저압 가공전선 또는 고압 가공전선은 안테나의 아래에 시설하여서는 아니 된다.

⑤ 제3항 단서의 규정은 제4항의 경우에 준용한다. 이 경우에 "수평거리"는 "이격거리"로 본다.

(16) 저고압 가공전선과 교류전차선 등의 접근 또는 교차

① 저압 가공전선 또는 고압 가공전선이 교류 전차선등과 접근하는 경우에 저압 가공전선 또는 고압 가공전선은 교류 전차선의 위쪽에 시설하여서는 아니 된다. 다만, 가공전선과 교류 전차선 등의 수평거리가 3m 이상인 경우에는 가공전선로의 전선의 절단, 지지물의 도괴

등의 경우에 가공전선이 교류 전차선 등과 접촉할 우려가 없을 때 또는 다음에 따라 시설하는 때에는 그러하지 아니하다.

   ㉠ 저압 가공전선로(저압 옥측 전선로 또는 제151조 제2항의 규정에 의하여 시설하는 저압 전선로에 인접하는 1경간의 전선, 가공 인입선, 연접 인입선의 가공 부분을 제외한다. 이하 이 절에서 같다)는 저압 보안공사(전선에 관한 부분을 제외한다), 고압 가공전선로는 고압 보안공사에 의할 것

   ㉡ 저압 가공전선은 케이블인 경우 이외에는 인장강도 8.01kN 이상의 것 또는 지름 5㎜ 이상의 경동선의 것

   ㉢ 저압 가공전선은 케이블인 경우에는 제69조 제1항 제4호, 케이블 이외의 것인 경우에는 제71조 제1항의 규정에 준하여 시설할 것

   ㉣ 가공전선로의 지지물(철탑은 제외한다)에는 교류 전차선 등과 접근하는 반대쪽에 지선을 시설할 것. 다만, 제116조에서 규정하는 상시 상정하중에 1.96kN의 수평횡하중을 가산한 하중에 의하여 나타나는 부재응력(部材應力)의 1배의 응력에 대하여 견디는 B종 철주 또는 B종 철근 콘크리트주를 지지물로 사용하는 때에는 그러하지 아니하다.

② 저압 가공전선 또는 고압 가공전선이 교류 전차선 등과 교차하는 경우에 저압 가공전선 또는 고압 가공전선이 교류 전차선 등의 위에 시설되는 때에는 다음에 따라야 한다.

   ㉠ 저압 가공전선에는 케이블을 사용하고 또한 이를 단면적 38㎟ 이상인 아연도강연선으로서 인장강도 19.61kN 이상인 것(교류 전차선 등과 교차하는 부분을 포함하는 경간에 접속점이 없는 것에 한한다)으로 조가하여 시설할 것

   ㉡ 고압 가공전선은 케이블인 경우 이외에는 인장강도 14.51kN 이상의 것 또는 단면적 38㎟ 이상의 경동연선(교류 전차선 등과 교차하는 부분을 포함하는 경간에 접속점이 없는 것에 한한다)일 것

   ㉢ 고압 가공전선이 케이블인 경우에는 이를 단면적 38㎟ 이상인 아연도강연선으로서 인장강도 19.61kN 이상인 것(교류 전차선 등과 교차하는 부분을 포함하는 경간에 접속점이 없는 것에 한한다)으로 조가하여 시설할 것

   ㉣ 제1호 및 제3호의 조가용선은 제69조 제1항 제4호의 규정에 준하는 이외에 이를 교류 전차선 등과 교차하는 부분이 양쪽의 지지물에 견고하게 인류하여 시설할 것

   ㉤ 케이블 이외의 것을 사용하는 고압 가공전선 상호 간의 간격은 65㎝ 이상일 것

   ㉥ 고압 가공전선로의 지지물은 전선이 케이블인 경우 이외에는 내장애자장치(耐張碍子裝置)가 되어 있는 것일 것

   ㉦ 가공전선로의 지지물에 사용하는 목주의 풍압하중에 대한 안전율은 2 이상일 것

◎ 가공전선로의 경간은 지지물로 목주·A종 철주 또는 A종 철근 콘크리트주를 사용하는 경우에는 60m 이하, B종 철주 또는 B종 철근 콘크리트주를 사용하는 경우에는 120m 이하일 것

㉺ 고압 가공전선로의 완금류에는 견고한 금속제의 것을 사용하고 이에 제3종 접지공사를 할 것

㉻ 가공전선로의 지지물(철탑을 제외한다)에는 가공전선로의 방향과 교차하는 쪽의 반대쪽 및 가공전선로와 직각 방향에 그 양쪽에 지선을 시설할 것. 다만, 가공전선로가 전선로의 방향에 대하여 10도 이상의 수평각도를 이루는 경우에 전선로의 방향에 교차하는 쪽의 반대쪽 및 수평각도를 이루는 쪽의 반대쪽에 지선을 시설할 때 또는 제116조에 규정하는 상시 상정하중에 1.96kN의 수평횡하중을 가산한 하중에 의하여 나타나는 부재응력의 1배의 응력에 대하여 견디는 B종 철주 또는 B종 철근 콘크리트주를 지지물로 사용하는 때에는 그러하지 아니하다.

㉾ 가공전선로의 전선·완금류·지지물·지선 또는 지주와 교류 전차선 등 사이의 이격거리는 2m 이상일 것

③ 저압 가공전선 또는 고압 가공전선이 교류 전차선 등과 접근하는 경우에 저압 가공전선 또는 고압 가공전선은 교류 전차선 등과 옆쪽 또는 아래쪽에 수평거리로 교류 전차선 등의 지지물의 지표상의 높이에 상당하는 거리 이내에 시설하여서는 아니 된다. 다만, 가공전선과 교류 전차선 등의 수평거리가 3m 이상인 경우에 교류 전차선 등의 지지물에 철근 콘크리트주 또는 철주를 사용하고 또한 지지물의 경간이 60m 이하이거나 교류 전차선 등의 지지물의 도괴 등의 경우에 교류 전차선 등이 가공 전선에 접촉할 우려가 없을 때 또는 가공전선과 교류전차선 등 사이의 수평거리가 3m 미만인 경우 다음에 따라 시설하는 때에는 그러하지 아니하다.

㉠ 전차선로의 지지물에는 철주 또는 철근 콘크리트주를 사용하고 또한 그 경간이 60m 이하일 것

㉡ 전차선로의 지지물[문형구조(門型構造)로 되어 있는 것은 제외한다]에는 가공전선과 접근하는 쪽의 반대쪽에 지선을 시설할 것. 다만. 지지물에 기초의 안전율이 2 이상인 철주 또는 철근 콘크리트주를 사용하는 경우에 그 철주 또는 철근 콘크리트주가 제116조에 규정하는 상시 상정하중에 1.96kN의 수평횡하중을 가산한 하중에 의하여 나타나는 부재응력의 1배의 응력에 대하여 견디는 것인 때에는 그러하지 아니하다.

㉢ 교류 전차선 등과 가공전선 사이의 수평 이격거리는 2m 이상일 것. 다만, 교류 전차선 등과 가공전선 사이의 이격거리가 2m 이상인 경우에 보호망이 가공전선의 위쪽에 제129조 제4항 및 제5항의 규정에 준하여 시설되는 때에는 그러하지 아니하다.

(17) 저압 가공전선 상호 간의 접근 또는 교차

저압 가공전선이 다른 저압 가공전선과 접근상태로 시설되거나 교차하여 시설되는 경우에는 저압 가공전선 상호 간의 이격거리는 60㎝(어느 한 쪽의 전선이 고압 절연전선, 특고압 절연전선 또는 케이블인 경우에 30㎝) 이상, 하나의 저압 가공전선과 다른 저압 가공전선로의 지지물 사이의 이격거리는 30㎝ 이상이어야 한다.

(18) 고압 가공전선 상호 간의 접근 또는 교차

고압 가공전선이 다른 고압 가공전선과 접근상태로 시설되거나 교차하여 시설되는 경우에는 다음에 따라 시설하여야 한다.
  ㉠ 위쪽 또는 옆쪽에 시설되는 고압 가공전선로는 고압 보안공사에 의할 것
  ㉡ 고압 가공전선 상호 간의 이격거리는 80㎝(어느 한쪽의 전선이 케이블인 경우에는 40㎝) 이상, 하나의 고압 가공전선과 다른 고압 가공전선로의 지지물 사이의 이격거리는 60㎝ (전선이 케이블인 경우에는 30㎝) 이상일 것

(19) 고압 가공전선과 다른 시설물의 접근 또는 교차

① 고압 가공전선이 건조물·도로·횡단보도교·철도·궤도·삭도·가공약전류 전선 등·안테나·교류 전차선 등·저압 또는 전차선·저압 가공전선·다른 고압 가공전선 및 특고압 가공전선 이외의 시설물(이하 이 조에서 "다른 시설물"이라 한다)과 접근상태로 시설되는 경우에는 고압 가공전선과 다른 시설물의 이격거리는 다음의 표에서 정한 값 이상으로 하여야 한다. 이 경우에 고압 가공전선로의 전선의 절단, 지지물이 도괴 등에 의하여 고압 가공전선이 다른 시설물과 접촉함으로서 사람에게 위험을 줄 우려가 있을 때에는 고압 가공전선로는 고압 보안공사에 의하여야 한다.

다른 시설물의 구분	접근형태	이격거리
조영물의 상부 조영재	위쪽	2m (전선이 케이블인 경우에는 1m)
	옆쪽 또는 아래쪽	80㎝ (전선이 케이블인 경우에는 40㎝)
조영물의 상부조영재 이외의 부분 또는 조영물 이외의 시설물		80㎝ (전선이 케이블인 경우에는 40㎝)

② 고압 가공전선이 다른 시설물의 위에서 교차하는 경우에는 규정에 준하여 시설하여야 한다.

③ 고압 가공전선이 다른 시설물과 접근하는 경우에 고압 가공전선이 다른 시설물의 아래쪽에 시설되는 때에는 상호 간의 이격거리를 80㎝(전선이 케이블인 경우에는 40㎝) 이상으로 하고 위험의 우려가 없도록 시설하여야 한다.

④ 고압 방호구에 넣은 고압 가공절연전선을 조영물에 시설된 간이한 돌출간판 기타 사람이 올라갈 우려가 없는 조영재 또는 조영물 이외의 시설물에 접촉하지 아니하도록 시설하는 경우에는 제1항부터 제3항까지(이격거리에 관한 부분에 한한다)의 규정에 의하지 아니할 수 있다.

(20) 저고압 가공전선과 식물의 이격거리

저압 또는 고압 가공전선은 상시 부는 바람 등에 의하여 식물에 접촉하지 않도록 시설하여야 한다. 다만, 저압 또는 고압 가공절연전선을 방호구에 넣어 시설하거나 절연내력 및 내마모성이 있는 케이블을 시설하는 경우는 그러하지 아니하다.

(21) 저고압 옥측전선로 등에 인접하는 가공전선의 시설

① 저압 옥측 전선로 또는 제151조 제2항의 규정에 의하여 시설하는 저압 전선로에 인접하는 1경간의 가공전선은 제100조의 규정에 준하여 시설하여야 한다.

② 고압 옥측 전선로 또는 제151조 제2항의 규정에 의하여 시설하는 고압 전선로에 인접하는 1경간의 가공전선은 제102조의 규정에 준하여 시설하여야 한다.

(22) 저고압 가공전선과 가공약전류 전선 등의 공가

저압 가공전선 또는 고압 가공전선과 가공약전류전선 등(전력보안 통신용의 가공약전류전선은 제외한다. 이하 이 조에서 같다)을 동일 지지물에 시설하는 경우에는 다음에 따라 시설하여야 한다.

㉠ 전선로의 지지물로서 사용하는 목주의 풍압하중에 대한 안전율은 1.5 이상일 것

㉡ 가공전선을 가공약전류전선 등의 위로하고 별개의 완금류에 시설할 것. 다만, 가공약전류전선로의 관리자의 승낙을 받은 경우에 저압 가공전선에 고압 절연전선, 특고압 절연전선 또는 케이블을 사용하는 때에는 그러하지 아니하다.

ⓒ 가공전선과 가공약전류전선 등 사이의 이격거리는 가공전선에 유선 텔레비전용 급전겸용 동축케이블을 사용한 전선으로서 그 가공전선로의 관리자와 가공약전류 전선로 등의 관리자가 같을 경우 이외에는 저압(다중 접지된 중성선을 제외한다)은 75㎝ 이상, 고압은 1.5m 이상일 것. 다만, 가공약전류전선 등이 절연전선과 동등 이상의 절연효력이 있는 것 또는 통신용 케이블인 경우에 이격거리를 저압 가공전선이 고압 절연전선, 특고압 절연전선 또는 케이블인 경우에는 30㎝, 고압 가공전선이 케이블인 때에는 50㎝까지, 가공약전류 전선로 등의 관리자의 승낙을 얻은 경우에는 이격거리를 저압은 60㎝, 고압은 1m까지로 각각 감할 수 있다.

ⓓ 가공약전류전선 등의 관리자의 승낙을 얻은 경우에 가공약전류전선 등이 광섬유 케이블이고 제155조 제1항 제2호·제3호 및 제161조 제1항의 규정에 준하여 시설하는 경우에는 제3호의 규정에 의하지 아니할 수 있다.

ⓔ 가공전선이 가공약전류전선에 대하여 유도작용에 의한 통신상의 장해를 줄 우려가 있는 경우에는 제68조 제2항의 규정에 준하여 시설할 것

ⓕ 가공전선로의 수직배선[지지물의 길이의 방향으로 시설되는 약전류 전선 및 광섬유 케이블(이하 "약전류 전선 등"이라 한다) 및 전선과 그 부속물을 말한다. 이하 같다]은 다음과 같이 시설할 것

ⓐ 가공전선로의 수직배선과 가공약전류 전선로 등의 수직배선을 동일 지지물에 시설하는 경우에는 지지물을 사이에 두고 시설하고 또한 지표상 4.5m 안에 있어서는 가공전선로의 수직배선을 도로측에 돌출시키지 아니할 것. 다만, 가공전선로의 수직배선이 가공약전류전선로 등의 수직배선으로부터 1m 이상 떨어져 있을 때 또는 가공전선로의 수직배선과 가공약전류 전선 등의 수직배선이 케이블인 경우에 이들이 직접 접촉될 우려가 없도록 지지물이나 완금류에 견고하게 시설한 때에는 지지물의 같은 쪽에 시설할 수 있다.

ⓑ 지지물의 표면에 붙이는 가공전선로의 수직배선에는 가공약전류 전선 등의 시설자가 지지물에 시설한 것의 1m 위로부터 전선로의 수직배선의 맨 아래까지의 사이에는 저압은 절연전선 또는 케이블, 고압은 케이블을 사용할 것

ⓒ 지지물의 표면에 붙이는 가공약전류전선 등의 수직배선에는 가공약전류전선 등의 관리자와 가공전선로의 관리자가 상호 승낙을 받았을 경우에 가공 약전류전선 등의 수직배선을 케이블 또는 충분한 절연내력이 있는 것에 넣어 가공전선과 직접 접촉할 우려가 없도록 지지물 또는 완금류에 견고하게 시설할 경우에는 제2호 및 제3호에 의하지 아니할 수 있다.

ⓓ 가공전선로의 접지선에 절연전선 또는 케이블을 사용하고 또한 가공전선로의 접지선 및

접지극과 가공약전류 전선로 등의 접지선 및 접지극과는 각각 별개로 시설할 것

◎ 전선로의 지지물은 그 전선로의 공사, 유지 및 운용에 지장을 줄 우려가 없도록 시설할 것

(23) 농사용 저압 가공전선로의 시설

농사용 전등·전동기 등에 공급하는 저압 가공전선로는 그 저압 가공전선이 건조물의 위에 시설되는 경우, 도로·철도·궤도·삭도·가공약전류 전선 등·안테나·다른 가공전선 또는 전차선과 교차하여 시설되는 경우 및 수평거리로 이와 그 저압 가공전선로의 지지물의 지표상 높이에 상당하는 거리 안에 접근하여 시설되는 경우 이외의 경우에 한하여 다음에 따라 시설하는 때에는 규정에 의하지 아니할 수 있다.

> 1. 사용전압은 저압일 것
> 2. 저압 가공전선은 인장강도 1.38kN 이상의 것 또는 지름 2㎜ 이상의 경동선일 것.
> 3. 저압 가공전선의 지표상의 높이는 3.5m 이상일 것. 다만, 저압 가공전선을 사람이 쉽게 출입하지 아니하는 곳에 시설하는 경우에는 3m까지로 감할 수 있다.
> 4. 목주의 굵기는 말구 지름이 9㎝ 이상일 것
> 5. 전선로의 경간은 30m 이하일 것
> 6. 다른 전선로에 접속하는 곳 가까이에 그 저압 가공전선로 전용의 개폐기 및 과전류 차단기를 각 극(과전류 차단기는 중성극을 제외한다)에 시설할 것

★출제Point 농사용 저압 가공전선로의 시설 정리

3. 옥측전선로·옥상전선로·인입선 및 연접인입선

(1) 저압 옥측전선로의 시설

① 저압 옥측 전선로는 다음 각 호의 어느 하나에 해당하는 경우에 한하여 시설할 수 있다.
  ㉠ 1구내 또는 동일 기초구조물 및 여기에 구축된 복수의 건물과 구조적으로 일체화된 하나의 건물(이하 이 조에서 "1 구내 등"이라 한다)에 시설하는 전선로의 전부 또는 일부로 시설하는 경우
  ㉡ 1구내 등 전용의 전선로 중 그 구내에 시설하는 부분의 전부 또는 일부로 시설하는 경우
② 저압 옥측전선로는 다음에 따라 시설하여야 한다.

㉠ 저압 옥측전선로는 다음의 어느 하나에 의할 것

1. 애자사용공사(전개된 장소에 한한다)
2. 합성수지관공사
3. 금속관공사(목조 이외의 조영물에 시설하는 경우에 한한다)
4. 버스덕트공사[목조 이외의 조영물(점검할 수 없는 은폐된 장소를 제외한다)에 시설하는 경우에 한한다]
5. 케이블공사(연피 케이블·알루미늄 피 케이블 또는 미네럴인슈레이션케이블을 사용하는 경우에는 목조 이외의 조영물에 시설하는 경우에 한한다)

㉡ 애자사용공사에 의한 저압 옥측전선로는 제195조 제1항과 다음에 의하고 또한 사람이 쉽게 접촉할 우려가 없도록 시설할 것

㉮ 전선은 공칭단면적 4㎟ 이상의 연동 절연전선(옥외용 비닐절연전선 및 인입용 절연전선을 제외한다)일 것

㉯ 전선 상호 간의 간격 및 전선과 그 저압 옥측전선로를 시설하는 조영재 사이의 이격거리는 다음의 표에서 정한 값 이상일 것

시설장소	전선 상호 간의 간격		전선과 조영재 사이의 이격거리	
	사용전압이 400V 미만인 경우	사용전압이 400V 이상인 경우	사용전압이 400V 미만인 경우	사용전압이 400V 이상인 경우
비나 이슬에 젖지 아니 하는 장소	6cm	6cm	2.5cm	2.5cm
비나 이슬에 젖는 장소	6cm	12cm	2.5cm	4.5cm

㉰ 전선의 지지점 간의 거리는 2m 이하일 것

㉱ 전선에 인장강도 1.38kN 이상의 것 또는 지름 2㎜ 이상의 경동선을 사용하고 또한 전선 상호 간의 간격을 20㎝ 이상, 전선과 저압 옥측전선로를 시설한 조영재 사이의 이격거리를 30㎝ 이상으로 하여 시설하는 경우에 한하여 옥외용 비닐절연전선을 사용하거나 지지점 간의 거리를 2m를 초과하고 15m 이하로 할 수 있다.

㉲ 사용전압이 400V 미만인 경우에 다음에 의하고 또한 전선을 손상할 우려가 없도록 시설할 때에는 "가" 및 "나"(전선 상호 간의 간격에 관한 것에 한한다)에 의하지 아니할 수 있다.

> 1. 전선은 공칭단면적 4㎟ 이상의 연동 절연전선 또는 지름 2㎜ 이상의 인입용 비닐절연전선일 것
> 2. 전선을 바인드선에 의하여 애자에 붙이는 경우에는 각각의 선심을 애자의 다른 홈에 넣고 또한 다른 바인드선으로 선심 상호 간 및 바인드선 상호 간이 접촉하지 아니하도록 견고하게 시설할 것
> 3. 전선을 접속하는 경우에는 각각의 선심의 접속점은 5㎝ 이상 띄울 것
> 4. 전선과 그 저압 옥측전선로를 시설하는 조영재 사이의 이격거리는 3㎝ 이상일 것

  ㈐ "마"에 의하는 경우로 전선과 그 저압 옥측전선로를 시설하는 조영재 사이의 이격거리를 30㎝ 이상으로 시설하는 경우에는 지지점 간의 거리를 2m를 초과하고 15m 이하로 할 수 있다.

  ㈒ 애자는 절연성·난연성 및 내수성이 있는 것일 것

 ⓒ 합성수지관공사에 의한 저압 옥측전선로는 제183조 및 제195조 제2항의 규정에 준하여 시설할 것

 ⓔ 금속관공사에 의한 저압 옥측 전선로는 제184조의 규정에 준하여 시설할 것

 ⓜ 버스덕트공사에 의한 저압 옥측전선로는 제188조의 규정에 준하여 시설하는 이외의 덕트는 물이 스며들어 고이지 아니하는 것일 것

 ⓗ 케이블 공사에 의한 저압 옥측전선로는 제195조 제2항의 규정에 준하여 시설하고 또한 다음 각 목의 어느 하나에 의하여 시설할 것

  ㉠ 케이블을 조영재에 따라서 시설할 경우에는 제193조 제1항의 규정에 준하여 시설할 것

  ㉡ 케이블을 조가용선에 조가하여 시설할 경우에는 제69조(제1항 제4호 및 제3항을 제외한다)의 규정에 준하여 시설하고 또한 저압 옥측 전선로에 시설하는 전선은 조영재에 접촉하지 아니하도록 시설할 것

③ 저압 옥측전선로의 전선이 그 저압 옥측전선로를 시설하는 조영물에 시설하는 다른 저압 옥측전선(저압 옥측 전선로의 전선·저압의 인입선 및 연접 인입선의 옥측부분과 저압 옥측배선을 말한다. 이하 같다)·관등회로의 배선·약전류전선 등 또는 수관·가스관이나 이들과 유사한 것과 접근하거나 교차하는 경우에는 제196조의 규정에 준하여 시설하여야 한다.

④ 애자사용공사에 의한 저압 옥측전선로의 전선이 다른 시설물[그 저압 옥측전선로를 시설하는 조영재·가공전선·고압 옥측전선(고압 옥측전선로의 전선·고압 인입선의 옥측부분 및 고압 옥측배선을 말한다. 이하 같다)·특고압 옥측전선(특고압 옥측전선로의 전선·특

고압 인입선의 옥측부분 및 특고압 옥측배선을 말한다. 이하 같다) 및 옥상전선을 제외한다. 이하 이 항에서 같다)과 접근하는 경우 또는 애자사용공사에 의한 저압 옥측 전선로의 전선이 다른 시설물의 위나 아래에 시설되는 경우에 저압 옥측전선로의 전선과 다른 시설물 사이의 이격거리는 다음의 표에서 정한 값 이상이어야 한다.

다른 시설물의 구분	접근형태	이격거리
조영물의 상부조영재	위쪽	2m(전선이 고압 절연전선, 특고압 절연전선 또는 케이블인 경우에는 1m)
	옆쪽 또는 아래쪽	60㎝(전선이 고압 절연전선, 특고압 절연전선 또는 케이블인 경우에는 30㎝)
조영물의 상부조영재 이외의 부분 또는 조영물 이외의 시설물		60㎝(전선이 고압 절연전선, 특고압 절연전선 또는 케이블인 경우에는 30㎝)

⑤ 애자사용공사에 의한 저압 옥측전선로의 전선과 식물 사이의 이격거리는 20㎝ 이상이어야 한다. 다만, 저압 옥측전선로의 전선이 고압 절연전선 또는 특고압 절연전선인 경우에 그 전선을 식물에 접촉하지 아니하도록 시설하는 때에는 그러하지 아니하다.

★출제Point 저압 옥측전선로의 시설 주의

(2) 고압 옥측전선로의 시설

① 고압 옥측 전선로는 다음의 어느 하나에 해당하는 경우에 한하여 시설할 수 있다.
    ㉠ 1구내 또는 동일 기초 구조물 및 여기에 구축된 복수의 건물과 구조적으로 일체화된 하나의 건물(이하 이 조문에서 "1구내 등"이라 한다)에 시설하는 전선로의 전부 또는 일부로 시설하는 경우
    ㉡ 1구내 등 전용의 전선로 중 그 구내에 시설하는 부분의 전부 또는 일부로 시설하는 경우
    ㉢ 옥외에 시설한 복수의 전선로에서 수전하도록 시설하는 경우
② 고압 옥측전선로는 전개된 장소에 제195조 제2항의 규정에 준하여 시설하고 또한 다음에 따라 시설하여야 한다.
    ㉠ 전선은 케이블일 것
    ㉡ 케이블은 견고한 관 또는 트라프에 넣거나 사람이 접촉할 우려가 없도록 시설할 것
    ㉢ 케이블을 조영재의 옆면 또는 아랫면에 따라 붙일 경우에는 케이블의 지지점 간의 거리를 2m(수직으로 붙일 경우에는 6m) 이하로 하고 또한 피복을 손상하지 아니하도록 붙일 것

ⓔ 케이블을 조가용선에 조가하여 시설하는 경우에 제69조(제3항을 제외한다)의 규정에 준하여 시설하고 또한 전선이 고압 옥측 전선로를 시설하는 조영재에 접촉하지 아니하도록 시설할 것

ⓜ 관 기타의 케이블을 넣는 방호장치의 금속제 부분·금속제의 전선 접속함 및 케이블의 피복에 사용하는 금속제에는 이들의 방식조치를 한 부분 및 대지와의 사이의 전기저항 값이 10Ω이하인 부분을 제외하고 제1종 접지공사(사람이 접촉할 우려가 없도록 시설할 경우에는 제3종 접지공사)를 할 것

③ 고압 옥측전선로의 전선이 그 고압 옥측전선로를 시설하는 조영물에 시설하는 특고압 옥측전선·저압 옥측전선·관등회로의 배선·약전류 전선 등이나 수관·가스관 또는 이와 유사한 것과 접근하거나 교차하는 경우에는 고압 옥측전선로의 전선과 이들 사이의 이격거리는 15㎝ 이상이어야 한다.

④ 제3항의 경우 이외에는 고압 옥측전선로의 전선이 다른 시설물(그 고압 옥측전선로를 시설하는 조영물에 시설하는 다른 고압 옥측전선, 가공전선 및 옥상전선을 제외한다. 이하이 조에서 같다)과 접근하는 경우에는 고압 옥측전선로의 전선과 이들 사이의 이격거리는 30㎝ 이상이어야 한다.

⑤ 고압 옥측전선로의 전선과 다른 시설물 사이에 내화성이 있는 견고한 격벽(隔壁)을 설치하여 시설하는 경우 또는 고압 옥측전선로의 전선을 내화성이 있는 견고한 관에 넣어 시설하는 경우에는 제3항 및 제4항의 규정에 의하지 아니할 수 있다.

(3) 특고압 옥측전선로의 시설

특고압 옥측전선로(특고압 인입선의 옥측부분을 제외한다. 이하 이 장에서 같다)는 시설하여서는 아니 된다. 다만, 사용전압이 100kV 이하이고 제95조의 규정에 준하여 시설하는 경우에는 그러하지 아니하다. 이 경우에 제95제 2항 제4호의 "제69조(제3항을 제외한다)"는 "제106조"로 본다.

(4) 저압 옥상전선로의 시설

① 저압 옥상 전선로(저압의 인입선 및 연접 인입선의 옥상부분을 제외한다. 이하 이 장에서 같다)는 다음의 어느 하나에 해당하는 경우에 한하여 시설할 수 있다.

ⓖ 1구내 또는 동일 기초 구조물 및 여기에 구축된 복수의 건물과 구조적으로 일체화된 하나의 건물(이하 이 조문에서 "1구내 등"이라 한다)에 시설하는 전선로의 전부 또는 일부

로 시설하는 경우

ⓒ 1구내 등 전용의 전선로 중 그 구내에 시설하는 부분의 전부 또는 일부로 시설하는 경우

② 저압 옥상전선로는 전개된 장소에 다음에 따르고 또한 위험의 우려가 없도록 시설하여야 한다.

> 1. 전선은 인장강도 2.30kN 이상의 것 또는 지름 2.6㎜ 이상의 경동선의 것
> 2. 전선은 절연전선일 것
> 3. 전선은 조영재에 견고하게 붙인 지지주 또는 지지대에 절연성·난연성 및 내수성이 있는 애자를 사용하여 지지하고 또한 그 지지점 간의 거리는 15m 이하일 것
> 4. 전선과 그 저압 옥상 전선로를 시설하는 조영재와의 이격거리는 2m(전선이 고압 절연전선, 특고압 절연전선 또는 케이블인 경우에는 1m) 이상일 것

③ 전선이 케이블인 저압 옥상 전선로는 다음의 어느 하나에 해당할 경우에 한하여 시설할 수 있다.

ㄱ 전선을 전개된 장소에 제69조(제1항 제4호는 제외한다)의 규정에 준하여 시설하는 외에 조영재에 견고하게 붙인 지지주 또는 지지대에 의하여 지지하고 또한 조영재 사이의 이격거리를 1m 이상으로 하여 시설하는 경우

ㄴ 전선을 조영재에 견고하게 붙인 견고한 관 또는 트라프에 넣고 또한 트라프에는 취급자 이외의 자가 쉽게 열 수 없는 구조의 철제 또는 철근 콘크리트제 기타 견고한 뚜껑을 시설하는 외에 제193조 제1항 제4호 및 제5호의 규정에 준하여 시설하는 경우

④ 저압 옥상전선로의 전선이 저압 옥측전선·고압 옥측전선·특고압 옥측전선·다른 저압 옥상전선로의 전선·약전류 전선 등·안테나·수관·가스관 또는 이들과 유사한 것과 접근하거나 교차하는 경우에는 저압 옥상전선로의 전선과 이들 사이의 이격거리는 1m(저압 옥상전선로의 전선 또는 저압 옥측전선이나 다른 저압 옥상전선로의 전선이 저압 방호구에 넣은 절연전선 등·고압 절연전선·특고압 절연전선 또는 케이블인 경우에는 30㎝) 이상이어야 한다.

⑤ 저압 옥상전선로의 전선이 다른 시설물(그 저압 옥상전선로를 시설하는 조영재·가공전선 및 고압의 옥상 전선로의 전선을 제외한다)과 접근하거나 교차하는 경우에는 그 저압 옥상 전선로의 전선과 이들 사이의 이격거리는 60㎝(전선이 고압 절연전선, 특고압 절연전선 또는 케이블인 경우에는 30㎝) 이상이어야 한다.

⑥ 저압 옥상전선로의 전선은 상시 부는 바람 등에 의하여 식물에 접촉하지 아니하도록 시설하여야 한다.

(5) 고압 옥상전선로의 시설

① 고압 옥상전선로(고압 인입선의 옥상부분은 제외한다. 이하 이 장에서는 같다)는 제95조 제1항의 규정에 준하여 시설하는 이외에 케이블을 사용하고 또한 다음의 어느 하나에 해당하는 경우에 한하여 시설할 수 있다.
- ㉠ 전선을 전개된 장소에서 제69조(제3항은 제외한다)의 규정에 준하여 시설하는 외에 조영재에 견고하게 붙인 지지주 또는 지지대에 의하여 지지하고 또한 조영재 사이의 이격거리를 1.2m 이상으로 하여 시설하는 경우
- ㉡ 전선을 조영재에 견고하게 붙인 견고한 관 또는 트라프에 넣고 또한 트라프에는 취급자이외의 자가 쉽게 열 수 없는 구조의 철제 또는 철근 콘크리트제 기타 견고한 뚜껑을 시설하는 외에 제95조 제2항 제5호의 규정에 준하여 시설하는 경우

② 고압 옥상 전선로의 전선이 다른 시설물(가공전선을 제외한다)과 접근하거나 교차하는 경우에는 고압 옥상 전선로의 전선과 이들 사이의 이격거리는 60㎝ 이상이어야 한다. 다만, 제1항 제2호에 의하여 시설하는 경우로 제140조, 제141조(제2항부터 제4항까지를 제외한다) 및 제142조의 규정에 준하여 시설하는 경우에는 그러하지 아니하다.

③ 고압 옥상전선로의 전선은 상시 부는 바람 등에 의하여 식물에 접촉하지 아니하도록 시설하여야 한다.

(6) 특고압 옥상전선로의 시설

특고압 옥상전선로(특고압의 인입선의 옥상부분을 제외한다)는 시설하여서는 아니 된다.

(7) 저압 인입선의 시설

① 저압 가공인입선은 제79조부터 제84조까지·제87조 및 제89조의 규정에 준하여 시설하는 이외에 다음에 따라 시설하여야 한다.
- ㉠ 전선이 케이블인 경우 이외에는 인장강도 2.30kN 이상의 것 또는 지름 2.6㎜ 이상의 인입용 비닐절연전선일 것. 다만, 경간이 15m 이하인 경우는 인장강도 1.25kN 이상의 것 또는 지름 2㎜ 이상의 인입용 비닐절연전선일 것
- ㉡ 전선은 절연전선, 다심형 전선 또는 케이블일 것
- ㉢ 전선이 옥외용 비닐절연전선인 경우에는 사람이 접촉할 우려가 없도록 시설하고, 옥외용 비닐절연전선 이외의 절연전선인 경우에는 사람이 쉽게 접촉할 우려가 없도록 시설할 것

④ 전선이 케이블인 경우에는 제69조(제1항 제4호는 제외한다)의 규정에 준하여 시설할 것. 다만, 케이블의 길이가 1m 이하인 경우에는 조가하지 아니하여도 된다.

⑤ 전선의 높이는 다음에 의할 것

㉮ 도로(차도와 보도의 구별이 있는 도로인 경우에는 차도)를 횡단하는 경우에는 노면 상 5m(기술상 부득이한 경우에 교통에 지장이 없을 때에는 3m) 이상

㉯ 철도 또는 궤도를 횡단하는 경우에는 레일면상 6.5m 이상

㉰ 횡단보도교의 위에 시설하는 경우에는 노면상 3m 이상

㉱ "가", "나", 및 "다" 이외의 경우에는 지표상 4m(기술상 부득이한 경우에 교통에 지장이 없을 때에는 2.5m) 이상

② 저압 가공 인입선을 직접 인입한 조영물에 대하여는 위험의 우려가 없을 경우에 한하여 제1항에서 준용하는 제79조 제1항 제2호 및 제87조 제1항의 규정은 적용하지 아니하다.

(8) 저압 연접 인입선의 시설

저압 연접 인입선은 제100조의 규정에 준하여 시설하는 이외에 다음에 따라 시설하여야 한다.

㉠ 인입선에서 분기하는 점으로부터 100m를 초과하는 지역에 미치지 아니할 것

㉡ 폭 5m를 초과하는 도로를 횡단하지 아니할 것

㉢ 옥내를 통과하지 아니할 것

(9) 고압 인입선 등의 시설

① 고압 가공인입선은 제72조·제79조부터 제83조까지·제85조·제86조·제88조 및 제89조의 규정에 준하여 시설하는 이외에 전선에는 인장강도 8.01kN 이상의 고압절연전선, 특고압 절연전선 또는 지름 5mm 이상의 경동선의 고압 절연전선, 특고압 절연전선 또는 제36조 제1항 제2호에서 규정하는 인하용 절연전선을 애자사용공사에 의하여 시설하거나 케이블을 제69조의 규정에 준하여 시설하여야 한다.

② 고압 가공인입선을 직접 인입한 조영물에 관하여는 위험의 우려가 없는 경우에 한하여 제1항에서 준용하는 제79조 제1항 제3호 및 제88조 제1항의 규정은 적용하지 아니한다.

③ 고압 가공인입선의 높이는 제1항에서 준용하는 제72조 제1항 제4호의 규정에도 불구하고 지표상 3.5m까지로 감할 수 있다. 이 경우에 그 고압 가공인입선이 케이블 이외의 것인 때에는 그 전선의 아래쪽에 위험 표시를 하여야 한다.

④ 고압 인입선의 옥측부분 또는 옥상부분은 제95조 제2항부터 제5항까지의 규정에 준하여 시설하여야 한다.

⑤ 고압 연접인입선은 시설하여서는 아니 된다.

4. 특고압 가공전선로

(1) 시가지 등에서 특고압 가공전선로의 시설

① 특고압 가공전선로는 전선이 케이블인 경우 또는 전선로를 다음과 같이 시설하는 경우에는 시가지 그 밖에 인가가 밀집한 지역에 시설할 수 있다.

ㄱ 사용전압이 170kV 이하인 전선로를 다음에 의하여 시설하는 경우

㉮ 특고압 가공전선을 지지하는 애자장치는 다음 중 어느 하나에 의할 것

> 1. 50% 충격섬락전압 값이 그 전선의 근접한 다른 부분을 지지하는 애자장치 값의 110%(사용전압이 130kV 를 초과하는 경우는 105%) 이상인 것
> 2. 아크 혼을 붙인 현수애자·장간애자(長幹碍子) 또는 라인포스트애자를 사용하는 것
> 3. 2련 이상의 현수애자 또는 장간애자를 사용하는 것
> 4. 2개 이상의 핀애자 또는 라인포스트애자를 사용하는 것

★출제Point 특고압 가공전선 지지하는 애자장치 숙지

㉯ 특고압 가공전선로의 경간은 다음의 표에서 정한 값 이하일 것

지지물의 종류	경 간
A종 철주 또는 A종 철근 콘크리트주	75m
B종 철주 또는 B종 철근 콘크리트주	150m
철 탑	400m (단주인 경우에는 300m) 다만, 전선이 수평으로 2 이상 있는 경우에 전선 상호 간의 간격이 4m 미만인 때에는 250m

㉰ 지지물에는 철주·철근 콘크리트주 또는 철탑을 사용할 것

㉱ 전선은 단면적이 다음의 표에서 정한 값 이상일 것

ⓛ 사용전압이 170kV 초과하는 전선로를 다음에 의하여 시설하는 경우

   ㉮ 전선로는 회선수 2 이상 또는 그 전선로의 손괴에 의하여 현저한 공급지장이 발생하지 않도록 시설할 것

   ㉯ 전선을 지지하는 애자(碍子)장치에는 아크 혼을 취부한 현수애자 또는 장간(長幹)애자를 사용할 것

   ㉰ 전선을 인류(引留)하는 경우에는 압축형 클램프, 쐐기형 클램프 또는 이와 동등 이상의 성능을 가지는 클램프를 사용할 것

   ㉱ 현수애자 장치에 의하여 전선을 지지하는 부분에는 아머로드를 사용할 것

   ㉲ 경간 거리는 600m 이하일 것

   ㉳ 지지물은 철탑을 사용할 것

   ㉴ 전선은 단면적 240㎟ 이상의 강심알루미늄선 또는 이와 동등 이상의 인장강도 및 내(耐)아크 성능을 가지는 연선(撚線)을 사용할 것

   ㉵ 전선로에는 가공지선을 시설할 것

   ㉶ 전선은 압축접속에 의하는 경우 이외에는 경간 도중에 접속점을 시설하지 아니할 것

   ㉷ 전선의 지표상의 높이는 10m에 35kV을 초과하는 10kV마다 12cm를 더한 값 이상일 것

   ㉸ 지지물에는 위험표시를 보기 쉬운 곳에 시설할 것

   ㉹ 전선로에 지락 또는 단락이 생겼을 때에는 1초 이내에 그리고 전선이 아크전류에 의하여 용단될 우려가 없도록 자동적으로 전로에서 차단하는 장치를 시설할 것

② 시가지 그 밖에 인가가 밀집한 지역이란 특고압 가공전선로의 양측으로 각각 50m, 선로방향으로 500m를 취한 50,000㎡의 장방형의 구역으로 그 지역(도로부분을 제외한다) 내의 건폐율[(조영물이 점하는 면적)/(50,000㎡-도로면적)]이 25% 이상인 경우로 한다.

(2) 유도장해의 방지

① 특고압 가공 전선로는 다음 각 호에 따르고 또한 기설 가공 전화선로에 대하여 상시정전유도작용(常時靜電誘導作用)에 의한 통신상의 장해가 없도록 시설하여야 한다. 다만, 가공 전화선이 통신용 케이블인 때 가공 전화선로의 관리자로부터 승낙을 얻은 경우에는 그러하지 아니하다.

   ㉠ 사용전압이 60kV 이하인 경우에는 전화선로의 길이 12㎞마다 유도전류가 2μA를 넘지 아니하도록 할 것

ⓛ 사용전압이 60kV를 초과하는 경우에는 전화선로의 길이 40km마다 유도전류가 3μA를 넘지 아니하도록 할 것

② 특고압 가공전선로는 기설 통신선로에 대하여 상시정전 유도작용에 의하여 통신상의 장해를 주지 아니하도록 시설하여야 한다.

③ 특고압 가공 전선로는 기설 약전류 전선로에 대하여 통신상의 장해를 줄 우려가 없도록 시설하여야 한다.

(3) 특고압 가공케이블의 시설

특고압 가공전선로는 그 전선에 케이블을 사용하는 경우에는 다음에 따라 시설하여야 한다.

ㄱ 케이블은 다음의 어느 하나에 의하여 시설할 것

㉮ 조가용선에 행거에 의하여 시설할 것. 이 경우에 행거의 간격은 50cm 이하로 하여 시설하여야 한다.

㉯ 조가용선에 접촉시키고 그 위에 쉽게 부식되지 아니하는 금속 테이프 등을 20cm 이하의 간격을 유지시켜 나선형으로 감아 붙일 것

ㄴ 조가용선은 인장강도 13.93kN 이상의 연선 또는 단면적 22㎟ 이상의 아연도강연선일 것

ㄷ 조가용선은 제71조 제1항의 규정에 준하여 시설할 것. 이 경우에 조가용선의 중량 및 조가용선에 대한 수평풍압에는 각각 케이블의 중량(제71조 제1항 제2호 또는 제3호에 규정하는 빙설이 부착한 경우에는 그 피빙전선의 중량) 및 케이블에 대한 수평풍압(제71조 제1항 제2호 또는 제3호에 규정하는 빙설이 부착한 경우에는 그 피빙전선에 대한 수평풍압)을 가산한 것으로 한다.

ㄹ 조가용선 및 케이블의 피복에 사용하는 금속체에는 제3종 접지공사를 할 것

★출제Point 특고압 가공케이블의 시설 정리

(4) 특고압 가공전선의 굵기 및 종류

특고압 가공전선(특고압 옥측전선로 또는 제151조 제2항의 규정에 의하여 시설하는 특고압 전선로에 인접하는 1경간의 가공전선 및 특고압 가공인입선을 제외한다. 이하 이 절에서 같다)은 케이블인 경우 이외에는 인장강도 8.71kN 이상의 연선 또는 단면적이 22㎟ 이상의 경동연선이어야 한다.

(5) 특고압 가공전선로의 가공지선

특고압 가공전선로에 사용하는 가공지선(架空地線)은 다음에 따라 시설하여야 한다.

ⓐ 가공지선에는 인장강도 8.01kN 이상의 나선 또는 지름 5mm 이상의 나경동선을 사용하고 또한 이를 제71조 제1항의 규정에 준하여 시설할 것

ⓑ 지지점 이외의 곳에서 특고압 가공전선과 가공지선 사이의 간격은 지지점에서의 간격보다 적게 하지 아니할 것

ⓒ 가공지선 상호를 접속하는 경우에는 접속관 기타의 기구를 사용할 것

(6) 특고압 가공전선로의 애자장치 등

① 특고압 가공전선(제135조 제1항 및 제4항에 규정하는 특고압 가공전선로의 중성선으로서 다중접지를 한 것을 제외한다)을 지지하는 애자장치는 다음 하중이 전선의 붙임점에 가하여지는 것으로 계산한 경우에 안전율이 2.5 이상으로 되는 강도를 유지하도록 시설하여야 한다.

1. 전선을 인류하는 경우에는 전선의 상정 최대장력에 의한 하중

2. 전선을 조하하는 경우에는 전선 및 애자장치에 가하여 지는 풍압하중(풍압이 전선로에 직각 방향으로 가하여지는 것으로 하여 제62조의 규정에 준하여 계산한다. 이하 이 조에서 같다)과 같은 수평 횡하중과 전선의 중량[풍압하중으로서 을종 풍압하중을 채택하는 경우에는 전선의 피빙(두께 6mm, 비중 0.9의 것으로 한다)의 중량을 가산한다] 및 애자장치 중량과의 합과 같은 수직하중과의 합성하중. 다만, 전선로에 수평각도가 있는 경우에는 전선의 상정 최대장력에 의하여 생기는 수평 횡분력과 같은 수평 횡하중을 전선로에 현저한 수직각도가 있는 경우에는 이에 수직하중을 각각 가산한다.

3. 기타의 경우에는 전선 및 애자장치에 가하여지는 풍압하중과 같은 수평횡하중과 전선로에 수평각도가 있는 경우의 전선의 상정 최대장력에 의하여 생기는 수평횡분력과 같은 수평횡하중과의 합과 같은 수평횡하중

② 특고압 가공전선(제135조 제1항에 규정하는 특고압 가공전선로의 전선은 제외한다)을 지지하는 애자장치를 붙이는 완금류에는 제3종 접지공사를 하여야 한다.

③ 특고압 가공전선로(제135조 제1항에 규정하는 특고압 가공전선로를 제외한다)의 지지물로 사용하는 목주에 핀애자 또는 라인포스트애자를 직접 붙이는 경우에는 붙임 금구에 제3종 접지공사를 하여야 한다.

(7) 특고압 가공전선로의 목주 시설

특고압 가공전선로의 지지물로 사용하는 목주는 다음에 따르고 또한 견고하게 시설하여야 한다.

    ㉠ 풍압하중에 대한 안전율은 1.5 이상일 것

    ㉡ 굵기는 말구 지름 12㎝ 이상일 것

(8) 특고압 가공전선로의 철주·철근 콘크리트주 또는 철탑의 종류

특고압 가공전선로의 지지물로 사용하는 B종 철근·B종 콘크리트주 또는 철탑의 종류는 다음과 같다.

    ㉠ 직선형

        전선로의 직선부분(3도 이하인 수평각도를 이루는 곳을 포함한다. 이하 이 조에서 같다)에 사용하는 것. 다만, 내장형 및 보강형에 속하는 것을 제외한다.

    ㉡ 각도형

        전선로 중 3도를 초과하는 수평각도를 이루는 곳에 사용하는 것

    ㉢ 인류형

        전가섭선을 인류하는 곳에 사용하는 것

    ㉣ 내장형

        전선로의 지지물 양쪽의 경간의 차가 큰 곳에 사용하는 것

    ㉤ 보강형

        전선로의 직선부분에 그 보강을 위하여 사용하는 것

(9) 특고압 가공전선로의 철주·철근 콘크리트주 또는 철탑의 강도

① 특고압 가공전선로의 지지물로 사용하는 철주 또는 철근 콘크리트주(제65조 제1항 단서에 규정하는 것 중 공장제조 철근 콘크리트주를 제외한다)의 강도는 고온계절이나 저온계절의 어느 계절에서도 제116조에 규정하는 상시 상정하중(A종 철주 또는 복합철근 콘크리트주인 A종 철근 콘크리트주에 있어서는 풍압하중 및 제116조 제1항 제1호 "가"에 규정하는 수직하중, 복합 철근 콘크리트주 이외의 A종 철근 콘크리트주에 있어서는 풍압하중)에 의하여 생기는 부재응력의 1배의 응력에 견디는 것이어야 한다.

② 특고압 가공전선로의 지지물로 사용하는 제65조 제1항 단서에 규정하는 공장에서 제조한

철근 콘크리트주로서 A종 철근 콘크리트주는 풍압하중에, B종 철근 콘크리트주는 제116조에 규정하는 상시 상정하중에 견디는 강도의 것이어야 한다.

③ 특고압 가공전선로의 지지물로 사용하는 철탑은 고온계절이나 저온계절의 어느 계절에서도 제116조에 규정하는 상시 상정하중 또는 제117조에 규정하는 이상 시 상정하중의 2/3배(완금류에 대하여는 1배)의 하중 중 큰 것에 견디는 강도의 것이어야 한다.

(10) 상시 상정하중

① 철주·철근 콘크리트주 또는 철탑의 강도계산에 사용하는 상시 상정하중은 풍압이 전선로에 직각 방향으로 가하여지는 경우의 하중과 전선로의 방향으로 가하여지는 경우의 하중을 각각 다음에 따라 계산하여 각 부재에 대한 이들의 하중 중 그 부재에 큰 응력이 생기는 쪽의 하중을 채택한다.

㉠ 풍압이 전선로에 직각 방향으로 가하여지는 경우의 하중은 각 부재에 대하여 그 부재가 부담하는 다음 하중이 동시에 가하여지는 것으로 계산할 것

㉮ 수직하중

가섭선·애자장치·지지물 부재(철근 콘크리트주에 대하여는 완금류를 포함한다) 등의 중량에 의한 하중. 다만, 전선로에 현저한 수직각도가 있는 경우에는 이에 의한 수직하중을, 철주 또는 철근 콘크리트주로 지선을 사용하는 경우에는 지선의 장력에 의하여 생기는 수직분력에 의한 하중을, 풍압하중으로서 을종 풍압하중을 채택하는 경우는 가섭선의 피빙(두께 6㎜, 비중 0.9의 것으로 한다)의 중량에 의한 하중을 각각 가산한다.

㉯ 수평 횡하중

제62조 제2항 제1호 "가" 또는 제2호 "가"의 풍압하중 및 전선로에 수평각도가 있는 경우에는 가섭선의 상정 최대장력(고온계절과 저온계절별로 그 계절에서의 상정 최대장력으로 한다. 이하 같다)에 의하여 생기는 수평 횡분력에 의한 하중

㉡ 풍압이 전선로의 방향으로 가하여지는 경우의 하중은 각 부재에 대하여 그 부재가 부담하는 다음의 하중이 동시에 가하여지는 것으로 계산할 것

② 인류형·내장형 또는 보강형의 철주·철근 콘크리트주 또는 철탑의 경우에는 제1항의 하중에 다음에 따라 가섭선의 불평균 장력에 의한 수평종하중을 가산한다.

㉠ 인류형의 경우에는 전가섭선에 관하여 각 가섭선의 상정 최대장력과 같은 불평균 장력의 수평 종분력에 의한 하중

ⓛ 내장형의 경우에는 전가섭선에 관하여 각 가섭선의 상정 최대장력의 1/3과 같은 불평균 장력의 수평 종분력에 의한 하중

ⓒ 보강형의 경우에는 전가섭선에 관하여 각 가섭선의 상정 최대장력의 1/6과 같은 불평균 장력의 수평종분력에 의한 하중

③ 지지물에서 가섭선의 배치가 대칭(對稱)이 아닌 철주·철근 콘크리트주 또는 철탑의 경우에는 제1항 및 제2항의 하중 이외에 수직편심하중(垂直偏心荷重)도 가산하고 또한 인류형이나 내장형의 것은 비틀림 힘에 의한 하중도 가산한다.

(11) 이상 시 상정하중

① 철탑의 강도계산에 사용하는 이상 시 상정하중은 풍압이 전선로에 직각방향으로 가하여지는 경우의 하중과 전선로의 방향으로 가하여지는 경우의 하중을 각각 다음에 따라 계산하여 각 부재에 대한 이들의 하중 중 그 부재에 큰 응력이 생기는 쪽의 하중을 채택한다.

ⓗ 풍압의 전선로에 직각 방향으로 가하여지는 경우의 하중은 각 부재에 대하여 그 부재가 부담하는 다음 하중이 동시에 가하여지는 것으로 하여 계산할 것

ⓛ 풍압이 전선로의 방향으로 가하여지는 경우의 하중은 각 부재에 대하여 그 부재가 부담하는 다음 하중이 동시에 가하여지는 것으로 하여 계산할 것

② 제1항의 가섭선의 절단에 의하여 생기는 불평균장력은 가섭전선의 상(회선마다의 상을 말한다. 이하 같다)의 총수에 따라 다음 각 호에 따라 가섭선이 절단되는 것으로 하고 또한 그 가섭선의 절단에 의하여 생기는 각 부재에 대한 불평균장력의 크기는 가섭선의 상정 최대장력과 같은 값(가섭선을 붙이는 방법 때문에 가섭선이 절단된 때에 그 지지점이 이동하거나 가섭선이 지지점에서 미끄러지는 경우에는 상정 최대장력의 0.6배의 값)으로 계산한다. 이 경우에 가공지선은 전선과 동시에 절단되지 아니하는 것으로 하고 또한 1가닥이 절단되는 것으로 한다.

ⓗ 가섭전선의 상의 총수가 12 이하인 경우에는 각 부재에 생기는 응력이 최대로 될 수 있는 1상(다도체는 인류형 이외의 철탑의 경우에는 1상 중 2가닥)

ⓛ 가섭선의 상의 총수가 12를 넘을 경우(제3호에 규정하는 경우를 제외한다)는 각 부재에 생기는 응력이 최대로 되는 회선을 달리 하는 2상(다도체는 인류형 이외의 철탑의 경우에는 1상마다 2가닥)

ⓒ 가섭전선이 세로로 9상 이상이 걸리고 또한 가로로 2상이 걸리어 있는 경우에는 그 세로

로 걸린 9상 이상 중 위쪽의 6상에서 1상(다도체는 인류형 이외의 철탑의 경우에는 1상 중 2가닥) 및 기타의 상에서 1상(다도체는 인류형 이외의 철탑의 경우에는 1상중 2가닥)으로서 각 부재에 생기는 응력이 최대로 되는 것

(12) 특고압 가공전선로의 철탑의 착설시 강도 등

대형하천 횡단부와 그 주변 등 지형적으로 이상착설이 발달하기 쉬운 개소에 특고압 가공전선로를 시설하는 경우 그 지지물로 사용하는 철탑 및 그 기초는 당해개소의 지형 등으로 상정되는 이상 착설 시의 하중에 견디는 강도로 하여야 한다. 이 경우에 유효한 난착설화 대책을 함으로써 착설 시의 하중의 저감을 고려할 수도 있다.

(13) 특고압 가공전선로의 내장형 등의 지지물 시설

① 특고압 가공전선로(제135조 제1항에 규정하는 특고압 가공전선로를 제외한다. 이하 이 조에서 같다) 중 지지물로 목주·A종 철주·A종 철근콘크리트주를 연속하여 5기 이상 사용하는 직선부분(5도 이하의 수평각도를 이루는 곳을 포함한다)에는 다음 각 호에 따라 목주·A종 철주 또는 A종 철근 콘크리트주를 시설하여야 한다. 다만, 사용전압이 35kV 이하인 특고압 가공전선로에 있어서는 제1호(제135조 제4항에 규정하는 특고압 가공전선로를 시가지에 시설하는 경우에는 제1호 및 제2호)의 목주·A종 철주 또는 A종 철근 콘크리트주 시설을 하지 아니하여도 된다.

> 1. 5기 이하마다 지선을 전선로와 직각 방향으로 그 양쪽에 시설한 목주·A종 철주 또는 A종 철근 콘크리트주 1기
> 2. 연속하여 15기 이상으로 사용하는 경우에는 15기 이하마다 지선을 전선로의 방향으로 그 양쪽에 시설한 목주·A종 철주 또는 A종 철근 콘크리트주 1기

② 제1항의 목주·A종 철주 또는 A종 철근 콘크리트주는 제130조 제1항 제2호 및 제132조의 지선을 시설한 목주·A종 철주 또는 A종 철근 콘크리트주에 그 지선의 반대쪽에 지선을 더 시설함으로써 갈음할 수 있다.

③ 특고압 가공전선 중 지지물로서 B종 철주 또는 B종 철근 콘크리트주를 연속하여 10기 이상 사용하는 부분에는 10기 이하마다 내장형의 철주 또는 철근 콘크리트주 1기를 시설하거나 5기 이하마다 보강형의 철주 또는 철근 콘크리트주 1기를 시설하여야 한다.

④ 특고압 가공전선로 중 지지물로서 직선형의 철탑을 연속하여 10기 이상 사용하는 부분에는 10기 이하마다 내장 애자장치가 되어 있는 철탑 또는 이와 동등 이상의 강도를 가지는 철탑 1기를 시설하여야 한다.

(14) 특고압 가공전선과 저고압 전차선의 병가

특고압 가공전선과 저압 또는 고압의 전차선을 동일 지지물에 시설하는 경우에는 제120조 제1항부터 제3항까지를 준용한다.

(15) 특고압 가공전선과 가공 약전류전선 등의 공가

① 사용전압이 35kV 이하인 특고압 가공전선과 가공약전류 전선 등(전력보안 통신선 및 전기철도의 전용부지 안에 시설하는 전기철도용 통신선을 제외한다. 이하 이 조에서 같다)을 동일 지지물에 시설하는 경우에는 다음에 따라야 한다.

> 1. 특고압 가공전선로는 제2종 특고압 보안공사에 의할 것
> 2. 특고압 가공전선은 가공약전류 전선 등의 위로하고 별개의 완금류에 시설할 것
> 3. 특고압 가공전선은 케이블인 경우 이외에는 인장강도 21.67kN 이상의 연선 또는 단면적이 55㎟ 이상인 경동연선일 것
> 4. 특고압 가공전선과 가공약전류 전선 등 사이의 이격거리는 2m 이상으로 할 것. 다만, 특고압 가공전선이 케이블인 경우에는 50㎝까지로 감할 수 있다.
> 5. 가공약전류 전선을 특고압 가공전선이 케이블인 경우 이외에는 금속제의 전기적 차폐층이 있는 통신용 케이블일 것. 다만, 가공약전류 전선로의 관리자의 승낙을 얻은 경우에 특고압 가공전선로(특고압 가공전선에 특고압 절연전선을 사용하는 것에 한한다)를 제104조 제1항 단서 각 호의 규정에 적합하고 또한 위험의 우려가 없도록 시설할 때는 그러하지 아니하다.
> 6. 특고압 가공전선로의 수직배선은 가공약전류 전선 등의 시설자가 지지물에 시설한 것의 2m 위에서부터 전선로의 수직배선의 맨 아래까지의 사이는 케이블을 사용할 것
> 7. 특고압 가공전선로의 접지선에는 절연전선 또는 케이블을 사용하고 또한 특고압 가공전선로의 접지선 및 접지극과 가공약전류 전선로 등의 접지선 및 접지극은 각각 별개로 시설할 것
> 8. 전선로의 지지물은 그 전선로의 공사·유지 및 운용에 지장을 줄 우려가 없도록 시설할 것

② 사용전압이 35kV를 초과하는 특고압 가공전선과 가공약전류 전선 등은 동일 지지물에 시설하여서는 아니 된다.

③ 가공약전류 전선 등이 가공지선을 이용하여 시설하는 광섬유 케이블로서 제155조 제1항 제4호, 제5호 및 제155조 제2항의 규정에 준하여 시설한 것일 때에는 제1항 및 제2항의 규정에 의하지 아니할 수 있다.

★출제 Point 특고압 가공전선과 가공 약전류전선 등의 공가 정리

(16) 특고압 가공전선로의 지지물에 시설하는 저압 기계기구 등의 시설

특고압 가공전선로(제135조 제1항 및 제4항에 규정하는 특고압 가공전선로는 제외한다)의 전선의 위쪽에서 지지물에 저압의 기계기구를 시설하는 경우에는 특고압 가공전선이 케이블인 경우 이외에는 다음에 따라야 한다.

  ㉠ 저압의 기계기구에 접속하는 전로에는 다른 부하를 접속하지 아니할 것

  ㉡ 제1호의 전로와 다른 전로를 변압기에 의하여 결합하는 경우에는 절연 변압기를 사용할 것

  ㉢ 제2호의 절연 변압기의 부하측의 1단자 또는 중성점 및 제1호의 기계기구의 금속제 외함에는 제1종 접지공사를 하여야 한다.

(17) 특고압 가공전선로의 경간 제한

① 특고압 가공전선로의 경간은 다음의 표에서 정한 값 이하이어야 한다.

지지물의 종류	경 간
목주·A종 철주 또는 A종 철근 콘크리트주	150m
B종 철주 또는 B종 철근 콘크리트주	250m
철 탑	600m(단주인 경우에는 400m)

② 특고압 가공전선로의 전선에 인장강도 21.67kN 이상의 것 또는 단면적이 55㎟ 이상인 경동연선을 사용하는 경우로서 그 지지물을 다음 각 호에 따라 시설할 때에는 제1항의 규정에 의하지 아니할 수 있다. 이 경우에 그 전선로의 경간은 그 지지물에 목주·A종 철주 또는 A종 철근 콘크리트주를 사용하는 경우에는 300m 이하, B종 철주 또는 B종 철근 콘크리트주를 사용하는 경우에는 500m 이하이어야 한다.

  ㉠ 목주·A종 철주 또는 A종 철근 콘크리트주에는 전가섭선에 대하여 각 가섭선의 상정 최대장력의 1/3과 같은 불평균 장력에 의한 수평력에 견디는 지선을 그 전선로의 방향으로

그 양쪽에 시설할 것. 다만, 토지의 상황에 의하여 그 전선로 중 그 경간에 근접하는 곳의 지지물에 그 지선을 시설하는 경우에는 그러하지 아니하다.

ⓒ B종 철주 또는 B종 철근 콘크리트주에는 내장형의 철주나 철근 콘크리트주를 사용하거나 제1호 본문의 규정에 준하여 지선을 시설할 것. 다만, 토지의 상황에 의하여 그 전선로 중 그 경간에 근접하는 곳의 지지물에 그 철주 또는 철근 콘크리트주를 사용하거나 그 지선을 시설하는 경우에는 그러하지 아니하다.

ⓒ 철탑에는 내장형의 철탑을 사용할 것. 다만, 토지의 상황에 의하여 그 전선로 중 그 경간에 근접하는 곳의 지지물에 내장형의 철탑을 사용하는 경우에는 그러하지 아니하다.

(18) 특고압 보안공사

① 제1종 특고압 보안공사는 다음 각 호에 따라야 한다.

ⓐ 전선은 케이블인 경우 이외에는 단면적이 다음의 표에서 정한 값 이상일 것

사용전압	전 선
100kV 미만	인장강도 21.67kN 이상의 연선 또는 단면적 55㎟ 이상의 경동연선
100kV 이상 300kV 미만	인장강도 58.84kN 이상의 연선 또는 단면적 150㎟ 이상의 경동연선
300kV 이상	인장강도 77.47kN 이상의 연선 또는 단면적 200㎟ 이상의 경동연선

ⓑ 전선에는 압축 접속에 의한 경우 이외에는 경간의 도중에 접속점을 시설하지 아니할 것

ⓒ 전선로의 지지물에는 B종 철주·B종 철근 콘크리트주 또는 철탑을 사용할 것

② 제2종 특고압 보안공사는 다음에 따라야 한다.

ⓐ 특고압 가공전선은 연선일 것

ⓑ 지지물로 사용하는 목주의 풍압하중에 대한 안전율은 2 이상일 것

ⓒ 경간은 다음의 표에서 정한 값 이하일 것. 다만, 전선에 안장강도 38.05kN 이상의 연선 또는 단면적이 100㎟ 이상인 경동연선을 사용하고 지지물에 B종 철주·B종 철근 콘크리트주 또는 철탑을 사용하는 경우에는 그러하지 아니하다.

지지물의 종류	경 간
목주·A종 철주 또는 A종 철근 콘크리트주	100m
B종 철주 또는 B종 철근 콘크리트주	200m
철 탑	400m (단주인 경우에는 300m)

ⓔ 전선이 다른 시설물과 접근하거나 교차하는 경우에는 그 특고압 가공전선을 지지하는 애자장치는 다음의 어느 하나에 의할 것

㉮ 50% 충격섬락전압 값이 그 전선의 근접하는 다른 부분을 지지하는 애자장치의 값의 110 %(사용전압이 130kV를 초과하는 경우에는 105%)이상인 것

㉯ 아크혼을 붙인 현수애자·장간애자 또는 라인포스트애자를 사용한 것

㉰ 2련 이상의 현수애자 또는 장간애자를 사용한 것

㉱ 2개 이상의 핀애자 또는 라인포스트애자를 사용한 것

ⓜ 제4호의 경우에 지지선을 사용할 때에는 그 지지선에는 본선과 동일한 강도 및 굵기의 것을 사용하고 또한 본선과의 접속은 견고하게 하여 전기가 안전하게 전도되도록 할 것

ⓗ 전선은 바람 또는 눈에 의한 요동으로 단락될 우려가 없도록 시설할 것

(19) 특고압 가공전선과 건조물의 접근

① 특고압 가공전선이 건조물과 제1차 접근상태로 시설되는 경우에는 다음 각 호에 따라야 한다.

㉠ 특고압 가공전선로는 제3종 특고압 보안공사에 의할 것

㉡ 사용전압이 35kV 이하인 특고압 가공전선과 건조물의 조영재 이격거리는 다음의 표에서 정한 값 이상일 것

건조물과 조영재의 구분	전선종류	접근형태	이격거리
상부 조영재	특고압 절연전선	위쪽	2.5m
		옆쪽 또는 아래쪽	1.5m(전선에 사람이 쉽게 접촉할 우려가 없도록 시설한 경우는 1m)
	케이블	위쪽	1.2m
		옆쪽 또는 아래쪽	0.5m
	기타전선		3m
기타 조영재	특고압 절연전선		1.5 m (전선에 사람이 쉽게 접촉할 우려가 없도록 시설한 경우는 1 m)
	케이블		0.5m
	기타 전선		3m

ⓒ 사용전압이 35kV를 초과하는 특고압 가공전선과 건조물과의 이격거리는 건조물의 조영재 구분 및 전선종류에 따라 각각 제2호의 규정 값에 35kV을 초과하는 10kV 또는 그 단수마다 15cm을 더한 값 이상일 것

② 사용전압이 35kV 이하인 특고압 가공전선이 건조물과 제2차 접근상태로 시설되는 경우에는 다음에 따라야 한다.

ⓐ 특고압 가공전선로는 제2종 특고압 보안공사에 의할 것

ⓑ 특고압 가공전선과 건조물 사이의 이격거리는 제1항 제2호의 규정에 준할 것

③ 사용전압이 35kV 초과 400kV 미만인 특고압 가공전선이 건조물(제199조 제1항 및 제2항·제200조 또는 제201조에 규정하는 장소가 있는 건물 및 제202조 제1항에 규정하는 건물은 이를 제외하며, 또한 제2차 접근상태로 있는 부분의 상부조영재가 불연성 또는 자소성이 있는 난연성의 건축 재료로 건조된 것에 한한다)과 제2차 접근상태에 있는 경우에는 다음 각 호에 따라 시설하여야 하며, 이 경우 이외에는 건조물과 제2차 접근상태로 시설하여서는 아니 된다.

ⓐ 특고압 가공전선로는 제1종 특고압 보안공사에 의할 것

ⓑ 특고압 가공전선과 건조물 사이의 이격거리는 제1항 제2호 및 제3호의 규정에 준할 것

ⓒ 특고압 가공전선에는 아마로드를 시설하고 애자에 아크혼을 시설할 것 또는 다음 각 목에 따라 시설할 것

1. 특고압 가공전선로에 가공지선을 시설하고 특고압 가공전선에 아마로드를 시설할 것
2. 특고압 가공전선로에 가공지선을 시설하고 애자에 아크혼을 시설할 것
3. 애자에 아크혼을 시설하고 압축형 클램프 또는 쐐기형 클램프를 사용하여 전선을 인류할 것

ⓓ 건조물의 금속제 상부조영재 중 제2차 접근상태에 있는 것에는 제3종 접지공사를 할 것

④ 사용전압이 400kV 이상의 특고압 가공전선이 건조물과 제2차 접근상태로 있는 경우에는 다음 각 호에 따라 시설하여야 하며, 이 경우 이외에는 건조물과 제2차 접근상태로 시설하여서는 아니 된다.

ⓐ 제3항 제1호부터 제4호까지의 기준에 따라 시설할 것

ⓑ 전선높이가 최저상태일 때 가공전선과 건조물 상부(지붕·챙(차양 : 遮陽)·옷말리는 곳 기타 사람이 올라갈 우려가 있는 개소를 말한다)와의 수직거리가 28m 이상일 것

ⓒ 독립된 주거생활을 할 수 있는 단독주택, 공동주택이 아닐 것

ⓔ 건조물 지붕은 콘크리트, 철판 등 불에 잘 타지 않는 불연성 재료일 것

ⓜ 제199조, 제200조, 제201조, 제202조 규정에 따라 폭연성 분진, 가연성 가스, 인화성 물질, 석유류, 화약류 등 위험물질을 다루는 건조물에 해당되지 아니할 것

ⓗ 건조물 최상부에서 전계(3.5kV/m) 및 자계(83.3μT)를 초과하지 아니할 것

ⓢ 특고압 가공전선은 제62조, 제63조, 제109조, 제112조, 제115조 규정에 따라 풍압하중, 지지물 기초의 안전율, 가공전선의 안전율, 애자장치의 안전율, 철탑의 강도 등의 안전율 및 강도 이상으로 시설하여 전선의 단선 및 지지물 도괴의 우려가 없도록 시설할 것

⑤ 특고압 가공전선이 건조물과 접근하는 경우에 특고압 가공전선이 건조물의 아래쪽에 시설될 때에는 상호 간의 수평 이격거리는 3m 이상으로 하고 또한 상호 간의 이격거리는 제1항 제2호 및 제3호의 규정에 준하여 시설하여야 한다. 다만, 특고압 절연전선 또는 케이블을 사용하는 35kV 이하인 특고압 가공전선과 건조물 사이의 수평 이격거리는 3m 이상으로 하지 아니하여도 된다.

(20) 특고압 가공전선과 도로 등의 접근 또는 교차

① 특고압 가공전선이 도로·횡단보도교·철도 또는 궤도(이하 이 조에서 "도로 등"이라 한다)와 제1차 접근 상태로 시설되는 경우에는 다음에 따라야 한다.

㉠ 특고압 가공전선로는 제3종 특고압 보안공사에 의할 것

㉡ 특고압 가공전선과 도로 등 사이의 이격거리(노면상 또는 레일면상의 이격거리를 제외한다. 이하 이 조에서 같다)는 다음의 표에서 정한 값 이상일 것. 다만, 특고압 절연전선을 사용하는 사용전압이 35kV 이하의 특고압 가공전선과 도로 등 사이의 수평 이격거리가 1.2m 이상인 경우에는 그러하지 아니하다.

사용전압의 구분	이격거리
35kV 이하	3m
35kV 초과	3m에 사용전압이 35kV를 초과하는 10kV 또는 그 단수마다 15㎝를 더한 값

② 특고압 가공전선이 도로 등과 제2차 접근상태로 시설되는 경우에는 다음에 따라야 한다.

㉠ 특고압 가공전선로는 제2종 특고압 보안공사(특고압 가공전선이 도로와 제2차 접근상태로 시설되는 경우에는 애자장치에 관계되는 부분을 제외한다)에 의할 것

㉡ 특고압 가공전선과 도로 등 사이의 이격거리는 규정에 준할 것

ⓒ 특고압 가공전선 중 도로 등에서 수평거리 3m 미만으로 시설되는 부분의 길이가 연속하여 100m 이하이고 또한 1경간 안에서의 그 부분의 길이의 합계가 100m 이하일 것. 다만, 사용전압이 35kV 이하인 특고압 가공전선로를 제2종 특고압 보안공사에 의하여 시설하는 경우 또는 사용전압이 35kV를 초과하고 400kV 미만인 특고압 가공전선로를 제1종 특고압 보안공사에 의하여 시설하는 경우에는 그러하지 아니하다.

③ 특고압 가공전선이 도로 등과 교차하는 경우에 특고압 가공전선이 도로 등의 위에 시설되는 때에는 다음에 따라야 한다.

㉠ 특고압 가공전선로는 제2종 특고압 보안공사(특고압 가공전선이 도로와 교차하는 경우에는 애자장치에 관계되는 부분을 제외한다)에 의할 것. 다만, 특고압 가공전선과 도로 등 사이에 다음에 의하여 보호망을 시설하는 경우에는 제2종 특고압 보안공사(애자장치에 관계되는 부분에 한한다)에 의하지 아니할 수 있다.

> ㉮ 보호망은 제1종 접지공사를 한 금속제의 망상장치로 하고 견고하게 지지할 것
> ㉯ 보호망을 구성하는 금속선은 그 외주(外周) 및 특고압 가공전선의 직하에 시설하는 금속선에는 인장강도 8.01kN 이상의 것 또는 지름 5㎜ 이상의 경동선을 사용하고 그 밖의 부분에 시설하는 금속선에는 인장강도 5.26kN 이상의 것 또는 지름 4㎜ 이상의 경동선을 사용할 것
> ㉰ 보호망을 구성하는 금속선 상호의 간격은 가로, 세로 각 1.5m 이하일 것
> ㉱ 보호망이 특고압 가공전선의 외부에 뻗은 폭은 특고압 가공전선과 보호망과의 수직거리의 1/2 이상일 것. 다만, 6m를 넘지 아니하여도 된다.
> ㉲ 보호망을 운전이 빈번한 철도선로의 위에 시설하는 경우에는 경동선 그 밖에 쉽게 부식되지 아니하는 금속선을 사용할 것

㉡ 특고압 가공전선이 도로 등과 수평거리로 3m 미만에 시설되는 부분의 길이는 100m를 넘지 아니할 것. 사용전압이 35kV 이하인 특고압 가공전선로를 시설하는 경우 또는 사용전압이 35kV을 초과하고 400kV 미만인 특고압 가공전선로를 제1종 특고압 보안공사에 의하여 시설하는 경우에는 그러하지 아니하다.

④ 특고압 가공전선이 도로 등과 접근하는 경우에 특고압 가공전선을 도로 등의 아래쪽에 시설할 때에는 상호 간의 수평 이격거리는 3m 이상으로 하고 또한 상호의 이격거리는 제126조 제1항 제2호 및 제3호의 규정에 준하여 시설하여야 한다. 다만, 특고압 절연전선 또는 케이블을 사용하는 사용전압이 35kV 이하인 특고압 가공전선과 도로 등 사이의 수평 이격거리는 3m 이상으로 하지 아니하여도 된다.

(21) 특고압 가공전선과 삭도의 접근 또는 교차

① 특고압 가공전선이 삭도와 제1차 접근상태로 시설되는 경우에는 다음에 따라야 한다.

    ㉠ 특고압 가공전선로는 제3종 특고압 보안공사에 의할 것

    ㉡ 특고압 가공전선과 삭도 또는 삭도용 지주 사이의 이격거리는 다음의 표에서 정한 값 이상일 것

사용전압의 구분	이격거리
35kV 이하	2m (전선이 특고압 절연전선인 경우는 1m, 케이블인 경우는 50cm)
35kV 초과 60kV 이하	2m
60kV 초과	2m에 사용전압이 60kV를 초과하는 10kV 또는 그 단수마다 12cm을 더한 값

② 특고압 가공전선이 삭도와 제2차 접근상태로 시설되는 경우에는 다음에 따라야 한다.

    ㉠ 특고압 가공전선로는 제2종 특고압 보안공사에 의할 것

    ㉡ 특고압 가공전선과 삭도 또는 그 지주 사이의 이격거리는 제1항 제2호의 규정에 준할 것

    ㉢ 특고압 가공전선 중 삭도에서 수평거리로 3m 미만으로 시설되는 부분의 길이가 연속하여 50m 이하이고 또한 1경간 안에서의 그 부분의 길이의 합계가 50m 이하일 것. 다만, 사용전압이 35kV 이하인 특고압 가공전선로를 시설하는 경우 또는 사용전압이 35kV를 초과하는 특고압 가공전선로를 제1종 특고압 보안공사에 의하여 시설하는 경우에는 그러하지 아니하다.

③ 특고압 가공전선이 삭도와 교차하는 경우에 특고압 가공전선이 삭도의 위에 시설되는 때에는 다음에 따라야 한다.

    ㉠ 특고압 가공전선은 제2종 특고압 보안공사에 의할 것. 다만, 특고압 가공 전선과 삭도 사이에 제127조 제3항 제1호 단서의 규정에 준하여 보호망을 시설하는 경우에는 제2종 특고압 보안공사(애자장치에 관한 부분에 한한다)에 의하지 아니할 수 있다.

    ㉡ 특고압 가공전선과 삭도 또는 삭도용 지주 사이의 이격거리는 제1항 제2호의 규정에 준할 것

    ㉢ 삭도의 특고압 가공전선으로부터 수평거리로 3m 미만에 시설되는 부분의 길이는 50m를 넘지 아니할 것. 다만, 사용전압이 35kV 이하인 특고압 가공전선로를 시설하는 경우 또는 사용전압이 35kV를 초과하는 특고압 가공전선로를 제1종 특고압 보안공사에 의하여 시설하는 경우에는 그러하지 아니하다.

④ 특고압 가공전선이 삭도와 접근하는 경우에는 특고압 가공전선은 삭도의 아래쪽에서 수평거리로 삭도의 지주의 지표상의 높이에 상당하는 거리 안에 시설하여서는 아니 된다. 다만, 특고압 가공전선과 삭도 사이의 수평거리가 3m 이상인 경우에 삭도의 지주의 도괴 등에 의하여 삭도가 특고압 가공전선과 접촉할 우려가 없을 때 또는 다음 각 호에 따라 시설한 때에는 그러하지 아니하다.

　㉠ 특고압 가공전선이 케이블인 경우 이외에는 특고압 가공전선의 위쪽에 견고하게 방호장치를 설치하고 또한 그 금속제 부분에 제3종 접지공사를 할 것

　㉡ 특고압 가공전선과 삭도 또는 그 지주 사이의 이격거리는 제1항 제2호의 규정에 준할 것

⑤ 특고압 가공전선이 삭도와 교차하는 경우에는 특고압 가공전선은 삭도의 아래에 시설하여서는 아니 된다. 다만, 제4항 각 호의 규정에 준하는 이외에 위험의 우려가 없도록 시설하는 경우는 그러하지 아니하다.

(22) 특고압 가공전선 상호 간의 접근 또는 교차

① 특고압 가공전선이 다른 특고압 가공전선과 접근상태로 시설되거나 교차하여 시설되는 경우에는 제3항의 경우 이외에는 다음에 따라야 한다.

　㉠ 위쪽 또는 옆쪽에 시설되는 특고압 가공전선로는 제3종 특고압 보안공사에 의할 것

　㉡ 위쪽 또는 옆쪽에 시설되는 특고압 가공전선로의 지지물로 사용하는 목주·철주 또는 철근 콘크리트주에는 다음에 의하여 지선을 시설할 것. 다만, 지지물로 B종 철주 또는 B종 철근 콘크리트주를 사용하는 경우에 제116조에 규정하는 상시 상정하중에 1.96kN의 수평 횡하중을 가산한 하중에 의하여 생기는 부재응력의 1배의 응력에 대하여 견디는 B종 철주 또는 B종 철근 콘크리트주를 사용할 때에는 그러하지 아니하다.

　　㉮ 특고압 가공전선이 다른 특고압 가공전선과 접근하는 경우에는 위쪽 또는 옆쪽에 시설되는 특고압 가공전선로의 접근하는 쪽의 반대쪽에 시설할 것. 다만, 위쪽이나 옆쪽에 시설되는 특고압 가공전선로가 다른 특고압 가공전선로와 접근하는 쪽의 반대쪽에 10도 이상의 수평각도를 이루는 경우 또는 특고압 가공전선로의 사용전압이 35kV 이하인 경우에는 그러하지 아니하다.

　　㉯ 특고압 가공전선이 다른 특고압 가공전선과 교차하는 경우에는 위에 시설되는 특고압 가공전선로의 방향에 교차하는 쪽의 반대쪽 및 위에 시설되는 특고압 가공전선로와 직각 방향으로 그 양쪽에 시설할 것. 다만, 위에 시설되는 특고압 가공전선로의 사용전압이 35kV를 초과하는 경우에 위에 시설되는 특고압 가공전선로가 전선로의

방향에 대하여 10도 이상의 수평각도를 이루는 때에는 위에 시설되는 특고압 가공전선로와 직각 방향의 지선 중 수평각도를 이루는 쪽의 지선을, 위에 시설되는 특고압 가공전선로의 사용전압이 35kV 이하인 경우에는 위에 시설되는 특고압 가공전선로와 직각 방향의 지선을 시설하지 아니하여도 된다.

ⓒ 특고압 가공전선과 다른 특고압 가공전선 사이의 이격거리는 제129조 제1항 제2호의 규정에 준할 것. 다만, 각 특고압 가공전선의 사용전압이 35kV 이하로서 다음 각 목의 어느 하나에 해당하는 경우는 그러하지 아니하다.

　　㉠ 특고압 가공전선에 케이블을 사용하고 다른 특고압 가공전선에 특고압 절연전선 또는 케이블을 사용하는 경우로 상호 간의 이격거리가 50㎝ 이상인 경우

　　㉡ 각각의 특고압 가공전선에 특고압 절연전선을 사용하는 경우로 상호 간의 이격거리가 1m 이상인 경우

ⓔ 특고압 가공전선과 다른 특고압 가공전선로의 지지물 사이의 이격거리는 제128조 제1항 제2호의 규정에 준할 것

② 특고압 가공전선이 다른 특고압 가공전선로의 가공지선과 접근상태로 시설되거나 교차하여 시설되는 경우에는 제3항에 규정하는 경우 이외에는 특고압 가공전선과 가공지선 사이의 이격거리에 대하여는 제128조 제1항 제2호의 규정을 준용한다.

③ 특고압 가공전선(제135조 제1항에 규정하는 특고압 가공전선을 제외한다)이 제135조 제1항에 규정하는 특고압 가공전선로의 전선과 접근상태로 시설되거나 교차하여 시설되는 경우에는 특고압 가공전선(제135조 제1항에 규정하는 특고압 가공전선을 제외한다)은 제129조의 규정 중 고압 가공전선에 관한 부분에 준하여 시설하여야 한다.

(23) 특고압 가공전선과 다른 시설물의 접근 또는 교차

① 특고압 가공전선이 건조물·도로·횡단보도교·철도·궤도·삭도·가공약전류 전선로 등·저압 또는 고압의 가공전선로·저압 또는 고압의 전차선로 및 다른 특고압 가공전선로 이외의 시설물(이하 이 조에서 "다른 시설물"이라 한다)과 제1차 접근상태로 시설되는 경우에는 특고압 가공전선과 다른 시설물 사이의 이격거리는 제129조 제1항 제2호의 규정에 준하여 시설하여야 한다. 이 경우에 특고압 가공전선로의 전선의 절단, 지지물의 도괴 등에 의하여 특고압 가공전선이 다른 시설물에 접촉함으로써 사람에게 위험을 줄 우려가 있는 때에는 특고압 가공전선로는 제3종 특고압 보안공사에 의하여야 한다.

② 특고압 절연전선 또는 케이블을 사용하는 사용전압이 35kV 이하의 특고압 가공전선과 다

른 시설물 사이의 이격거리는 제1항의 규정에 불구하고 다음의 표에서 정한 값까지 감할 수 있다.

다른 시설물의 구분	접근형태	이격거리
조영물의 상부조영재	위쪽	2m (전선이 케이블 인 경우는 1.2m)
	옆쪽 또는 아래쪽	1m (전선이 케이블인 경우는 50㎝)
조영물의 상부조영재 이외의 부분 또는 조영물 이외의 시설물		1m (전선이 케이블인 경우는 50㎝)

③ 특고압 가공전선로가 다른 시설물과 제2차 접근상태로 시설되는 경우 또는 다른 시설물의 위쪽에서 교차하여 시설되는 경우에는 특고압 가공전선과 다른 시설물 사이의 이격거리는 제1항 및 제2항의 규정에 준하여 시설하여야 한다. 이 경우에 특고압 가공전선로의 전선의 절단·지지물의 도괴 등에 의하여 특고압 가공전선이 다른 시설물에 접촉함으로써 사람에게 위험을 줄 우려가 있는 때에는 특고압 가공전선로는 제2종 특고압 보안공사에 의하여야 한다.

④ 특고압 가공전선이 다른 시설물과 접근하는 경우에 특고압 가공전선이 다른 시설물의 아래쪽에 시설되는 경우에는 상호 간의 수평 이격거리는 3m 이상으로 하고 또한 상호 간의 이격거리는 제128조 제1항 제2호의 규정에 준하여 시설하여야 한다. 다만, 특고압 절연전선 또는 케이블을 사용하는 사용전압이 35kV 이하인 특고압 가공전선과 다른 시설물 사이의 수평 이격거리는 3m 이상으로 하지 아니하여도 된다.

(24) 특고압 가공전선로의 지선의 시설

① 특고압 가공전선이 건조물·도로·횡단보도교·철도·궤도·삭도·가공약전류 전선 등·저압이나 고압의 가공전선 또는 저압이나 고압의 가공 전차선(이하 이 조에서 "건조물 등" 이라 한다)과 제2차 접근상태로 시설되는 경우 또는 사용전압이 35kV를 초과하는 특고압 가공전선이 건조물 등과 제1차 접근상태로 시설되는 경우에는 특고압 가공전선로의 지지물(철탑을 제외한다. 이하 이 조에서 같다)에는 건조물 등과 접근하는 쪽의 반대쪽(건조물의 위에 시설되는 경우에는 특고압 가공전선로의 방향으로 건조물이 있는 쪽의 반대쪽 및 특고압 가공전선로와 직각 방향으로 그 양쪽)에 지선을 시설하여야 한다. 다만, 다음의 어느 하나에 해당하는 경우에는 그러하지 아니하다.

1. 특고압 가공전선로가 건조물 등과 접근하는 쪽의 반대쪽에 10도 이상의 수평 각도를 이루는 경우
2. 특고압 가공전선로의 지지물로 제116조에 규정하는 상시 상정하중에 1.96kN의 수평 횡하중을 가산한 하중에 의하여 생기는 부재응력의 1배의 응력에 대하여 견디는 B종 철주 또는 B종 철근 콘크리트주를 사용하는 경우
3. 특고압 가공전선로가 특고압 절연전선(그 특고압 가공전선로의 지지물과 이에 인접한 지지물과의 경간이 어느 것이나 75m 이하의 경우에 한한다) 또는 케이블을 사용하는 사용전압이 35kV 이하의 것인 경우로서 지지물로 제116조에 규정하는 상시 상정하중에 의하여 생기는 부재응력의 1.1배의 응력에 대하여 견디는 B종 철주 또는 B종 철근 콘크리트주를 사용하는 때

② 특고압 가공전선이 건조물 등과 교차하는 경우에는 특고압 가공전선로의 지지물에는 특고압 가공전선로의 방향에 교차하는 쪽의 반대쪽 및 특고압 가공 전선로와 직각 방향으로 그 양쪽에 지선을 시설하여야 한다. 다만, 다음의 어느 하나에 해당하는 경우에는 그러하지 아니하다.

㉠ 특고압 가공전선로가 전선로의 방향에 대하여 10도 이상의 수평각도를 이루는 경우에 전선로의 방향에 교차하는 쪽의 반대쪽 및 수평각도를 이루는 쪽의 반대쪽에 지선을 설치한 때
㉡ 사용전압이 35kV 이하인 특고압 가공전선로가 도로·횡단보도교·저압이나 고압의 가공전선 또는 저압이나 고압의 전차선과 교차하는 경우에 특고압 가공전선로의 방향에 교차하는 쪽의 반대쪽에 지선을 설치한 때
㉢ B종 철주 또는 B종 철근 콘크리트주를 사용하는 경우

(25) 특고압 가공전선과 식물의 이격거리

특고압 가공전선과 식물 사이의 이격거리에 대하여는 제129조 제1항 제2호의 규정을 준용한다. 다만, 사용전압이 35kV 이하인 특고압 가공전선을 다음의 어느 하나에 따라 시설하는 경우에는 그러하지 아니하다.

㉠ 고압 절연전선을 사용하는 특고압 가공전선과 식물 사이의 이격거리가 50㎝ 이상인 경우
㉡ 특고압 절연전선 또는 케이블을 사용하는 특고압 가공전선과 식물이 접촉하지 않도록 시설하는 경우 또는 특고압 수밀형 케이블을 사용하는 특고압 가공전선과 식물의 접촉에 관계없이 시설하는 경우

(26) 특고압 옥측전선로 등에 인접하는 가공전선의 시설

특고압 옥측 전선로 또는 제151조 제2항의 규정에 의하여 시설하는 특고압 전선로에 인접하는 1경간의 가공전선은 제103조(제1항은 제외한다)의 규정에 준하여 시설하여야 한다.

(27) 25kV 이하인 특고압 가공전선로의 시설

① 사용전압이 15kV 이하인 특고압 가공전선로(중성선 다중접지식의 것으로서 전로에 지락이 생겼을 때 2초 이내에 자동적으로 이를 전로로부터 차단하는 장치가 되어 있는 것에 한한다. 이하 제1항부터 제3항까지에서 같다)는 그 전선에 고압 절연전선(중성선은 제외한다), 특고압 절연전선(중성선은 제외한다) 또는 케이블을 사용하고 또한 고압 가공전선로의 규정에 준하여 시설하는 경우에는 규정에 의하지 아니할 수 있다.

② 사용전압이 15kV 이하인 특고압 가공전선로의 중성선의 다중접지 및 중성선의 시설은 다음에 의할 것

    ㉠ 접지선은 공칭단면적 6㎟ 이상의 연동선 또는 이와 동등 이상의 세기 및 굵기의 쉽게 부식하지 않는 금속선으로서 고장 시에 흐르는 전류를 안전하게 통할 수 있는 것일 것

    ㉡ 접지공사는 제19조 제3항의 규정에 준하고 또한 접지한 곳 상호 간의 거리는 전선로에 따라 300m 이하일 것

    ㉢ 각 접지선을 중성선으로부터 분리하였을 경우의 각 접지점의 대지 전기저항값과 1km마다의 중성선과 대지사이의 합성 전기저항값은 다음의 표에서 정한 값 이하일 것

각 접지점의 대지 전기저항값	1km마다의 합성 전기저항값
300Ω	30Ω

    ㉣ 특고압 가공전선로의 다중접지를 한 중성선은 제71조 제2항·제72조·제75조·제79조부터 제84조까지·제86조 및 제89조의 저압 가공전선의 규정에 준하여 시설할 것

    ㉤ 다중접지한 중성선은 저압전로의 접지측 전선이나 중성선과 공용할 수 있다.

③ 사용전압이 15kV 이하의 특고압 가공전선로의 전선과 저압 또는 고압의 가공전선과를 동일 지지물에 시설하는 경우에 다음에 따라 시설할 때는 제120조 제1항의 규정에 의하지 아니할 수 있다.

    ㉠ 특고압 가공전선과 저압 또는 고압의 가공전선 사이의 이격거리는 75㎝ 이상일 것. 다만, 각도주, 분기주 등에서 혼촉할 우려가 없도록 시설할 때는 그러하지 아니하다.

ⓛ 특고압 가공전선은 저압 또는 고압의 가공전선의 위로하고 별개의 완금류에 시설할 것

④ 특고압 가공전선과 저압 또는 고압의 가공전선을 동일 지지물에 병가하여 시설하는 경우로서 다음에 따라 시설하는 경우에는 제120조 제1항의 규정에 의하지 아니할 수 있다. 다만, 특고압 가공전선의 다중접지한 중성선은 저압전선의 접지측 전선이나 중성선과 공용할 수 있다.

　ⓐ 특고압 가공전선과 저압 또는 고압의 가공전선 사이의 이격거리는 1m 이상일 것. 다만, 특고압 가공전선이 케이블이고 저압 가공전선이 저압 절연전선이거나 케이블인 때 또는 고압 가공전선이 고압 절연전선이거나 케이블인 때에는 50㎝까지 감할 수 있다.

　ⓑ 각도주, 분기주 등에서 혼촉의 우려가 없도록 시설하는 경우에는 제1호의 규정에 의하지 아니할 수 있다.

　ⓒ 특고압 가공전선은 저압 또는 고압의 가공전선 위로하고 별개의 완금류로 시설할 것

5. 지중 전선로

(1) 지중 전선로의 시설

① 지중 전선로는 전선에 케이블을 사용하고 또한 관로식·암거식(暗渠式) 또는 직접 매설식에 의하여 시설하여야 한다.

② 지중 전선로를 관로식 또는 암거식에 의하여 시설하는 경우에는 견고하고 차량 기타 중량물의 압력에 견디는 것을 사용하여야 한다.

③ 지중 전선을 냉각하기 위하여 케이블을 넣은 관내에 물을 순환시키는 경우에는 지중 전선로는 순환수 압력에 견디고 또한 물이 새지 아니하도록 시설하여야 한다.

④ 지중 전선로를 직접 매설식에 의하여 시설하는 경우에는 매설 깊이를 차량 기타 중량물의 압력을 받을 우려가 있는 장소에는 1.2m 이상, 기타 장소에는 60㎝ 이상으로 하고 또한 지중 전선을 견고한 트라프 기타 방호물에 넣어 시설하여야 한다. 다만, 다음의 어느 하나에 해당하는 경우에는 지중전선을 견고한 트라프 기타 방호물에 넣지 아니하여도 된다.

　ⓐ 저압 또는 고압의 지중전선을 차량 기타 중량물의 압력을 받을 우려가 없는 경우에 그 위를 견고한 판 또는 몰드로 덮어 시설하는 경우

　ⓑ 저압 또는 고압의 지중전선에 콤바인덕트 케이블 또는 제5호부터 제7호까지에서 정하는 구조로 개장(鎧裝)한 케이블을 사용하여 시설하는 경우

ⓒ 특고압 지중전선은 제2호에서 규정하는 개장한 케이블을 사용하고 또한 견고한 판 또는 몰드로 지중 전선의 위와 옆을 덮어 시설하는 경우

ⓔ 지중 전선에 파이프형 압력케이블을 사용하거나 최대사용전압이 60kV를 초과하는 연피케이블, 알루미늄피케이블 그 밖의 금속피복을 한 특고압 케이블을 사용하고 또한 지중전선의 위를 견고한 판 또는 몰드 등으로 덮어 시설하는 경우

⑤ 암거에 시설하는 지중전선은 다음 각 호의 어느 하나에 해당하는 난연조치를 하거나 암거 내에 자동소화설비를 시설하여야 한다.

ⓐ 불연성 또는 자소성이 있는 난연성 피복이 된 지중전선을 사용할 것

ⓑ 불연성 또는 자소성이 있는 난연성의 연소방지(延燒防止)테이프, 연소방지(延燒防止)시트, 연소방지(延燒防止)도료 기타 이와 유사한 것으로 지중전선을 피복 할 것

ⓒ 불연성 또는 자소성이 있는 난연성의 관 또는 트라프에 넣어 지중전선을 시설할 것

⑥ 「불연성」 또는 「자소성이 있는 난연성」은 다음에 따른다.

ⓐ 「불연성의 피복」, 「불연성의 연소방지테이프, 연소방지시트, 연소방지도료, 기타 이와 유사한 것」 및 「불연성의 관 또는 트라프」는 건축법 시행령 제2조 제1항 제10호의 불연재료로 만들어진 것 또는 이와 동등 이상의 성능을 가진 것

ⓑ 「자소성(自消性)이 있는 난연성」은 대상물에 따라 아래와 같다.

> 1. 지중전선의 피복 또는 지중전선을 피복한 상태에서의 연소방지테이프, 연소방지시트, 연소방지도료, 기타 이와 유사한 것은 KS C IEC 60332-3-24 표준에 적합한 것 또는 이와 동등 이상의 성능을 갖는 것
> 2. 관 또는 트라프는 KS C IEC 60614-1 전기설비용 전선관-제1부 일반요구사항의 '11. 내화성'에 적합한 것 또는 이와 동등 이상의 성능을 갖는 것

(2) 지중함의 시설

지중전선로에 사용하는 지중함은 다음에 따라 시설하여야 한다.

ⓐ 지중함은 견고하고 차량 기타 중량물의 압력에 견디는 구조일 것

ⓑ 지중함은 그 안의 고인 물을 제거할 수 있는 구조로 되어 있을 것

ⓒ 폭발성 또는 연소성의 가스가 침입할 우려가 있는 것에 시설하는 지중함으로서 그 크기가 1㎥ 이상인 것에는 통풍장치 기타 가스를 방산시키기 위한 적당한 장치를 시설할 것

ⓓ 지중함의 뚜껑은 시설자이외의 자가 쉽게 열 수 없도록 시설할 것

(3) 케이블 가압장치의 시설

압축가스를 사용하여 케이블에 압력을 가하는 장치(이하 이 조에서 "가압장치"라 한다)는 다음에 따라 시설하여야 한다.

㉠ 압축 가스 또는 압유(壓油)를 통하는 관(이하 이 조에서 "압력관"이라 한다), 압축 가스 탱크 또는 압유탱크(이하 이 조에서 "압력탱크"라 한다) 및 압축기는 각각의 최고 사용압력의 1.5배의 유압 또는 수압(유압 또는 수압으로 시험하기 곤란한 경우에는 최고 사용압력의 1.25배의 기압)을 연속하여 10분간 가하여 시험을 하였을 때 이에 견디고 또한 누설하지 아니하는 것일 것

㉡ 압력탱크 및 압력관은 용접에 의하여 잔류응력(殘留應力)이 생기거나 나사조임에 의하여 무리한 하중이 걸리지 아니하도록 할 것

㉢ 가압장치에는 압축가스 또는 유압의 압력을 계측하는 장치를 설치할 것

㉣ 압축가스는 가연성 및 부식성의 것이 아닐 것

㉤ 자동적으로 압축가스를 공급하는 가압장치로서 감압밸브가 고장 난 경우에 압력이 현저히 상승할 우려가 있는 것은 다음에 의할 것

> 1. 압력관으로서 최고 사용압력이 294kPa 이상인 것 및 압력탱크의 재료와 구조는 제6호 및 제8호에서 정하는 표준에 적합한 것일 것. 이 경우에 재료의 허용응력(許容應力)은 제7호에서 정한다.
> 2. 압력탱크 또는 압력관에 근접하는 곳 및 압축기의 최종단(最終段) 또는 압력관에 근접하는 곳에는 제10호에서 정하는 표준에 적합한 안전밸브를 설치할 것. 다만, 압력이 980kPa 미만인 압축기는 최고 사용압력 이하로 작동하는 안전장치로 갈음할 수 있다.

㉥ 재료의 표준은 KS B 6733(2008) "압력용기(기반구격)"의 "6.1 재료 일반" 및 "6.3.1 재료의 사용제한"에 적합한 것일 것

㉦ 재료의 허용응력은 KS B 6733(2008) "압력용기(기반규격)"의 "7.2 설계에서 사용하는 재료의 허용응력"에 적합할 것

㉧ 압력탱크의 구조 및 압력탱크의 구조와 표준은 제52조 제2항 제2호 나목에 적합할 것

㉨ 압력관의 구조의 표준은 KS B 6733(2008) "압력용기(기반규격)"의 "7.7.1 b)노즐용 관 플랜지" 및 KS B 6281(2008) "냉동용 압력용기의 구조"의 "5.4.9 관의 강도" 또는 제52조 제2항 제2호 "나"목의 (6)~(8)의 규정에 준하는 것으로 한다.

㉩ 안전밸브의 표준은 KS B 6216(2008) "증기용 및 가스용 스프링 안전밸브"에 적합할 것

(4) 지중전선의 피복금속체 접지

관·암거·기타 지중전선을 넣은 방호장치의 금속제부분(케이블을 지지하는 금구류는 제외한다)·금속제의 전선 접속함 및 지중전선의 피복으로 사용하는 금속체에는 제3종 접지공사를 하여야 한다. 다만, 이에 방식조치(防蝕措置)를 한 부분에 대하여는 그러하지 아니하다.

(5) 지중 약전류전선에의 유도장해의 방지

지중전선로는 기설 지중 약전류 전선로에 대하여 누설전류 또는 유도작용에 의하여 통신상의 장해를 주지 아니하도록 기설 약전류 전선로로부터 충분히 이격시키거나 기타 적당한 방법으로 시설하여야 한다.

(6) 지중전선과 지중 약전류전선 등 또는 관과의 접근 또는 교차

① 지중전선이 지중약전류 전선 등과 접근하거나 교차하는 경우에 상호 간의 이격거리가 저압 또는 고압의 지중전선은 30㎝ 이하, 특고압 지중전선은 60㎝ 이하인 때에는 지중전선과 지중약전류 전선 등 사이에 견고한 내화성(콘크리트 등의 불연재료로 만들어진 것으로 케이블의 허용온도 이상으로 가열시킨 상태에서도 변형 또는 파괴되지 않는 재료를 말한다)의 격벽(隔壁)을 설치하는 경우 이외에는 지중전선을 견고한 불연성(不燃性) 또는 난연성(難燃性)의 관에 넣어 그 관이 지중약전류전선 등과 직접 접촉하지 아니하도록 하여야 한다. 다만, 다음의 어느 하나에 해당하는 경우에는 그러하지 아니하다.

> 1. 지중 약전류전선 등이 전력보안 통신선인 경우에 불연성 또는 자소성이 있는 난연성의 재료로 피복한 광섬유케이블인 경우 또는 불연성 또는 자소성이 있는 난연성의 관에 넣은 광섬유 케이블인 경우
> 2. 지중전선이 저압의 것이고 지중 약전류전선 등이 전력보안 통신선인 경우
> 3. 고압 또는 특고압의 지중전선을 전력보안 통신선에 직접 접촉하지 아니하도록 시설하는 경우
> 4. 지중 약전류전선 등이 불연성 또는 자소성이 있는 난연성의 재료로 피복한 광섬유케이블인 경우 또는 불연성 또는 자소성이 있는 난연성의 관에 넣은 광섬유케이블로서 그 관리자와 협의한 경우
> 5. 사용전압 170kV 미만의 지중전선으로서 지중 약전류전선 등의 관리자와 협의하여 이격거리를 10cm 이상으로 하는 경우

② 특고압 지중전선이 가연성이나 유독성의 유체(流體)를 내포하는 관과 접근하거나 교차하는 경우에 상호 간의 이격거리가 1m 이하(단, 사용전압이 25kV 이하인 다중접지방식 지중전선로인 경우에는 50cm 이하)인 때에는 지중전선과 관 사이에 견고한 내화성의 격벽을 시설하는 경우 이외에는 지중전선을 견고한 불연성 또는 난연성의 관에 넣어 그 관이 가연성이나 유독성의 유체를 내포하는 관과 직접 접촉하지 아니하도록 시설하여야 한다.

③ 특고압 지중전선이 제2항에 규정하는 관 이외의 관과 접근하거나 교차하는 경우에 상호 간의 이격거리가 30cm 이하인 경우에는 지중전선과 관 사이에 견고한 내화성 격벽을 시설하는 경우 이외에는 견고한 불연성 또는 난연성의 관에 넣어 시설하여야 한다. 다만, 제2항에 규정한 관이외의 관이 불연성인 경우 또는 불연성의 재료로 피복된 경우에는 그러하지 아니하다.

(7) 지중전선 상호 간의 접근 또는 교차

지중전선이 다른 지중전선과 접근하거나 교차하는 경우에 지중함 내 이외의 곳에서 상호 간의 거리가 저압 지중전선과 고압 지중전선에 있어서는 15cm 이하, 저압이나 고압의 지중전선과 특고압 지중전선에 있어서는 30cm 이하인 때에는 다음의 어느 하나에 해당하는 경우에 한하여 시설할 수 있다.

　㉠ 각각의 지중전선이 다음 중 어느 하나에 해당하는 경우

　　㉮ 다음의 시험에 합격한 난연성의 피복이 있는 것을 사용하는 경우

> 1. 사용전압 6.6kV 이하의 저압 및 고압케이블 : KS C 3341 (2002)의 6. 12 또는 KS C IEC 60332-3-24(2003) "화재조건에서의 전기케이블 난연성 시험 제3-24부 : 수직 배치된 케이블 또는 전선의 불꽃시험-카테고리 C"
> 2. 사용전압 66kV이하의 특고압 케이블 : KS C 3404(2000)의 부속서 2
> 3. 사용전압 154kV 케이블 : KS C 3405(2000)의 부속서 2

　　㉯ 견고한 난연성의 관에 넣어 시설하는 경우

　㉡ 어느 한쪽의 지중전선에 불연성의 피복으로 되어 있는 것을 사용하는 경우

　㉢ 어느 한쪽의 지중전선을 견고한 불연성의 관에 넣어 시설하는 경우

　㉣ 지중전선 상호 간에 견고한 내화성의 격벽을 설치할 경우

　㉤ 사용전압이 25kV 이하인 다중접지방식 지중전선로를 관에 넣어 10cm 이상 이격하여 시설하는 경우

6. 터널 안 전선로

(1) 터널 안 전선로의 시설

① 철도·궤도 또는 자동차도 전용터널 안의 전선로는 다음에 따라 시설하여야 한다.

ㄱ 저압 전선은 다음 중 어느 하나에 의하여 시설할 것

1. 인장강도 2.30kN 이상의 절연전선 또는 지름 2.6mm 이상의 경동선의 절연전선을 사용하고 제181조(제1항 제1호·제4호 및 제5호를 제외한다)의 규정에 준하는 애자사용 공사에 의하여 시설하여야 하며 또한 이를 레일면상 또는 노면상 2.5m 이상의 높이로 유지할 것
2. 제183조의 규정에 준하는 합성수지관 공사·제184조의 규정에 준하는 금속관 공사·제186조의 규정에 준하는 가요전선관 공사 또는 제193조(제3항은 제외한다)의 규정에 준하는 케이블 공사에 의하여 시설할 것

ㄴ 고압 전선은 제95조 제2항의 규정에 준하여 시설할 것. 다만, 인장강도 5.26kN 이상의 것 또는 지름 4mm 이상의 경동선의 고압 절연전선 또는 특고압 절연전선을 사용하여 제209조 제1항 제2호("가" 및 "나"는 제외한다)의 규정에 준하는 애자사용 공사에 의하여 시설하고 또한 이를 레일면상 또는 노면상 3m 이상의 높이로 유지하여 시설하는 경우에는 그러하지 아니하다.

② 사람이 상시 통행하는 터널 안의 전선로 사용전압은 저압 또는 고압에 한하며, 다음에 따라 시설하여야 한다.

ㄱ 저압 전선은 다음 중 어느 하나에 의하여 시설할 것

1. 인장강도 2.30kN 이상의 절연전선 또는 지름 2.6mm 이상의 경동선의 절연전선을 사용하여 제181조(제1항 제1호, 제4호 및 제5호는 제외한다)의 규정에 준하는 애자사용 공사에 의하여 시설하고 또한 노면상 2.5m 이상의 높이로 유지할 것
2. 제183조의 규정에 준하는 합성수지관 공사·제184조의 규정에 준하는 금속관 공사·제186조의 규정에 준하는 가요전선관 공사 또는 제193조(제3항은 제외한다)의 규정에 준하는 케이블 공사에 의할 것

ㄴ 고압전선은 제95조 제2항의 규정에 준하여 시설할 것

③ 터널 안 전선로 이외의 터널 안 전선로의 사용전압은 저압 또는 고압에 한하며, 전선은 케이블을 사용하고 또한 사용전압이 저압인 것은 제193조(제3항은 제외한다), 사용전압이 고

압인 것은 제95조 제2항의 규정에 준하여 시설하여야 한다.

★출제 Point 터널 안 전선로의 시설 숙지

(2) 터널 안 전선로의 전선과 약전류전선 등 또는 관 사이의 이격거리

① 터널 안의 전선로의 저압전선이 그 터널 안의 다른 저압전선(관등회로의 배선은 제외한다. 이하 이 조에서 같다)·약전류전선 등 또는 수관·가스관이나 이와 유사한 것과 접근하거나 교차하는 경우에는 제196조의 규정에 준하여 시설하여야 한다.

② 터널 안의 전선로의 고압 전선 또는 특고압 전선이 그 터널 안의 저압 전선·고압 전선(관등회로의 배선은 제외한다. 이하 이 조에서 같다)·약전류전선 등 또는 수관·가스관이나 이와 유사한 것과 접근하거나 교차하는 경우에는 제95조 제3항 및 제5항의 규정에 준하여 시설하여야 한다.

7. 수상전선로 및 물밑전선로

(1) 수상전선로의 시설

① 수상전선로를 시설하는 경우에는 그 사용전압은 저압 또는 고압인 것에 한하며 다음에 따르고 또한 위험의 우려가 없도록 시설하여야 한다.

  ㉠ 전선은 전선로의 사용전압이 저압인 경우에는 클로로프렌 캡타이어 케이블이어야 하며, 고압인 경우에는 캡타이어 케이블일 것

  ㉡ 수상전선로의 전선을 가공전선로의 전선과 접속하는 경우에는 그 부분의 전선은 접속점으로부터 전선의 절연 피복 안에 물이 스며들지 아니하도록 시설하고 또한 전선의 접속점은 다음의 높이로 지지물에 견고하게 붙일 것

  > 1. 접속점이 육상에 있는 경우에는 지표상 5m 이상. 다만, 수상전선로의 사용전압이 저압인 경우에 도로상 이외의 곳에 있을 때에는 지표상 4m까지로 감할 수 있다.
  > 2. 접속점이 수면상에 있는 경우에는 수상전선로의 사용전압이 저압인 경우에는 수면상 4m 이상, 고압인 경우에는 수면상 5m 이상

  ㉢ 수상전선로에 사용하는 부대(浮臺)는 쇠사슬 등으로 견고하게 연결한 것일 것

  ㉣ 수상전선로의 전선은 부대의 위에 지지하여 시설하고 또한 그 절연피복을 손상하지 아니하도록 시설할 것

② 수상전선로에는 이와 접속하는 가공전선로에 전용개폐기 및 과전류 차단기를 각 극(과전류 차단기는 다선식 전로의 중성극을 제외한다)에 시설하고 또한 수상전선로의 사용전압이 고압인 경우에는 전로에 지락이 생겼을 때에 자동적으로 전로를 차단하기 위한 장치를 시설하여야 한다.

(2) 물밑전선로의 시설

① 물밑전선로는 손상을 받을 우려가 없는 곳에 위험의 우려가 없도록 시설하여야 한다.
② 저압 또는 고압의 물밑전선로의 전선은 제4항부터 제5항까지에서 표준에 적합한 물밑케이블 또는 제136조 제4항 제5호부터 제7호까지에서 정하는 구조로 개장한 케이블이어야 한다. 다만, 다음 어느 하나에 의하여 시설하는 경우에는 그러하지 아니하다.
　㉠ 전선에 케이블을 사용하고 또한 이를 견고한 관에 넣어서 시설하는 경우
　㉡ 전선에 지름 4.5mm 아연도철선 이상의 기계적 강도가 있는 금속선으로 개장한 케이블을 사용하고 또한 이를 물밑에 매설하는 경우
　㉢ 전선에 지름 4.5mm(비행장의 유도로 등 기타 표지 등에 접속하는 것은 지름 2mm) 아연도철선 이상의 기계적 강도가 있는 금속선으로 개장하고 또한 개장 부위에 방식피복을 한 케이블을 사용하는 경우
③ 특고압 물밑전선로는 다음에 따라 시설하여야 한다.
　㉠ 전선은 케이블일 것
　㉡ 케이블은 견고한 관에 넣어 시설할 것. 다만, 전선에 지름 6mm의 아연도철선 이상의 기계적 강도가 있는 금속선으로 개장한 케이블을 사용하는 경우에는 그러하지 아니하다.
④ 제2항(제218조에서 준용하는 경우를 포함한다)에 의한 물밑 케이블의 표준은 제5항에 규정하는 것을 제외하고는 다음과 같다.
　㉠ 도체는 KS C IEC 60228 '절연 케이블용 도체'에서 정하는 연동선을 소선으로 한 연선(절연체에 부틸고무 혼합물 또는 에틸렌 프로필렌 고무혼합물을 사용하는 것은 주석이나 납 또는 이들의 합금으로 도금한 것에 한한다)일 것
　㉡ 절연체는 다음에 적합한 것일 것
　　㉮ 재료는 폴리에틸렌혼합물·부틸고무 혼합물 또는 에틸렌 프로필렌 고무혼합물로서 KS C IEC 60811-1-1의 "9. 절연체 및 시스의 기계적 특성시험"에 규정하는 시험을 한 때에 이에 적합한 것일 것
　　㉯ 두께는 다음의 표에 규정하는 값(도체에 접하는 부분에 반도전층을 입힌 경우에는 그 두께를 감한 값) 이상일 것

사용전압구분 (V)	도체의 공칭 단면적 (㎟)	절연체의 두께(㎜)	
		폴리에틸렌혼합물 또는 에틸렌프로필렌 고무혼합물의 경우	부틸고무 혼합물의 경우
600 이하	8 이상 80 이하	2.0	2.5
	80 초과 100 이하	2.5	2.5
	100 초과 325 이하	2.5	2.5
600 초과 3,500 이하	8 이상 100 이하	3.5	4.5
	100 초과 325 이하	3.5	4.5
3,500 초과	8 이상 325 이하	5.0	6.0

ⓒ 개장은 2본 또는 3본의 선심을 쥬트 기타의 섬유질의 물질과 함께 꼬아서 원형으로 다듬질한 것 위에 방부처리를 한 쥬트 또는 폴리에틸렌혼합물·폴리프로필렌혼합물이나 비닐혼합물의 섬유질의 것(이하 이 조에서 "쥬트 등" 이라 한다)을 두께 2㎜ 이상으로 감고 그 위에 지름 6㎜ 이상의 방식성 콤파운드를 도포한 아연도금 철선을 사용하고 또한 쥬트 등을 두께 3.5㎜ 이상으로 감은 것일 것. 이 경우에 쥬트를 감은 경우는 아연도금 철선의 상부 및 최외층은 방부성 콤파운드를 도포한 것이어야 한다.

ⓔ 완성품은 맑은 물속에 1시간 담근 후 도체 상호 간 및 도체와 대지 사이에 18kV(사용전압이 600V 이하인 것은 3kV, 600V를 초과하고 3,500V 이하인 것은 10kV)의 교류전압을 연속하여 10분간 가하였을 때 이에 견디고 다시 도체와 대지 사이에 100V의 직류전압을 1분간 가한 후 측정한 절연체의 절연저항이 한국전기기술기준위원회 표준 KECS 1501-2009의 표 A2-8에 규정하는 값 이상의 것일 것

⑤ 물밑 케이블(전력보안 통신선을 복합하는 것에 한한다)의 표준은 다음과 같다.

ⓖ 고압 전선의 도체는 KS C IEC 60228 "절연 케이블용 도체"에서 정하는 연동선을 소선으로 한 연선(절연체에 부틸고무 혼합물 또는 에틸렌 프로필렌 고무혼합물을 사용하는 것은 주석이나 납 또는 이들의 합금으로 도금한 것에 한한다)일 것

ⓗ 고압 전선의 절연체는 다음에 적합한 것일 것

> 1. 재료는 폴리에틸렌혼합물, 부틸고무 혼합물 또는 에틸렌프로필렌 고무혼합물로서 KS C IEC 60811-1-1의 "9. 절연체 및 시스의 기계적 특성시험"에 규정하는 시험을 하였을 때 이에 적합한 것일 것
> 2. 두께는 도체에 접하는 부분에 반 도전층을 두는 경우는 그 두께를 감한 값 이상일 것

ⓒ 개장은 고압 전선에 사용하는 2줄 또는 3줄의 선심을 쥬트 기타 섬유질의 것과 함께 꼬아서 원형으로 만든 것 위에 방부처리를 한 쥬트 등을 두께 2㎜ 이상으로 감고 그 위에 지름 6㎜ 이상의 방식성 콤파운드를 도포한 아연도금 철선을 입힌 뒤 다시 쥬트 등을 두께 3.5㎜ 이상으로 감은 것. 이 경우에 쥬트를 감은 것은 아연도금 철선의 윗부분 및 최외층은 방부성 콤파운드를 도포한 것이어야 한다.

ⓔ 완성품은 다음에 적합한 것일 것

㉮ 고압 전선에 사용하는 선심의 절연저항은 KS C IEC 60502-2에서 정하는 시험전압으로 시험하였을 때 그 요건을 충족하는 것일 것

㉯ 전력보안 통신선에 사용하는 선심은 맑은 물속에 1시간 담근 후 도체 상호 간 및 차폐가 있는 경우에는 도체와 차폐 사이에 2kV의 교류전압을 연속하여 1분간 가하였을 때 이에 견디고, 다시 도체와 대지 및 차폐가 있는 경우에는 차폐와 대지 사이에 4kV의 교류전압을 연속하여 1분간 가하였을 때 이에 견디는 것일 것

8. 특수 장소의 전선로

(1) 지상에 시설하는 전선로　★출제Point 지상에 시설하는 전선로 정리

① 지상에 시설하는 저압 또는 고압의 전선로는 다음의 어느 하나에 해당하는 경우 이외에는 시설하여서는 아니 된다.

㉠ 1구내에만 시설하는 전선로의 전부 또는 일부로 시설하는 경우

㉡ 1구내 전용의 전선로 중 그 구내에 시설하는 부분의 전부 또는 일부로 시설하는 경우

㉢ 지중전선로와 교량에 시설하는 전선로 또는 전선로 전용교 등에 시설하는 전선로와의 사이에서 취급자이외의 자가 출입하지 않도록 조치한 장소에 시설하는 경우

② 제1항의 전선로는 교통에 지장을 줄 우려가 없는 곳에서는 제139조부터 제141조까지의 규정에 준하는 이외에 다음에 따르고 또한 위험의 우려가 없도록 시설하여야 한다.

㉠ 전선은 케이블 또는 클로로프렌 캡타이어 케이블일 것

㉡ 전선이 케이블인 경우에는 제142조의 규정에 준하여 시설하는 이외에 철근 콘크리트제의 견고한 개거(開渠) 또는 트라프에 넣어야 하며 개거 또는 트라프에는 취급자 이외의 자가 쉽게 열 수 없는 구조로 된 철제 또는 철근 콘크리트제 기타 견고한 뚜껑을 설치할 것

㉢ 전선이 캡타이어 케이블인 경우에는 다음에 의할 것

1. 전선의 도중에는 접속점을 만들지 아니할 것
2. 전선은 손상을 받을 우려가 없도록 개거 등에 넣을 것. 다만, 취급자 이외의 자가 출입할 수 없도록 설치한 곳에 시설하는 경우에는 그러하지 아니하다.
3. 전선로의 전원측 전로에는 전용의 개폐기 및 과전류 차단기를 각 극(과전류 차단기는 다선식 전로의 중성극을 제외한다)에 시설할 것
4. 사용전압이 400V 초과하는 저압 또는 고압의 전로 중에는 전로에 지락이 생겼을 때에 자동적으로 전로를 차단하는 장치를 시설할 것. 다만, 전선로의 전원측의 접속점으로부터 1㎞ 안의 전원측 전로에 전용 절연변압기를 시설하는 경우로서 전로에 지락이 생겼을 때에 기술원 주재소에 경보하는 장치를 설치한 때에는 그러하지 아니하다.

③ 지상에 시설하는 특고압 전선로는 제1항 각 호의 어느 하나에 해당하고 또한 사용전압이 100kV 이하인 경우 이외에는 시설하여서는 아니 된다.

④ 제3항의 전선로는 전선에 케이블을 사용하고 또한 제2항 제2호·제95조 제2항 제5호·제140조 및 제141조의 규정에 준하여 시설하여야 한다.

(2) 교량에 시설하는 전선로

① 교량(제149조에 규정하는 것은 제외한다. 이하 이 조에서 같다)에 시설하는 저압 전선로는 다음에 따라 시설하여야 한다.

  ㉠ 교량의 윗면에 시설하는 것은 다음에 의하는 이외에 전선의 높이를 교량의 노면상 5m 이상으로 하여 시설할 것

1. 전선은 케이블인 경우 이외에는 인장강도 2.30kN 이상의 것 또는 지름 2.6㎜ 이상의 경동선의 절연전선일 것
2. 전선과 조영재 사이의 이격거리는 전선이 케이블인 경우 이외에는 30㎝ 이상일 것
3. 전선은 케이블인 경우 이외에는 조영재에 견고하게 붙인 완금류에 절연성·난연성 및 내수성의 애자로 지지할 것
4. 전선이 케이블인 경우에는 제69조(제1항 제4호는 제외한다)의 규정에 준하는 이외에 전선과 조영재 사이의 이격거리를 15㎝ 이상으로 하여 시설할 것

  ㉡ 교량의 옆면에 시설하는 것은 제1호 또는 제94조 제2항부터 제5항까지의 규정에 준하여 시설할 것

  ㉢ 교량의 아랫면에 시설하는 것은 제196조의 규정에 준하는 이외에 제183조의 규정에 준하는 합성수지관 공사, 제184조의 규정에 준하는 금속관 공사, 제186조의 규정에 준하

는 가요전선관 공사 또는 193조(제3항은 제외한다)의 규정에 준하는 케이블 공사에 의하여 시설할 것

② 교량에 시설하는 고압전선로는 다음에 따라 시설하여야 한다.

　㉠ 교량의 윗면에 시설하는 것은 다음에 의하는 이외에 전선의 높이를 교량의 노면상 5m 이상으로 할 것

> 1. 전선은 케이블일 것. 다만, 철도 또는 궤도 전용의 교량에는 인장강도 5.26kN 이상의 것 또는 지름 4mm 이상의 경동선을 사용하고 또한 이를 제71조 제1항의 규정에 준하여 시설하는 경우에는 그러하지 아니하다.
> 2. 전선이 케이블인 경우에는 제69조의 규정에 준하는 이외에 전선과 조영재 사이의 이격거리는 30cm 이상일 것
> 3. 전선이 케이블이외의 경우에는 이를 조영재에 견고하게 붙인 완금류에 절연성·난연성 및 내수성의 애자로 지지하고 또한 전선과 조영재 사이의 이격거리는 60cm 이상일 것

　㉡ 교량의 옆면에 시설하는 것은 제1호 또는 제95조 제2항부터 제5항까지의 규정에 준하여 시설할 것

　㉢ 교량의 아랫면에 시설하는 것은 제95조 제2항부터 제5항까지의 규정에 준하여 시설할 것

③ 교량에 시설하는 특고압 전선로는 교량의 옆면 또는 아랫면에 시설하는 경우에 한하고 또한 제95조 제2항부터 제5항까지의 규정에 준하여 시설하여야 한다. 이 경우 제95조 제2항 제4호 조문 중 "제69조(제3항은 제외한다)"는 제106조로 본다.

(3) 전선로 전용교량 등에 시설하는 전선로

① 전선로 전용의 교량·파이프스텐드·기타 이와 유사한 것에 시설하는 저압 전선로는 다음에 따르고 또한 위험의 우려가 없도록 시설하여야 한다.

> 1. 버스덕트 공사에 의하는 경우는 다음에 의할 것
>   가. 1구내에만 시설하는 전선로의 전부 또는 일부로 시설할 것
>   나. 제188조의 규정에 준하여 시설하는 이외에 덕트에 물이 스며들어 고이지 아니할 것
> 2. 버스덕트 공사에 의하는 경우 이외의 경우에 전선은 케이블 또는 클로로프렌 캡타이어 케이블일 것
> 3. 전선이 케이블인 경우에는 제193조 제1항 제2호부터 제5호까지의 규정에 준하여 시설할 것
> 4. 전선이 캡타이어 케이블인 경우에는 제147조 제2항 제3호의 규정에 준하여 시설할 것

② 전선로 전용의 교량·파이프스탠드 기타 이와 유사한 것에 시설하는 고압 전선로는 다음 각 호에 따르고 또한 위험의 우려가 없도록 시설하여야 한다.

　㉠ 전선은 고압용 케이블 또는 고압용의 클로로프렌 캡타이어 케이블일 것

　㉡ 전선이 케이블인 경우에는 제95조 제2항부터 제5항까지의 규정에 준하여 시설할 것

　㉢ 전선의 캡타이어 케이블인 경우에는 제147조 제2항 제3호의 규정에 준하여 시설할 것

③ 전선로 전용의 교량이나 이와 유사한 것에 시설하는 특고압 가공전선로, 파이프스탠드 또는 이와 유사한 것에 시설하는 사용전압이 100kV 이하인 특고압 가공전선로는 규정에 준하고 또한 위험의 우려가 없도록 시설하여야 한다.

(4) 급경사지에 시설하는 전선로의 시설

① 급경사지에 시설하는 저압 또는 고압의 전선로는 그 전선이 건조물의 위에 시설되는 경우, 도로·철도·궤도·삭도·가공약전류 전선 등·가공전선 또는 전차선과 교차하여 시설되는 경우 및 수평거리로 이들(도로를 제외한다)과 3m 미만에 접근하여 시설되는 경우 이외의 경우로서 기술상 부득이한 경우 이외에는 시설하여서는 아니 된다.

② 전선로는 제69조(제3항은 제외한다)부터 제72조까지 및 제89조의 규정에 준하는 이외에 다음에 따르고 시설하여야 한다.

　㉠ 전선의 지지점 간의 거리는 15m 이하일 것

　㉡ 전선은 케이블인 경우 이외에는 벼랑에 견고하게 붙인 금속제 완금류에 절연성·난연성 및 내수성의 애자로 지지할 것

　㉢ 전선에 사람이 접촉할 우려가 있는 곳 또는 손상을 받을 우려가 있는 곳에 시설하는 경우에는 적당한 방호장치를 시설할 것

　㉣ 저압 전선로와 고압 전선로를 같은 벼랑에 시설하는 경우에는 고압 전선로를 저압전선로의 위로하고 또한 고압전선과 저압전선 사이의 이격거리는 50㎝ 이상일 것

(5) 옥내에 시설하는 전선로

① 옥내(제199조부터 제202조까지 규정하는 장소는 제외한다)에 시설하는 전선로는 다음의 어느 하나에 해당하는 경우 이외에는 시설하여서는 아니 된다.

　㉠ 1구내 또는 동일 기초 구조물 및 여기에 구축된 복수의 건물과 구조적으로 일체화된 하나의 건물(이하 이 조문에서 "1구내 등"이라 한다)에 시설하는 전선로의 전부 또는 일부로 시설하는 경우

    ⓛ 1구내 등 전용의 전선로 중 그 1구내에 시설하는 부분의 전부 또는 일부로 시설하는 경우

    ⓒ 옥외에 시설된 복수의 전선로로부터 수전하도록 시설하는 경우

② 전선로는 다음에 따라 시설하여야 한다.

    ㉠ 저압 전선로는 제175조·제180조(합성수지몰드 공사·금속몰드 공사 및 라이팅덕트공사에 관한 부분은 제외한다) 제181조·제183조·제184조·제186조·제187조·제188조·제190조·제191조·제193조 및 제195조의 규정에 준하는 이외에 저압 전선로의 전선이 다른 저압 옥내전선(제1항의 전선로의 저압 전선 및 저압 옥내배선을 말한다. 이하 같다)·약전류전선 등 또는 수관·가스관이나 이와 유사한 것과 접근하거나 교차하는 경우에는 제196조의 규정에 준하여 시설할 것

    ⓛ 고압 전선로는 제195조 및 제209조 제1항의 규정에 준하는 이외에 고압 전선로의 전선이 다른 고압 옥내전선(제1항의 전선로의 고압 전선 및 고압 옥내배선을 말한다. 이하 같다)·저압 옥내전선·약전류 전선 등 또는 수관·가스관이나 이와 유사한 것과 접근하거나 교차하는 경우에는 제209조 제2항의 규정에 준하여 시설할 것

    ⓒ 특고압 전선로는 제195조 및 제212조 제1항의 규정에 준하는 이외에 특고압 전선로의 전선이 저압 옥내전선·고압 옥내전선·약전류 전선 등 또는 수관·가스관이나 이와 유사한 것과 접근하거나 교차하는 경우에는 제212조 제2항의 규정에 준하여 시설할 것

    ㉣ 전선로는 케이블을 사용하여 전선로 전용의 견고하고 또한 내화성의 구조물로 구획된 장소에 시설하는 경우에는 제1호부터 제3호까지의 규정에 의하지 아니할 수 있다.

(6) 임시 전선로의 시설

① 가공전선로의 지지물로 사용하는 철탑은 사용기간이 6월 이내의 것에 한하여 제67조 제1항의 규정에 의하지 아니할 수 있다.

② 가공전선로의 지지물로 사용하는 철탑·철주 또는 철근 콘크리트주에 시설하는 지선은 사용기간이 6월 이내의 것에 한하여 제67조 제3항 제3호 본문의 규정에 의하지 아니할 수 있다.

③ 저압 가공전선 또는 고압 가공전선에 케이블을 사용하는 경우에 그 설치공사가 완료한 날로부터 2월 이내에 한하여 사용하는 것은 규정에 의하지 아니할 수 있다.

④ 재해 후의 복구에 사용하는 특고압 가공전선로로서 전선에 케이블을 사용하는 경우 그 설치공사가 완료한 날로부터 2월 이내에 한하여 사용하는 경우에는 제106조(제96조, 제103조 제5항, 제148조 제3항에서 준용하는 경우를 포함한다)의 규정에 의하지 아니할 수 있다.

⑤ 저압 방호구에 넣은 절연전선 등을 사용하는 저압 가공전선 또는 고압 방호구에 넣은 고

압 절연전선 등을 사용하는 고압 가공전선과 조영물의 조영재 사이의 이격거리는 방호구의 사용기간이 6월 이내의 것에 한하여 제79조 · 제87조 및 제88조의 규정에 불구하고 다음의 표에서 정한 값까지 감할 수 있다.

조영물 조영재의 구분		접근형태	이격거리
건조물	상부 조영재	위쪽	1m
		옆쪽 또는 아래쪽	0.4m
	상부 이외의 조영재		0.4m
건조물 이외의 조영물	상부 조영재	위쪽	1m
		옆쪽 또는 아래쪽	0.4m (저압 가공전선은 0.3m)
	상부 조영재 이외의 조영재		0.4m (저압 가공전선은 0.3m)

⑥ 사용전압이 400V 미만인 저압 인입선의 옥측부분 또는 옥상부분으로서 그 설치 공사가 완료한 날로부터 4월 이내에 한하여 사용하는 것을 비 또는 이슬에 젖지 아니하는 장소에 애자사용 공사에 의하여 시설하는 경우에는 제100조 제4항(제101조에서 준용하는 경우를 포함한다)에서 준용하는 제94조 제2항 제2호 "나"의 규정에 불구하고 전선 상호 간 및 전선과 조영재 사이를 이격하지 아니하고 시설할 수 있다.

⑦ 지상에 시설하는 저압 또는 고압의 전선로 및 재해복구를 위하여 지상에 시설하는 특고압 전선로로서 그 공사가 완료한 날로부터 2월 이내에 한하여 사용하는 것을 다음에 따라 시설하는 경우에는 제147조의 규정에 의하지 아니할 수 있다.

㉠ 전선은 전선로의 사용전압이 저압인 경우는 케이블 또는 공칭단면적 10㎟ 이상인 클로로프렌 캡타이어케이블, 고압인 경우는 케이블 또는 고압용의 클로로프렌 캡타이어 케이블, 특고압인 경우는 케이블일 것

㉡ 전선을 시설하는 장소에는 취급자 이외의 자가 쉽게 들어 갈 수 없도록 울타리 · 담 등을 설치하고 또한 사람이 보기 쉽도록 적당한 간격으로 위험 표시를 할 것

㉢ 전선은 중량물의 압력 또는 현저한 기계적 충격을 받을 우려가 없도록 시설할 것

★출제Point 임시 전선로의 시설 주의

CHAPTER
04

전력보안 통신설비

1. 전력보안 통신용 전화설비의 시설

① 다음 각 호에 열거하는 곳에는 전력 보안통신용 전화 설비를 시설하여야 한다.

㉠ 원격감시 제어가 되지 아니하는 발전소·원격 감시제어가 되지 아니하는 변전소(이에 준하는 곳으로서 특고압의 전기를 변성하기 위한 곳을 포함한다)·발전제어소·변전제어소·개폐소 및 전선로의 기술원 주재소와 이를 운용하는 급전소간. 다만, 다음 중의 어느 항목에 적합한 것은 그러하지 아니하다.

> 1. 원격감시 제어가 되지 않는 발전소로 전기의 공급에 지장을 주지 않고 또한 급전소와의 사이에 보안상 긴급 연락의 필요가 없는 곳
> 2. 사용전압이 35kV 이하의 원격감시제어가 되지 아니하는 변전소에 준하는 곳으로서, 기기를 그 조작 등에 의하여 전기의 공급에 지장을 주지 아니하도록 시설한 경우에 전력보안 통신용 전화설비에 갈음하는 전화설비를 가지고 있는 것

㉡ 2 이상의 급전소 상호 간과 이들을 총합 운용하는 급전소 간

㉢ 제2호의 총합 운용을 하는 급전소로서 서로 연계가 다른 전력 계통에 속하는 것의 상호 간

㉣ 수력설비 중 필요한 곳, 수력 설비의 보안상 필요한 양수소(量水所) 및 강수량 관측소와 수력발전소 간

㉤ 동일 수계에 속하고 보안상 긴급 연락의 필요가 있는 수력발전소 상호 간

㉥ 동일 전력계통에 속하고 또한 보안상 긴급연락의 필요가 있는 발전소·변전소(이에 준

하는 곳으로서 특고압의 전기를 변성하기 위한 곳을 포함한다)·발전제어소·변전제어소 및 개폐소 상호 간

ⓢ 발전소·변전소·발전제어소·변전제어소 및 개폐소와 기술원 주재소 간. 다만, 다음 어느 항목에 적합하고 또한 휴대용 또는 이동용 전력 보안통신 전화설비에 의하여 연락이 확보된 경우에는 그러하지 아니하다.

  ㉮ 발전소로서 전기의 공급에 지장을 미치지 않는 것

  ㉯ 제56조 제1항 제1호에 규정하는 변전소(사용전압이 35kV 이하의 것에 한한다)로서 그 변전소에 접속되는 전선로가 동일 기술원 주재소에 의하여 운용되는 곳

ⓞ 발전소·변전소(이에 준하는 곳으로서 특고압의 전기를 변성하기 위한 곳을 포함한다)·발전제어소·변전제어소·개폐소·급전소 및 기술원 주재소와 전기설비의 보안상 긴급 연락의 필요가 있는 기상대·측후소·소방서 및 방사선 감시계측 시설물 등의 사이

ⓩ 특고압 전력계통에 연계하는 분산형전원과 이를 운용하는 급전소 사이. 다만, 다음 각 목을 충족하는 경우에는 일반가입전화 및 휴대전화를 사용할 수 있다.

> 1. 분산형전원 설치자 측의 교환기를 이용하지 않고 직접 기술원과 통화가 가능한 방식인 경우(교환기를 이용하는 대표번호방식이 아닌 기술원과 직접 연결되는 단번방식)
> 2. 통화중에 다른 전화 착신이 가능한 방식으로 하는 경우

② 특고압 가공전선로 및 선로길이 5km 이상의 고압가공 전선로에는 보안상 특히 필요한 경우에 가공 전선로의 적당한 곳에서 통화할 수 있도록 휴대용 또는 이동용의 전력보안 통신용 전화설비를 시설하여야 한다.

③ 고압 및 특고압 지중전선로가 설치되어 있는 전력구내에서 보안상 특히 필요한 경우에는 전력구내의 적당한 곳에서 통화할 수 있도록 전력보안 통신용 전화설비를 시설하여야 한다.

2. 통신선의 시설

① 중량물의 압력 또는 심한 기계적 충격을 받을 우려가 있는 장소에 시설하는 전력 보안 통신선(이하 이 장에서는 "통신선"이라고 한다)에는 적당한 방호 장치를 하든가 또는 이들에 견디는 보호 피복을 한 것을 사용하여야 한다.

② 전력보안 가공통신선(이하 이 장에서 "가공통신"이라 한다)은 다음 각 호에 따라 시설하여야 한다. 다만, 가공지선을 이용하여 광섬유 케이블을 시설하는 경우에는 그러하지 아니하다.

  ㉠ 통신선을 조가용 선으로 조가 할 것. 다만, 통신선(케이블은 제외한다)을 인장강도 2.30kN의 것 또는 지름 2.6㎜의 경동선을 사용하는 경우에는 그러하지 아니하다.

  ㉡ 조가용 선은 금속선으로 된 연선일 것. 다만, 광섬유 케이블을 조가 할 경우에는 그러하지 아니하다.

  ㉢ 조가용 선은 제71조 제1항의 규정에 준하여 시설할 것. 이 경우 조가선의 중량 및 조가선에 대한 수평풍압에는 각각 통신선의 중량(제71조 제1항 제2호 또는 제3호에 규정하는 빙설이 부착된 경우에는 그 피빙 통신선의 중량) 및 통신선에 대한 수평 풍압(제71조 제1항 제2호 또는 제3호에 규정하는 빙설이 부착된 경우에는 그 피빙 통신선에 대한 수평 풍압)을 가산한 것으로 한다.

③ 가공 전선로의 지지물에 시설하는 가공 통신선에 직접 접속하는 통신선(옥내에 시설하는 것을 제외한다)은 절연전선, 일반통신용 케이블 이외의 케이블 또는 광섬유 케이블이어야 한다.

④ 암거에 시설하는 경우는 통신선에 다음의 어느 하나에 해당하는 난연 조치를 할 것

> 1. 불연성 또는 자소성이 있는 난연성의 피복을 가지는 통신선을 사용할 것
> 2. 불연성 또는 자소성이 있는 난연성의 연소방지 테이프, 연소방지 시트, 연소방지 도료 그 외에 이들과 비슷한 것으로 통신선을 피복할 것
> 3. 불연성 또는 자소성이 있는 난연성의 관 또는 트라프에 통신선을 수용하여 설치할 것

⑤ 전항의 「불연성」 또는 「자소성이 있는 난연성」이란 제136조 제6항에서 정한 바에 의한다.

3. 가공전선과 첨가 통신선과의 이격거리

① 가공전선로의 지지물에 시설하는 통신선은 다음에 따른다.

  ㉠ 통신선은 가공전선의 아래에 시설할 것. 다만, 가공전선에 케이블을 사용하는 경우 또는 통신선에 가공지선을 이용하여 시설하는 광섬유 케이블을 사용하는 경우 또는 수직 배선으로 가공전선과 접촉할 우려가 없도록 지지물 또는 완금류에 견고하게 시설하는 경우에는 그러하지 아니하다.

ⓛ 통신선과 저압 가공전선 또는 제135조 제1항 및 제4항에 규정하는 특고압 가공전선로의 다중 접지를 한 중성선 사이의 이격거리는 60㎝ 이상일 것. 다만, 저압 가공전선이 절연 전선 또는 케이블인 경우에 통신선이 절연전선과 동등 이상의 절연효력이 있는 것인 경우에는 30㎝(저압 가공전선이 인입선이고 또한 통신선이 첨가 통신용 제2종 케이블 또 는 광섬유 케이블일 경우에는 15㎝) 이상으로 할 수 있다.

ⓒ 통신선과 고압 가공전선 사이의 이격거리는 60㎝ 이상일 것. 다만, 고압 가공 전선이 케 이블인 경우에 통신선이 절연전선과 동등 이상의 절연효력이 있는 것인 경우에는 30㎝ 이상으로 할 수 있다.

ⓔ 통신선은 고압 가공전선로 또는 제135조 제1항 및 제4항에 규정하는 특고압 가공전선 로의 지지물에 시설하는 기계기구에 부속되는 전선과 접촉할 우려가 없도록 지지물 또 는 완금류에 견고하게 시설할 것

ⓜ 통신선과 특고압 가공전선(제135조 제1항 및 제4항에 규정하는 특고압 가공전선로의 다중 접지를 한 중성선을 제외한다) 사이의 이격거리는 1.2m(제135조 제1항 및 제4항에 규정하는 특고압 가공전선은 75㎝) 이상일 것. 다만, 특고압 가공전선이 케이블인 경우 에 통신선이 절연전선과 동등 이상의 절연효력이 있는 것인 경우에는 30㎝ 이상으로 할 수 있다.

② 가공전선로의 지지물에 시설하는 통신선의 수직배선에 준용한다.

4. 가공 통신선의 높이

① 전력 보안 가공통신선(이하 이 장에서 "가공통신선"이라 한다)의 높이는 제2항에 규정하는 경우 이외에는 다음에 따른다.

ⓐ 도로(차도와 도로의 구별이 있는 도로는 차도) 위에 시설하는 경우에는 지표상 5m 이 상. 다만, 교통에 지장을 줄 우려가 없는 경우에는 지표상 4.5m까지로 감할 수 있다.

ⓑ 철도의 궤도를 횡단하는 경우에는 레일면상 6.5m 이상

ⓒ 횡단보도교 위에 시설하는 경우에는 그 노면상 3m 이상

ⓓ 제1호부터 제3호까지 이외의 경우에는 지표상 3.5m 이상

② 가공전선로의 지지물에 시설하는 통신선 또는 이에 직접 접속하는 가공 통신선의 높이는 다음에 따라야 한다.

ⓒ 도로를 횡단하는 경우에는 지표상 6m 이상. 다만, 저압이나 고압의 가공전선로의 지지물에 시설하는 통신선 또는 이에 직접 접속하는 가공통신선을 시설하는 경우에 교통에 지장을 줄 우려가 없을 때에는 지표상 5m까지로 감할 수 있다.

ⓒ 철도 또는 궤도를 횡단하는 경우에는 레일면상 6.5m 이상

ⓒ 횡단보도교의 위에 시설하는 경우에는 그 노면상 5m 이상. 다만, 다음 중 어느 하나에 해당하는 경우에는 그러하지 아니하다.

> 1. 저압 또는 고압의 가공전선로의 지지물에 시설하는 통신선 또는 이에 직접 접속하는 가공통신선을 노면상 3.5m(통신선이 절연전선과 동등 이상의 절연효력이 있는 것인 경우에는 3m) 이상으로 하는 경우
> 2. 특고압 전선로의 지지물에 시설하는 통신선 또는 이에 직접 접속하는 가공통신선으로서 광섬유 케이블을 사용하는 것을 그 노면상 4m 이상으로 하는 경우

5. 특고압전선로 첨가통신선과 도로·횡단보도교·철도 및 다른 전선로와의 접근 또는 교차

① 특고압 가공전선로의 지지물에 시설하는 통신선 또는 이에 직접 접속하는 통신선이 도로·횡단보도교·철도의 레일·삭도·가공전선·다른 가공약전류 전선 등(특고압 가공전선로의 지지물에 시설하는 통신선 또는 이에 직접 접속하는 통신선을 제외한다. 이하 이 조 및 제158조에서 같다) 또는 교류 전차선 등과 교차하는 경우에는 다음에 따라 시설하여야 한다.

ⓒ 통신선이 도로·횡단보도교·철도의 레일 또는 삭도와 교차하는 경우에는 통신선은 지름 4mm의 절연전선과 동등 이상의 절연 효력이 있는 것, 인장강도 8.01kN 이상의 것 또는 지름 5mm의 경동선일 것

ⓒ 통신선과 삭도 또는 다른 가공약전류 전선 등 사이의 이격거리는 80cm(통신선이 케이블 또는 광섬유 케이블일 때는 40cm) 이상으로 할 것

ⓒ 통신선이 저압 가공전선 또는 다른 가공약전류 전선 등과 교차하는 경우에는 그 위에 시설하고 또한 통신선은 제1호에 규정하는 것을 사용할 것. 다만, 저압 가공 전선 또는 다른 가공약전류 전선 등이 절연전선과 동등 이상의 절연 효력이 있는 것, 인장강도 8.01kN 이상의 것 또는 지름 5mm의 경동선인 경우에는 통신선을 그 아래에 시설할 수 있다.

ⓔ 통신선(가공지선을 이용하여 시설하는 광섬유 케이블을 제외하고, 제154조 제2항 제2호 의 규정에 의하여 그 통신선을 조가하는 조가용 선을 포함한다. 이하 이 항에서 같다)이 다른 특고압 가공전선과 교차하는 경우에는 그 아래에 시설하고 또한 통신선과 그 특 고압 가공전선 사이에 다른 금속선이 개재하지 아니하는 경우에는 통신선(수직으로 2 이상 있는 경우에는 맨 위의 것)은 인장강도 8.01kN 이상의 것 또는 지름 5mm의 경동선일 것. 다만, 특고압 가공전선과 통신선 사이의 수직거리가 6m 이상인 경우에는 그러하지 아니하다.

ⓜ 통신선이 교류 전차선 등과 교차하는 경우에는 제83조 제2항(제5호를 제외한다)의 고압 가공 전선의 규정에 준하여 시설할 것

② 특고압 가공 전선로의 지지물에 시설하는 통신선에 직접 접속하는 통신선이 건조물·도 로·횡단보도교·철도의 레일·삭도·저압이나 고압의 전차선·다른 가공약전류선 등·교 류 전차선 등 또는 저압가공 전선과 접근하는 경우에는 제79조·제80조 제1항, 제3항 및 제 4항·제81조 제1항, 제3항·제83조 제1항 및 제3항과 제85조 제1항부터 제3항까지의 고압 가 공전선로의 규정에 준하여 시설하여야 한다. 이 경우에 "케이블"이라고 한 것은 "케이블 또 는 광섬유 케이블"로 본다.

6. 가공통신 인입선 시설

① 가공통신선(제2항에 규정하는 것을 제외한다)의 지지물에서의 지지점 및 분기점 이외의 가 공통신 인입선 부분의 높이는 교통에 지장을 줄 우려가 없을 때에 한하여 제156조 제1항 및 제2항의 규정에 의하지 아니할 수 있다. 이 경우에 차량이 통행하는 노면상의 높이는 4.5m 이상, 조영물의 붙임점에서의 지표상의 높이는 2.5m 이상으로 하여야 한다.

② 특고압 가공전선로의 지지물에 시설하는 통신선 또는 이에 직접 접속하는 가공 통신선(제 160조에 규정하는 것을 제외한다)의 지지물에서의 지지점 및 분기점 이외의 가공 통신 인입 선 부분의 높이 및 다른 가공약전류 전선 등 사이의 이격거리는 교통에 지장이 없고 또한 위험의 우려가 없을 때에 한하여 제156조 제2항 및 제157조 제1항 제2호의 규정에 의하지 아 니할 수 있다. 이 경우에 노면상의 높이는 5m 이상, 조영물의 붙임점에서의 지표상의 높이 는 3.5m 이상, 다른 가공약전류 전선 등 사이의 이격거리는 60cm 이상으로 하여야 한다.

7. 특고압 가공전선로 첨가 통신선의 시가지 인입 제한

① 특고압 가공 전선로의 지지물에 첨가하는 통신선 또는 이에 직접 접속하는 통신선은 시가지에 시설하는 통신선(특고압 가공전선로의 지지물에 첨가하는 통신선은 제외한다. 이하이 항에서 "시가지의 통신선"이라 한다)에 접속하여서는 아니 된다. 다만, 다음 어느 하나에 해당하는 경우에는 그러하지 아니하다.

> 1. 특고압 가공전선로의 지지물에 첨가하는 통신선 또는 이에 직접 접속하는 통신선과 시가지의 통신선과의 접속점에 제3항에서 정하는 표준에 적합한 특고압용 제1종 보안장치, 특고압용 제2종 보안장치 또는 이에 준하는 보안장치를 시설하고 또한 그 중계선륜(中繼線輪) 또는 배류 중계선륜(排流中繼線輪)의 2차측에 시가지의 통신선을 접속하는 경우
> 2. 시가지의 통신선이 절연전선과 동등 이상의 절연효력이 있는 것

② 시가지에 시설하는 통신선은 특고압 가공전선로의 지지물에 시설하여서는 아니 된다. 다만, 통신선이 절연전선과 동등 이상의 절연효력이 있고 인장강도 5.26kN 이상의 것 또는 지름 4mm 이상의 절연전선 또는 광섬유 케이블인 경우에는 그러하지 아니하다.

8. 25kV 이하인 특고압 가공전선로 첨가 통신선의 시설에 관한 특례

특고압 가공전선로의 지지물에 시설하는 통신선 또는 이에 직접 접속하는 통신선을 다음 각호에 따라 시설하는 경우에는 규정에 의하지 아니할 수 있다.

ⓘ 통신선은 광섬유 케이블일 것. 다만, 통신선은 광섬유 케이블 이외의 경우에 이를 제159조 제3항에서 정하는 표준에 적합한 특고압용 제2종 보안장치 또는 이에 준하는 보안장치를 시설할 때에는 그러하지 아니하다.

ⓛ 통신선은 제155조 제1항 제3호·제156조 제2항 제1호 단서, 제3호 "가" 및 제4호 단서의 규정에 준하여 시설할 것

9. 전력보안 통신설비의 보안장치

① 통신선(광섬유 케이블을 제외한다. 이하 이 항 및 제2항에서 같다)에 직접 접속하는 옥내통신 설비를 시설하는 곳에는 통신선의 구별에 따라 제159조 제3항에서 정하는 표준에 적합한 보안장치 또는 이에 준하는 보안장치를 시설하여야 한다. 다만, 통신선이 통신용 케이블인 경우에 뇌(雷) 또는 전선과의 혼촉에 의하여 사람에게 위험을 줄 우려가 없도록 시설하는 경우에는 그러하지 아니하다.

② 특고압 가공전선로(제135조 제1항 및 제4항에 규정하는 것을 제외한다)의 지지물에 시설하는 통신선 또는 이에 직접 접속하는 통신선에 접속하는 휴대전화기를 접속하는 곳 및 옥외 전화기를 시설하는 곳에는 제159조 제3항에서 정하는 표준에 적합한 특고압용 제1종 보안장치, 특고압용 제2종 보안장치 또는 이에 준하는 보안장치를 시설하여야 한다.

10. 특고압 가공전선로 첨가 통신선에 직접 접속하는 옥내 통신선의 시설

특고압 가공전선로의 지지물에 시설하는 통신선(광섬유 케이블을 제외한다. 이하 이 조에서 같다) 또는 이에 직접 접속하는 통신선 중 옥내에 시설하는 부분은 제180조·제181조·제183조·제184조·제186조부터 제188조까지·제193조부터 제196조까지 및 제199조부터 202조까지의 400V 이상의 저압 옥내배선의 규정에 준하여 시설하여야 한다. 다만, 취급자 이외의 사람이 출입할 수 없도록 시설한 곳에서 위험의 우려가 없도록 시설하는 경우에는 그러하지 아니하다. 옥내에 시설하는 통신선(광섬유 케이블 포함)에는 식별 인식표를 부착하여 오인하여 절단 또는 충격을 받지 않도록 하여야 한다.

11. 전력선 반송 통신용 결합장치의 보안장치

전력선 반송통신용 결합 커패시터(고장점 표점장치 기타 이와 유사한 보호장치에 병용하는 것을 제외한다)에 접속하는 회로에는 다음 그림의 보안장치 또는 이에 준하는 보안장치를 시설하여야 한다.

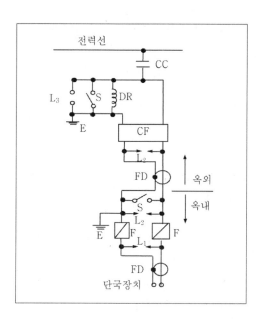

전력선

CC

L₃　S　DR

E

CF

L₂

FD　　옥외

옥내

S

E　L₂

F　　　F

L₁

FD

단국장치

FD : 동축케이블

F : 정격전류 10A 이하의 포장 퓨즈

DR : 전류 용량 2A 이상의 배류 선륜

L₁ : 교류 300V 이하에서 동작하는 피뢰기

L₂ : 동작 전압이 교류 1,300V를 초과하고 1,600V 이하로 조정된 방전갭

L₃ : 동작 전압이 교류 2kV를 초과하고 3kV 이하로 조정된 구상 방전갭

S : 접지용 개폐기

CF : 결합 필타

CC : 결합 커패시터(결합 안테나를 포함한다)

E : 접지

12. 무선용 안테나 등을 지지하는 철탑 등의 시설

전력 보안통신 설비인 무선통신용 안테나 또는 반사판(이하 "무선용 안테나 등"이라 한다)을 지지하는 목주·철근·철근 콘크리트주 또는 철탑은 다음에 따라 시설하여야 한다. 다만, 무선용 안테나 등이 전선로의 주위상태를 감시할 목적으로 시설되는 것일 경우에는 그러하지 아니하다.

　㉠ 목주는 제63조, 제66조 및 제74조 제2항 제2호의 규정에 준하여 시설하는 외에 풍압하중에 대한 안전율은 1.5 이상이어야 한다.

　㉡ 철주·철근 콘크리트주 또는 철탑의 기초의 안전율은 1.5 이상이어야 한다.

　㉢ 제64조의 규정은 철주 또는 철탑의 구성 등에 준용한다.

　㉣ 제65조의 규정은 철근 콘크리트주의 구성 등에 준용한다.

　㉤ 철주(강관주를 제외한다)·철근 콘크리트주(제65조 제1항 단서의 규정에 준하는 것을 제외한다) 또는 철탑은 다음의 하중의 2/3배의 하중에 견디는 강도를 가지는 것이어야 한다.

　　㉮ 수직하중

　　　무선용 안테나 등 및 철주·철근 콘크리트주 또는 철탑의 부재 등의 중량에 의한 하중

　　㉯ 수평하중

　　　제7호의 풍압하중

ⓑ 강관주 또는 철근 콘크리트주로서 제65조 제1항 단서의 규정에 준하는 것은 다음의 하중에 견디는 강도를 가지는 것이어야 한다.

　가. 수직하중

　　무선용 안테나 등의 중량에 의한 하중

　나. 수평하중

　　제7호의 풍압하중

ⓢ 목주·철주·철근 콘크리트주 또는 철탑의 강도 계산에 적용하는 풍압하중은 다음의 풍압을 기초로 하여 제62조 제2항의 규정에 준하여 계산하는 것으로 한다.

> 1. 목주·철주·철근 콘크리트주 또는 철탑과 가섭선·애자장치 및 완금류에 관하여는 제62조 제1항 제1호의 규정에 준하는 풍압의 2.25배의 풍압
> 2. 파라보라 안테나 또는 반사판에 관하여는 그 수직 투영면적 1m^2당 파라보라 안테나는 4,511Pa (레이도움이 붙은 것은 2,745Pa), 반사판은 3,922Pa의 풍압

★출제Point　무선용 안테나 등을 지지하는 철탑 등의 시설 주의

13. 무선용 안테나 등의 시설 제한

　무선용 안테나 및 화상감시용 설비 등은 전선로의 주위 상태를 감시할 목적으로 시설하는 것 이외에는 가공전선로의 지지물에 시설하여서는 아니 된다.

CHAPTER

05

전기사용장소의 시설

1. 옥내의 시설

(1) 옥내전로의 대지 전압의 제한

① 백열전등(전기스탠드 및 「전기용품안전 관리법」의 적용을 받는 장식용의 전등기구를 제외한다. 이하 이 조에서 같다) 또는 방전등(방전관·방전등용 안정기 및 방전관의 점등에 필요한 부속품과 관등회로의 배선을 말하며 전기스탠드 기타 이와 유사한 방전등 기구를 제외한다. 이하 같다)에 전기를 공급하는 옥내(전기사용장소의 옥내의 장소를 말한다. 이하이 장에서 같다)의 전로(주택의 옥내 전로를 제외한다)의 대지 전압은 300V 이하이어야 하며 다음 각 호에 따라 시설하여야 한다. 다만, 대지전압 150 V 이하의 전로인 경우에는 다음에 따르지 아니할 수 있다.

> 1. 백열전등 또는 방전등 및 이에 부속하는 전선은 사람이 접촉할 우려가 없도록 시설할 것
> 2. 백열전등(기계 장치에 부속하는 것을 제외한다) 또는 방전등용 안정기는 저압의 옥내배선과 직접 접속하여 시설할 것
> 3. 백열전등의 전구소켓은 키나 그 밖의 점멸기구가 없는 것일 것

② 주택의 옥내전로(전기기계기구내의 전로를 제외한다)의 대지전압은 300V 이하이어야 하며 다음에 따라 시설하여야 한다. 다만, 대지전압 150V 이하의 전로인 경우에는 다음 각 호에 따르지 아니할 수 있다.

㉠ 사용전압은 400V 미만일 것

㉡ 주택의 전로 인입구에는 「전기용품안전 관리법」에 적용을 받는 인체감전보호용 누전차
단기를 시설할 것. 다만, 전로의 전원측에 정격용량이 3kVA 이하인 절연변압기(1차 전압
이 저압이고 2차 전압이 300V 이하인 것에 한한다)를 사람이 쉽게 접촉할 우려가 없도록
시설하고 또한 그 절연변압기의 부하측 전로를 접지하지 아니하는 경우에는 그러하지
아니하다.

㉢ 제2호의 누전차단기를 건축법에 의한 재해관리구역 안의 지하주택에 시설하는 경우에
는 침수시 위험의 우려가 없도록 지상에 시설할 것

㉣ 전기기계기구 및 옥내의 전선은 사람이 쉽게 접촉할 우려가 없도록 시설할 것. 다만, 전
기기계기구로서 사람이 쉽게 접촉할 우려가 있는 부분이 절연성이 있는 재료로 견고하
게 제작되어 있는 것 또는 건조한 곳에서 취급하도록 시설된 것 및 제33조 제2항 제9호
에 준하여 시설된 것은 그러하지 아니하다.

㉤ 백열전등의 전구소켓은 키나 그 밖의 점멸기구가 없는 것일 것

㉥ 정격소비전력 3kW 이상의 전기기계기구에 전기를 공급하기 위한 전로에는 전용의 개폐
기 및 과전류 차단기를 시설하고 그 전로의 옥내배선과 직접 접속하거나 적정 용량의 전
용콘센트를 시설할 것

㉦ 주택의 옥내를 통과하여 그 주택 이외의 장소에 전기를 공급하기 위한 옥내배선은 사람
이 접촉할 우려가 없는 은폐된 장소에 합성수지관 공사·금속관 공사 또는 케이블 공사
에 의하여 시설할 것

㉧ 주택의 옥내를 통과하여 제151조의 규정에 의하여 시설하는 전선로는 사람이 접촉할 우
려가 없는 은폐된 장소에 제183조의 규정에 준하는 합성수지관 공사 제184조의 규정에
준하는 금속관 공사나 제193조(제3항을 제외한다)의 규정에 준하여 케이블 공사에 의하
여 시설할 것

③ 주택 이외의 곳의 옥내(여관, 호텔, 다방, 사무소, 공장 등 또는 이와 유사한 곳의 옥내를 말
한다. 이하 같다)에 시설하는 가정용 전기기계기구(소형 전동기·전열기·라디오 수신기·전
기스탠드·「전기용품안전 관리법」의 적용을 받는 장식용 전등기구 기타의 전기기계기구로
서 주로 주택 그 밖에 이와 유사한 곳에서 사용하는 것을 말하며 백열전등과 방전등을 제
외한다. 이하 같다)에 전기를 공급하는 옥내전로의 대지전압은 300V 이하이어야 하며, 가정
용 전기기계기구와 이에 전기를 공급하기 위한 옥내배선과 배선기구(개폐기·차단기·접속
기 그 밖에 이와 유사한 기구를 말한다. 이하 같다)를 제2항 제1호, 제3호부터 제5호까지의
규정에 준하여 시설하거나 또는 취급자 이외의 자가 쉽게 접촉할 우려가 없도록 시설하여

야 한다. 다만, 기설 대지전압 150V 이하의 전로인 경우는 그러하지 아니하다.

④ 주택의 태양전지모듈에 접속하는 부하측 옥내배선(복수의 태양전지모듈을 시설하는 경우에는 그 집합체에 접속하는 부하 측의 배선)을 다음 각 호에 따라 시설하는 경우에 주택의 옥내전로의 대지전압은 직류 600V 이하일 것

> 1. 전로에 지락이 생겼을 때 자동적으로 전로를 차단하는 장치를 시설할 것
> 2. 사람이 접촉할 우려가 없는 은폐된 장소에 합성수지관공사, 금속관공사 및 케이블 공사에 의하여 시설하거나, 사람이 접촉할 우려가 없도록 케이블 공사에 의하여 시설하고 전선에 적당한 방호장치를 시설할 것

(2) 나전선의 사용 제한

옥내에 시설하는 저압전선에는 나전선을 사용하여서는 아니 된다. 다만, 다음의 어느 하나에 해당하는 경우에는 그러하지 아니하다.

　㉠ 제181조의 규정에 준하는 애자 사용 공사에 의하여 전개된 곳에 다음의 전선을 시설하는 경우

　　㉮ 전기로용 전선

　　㉯ 전선의 피복 절연물이 부식하는 장소에 시설하는 전선

　　㉰ 취급자 이외의 자가 출입할 수 없도록 설비한 장소에 시설하는 전선

　㉡ 제188조의 규정에 준하는 버스 덕트 공사에 의하여 시설하는 경우

　㉢ 제189조의 규정에 준하는 라이팅 덕트 공사에 의하여 시설하는 경우

　㉣ 제206조의 규정에 준하는 접촉 전선을 시설하는 경우

　㉤ 제232조 제1항 제2호의 규정에 준하는 접촉 전선을 시설하는 경우

(3) 저압 옥내배선의 사용전선

① 저압 옥내배선의 전선은 다음 어느 하나에 적합한 것을 사용하여야 한다.

　㉠ 단면적이 2.5㎟ 이상의 연동선

　㉡ 단면적이 1㎟ 이상의 미네럴인슈레이션케이블

② 옥내배선의 사용전압이 400V 미만인 경우로 다음 어느 하나에 해당하는 경우에는 제1항을 적용하지 않는다.

　㉠ 전광표시 장치·출퇴 표시등(出退表示燈) 기타 이와 유사한 장치 또는 제어 회로 등에

사용하는 배선에 단면적 1.5㎟ 이상의 연동선을 사용하고 이를 합성수지관 공사·금속
관 공사·금속 몰드 공사·금속 덕트 공사·플로어 덕트 공사 또는 셀룰러 덕트 공사에
의하여 시설하는 경우

ⓛ 전광표시 장치·출퇴 표시등 기타 이와 유사한 장치 또는 제어회로 등의 배선에 단면적
0.75㎟ 이상인 다심케이블 또는 다심 캡타이어 케이블을 사용하고 또한 과전류가 생겼
을 때에 자동적으로 전로에서 차단하는 장치를 시설하는 경우

ⓒ 제205조의 규정에 의하여 단면적 0.75㎟ 이상인 코드 또는 캡타이어케이블을 사용하는
경우

ⓔ 제207조의 규정에 의하여 리프트 케이블을 사용하는 경우

(4) 저압 옥내전로 인입구에서의 개폐기의 시설

① 저압 옥내전로(제202조 제1항에 규정하는 화약류 저장소에 시설하는 것을 제외한다. 이하
이 조에서 같다)에는 인입구에 가까운 곳으로서 쉽게 개폐할 수 있는 곳에 개폐기(개폐기의
용량이 큰 경우에는 적정 회로로 분할하여 각 회로별로 개폐기를 시설할 수 있다. 이 경우
에 각 회로별 개폐기는 집합하여 시설하여야 한다)를 시설하여야 한다.

② 사용전압이 400V 미만인 옥내 전로로서 다른 옥내전로(정격전류가 15A 이하인 과전류 차
단기 또는 정격전류가 15A를 초과하고 20A 이하인 배선용 차단기로 보호되고 있는 것에
한한다)에 접속하는 길이 15m 이하의 전로에서 전기의 공급을 받는 것은 규정에 의하지 아
니할 수 있다.

③ 저압 옥내전로에 접속하는 전원측의 전로(그 전로에 가공 부분 또는 옥상 부분이 있는 경
우에는 그 가공 부분 또는 옥상 부분보다 부하측에 있는 부분에 한한다)의 그 저압 옥내
전로의 인입구에 가까운 곳에 전용의 개폐기를 쉽게 개폐할 수 있는 곳에 시설하는 경우에
는 규정에 의하지 아니할 수 있다.

(5) 옥내에 시설하는 저압용의 배선기구의 시설

① 옥내에 시설하는 저압용의 배선기구는 그 충전부분이 노출하지 아니하도록 시설하여야 한
다. 다만, 취급자 이외의 자가 출입할 수 없도록 시설한 곳에서는 그러하지 아니하다.

② 옥내에 시설하는 저압용의 비포장 퓨즈는 불연성의 것으로 제작한 함 또는 안쪽면 전체에
불연성의 것을 사용하여 제작한 함의 내부에 시설하여야 한다. 다만, 사용전압이 400V 미

만인 저압 옥내 전로에 다음 각 호에 적합한 기구 또는 「전기용품안전 관리법」의 적용을 받는 기구에 넣어 시설하는 경우에는 그러하지 아니하다.

1. 극과 극 사이에는 개폐하였을 때 또는 퓨즈가 용단되었을 때 생기는 아크가 다른 극에 미치지 않도록 절연성의 격벽을 시설한 것일 것
2. 커버는 내(耐)아크성의 합성수지로 제작한 것이어야 하며 또한 진동에 의하여 떨어지지 않는 것일 것
3. 완성품은 KS C 8311(2005) "커버 나이프 스위치"의 "3.1 온도상승", "3.6 내열, "3.5 단락차단" 및 "3.8 커버의 강도"에 적합한 것일 것

③ 옥내의 습기가 많은 곳 또는 물기가 있는 곳에 시설하는 저압용의 배선기구에는 방습 장치를 하여야 한다.

④ 옥내에 시설하는 저압용의 배선 기구에 전선을 접속하는 경우에는 나사로 고정시키거나 기타 이와 동등 이상의 효력이 있는 방법에 의하여 견고하고 또한 전기적으로 완전히 접속하고 접속점에 장력이 가하여지지 아니하도록 하여야 한다.

⑤ 저압 콘센트는 접지극이 있는 것을 사용하여 접지하여야 한다. 다만, 주택의 옥내전로에는 접지 극이 있는 콘센트를 사용하여 접지하여야 한다.

⑥ 욕실 등 인체가 물에 젖어있는 상태에서 물을 사용하는 장소에 콘센트를 시설하는 경우에는 다음에 따라 시설하여야 한다.

1. 「전기용품안전 관리법」의 적용을 받는 인체감전보호용 누전차단기(정격감도전류 15mA 이하, 동작시간 0.03초 이하의 전류동작형의 것에 한한다) 또는 절연변압기(정격용량 3kVA 이하인 것에 한한다)로 보호된 전로에 접속하거나, 인체감전보호용 누전차단기가 부착된 콘센트를 시설하여야 한다.
2. 콘센트는 접지 극이 있는 방적형 콘센트를 사용하여 접지하여야 한다.

(6) 옥내에 시설하는 저압용 배분전반 등의 시설

① 옥내에 시설하는 저압용 배·분전반의 기구 및 전선은 쉽게 점검할 수 있도록 하고 다음에 따라 시설할 것
　㉠ 노출된 충전부가 있는 배전반 및 분전반은 취급자 이외의 사람이 쉽게 출입할 수 없도록 설치하여야 한다.

ⓛ 한 개의 분전반에는 한 가지 전원(1회선의 간선)만 공급하여야 한다. 다만 안전 확보가
충분하도록 격벽을 설치하고 사용전압을 쉽게 식별할 수 있도록 그 회로의 과전류차단
기 가까운 곳에 그 사용전압을 표시하는 경우에는 그러하지 아니하다.

ⓒ 주택용 분전반의 구조는 KS C 8326(2007) "7. 구조 및 치수"에 의한 것일 것

ⓡ 다중이 이용하는 시설에 설치하는 배전반 및 분전반은 불연성 또는 난연성의 것이거나
불연성 물질을 바른 것 또는 동등 이상의 난연성[KS C 8326(2007)의 8.10 캐비닛의 내연성
시험에 합격한 것을 말한다]이 있도록 시설할 것

② 옥내에 시설하는 저압용 전기계량기와 이를 수납하는 계기함을 사용할 경우는 쉽게 점검
및 보수할 수 있는 위치에 시설하고, 계기함은 KS C 8326(2007) "7.20 재료"와 동등 이상의
것으로서 KS C 8326(2007) "6.8 내연성"에 적합한 재료일 것

(7) 옥내에 시설하는 저압용 기계기구 등의 시설

① 옥내에 시설하는 저압용의 백열전등(전기스탠드·휴대용 전등 및 「전기용품안전 관리법」
의 적용을 받는 장식용 전등기구를 제외한다. 이하 같다) 또는 방전등(관등회로의 배선을
제외한다) 또는 가정용 전기기계기구는 그 충전부분이 노출되지 아니하도록 시설하여야
한다. 다만, 전열기 중 전기풍로 등 그 충전부분을 노출하여 전기를 사용하여야 하는 것의
그 노출부분이 대지전압이 150V 이하인 경우에는 그러하지 아니하다.

② 옥내에 시설하는 저압용의 업무용전기기계기구(배선기구·백열전등·방전등 및 가정용전
기기계기구 이외의 전기기계기구를 말한다. 이하 같다)는 그 충전부분이 노출되지 아니하
도록 시설하여야 한다. 다만, 전기로·전기 용접기·전동기·전해조(電解槽)나 전격살충기
(電擊殺蟲器)로서 그 충전부분의 일부를 노출하여 전기를 사용하여야 하는 것의 노출부
분 또는 취급자 이외의 자가 출입할 수 없도록 설비된 곳에 시설하는 것은 그러하지 아니
하다.

③ 금속망 또는 금속판을 사용한 목조의 조영물에 저압용의 배선기구·가정용전기기계기구
또는 업무용전기기계기구를 시설하는 경우에는 금속망 또는 금속판과 저압용의 배선기
구·가정용 전기기계기구 또는 업무용전기기계기구의 금속제 부분과는 전기적으로 접속하
지 아니하도록 시설하여야 한다.

④ 옥내에는 통전 부분에 사람이 드나드는 가정용 전기기계기구 또는 업무용 전기기계기구를
시설하여서는 아니 된다. 다만, 제238조, 제239조나 제240조의 규정에 의하여 시설하는 경
우에는 그러하지 아니하다.

⑤ 옥내에 시설하는 전기사용기계기구(백열전등·방전등·가정용 전기기계기구 및 업무용전기기계기구를 말한다. 이하 같다)에 전선을 접속하는 경우에는 나사로 고정시키거나 기타 이와 동등 이상의 효력이 있는 방법에 의하여 견고하고 또한 전기적으로 완전히 접속하고 접속점에 장력이 가하여지지 아니하도록 하여야 한다.

(8) 고주파 전류에 의한 장해의 방지

① 전기기계기구가 무선설비의 기능에 계속적이고 또한 중대한 장해를 주는 고주파 전류를 발생시킬 우려가 있는 경우에는 이를 방지하기 위하여 다음에 따라 시설하여야 한다.

　㉠ 형광 방전등에는 적당한 곳에 정전용량이 0.006μF 이상 0.5μF 이하(예열시동식(豫熱始動式)의 것으로 글로우램프에 병렬로 접속할 경우에는 0.006μF 이상 0.01μF 이하)인 커패시터를 시설할 것

　㉡ 사용전압이 저압으로서 정격출력이 1kW 이하인 교류직권전동기(전기드릴용의 것을 제외한다. 이하 이 조에서 "소형교류직권전동기"라 한다)는 다음 중 어느 하나에 의할 것

　　㉮ 단자 상호 간 및 각 단자의 소형교류직권전동기를 사용하는 전기기계기구(이하 이 조에서 "기계기구"라 한다)의 금속제 외함이나 소형교류직권전동기의 외함 또는 대지 사이에 각각 정전용량이 0.1μF 및 0.003μF 인 커패시터를 시설할 것

　　㉯ 금속제 외함·철대 등 사람이 접촉할 우려가 있는 금속제 부분으로부터 소형교류직권전동기의 외함이 절연되어 있는 기계기구는 단자 상호 간 및 각 단자와 외함 또는 대지 사이에 각각 정전용량이 0.1μF 인 커패시터 및 정전용량이 0.003μF을 초과하는 커패시터를 시설할 것

　　㉰ 각 단자와 대지와의 사이에 정전용량이 0.1μF인 커패시터를 시설할 것

　　㉱ 기계기구에 근접할 곳에 기계기구에 접속하는 전선 상호 간 및 각 전선과 기계기구의 금속제 외함 또는 대지 사이에 각각 정전 용량이 0.1μF 및 0.003μF인 커패시터를 시설할 것

　　㉲ 기계기구에 근접할 곳에 기계기구에 접속하는 전선 상호 간 및 각 전선과 기계기구의 금속제 외함 또는 대지 사이에 각각 정전 용량이 0.1μF 및 0.003μF인 커패시터를 시설할 것

　㉢ 사용전압이 저압이고 정격 출력이 1kW 이하인 전기드릴용의 소형교류직권전동기에는 단자 상호 간에 정전용량이 0.1μF 무유도형 커패시터를, 각 단자와 대지와의 사이에 정전용량이 0.003μF인 충분한 측로효과가 있는 관통형 커패시터를 시설할 것

ⓔ 네온점멸기에는 전원단자 상호 간 및 각 접점에 근접하는 곳에서 이 들에 접속하는 전로에 고주파전류의 발생을 방지하는 장치를 할 것

② 시설하여도 무선설비의 기능에 계속적이고 또한 중대한 장해를 주는 고주파전류를 발생시킬 우려가 있는 경우에는 그 전기기계기구에 근접한 곳에, 이에 접속하는 전로에는 고주파전류의 발생을 방지하는 장치를 하여야 한다. 이 경우에 고주파전류의 발생을 방지하는 장치의 접지측 단자는 접지공사를 하지 아니한 전기기계기구의 금속제 외함·철대 등 사람이 접촉할 우려가 있는 금속제 부분과 접속하여서는 아니 된다.

③ 커패시터(전로와 대지 사이에 시설하는 것에 한한다)와 제1항 제4호 및 제2항의 고주파 발생을 방지하는 장치의 접지측 단자에는 제3종 접지공사를 하여야 한다.

④ 커패시터는 다음의 표에서 정하는 교류전압을 커패시터의 양단자 상호 간 및 각 단자와 외함 간에 연속하여 1분간 가하여 절연내력을 시험하였을 때 이에 견디는 것이어야 한다.

정격 전압(V)	시험 전압(V)	
	단자 상호 간	인출 단자 및 일괄과 접지 단자 및 케이스 사이
110	253	1,000
220	506	1,000

⑤ 고주파전류의 발생을 방지하는 장치의 표준은 다음에 적합한 것일 것

> 1. 네온점멸기의 각 접점에 근접하는 곳에서 이들에 접속하는 전로에 시설하는 경우에는 KS C 6104(2006) "C형 표준방송 수신장해방지기"의 "4.구조" 및 "5.성능"의 DCR 2-10 또는 DCR 3-10에 관한 것에 적합한 것일 것
> 2. 네온점멸기의 전원단자 상호 간에 시설하는 경우에는 KS C 6104(1981) "C형 표준방송 수신 장해방지기"의 "4.구조" 및 "5.성능"의 DCB 3-66에 관한 것 또는 KS C 6105(2008) "F형 표준방송 수신장해방지기"의 "4.구조" 및 "5.성능"에 적합한 것일 것
> 3. 예열기동열음극형광방전등(豫熱起動熱陰極螢光放電燈) 또는 교류직권전동기에 근접하는 곳에서 이들에 접속하는 전로에 시설하는 경우에는 KS C 6104(2006) "C형 표준방송 수신장해방지기"에 "5.7 연속내용성(連續耐用性)"에 적합한 것일 것

(9) 전동기의 과부하 보호 장치의 시설

옥내에 시설하는 전동기(정격 출력이 0.2kW 이하인 것을 제외한다. 이하 이 조에서 같다)에는 전동기가 소손될 우려가 있는 과전류가 생겼을 때에 자동적으로 이를 저지하거나 이를

경보하는 장치를 하여야 한다. 다만, 다음의 어느 하나에 해당하는 경우에는 그러하지 아니하다.

  ㉠ 전동기를 운전 중 상시 취급자가 감시할 수 있는 위치에 시설하는 경우

  ㉡ 전동기의 구조나 부하의 성질로 보아 전동기가 소손할 수 있는 과전류가 생길 우려가 없는 경우

  ㉢ 단상전동기[KS C 4204(2008)의 표준정격의 것을 말한다]로서 그 전원측 전로에 시설하는 과전류 차단기의 정격전류가 15A(배선용 차단기는 20A) 이하인 경우

(10) 옥내 저압 간선의 시설

저압 옥내간선은 다음에 따라 시설하여야 한다.

㉠ 저압 옥내간선은 손상을 받을 우려가 없는 곳에 시설할 것

㉡ 전선은 저압 옥내간선의 각 부분마다 그 부분을 통하여 공급되는 전기사용기계기구의 정격전류의 합계 이상인 허용전류가 있는 것일 것. 다만, 그 저압 옥내간선에 접속하는 부하 중에서 전동기 또는 이와 유사한 기동전류(起動電流)가 큰 전기기계기구(이하 이 조 및 제176조에서 "전동기 등"이라 한다)의 정격전류의 합계가 다른 전기사용기계기구의 정격전류의 합계보다 큰 경우에는 다른 전기사용기계기구의 정격전류의 합계에 다음 값을 더한 값 이상의 허용전류가 있는 전선을 사용하여야 한다.

  ㉮ 전동기 등의 정격전류의 합계가 50A 이하인 경우에는 그 정격전류의 합계의 1.25배

  ㉯ 전동기 등의 정격전류의 합계가 50A를 초과하는 경우에는 그 정격전류의 합계의 1.1배

㉢ 제2호의 경우에 수용률·역률 등이 명확한 경우에는 이에 따라 적당히 수정된 부하전류 값 이상인 허용전류의 전선을 사용할 수 있다.

㉣ 저압 옥내간선의 전원측 전로에는 그 저압 옥내간선을 보호하는 과전류차단기를 시설할 것. 다만, 다음 중 어느 하나에 해당하는 경우에는 그러하지 아니하다.

  ㉮ 저압 옥내 간선의 허용전류가 그 저압 옥내 간선의 전원측에 접속하는 다른 저압 옥내 간선을 보호하는 과전류 차단기의 정격전류의 55% 이상인 경우

  ㉯ 과전류 차단기에 직접 접속하는 저압 옥내간선 또는 "가"에 열거한 저압 옥내 간선에 접속하는 길이 8m 이하의 저압 옥내 간선으로 그 저압 옥내 간선의 허용전류가 그 저압 옥내 간선의 전원측에 접속하는 다른 저압 옥내 간선을 보호하는 과전류 차단기의 정격전류의 35% 이상인 경우

ⓓ 과전류 차단기에 직접 접속하는 저압 옥내간선 또는 "가"나 "나"에 열거한 저압 옥내
　　　　간선에 접속하는 길이가 3m 이하의 저압 옥내 간선으로 그 저압 옥내 간선의 부하측
　　　　에 다른 저압 옥내 간선을 접속하지 아니할 경우

　　　ⓔ 저압 옥내간선(그 저압 옥내 간선에 전기를 공급하기 위한 전원에 태양전지 이외의
　　　　것이 포함되지 아니하는 것에 한한다)의 허용전류가 그 간선을 통과하는 최대 단락
　　　　전류 이상일 경우

　　ⓜ 제4호의 과전류 차단기는 저압 옥내 간선의 허용전류 이하인 정격전류의 것일 것. 다만, 저
　　　압 옥내 간선에 전동기 등의 접속되는 경우에는 그 전동기 등의 정격전류의 합계의 3배에
　　　다른 전기사용기계기구의 정격전류의 합계를 가산한 값(그 값이 그 저압 옥내 간선의 허용
　　　전류의 2.5배의 값을 초과하는 경우에는 그 허용전류의 2.5배의 값) 이하인 정격전류의 것
　　　(그 저압 옥내 간선의 허용전류가 100A를 넘을 경우로서 그 값이 과전류 차단기의 표준 정
　　　격에 해당하지 아니할 경우에는 그 값에 가장 가까운 상위의 정격의 것을 포함한다)을 사
　　　용할 수 있다.

　　ⓝ 제4호의 과전류 차단기는 각 극(다선식 전로의 중성극을 제외한다)에 시설할 것. 다만, 대
　　　지 전압이 150V 이하인 저압 옥내 전로의 접지측 전선 이외의 전선에 시설한 과전류 차단기
　　　가 동작한 경우에 각극이 동시에 차단될 때에는 그 전로의 접지측 전선에 과전류 차단기를
　　　시설하지 아니할 수 있다.

(11) 분기회로의 시설

① 저압 옥내간선에서 분기하여 전기사용기계기구에 이르는 저압 옥내 전로는 다음에 따라 시
　설하여야 한다.

　㉠ 저압 옥내간선과의 분기점에서 전선의 길이가 3m 이하인 곳에 개폐기 및 과전류 차단기
　　를 시설할 것. 다만, 분기점에서 개폐기 및 과전류 차단기까지의 전선의 허용전류가 그
　　전선에 접속하는 저압 옥내간선을 보호하는 과전류 차단기의 정격전류의 55%(분기점에
　　서 개폐기 및 과전류 차단기까지의 전선의 길이가 8m 이하인 경우에는 35%) 이상일 경우
　　에는 분기점에서 3m를 초과하는 곳에 시설할 수 있다.

　㉡ 제1호의 개폐기는 각극에 시설할 것. 다만, 다음의 전선의 극에는 이를 시설하지 아니할
　　수 있다.

　　㉮ 제23조 제1항부터 제3항까지 또는 제27조의 규정에 의하여 접지공사를 한 저압 전로
　　　에 접속하는 옥내배선의 중성선 또는 접지측 전선에 접속하는 분기회로의 전선으로

서 분기 회로용 배전반(저압 옥내 간선에서 옥내 전로를 분기하기 위하여 시설하는 분전반 및 캐비닛을 말한다. 이하 같다)의 내부에 그 옥내배선의 인입구측의 각극에 개폐기를 시설할 것

ㄴ. 제22조·제23조 제1항부터 제3항까지 또는 제27조의 규정에 의하여 접지공사를 한 저압 전로(전로에 지락이 생겼을 때에 자동적으로 전로를 차단하는 장치를 시설하지 아니할 경우에는 접지공사의 접지저항값이 3Ω이하인 것에 한한다)에 접속하는 옥내배선의 중성선 또는 접지측 전선에 접속하는 분기회로의 전선으로서 개폐기의 시설 장소에 중성선 또는 접지측 전선에 전기적으로 완전히 접속하고 또한 중성선 또는 접지측 전선으로부터 쉽게 분리시킬 수 있는 것

ⓒ 제1호의 과전류 차단기에 플러그 퓨즈를 사용하는 등 절연저항의 측정 등을 할 때에 그 저압 옥내 전로를 개폐할 수 있도록 하는 경우에는 제1호의 개폐기의 시설을 하지 아니하여 도 된다.

ⓔ 제1호의 과전류 차단기는 각 극(다선식 전로의 중성극 및 제2호 단서의 접지측 전선의 극을 제외한다)에 시설할 것. 다만, 대지 전압이 150V 이하인 저압 옥내 전로의 접지측 전선 이외의 전선에 시설한 과전류차단기가 동작한 경우에 각 극이 동시에 차단될 때에는 그 전로의 접지측 전선에 과전류차단기를 시설하지 아니할 수 있다.

ⓜ 정격전류가 50A를 초과하는 하나의 전기사용기계기구(전동기 등을 제외한다. 이하 이 호에서 같다)에 이르는 저압 옥내 전로는 다음에 의하여 시설할 것

　ㄱ. 저압 옥내 전로에 시설하는 제1호의 과전류 차단기는 그 정격전류가 그 전기사용기 계기구의 정격전류를 1.3배 한 값을 넘지 아니하는 것(그 값이 과전류 차단기의 표준 정격에 해당하지 아니할 때에는 그 값에 가장 가까운 상위의 정격의 것을 포함한다) 일 것

　ㄴ. 저압 옥내전로에 그 전기사용기계기구 이외의 부하를 접속시키지 아니할 것

　ㄷ. 저압 옥내배선의 허용전류는 그 전기사용기계기구 및 그 저압 옥내전로에 시설하는 제1호의 과전류 차단기의 정격전류 이상일 것

ⓗ 전동기 등에만 이르는 저압 옥내 전로는 다음에 의하여 시설할 것

　ㄱ. 제1호의 과전류 차단기는 그 과전류 차단기에 직접 접속하는 부하측의 전선의 허용 전류를 2.5배(제38조 제3항에 규정하는 과전류 차단기에 있어서는 1배)한 값 이하인 정격전류의 것(그 전선의 허용전류가 100A를 넘을 경우로서 그 값이 과전류 차단기 의 표준 정격에 해당하지 아니할 때에는 그 값에 가장 가까운 상위의 정격의 것을 포 함한다)일 것

ⓑ 전선은 간헐사용(間歇使用) 기타의 특수한 사용 방법에 의할 경우 이외에는 저압 옥
내배선의 각 부분마다 그 부분을 통하여 공급되는 전동기 등의 정격전류의 합계의
1.25배(그 전동기 등의 정격전류의 합계가 50A를 넘을 경우에는 1.1배)의 값 이상인
허용전류의 것일 것

(12) 점멸장치와 타임스위치 등의 시설

① 조명용 전등에는 다음에 따라 점멸장치를 시설하여야 한다.

  ㉠ 가정용 전등은 등기구마다 점멸이 가능하도록 할 것. 다만, 장식용 등기구(샹들리에, 스
포트라이트, 간접조명등, 보조등기구 등) 및 발코니 등기구는 예외로 할 수 있다.

  ㉡ 국부 조명설비는 그 조명대상에 따라 점멸할 수 있도록 시설할 것

  ㉢ 공장·사무실·학교·병원·상점·기타 많은 사람이 함께 사용하는 장소(극장의 관객석·역
사의 대합실 주차장, 강당, 기타 이와 유사한 장소 및 자동 조명 제어장치가 설치된 장소를
제외한다)에 시설하는 전체 조명용 전등은 부분 조명이 가능하도록 전등군을 구분하여 점
멸이 가능하도록 하되, 창(태양광선이 들어오는 창에 한한다. 이하 이 호에서 같다)과 가장
가까운 전등은 따로 점멸이 가능하도록 할 것. 다만, 등기구 배열이 1렬로 되어 있고 그 열
이 창의 면과 평행이 되는 경우에 창과 가장 가까운 전등은 따로 점멸이 가능하도록 하지
아니할 수 있다.

  ㉣ 광 천장 조명 또는 간접 조명을 위하여 전등을 격등 회로로 시설하는 경우에는 제3호의
규정을 적용하지 아니할 수 있다.

  ㉤ 공장의 경우 건물구조가 창문이 없거나 제품 생산이 연속공정으로 한 줄에 설치되어 있
는 전등을 동시에 점멸하여야 할 필요가 있는 장소에 한하여 제3호의 규정을 적용하지
아니할 수 있다.

  ㉥ 가로등, 보안등 또는 옥외에 시설하는 공중전화기를 위한 조명등용 분기회로에는 주광
센서를 취부하여 주광에 의해서 자동 점멸하도록 시설할 것. 다만, 타이머를 설치하거나
집중제어방식을 이용하여 점멸하는 경우에는 그러하지 아니하다.

  ㉦ 가로등, 경기장, 공장, 아파트 단지 등의 일반조명을 위하여 시설하는 고압방전등은 그
효율이 70 ℓ m/W 이상의 것이어야 한다.

  ㉧ 관광진흥법과 공중위생법에 의한 관광숙박업 또는 숙박업(여인숙업을 제외한다)에 이
용되는 시설로서 객실수가 30실 이상이 되는 시설의 각 객실의 조명전원(타임 스위치를
설치한 입구 등의 조명전원을 제외한다)은 객실의 출입문 개폐용 기구 또는 집중제어방

식을 이용한 시설 기타 시·도지사가 이와 유사하다고 인정하는 기구나 시설에 의하여 자동 또는 반자동의 점멸이 가능하도록 할 것

② 조명용 백열전등을 설치할 때에는 다음에 따라 타임스위치를 시설하여야 한다.

　㉠ 관광진흥법과 공중위생법에 의한 관광숙박업 또는 숙박업(여인숙업을 제외한다)에 이용되는 객실의 입구 등은 1분 이내에 소등되는 것일 것

　㉡ 일반주택 및 아파트 각 호실의 현관등은 3분 이내에 소등되는 것일 것

(13) 저압 옥내배선의 허용전류

저압 옥내배선에 사용하는 450/750V 이하 염화비닐 절연전선, 450/750V 이하 고무 절연전선, 1kV부터 3kV까지의 압출 성형 절연 전력케이블의 허용전류 및 보정계수는 KS C IEC 60364-5-52의 부속서 A(허용전류)에 따른다. 다만, 600V급 절연전선에 관한 허용전류는 한국전기기술기준위원회 표준 KECS 1501-2009에 따른다.

(14) 옥내 저압용 개폐기 시설방법의 예외

① 저압 옥내간선에 시설하는 개폐기는(제169조 제1항의 규정에 의하여 시설하는 것은 제외한다) 제176조 제1항 제2호 "나"의 전선에는 시설하지 아니하여도 된다.

② 사용전압이 400V 미만인 저압 2선식 옥내전로에 시설하는 저압용의 개폐기는 (저압 옥내간선에 시설하는 것과 제176조 제1항 제1호 또는 제206조 제9항의 규정에 의하여 시설하는 것은 제외한다) 단극에 시설할 수 있다.

③ 저압의 다선식 옥내배선에 시설하는 개폐기는 (저압 옥내간선에 시설하는 것과 제176조 제1항 제1호 또는 제206조 제9항의 규정에 의하여 시설하는 것은 제외한다) 제176조 제1항 제2호 "나"의 전선에는 시설하지 아니하여도 된다.

④ 사용전압이 각각 다른 개폐기는 식별이 쉽게 시설하여야 한다.

(15) 애자사용 공사

① 애자사용공사에 의한 저압 옥내배선은 다음에 따라 시설하여야 한다.

　㉠ 전선은 제167조 제1호 "가"부터 "다"까지의 것 이외에는 절연전선(옥외용 비닐 절연전선 및 인입용 비닐 절연전선을 제외한다)일 것

　㉡ 전선 상호 간의 간격은 6cm 이상일 것

ⓒ 전선과 조영재 사이의 이격거리는 사용전압이 400V 미만인 경우에는 2.5㎝ 이상, 400V 이상인 경우에는 4.5㎝(건조한 장소에 시설하는 경우에는 2.5㎝) 이상일 것

ⓔ 전선의 지지점 간의 거리는 전선을 조영재의 윗면 또는 옆면에 따라 붙일 경우에는 2m 이하일 것

ⓜ 사용전압이 400V 이상인 것은 제4호의 경우 이외에는 전선의 지지점 간의 거리는 6m 이하일 것

ⓗ 저압 옥내배선은 사람이 접촉할 우려가 없도록 시설할 것. 다만, 사용전압이 400V 미만인 경우에 사람이 쉽게 접촉할 우려가 없도록 시설하는 때에는 그러하지 아니하다.

ⓢ 전선이 조영재를 관통하는 경우에는 그 관통하는 부분의 전선을 전선마다 각각 별개의 난연성 및 내수성이 있는 절연관에 넣을 것. 다만, 사용전압이 150V 이하인 전선을 건조한 장소에 시설하는 경우로서 관통하는 부분의 전선에 내구성이 있는 절연 테이프를 감을 때에는 그러하지 아니하다.

② 애자 사용 공사에 사용하는 애자는 절연성·난연성 및 내수성의 것이어야 한다.

(16) 합성수지 몰드 공사

① 합성수지 몰드 공사에 의한 저압 옥내배선은 다음에 따라 시설할 것

> 1. 전선은 절연전선(옥외용 비닐 절연전선을 제외한다)일 것
> 2. 합성수지 몰드 안에는 전선에 접속점이 없도록 할 것. 다만, 합성수지 몰드 안의 전선을 KS C 8436(2006) "합성수지제 박스 및 커버"의 "5. 성능", "6. 겉모양 및 모양", "7. 치수" 및 "8. 재료"에 적합한 합성 수지제의 조인트 박스를 사용하여 접속할 경우에는 그러하지 아니하다.
> 3. 합성수지 몰드는 홈의 폭 및 깊이가 3.5㎝ 이하의 것일 것. 다만, 사람이 쉽게 접촉할 우려가 없도록 시설하는 경우에는 폭이 5㎝ 이하의 것을 사용할 수 있다.
> 4. 합성수지 몰드 상호 간 및 합성수지 몰드와 박스 기타의 부속품과는 전선이 노출되지 아니하도록 접속할 것

② 합성수지 몰드 공사에 사용하는 합성수지 몰드 및 박스 기타의 부속품(몰드 상호 간을 접속하는 것 및 몰드 끝에 접속하는 것에 한한다)은 한국전기기술기준위원회 표준 KECS 1502-2009에 적합한 것일 것. 다만, 부속품 중 콘크리트 안에 시설하는 금속제의 박스에 대하여는 그러하지 아니하다.

(17) 합성수지관 공사

① 합성수지관 공사에 의한 저압 옥내배선은 다음에 따르고 또한 중량물의 압력 또는 현저한 기계적 충격을 받을 우려가 없도록 시설하여야 한다.

　㉠ 전선은 절연전선(옥외용 비닐 절연전선을 제외한다)일 것

　㉡ 전선은 연선일 것. 다만, 다음의 것은 적용하지 않는다.

　　㉮ 짧고 가는 합성수지관에 넣은 것

　　㉯ 단면적 10㎟(알루미늄선은 단면적 16㎟) 이하의 것

　㉢ 전선은 합성수지관 안에서 접속점이 없도록 할 것

② 합성수지관 공사에 사용하는 합성수지관 및 박스 기타 부속품(관 상호 간을 접속하는 것 및 관의 끝에 접속하는 것에 한하며 리듀서를 제외한다)은 다음에 적합한 것이어야 한다.

　㉠ 합성수지제의 전선관 및 박스 기타의 부속품은 다음 가목에 적합한 것일 것. 다만, 부속품 중 금속제의 박스 및 다음 나목에 적합한 분진방폭형(粉塵防爆型) 플렉시블피팅은 그러하지 아니하다.

　　㉮ 합성수지제의 전선관 및 박스 기타의 부속품

> 1. 합성수지제의 전선관
>   (가) KS C 8431 "경질 비닐 전선관"의 "8. 구조 및 9. 성능"
>   (나) KS C 8454(2006) "합성 수지제 휨(가요) 전선관"의 "4. 일반 요구사항", "7. 성능", "8. 구조" 및 "9. 치수"
>   (다) KS C 8455 "파상형 경질 폴리에틸렌 전선관"의 "7. 재료 및 제조방법", "8. 치수", "9. 성능" 및 "11. 구조"
> 2. 박스
>   KS C 8436 "합성수지제 박스 및 커버"의 "5. 성능", "6. 겉모양 및 모양", "7. 치수" 및 "8. 재료"
> 3. 부속품
>   KS C 8437(2005) "경질비닐 전선관용 부속품"의 "4. 일반요구사항", "7. 재료", "8. 구조" 및 "9. 성능"

　　㉯ 분진방폭형(粉塵防爆型) 플렉시블피팅

　　　ⓐ 구조

　　　　이음매 없는 단동(丹銅)·인청동(燐靑銅)이나 스테인리스의 가요관에 단동·황동이나 스테인리스의 편조피복을 입힌 것 또는 제186조 제2항 제1호에 적합한 2종 금속제

의 가요전선관에 두께 0.8mm 이상의 비닐 피복을 입힌 것의 양쪽 끝에 커넥터 또는 유니온 카플링을 견고히 접속하고 안쪽면은 전선을 넣거나 바꿀 때에 전선의 피복을 손상하지 아니하도록 매끈한 것일 것

ⓑ 완성품

실온에서 그 바깥지름의 10배의 지름을 가지는 원통의 주위에 180도 구부린 후 직선상으로 환원시키고 다음에 반대방향으로 180도 구부린 후 직선상으로 환원시키는 조작을 10회 반복하였을 때에 금이 가거나 갈라지는 등의 이상이 생기지 아니하는 것일 것

ⓛ 관의 끝부분 및 안쪽 면은 전선의 피복을 손상하지 아니하도록 매끈한 것일 것

ⓒ 관(합성 수지제 휨(가요) 전선관을 제외한다)의 두께는 2mm 이상일 것. 다만, 전개된 장소 또는 점검할 수 있는 은폐된 장소로서 건조한 장소에 사람이 접촉할 우려가 없도록 시설한 경우(옥내배선의 사용전압이 400V 미만인 경우에 한한다)에는 그러하지 아니하다.

③ 합성수지관 및 박스 기타의 부속품은 다음에 따라 시설하여야 한다.

ㄱ 관 상호 간 및 박스와는 관을 삽입하는 깊이를 관의 바깥 지름의 1.2배(접착제를 사용하는 경우에는 0.8배) 이상으로 하고 또한 꽂음 접속에 의하여 견고하게 접속할 것

ㄴ 관의 지지점 간의 거리는 1.5m 이하로 하고, 또한 그 지지점은 관의 끝·관과 박스의 접속점 및 관 상호 간의 접속점 등에 가까운 곳에 시설할 것

ㄷ 습기가 많은 장소 또는 물기가 있는 장소에 시설하는 경우에는 방습 장치를 할 것

ㄹ 저압 옥내배선의 사용전압이 400V 미만인 경우에 합성수지관을 금속제의 박스에 접속하여 사용하는 때 또는 제2항 제1호 단서에 규정하는 분진방폭형 플렉시블 피팅을 사용하는 때는 박스 또는 분진 방폭형 플렉시블 피팅에는 제3종 접지공사를 할 것. 다만, 다음 중 어느 하나에 해당하는 경우에는 그러하지 아니하다.

> 1. 건조한 장소에 시설하는 경우
> 2. 옥내배선의 사용전압이 직류 300V 또는 교류 대지 전압이 150V 이하인 경우에 사람이 쉽게 접촉할 우려가 없도록 시설하는 경우

ㅁ 사용전압이 400V 이상인 경우에 합성수지관을 금속제의 박스에 접속하여 사용하는 때 또는 제2항 제1호 단서에 규정하는 분진 방폭형 플렉시블피팅을 사용하는 때에는 박스 또는 분진 방폭형 플렉시블피팅에 특별 제3종 접지공사를 할 것. 다만, 사람이 접촉할 우려가 없도록 시설하는 때에는 제3종 접지공사에 의할 수 있다.

ㅂ 합성수지관을 풀박스에 접속하여 사용하는 경우에는 제1호의 규정에 준하여 시설할 것. 다만, 기술상 부득이한 경우에 관 및 풀박스를 건조한 장소에서 불연성의 조영재에 견고

하게 시설하는 때에는 그러하지 아니하다.

ⓐ 난연성이 없는 콤바인 덕트관은 직접 콘크리트에 매입(埋入)하여 시설하는 경우 이외에는 전용의 불연성 또는 난연성의 관 또는 덕트에 넣어 시설할 것

ⓘ 합성 수지제 휨(가요) 전선관 상호 간은 직접 접속하지 말 것

(18) 금속관 공사

① 금속관 공사에 의한 저압 옥내배선은 다음에 따라 시설하여야 한다.

> 1. 전선은 절연전선(옥외용 비닐절연전선을 제외한다)일 것
> 2. 전선은 연선일 것. 다만, 다음의 것은 적용하지 않는다.
>   ㉠ 짧고 가는 금속관에 넣은 것
>   ㉡ 단면적 10㎟(알루미늄선은 단면적 16㎟) 이하의 것
> 3. 전선은 금속관 안에서 접속점이 없도록 할 것

② 금속관공사에 사용하는 금속관과 박스 기타의 부속품(관 상호 간을 접속하는 것 및 관의 끝에 접속하는 것에 한하며 리듀서를 제외한다)은 다음에 적합한 것이어야 한다.

㉠ 다음 가목에 정하는 표준에 적합한 금속제의 전선관(가요전선관을 제외한다) 및 금속제박스 기타의 부속품 또는 황동이나 동으로 견고하게 제작한 것일 것. 다만, 분진방폭형플렉시블피팅 기타의 방폭형의 부속품으로서 다음 "나"목과 "다"목에 적합한 것과 절연부싱은 그러하지 아니하다.

㉮ 금속제의 전선관 및 금속제박스 기타의 부속품은 다음에 적합한 것일 것

ⓐ 강제 전선관

KS C 8401(2005) "강제전선관"의 "4. 굽힘성", "5. 내식성", "7, 치수, 무게 및 유효 나사부의 길이와 바깥지름 및 무게의 허용차"의 "표 1, 표 2 및 표 3의 호칭방법, 바깥지름, 바깥지름의 허용차, 두께, 유효나사부의 길이(최소치)", "8. 겉모양", "9.1 재료"와 "9.2 제조방법"의 9.2.2, 9.2.3 및 9.2.4

ⓑ 알루미늄 전선관

KS C 8419(2005) "알루미늄 전선관"의 "6. 제조방법", "7. 치수 및 무게"의 표의 "관의 호칭지름, 바깥지름, 바깥지름의 허용차, 살 두께, 안지름", "8.1 겉모양" 및 "8.3 내가요성"

ⓒ 금속제 박스

KS C 8458(2002) "금속제 박스 및 커버"의 "4. 성능", "5. 구조", "6. 모양 및 치수" 및 "7. 재료"

ⓓ 부속품

KS C 8460(2005) "금속제 전선관용 부속품"의 7. 성능, 8. 구조, 9. 모양 및 치수, 10. 재료

㉯ 금속관의 방폭형 부속품중 나목에 규정하는 것 이외의 것은 다음의 표준에 적합할 것

ⓐ 재료는 건식아연도금법에 의하여 아연도금을 한 위에 투명한 도료를 칠하거나 기타 적당한 방법으로 녹이 스는 것을 방지하도록 한 강 또는 가단주철(可鍛鑄鐵)일 것

ⓑ 안쪽면 및 끝부분은 전선을 넣거나 바꿀 때에 전선의 피복을 손상하지 아니하도록 매끈한 것일 것

ⓒ 전선관과의 접속부분의 나사는 5턱 이상 완전히 나사결합이 될 수 있는 길이일 것

ⓓ 접합면(나사의 결합부분을 제외한다)은 KS C IEC 60079-1(2007) "내압방폭구조(d)" 5. 방폭접합의 5.1 일반 요구사항에 적합한 것일 것. 다만, 금속·석면·유리섬유·합성고무 등의 난연성 및 내구성이 있는 패킹을 사용하고 이를 견고히 접합면에 붙일 경우에 그 틈새가 있을 경우 이 틈새는 KS C IEC 60079-1(2007) "내압방폭구조(d)" 5.2.2 틈새의 표1 및 표2의 최대값을 넘지 않아야 한다.

ⓔ 접합면 중 나사의 접합은 KS C IEC 60079-1(2007) "내압방폭구조(d)"의 5.3 나사 접합 표3 및 표4에 적합한 것일 것

ⓕ 완성품은 KS C IEC 60079-1(2007) "내압방폭구조(d)"의 15.1.2 폭발압력(기준압력)측 정 및 15.1.3 압력시험에 적합한 것일 것

㉡ 관의 두께는 다음에 의할 것

㉮ 콘크리트에 매설하는 것은 1.2㎜ 이상

㉯ "가" 이외의 것은 1㎜ 이상. 다만, 이음매가 없는 길이 4m 이하인 것을 건조하고 전개 된 곳에 시설하는 경우에는 0.5 ㎜까지로 감할 수 있다.

㉢ 관의 끝부분 및 안쪽 면은 전선의 피복을 손상하지 아니하도록 매끈한 것일 것

③ 금속관과 박스 기타의 부속품은 다음에 따라 시설하여야 한다.

㉠ 관 상호 간 및 관과 박스 기타의 부속품과는 나사접속 기타 이와 동등 이상의 효력이 있 는 방법에 의하여 견고하고 또한 전기적으로 완전하게 접속할 것

㉡ 관의 끝 부분에는 전선의 피복을 손상하지 아니하도록 적당한 구조의 부싱을 사용할 것. 다만, 금속관공사로부터 애자사용공사로 옮기는 경우에는 그 부분의 관의 끝부분에 는 절연부싱 또는 이와 유사한 것을 사용하여야 한다.

㉢ 습기가 많은 장소 또는 물기가 있는 장소에 시설하는 경우에는 방습 장치를 할 것

㉣ 저압 옥내배선의 사용전압이 400V 미만인 경우 관에는 제3종 접지공사를 할 것. 다만, 다음 중 어느 하나에 해당하는 경우에는 그러하지 아니하다.

> 1. 관의 길이(2개 이상의 관을 접속하여 사용하는 경우에는 그 전체의 길이를 말한다. 이하 같다)가 4m 이하인 것을 건조한 장소에 시설하는 경우
> 2. 옥내배선의 사용전압이 직류 300V 또는 교류 대지 전압 150V 이하인 경우에 그 전선을 넣는 관의 길이가 8m 이하인 것을 사람이 쉽게 접촉할 우려가 없도록 시설하는 때 또는 건조한 장소에 시설하는 때

ⓜ 저압 옥내배선의 사용전압이 400V 이상인 경우 관에는 특별 제3종 접지공사를 할 것. 다만, 사람이 접촉할 우려가 없도록 시설하는 경우에는 제3종 접지공사에 의할 수 있다.

ⓑ 금속관을 금속제의 풀박스에 접속하여 사용하는 경우에는 제1호의 규정에 준하여 시설할 것. 다만, 기술상 부득이한 경우에는 관 및 풀박스를 건조한 곳에서 불연성의 조영재에 견고하게 시설하고 또한 관과 풀박스 상호 간을 전기적으로 접속하는 때에는 그러하지 아니하다.

(19) 금속몰드 공사

① 금속몰드 공사에 의한 저압 옥내배선은 다음에 따라 시설하여야 한다.

ⓐ 전선은 절연전선(옥외용 비닐절연 전선을 제외한다)일 것

ⓑ 금속 몰드 안에는 전선에 접속점이 없도록 할 것. 다만, 한국전기기술기준위원회 표준 KECS 1502-2009에 적합한 2종 금속제 몰드를 사용하고 또한 다음에 의하여 시설하는 경우는 그러하지 아니하다.

㉮ 전선을 분기하는 경우일 것

㉯ 접속점을 쉽게 점검할 수 있도록 시설할 것

㉰ 몰드에는 제3항 제2호의 단서의 규정에 불구하고 제3종 접지공사를 할 것

㉱ 몰드 안의 전선을 외부로 인출하는 부분은 몰드의 관통 부분에서 전선이 손상될 우려가 없도록 시설할 것

② 금속몰드 공사에 사용하는 금속 몰드 및 박스 기타의 부속품(몰드 상호 간을 접속하는 것 및 몰드의 끝에 접속하는 것에 한한다)은 다음에 적합한 것이어야 한다.

ⓐ 한국전기기술기준위원회 표준 KECS 1502-2009에서 정하는 표준에 적합한 금속제의 몰드 및 박스 기타 부속품 또는 황동이나 동으로 견고하게 제작한 것으로서 안쪽면이 매끈한 것일 것

ⓑ 황동제 또는 동제의 몰드는 폭이 5cm 이하, 두께 0.5mm 이상인 것일 것

③ 금속몰드 및 박스 기타의 부속품은 다음에 따라 시설하여야 한다.

　　㉠ 몰드 상호 간 및 몰드 박스 기타의 부속품과는 견고하고 또한 전기적으로 완전하게 접속할 것

　　㉡ 몰드에는 제3종 접지공사를 할 것. 다만, 다음 중 어느 하나에 해당하는 경우에는 그러하지 아니하다.

> 1. 몰드의 길이(2개 이상의 몰드를 접속하여 사용하는 경우에는 그 전체의 길이를 말한다. 이하 같다)가 4m 이하인 것을 시설하는 경우
> 2. 옥내배선의 사용전압이 직류 300V 또는 교류 대지 전압이 150V 이하인 경우에 그 전선을 넣는 관의 길이가 8m 이하인 것을 사람이 쉽게 접촉할 우려가 없도록 시설하는 때 또는 건조한 장소에 시설하는 때

(20) 가요전선관 공사

① 가요전선관 공사에 의한 저압 옥내배선은 다음에 따르고 또한 중량물의 압력 또는 현저한 기계적 충격을 받을 우려가 없도록 시설하여야 한다.

　　㉠ 전선은 절연전선(옥외용 비닐 절연전선을 제외한다)일 것

　　㉡ 전선은 연선일 것. 다만, 단면적 10㎟(알루미늄선은 단면적 16㎟) 이하인 것은 그러하지 아니하다.

　　㉢ 가요전선관 안에는 전선에 접속점이 없도록 할 것

　　㉣ 가요전선관은 2종 금속제 가요 전선관일 것. 다만, 전개된 장소 또는 점검할 수 있는 은폐된 장소로서 건조한 장소에서 사용하는 것(옥내배선의 사용전압이 400V 이상인 경우에는 전동기에 접속하는 부분으로서 가요성을 필요로 하는 부분에 사용하는 것에 한한다)은 그러하지 아니하다.

② 가요전선관 공사에 사용하는 가요전선관 및 박스 기타의 부속품(관 상호 및 관의 끝에 접속하는 것에 한한다)은 다음에 적합한 것이어야 한다.

　　㉠ 적합한 금속제 가요 전선관 및 박스 기타의 부속품일 것

　　㉡ 1종 금속제 가요 전선관은 두께 0.8㎜ 이상인 것일 것

　　㉢ 안쪽면은 전선의 피복을 손상하지 아니하도록 매끈한 것일 것

③ 가요전선관 및 박스 기타의 부속품은 다음에 따라 시설하여야 한다.

1. 관 상호 간 및 관과 박스 기타의 부속품과는 견고하고 또한 전기적으로 완전하게 접속할 것
2. 가요전선관의 끝부분은 피복을 손상하지 아니하는 구조로 되어 있을 것
3. 2종 금속제 가요 전선관을 사용하는 경우에 습기 많은 장소 또는 물기가 있는 장소에 시설하는 때에는 방습 장치를 할 것
4. 1종 금속제 가요 전선관에는 단면적 2.5㎟ 이상의 나연동선을 전체 길이에 걸쳐 삽입 또는 첨가하여 그 나연동선과 1종 금속제 가요 전선관을 양쪽 끝에서 전기적으로 완전하게 접속할 것. 다만, 관의 길이가 4m 이하인 것을 시설하는 경우에는 그러하지 아니하다.
5. 저압 옥내배선의 사용전압이 400V 미만인 경우에는 가요 전선관에 제3종 접지공사를 할 것. 다만, 관의 길이가 4m 이하인 것을 시설하는 경우에는 그러하지 아니하다.
6. 저압 옥내배선의 사용전압이 400V 이상인 경우에는 가요전선관에 특별 제3종 접지공사를 할 것. 다만, 사람이 접촉할 우려가 없도록 시설하는 경우에는 제3종 접지공사에 의할 수 있다.

(21) 금속 덕트 공사

① 금속 덕트 공사에 의한 저압 옥내배선은 다음에 따라 시설하여야 한다.
　㉠ 전선은 절연전선(옥외용 비닐절연전선을 제외한다)일 것
　㉡ 금속 덕트에 넣은 전선의 단면적(절연피복의 단면적을 포함한다)의 합계는 덕트의 내부 단면적의 20%(전광표시 장치·출퇴표시등 기타 이와 유사한 장치 또는 제어회로 등의 배선만을 넣는 경우에는 50%) 이하일 것
　㉢ 금속 덕트 안에는 전선에 접속점이 없도록 할 것. 다만, 전선을 분기하는 경우에는 그 접속점을 쉽게 점검할 수 있는 때에는 그러하지 아니하다.
　㉣ 금속 덕트 안의 전선을 외부로 인출하는 부분은 금속 덕트의 관통부분에서 전선이 손상될 우려가 없도록 시설할 것
　㉤ 금속 덕트 안에는 전선의 피복을 손상할 우려가 있는 것을 넣지 아니할 것
② 금속 덕트 공사에 사용하는 금속덕트는 다음에 적합한 것이어야 한다.
　㉠ 폭이 5㎝를 초과하고 또한 두께가 1.2㎜ 이상인 철판 또는 동등 이상의 세기를 가지는 금속제의 것으로 견고하게 제작한 것일 것
　㉡ 안쪽 면은 전선의 피복을 손상시키는 돌기(突起)가 없는 것일 것
　㉢ 안쪽 면 및 바깥 면에는 산화 방지를 위하여 아연도금 또는 이와 동등 이상의 효과를 가지는 도장을 한 것일 것

③ 금속 덕트는 다음에 따라 시설하여야 한다.

　㉠ 덕트 상호 간은 견고하고 또한 전기적으로 완전하게 접속할 것

　㉡ 덕트를 조영재에 붙이는 경우에는 덕트의 지지점 간의 거리를 3m(취급자 이외의 자가 출입할 수 없도록 설비한 곳에서 수직으로 붙이는 경우에는 6m) 이하로 하고 또한 견고하게 붙일 것

　㉢ 덕트의 뚜껑은 쉽게 열리지 아니하도록 시설할 것

　㉣ 덕트의 끝부분은 막을 것

　㉤ 덕트 안에 먼지가 침입하지 아니하도록 할 것

　㉥ 덕트는 물이 고이는 낮은 부분을 만들지 않도록 시설할 것

　㉦ 저압 옥내배선의 사용전압이 400V 미만인 경우에는 덕트에 제3종 접지공사를 할 것

　㉧ 저압 옥내배선의 사용전압이 400V 이상인 경우에는 덕트에 특별 제3종 접지공사를 할 것. 다만, 사람이 접촉할 우려가 없도록 시설하는 경우에는 제3종 접지공사에 의할 수 있다.

④ 금속 덕트에 의하여 저압 옥내배선이 건축물의 방화 구획을 관통하거나 인접 조영물로 연장되는 경우에는 그 방화벽 또는 조영물 벽면의 덕트 내부는 불연성의 물질로 차폐하여야 한다.

⑤ 옥내에 연접하여 설치되는 등기구(서로 다른 끝을 연결하도록 설계된 등기구로서 내부에 전원공급용 관통배선을 가지는 것. "연접설치 등기구"라 한다)는 다음에 따라 시설하여야 한다.

　㉠ 등기구는 레이스웨이(raceway)로 사용할 수 없다. 다만, 「전기용품안전 관리법」에 의한 안전인증을 받은 등기구로서 다음에 의하여 시설하는 경우는 예외로 한다.

　　㋐ 연접설치 등기구는 IEC 60598-1(2006, Ed. 6.1)의 "12. 열(온도상승) 시험"에 접합한 것일 것

　　㋑ 현수형 연접설치 등기구는 개별 등기구에 대해 KS C 8465(2008) "레이스웨이"에 규정된 "6.3 정하중"에 적합한 것일 것

　　㋒ 연접설치 등기구에는 "연접설치 적합" 표시와 "최대연접설치 가능한 등기구의 수"를 표기할 것

　　㋓ 제1항 및 제3항에 따라 시설할 것

　　㋔ 연접설치 등기구는 KS C IEC 61084-1(2004) "전기설비용 케이블 트렁킹 및 덕트 시스템 제1부 : 일반요구사항"의 "12. 전기적 특성"에 적합하거나, 접지선으로 연결할 것

　㉡ 그 밖에 설치장소의 환경조건을 고려하여 감전화재 위험의 우려가 없도록 시설하여야 한다.

(22) 버스 덕트 공사

① 버스 덕트 공사에 의한 저압 옥내배선은 다음에 따라 시설하여야 한다.

  ㉠ 덕트 상호 간 및 전선 상호 간은 견고하고 또한 전기적으로 완전하게 접속할 것

  ㉡ 덕트를 조영재에 붙이는 경우에는 덕트의 지지점 간의 거리를 3m(취급자 이외의 자가 출입할 수 없도록 설비한 곳에서 수직으로 붙이는 경우에는 6m) 이하로 하고 또한 견고하게 붙일 것

  ㉢ 덕트(환기형의 것을 제외한다)의 끝부분은 막을 것

  ㉣ 덕트(환기형의 것을 제외한다)의 내부에 먼지가 침입하지 아니하도록 할 것

  ㉤ 저압 옥내배선의 사용전압이 400V 미만인 경우에는 덕트에 제3종 접지공사를 할 것

  ㉥ 저압 옥내배선의 사용전압이 400V 이상인 경우에는 덕트에 특별 제3종 접지공사를 할 것. 다만, 사람이 접촉할 우려가 없도록 시설하는 경우에는 제3종 접지공사에 의할 수 있다.

  ㉦ 습기가 많은 장소 또는 물기가 있는 장소에 시설하는 경우에는 옥외용 버스 덕트를 사용하고 버스 덕트 내부에 물이 침입하여 고이지 아니하도록 할 것

② 버스 덕트 공사에 사용하는 버스 덕트는 다음에 적합한 것일 것

  ㉠ 도체는 단면적 20㎟ 이상의 띠 모양, 지름 5㎜ 이상의 관모양이나 둥글고 긴 막대 모양의 동 또는 단면적 30㎟ 이상의 띠 모양의 알루미늄을 사용한 것일 것

  ㉡ 도체 지지물은 절연성·난연성 및 내수성이 있는 견고한 것일 것

  ㉢ 덕트는 다음의 표의 두께 이상의 강판 또는 알루미늄판으로 견고히 제작한 것일 것

덕트의 최대 폭(mm)	덕트의 판 두께(mm)		
	강 판	알루미늄판	합성수지판
150 이하	1.0	1.6	2.5
150 초과 300 이하	1.4	2.0	5.0
300 초과 500 이하	1.6	2.3	-
500 초과 700 이하	2.0	2.9	-
700 초과하는 것	2.3	3.2	-

  ㉣ 구조는 KS C 8450(2001) "버스관로"의 구조에 적합할 것

  ㉤ 완성품은 KS C 8450(2001) "버스관로"의 시험방법에 의하여 시험하였을 때에 "5. 성능"에 적합한 것일 것

(23) 라이팅 덕트 공사

① 라이팅 덕트 공사에 의한 저압 옥내배선은 다음에 따라 시설하여야 한다.

    ㉠ 덕트 상호 간 및 전선 상호 간은 견고하게 또한 전기적으로 완전히 접속할 것

    ㉡ 덕트는 조영재에 견고하게 붙일 것

    ㉢ 덕트의 지지점 간의 거리는 2m 이하로 할 것

    ㉣ 덕트의 끝부분은 막을 것

    ㉤ 덕트의 개구부(開口部)는 아래로 향하여 시설할 것. 다만, 다음 중 1에 해당하는 경우에 한하여 옆으로 향하여 시설할 수 있다.

> 1. 사람이 쉽게 접촉할 우려가 없는 장소에서 덕트의 내부에 먼지가 들어가지 아니하도록 시설하는 경우
> 2. KS C 8451(2002) "소전류용 버스관로"의 "4. 시험에 관한 일반요구사항" 및 "7. 구조"에 적합한 라이팅 덕트로서 도체커버 및 관로커버가 있는 것을 사용하는 경우

    ㉥ 덕트는 조영재를 관통하여 시설하지 아니할 것

    ㉦ 덕트에는 합성수지 기타의 절연물로 금속재 부분을 피복한 덕트를 사용한 경우 이외에는 제3종 접지공사를 할 것. 다만, 대지 전압이 150V 이하이고 또한 덕트의 길이(2본 이상의 덕트를 접속하여 사용할 경우에는 그 전체 길이를 말한다)가 4m 이하인 때는 그러하지 아니하다.

    ㉧ 덕트를 사람이 용이하게 접촉할 우려가 있는 장소에 시설하는 경우에는 전로에 지락이 생겼을 때에 자동적으로 전로를 차단하는 장치를 시설할 것

② 라이팅 덕트 공사에 사용하는 라이팅 덕트 및 부속품의 표준은 KS C 8451(2002) "소전류용 버스관로"에 적합하고 또한 한국전기기술기준위원회 표준 KECS 1205-2009에 적합할 것

★출제 Point 라이팅 덕트 등의 공사 정리

(24) 플로어 덕트 공사

① 플로어 덕트 공사에 의한 저압 옥내배선은 다음에 따라 시설하여야 한다.

    ㉠ 전선은 절연전선(옥외용 비닐 절연전선을 제외한다)일 것

    ㉡ 전선은 연선일 것. 다만, 단면적 10㎟(알루미늄선은 단면적 16㎟) 이하인 것은 그러하지 아니하다.

ⓒ 플로어 덕트 안에는 전선에 접속점이 없도록 할 것. 다만, 전선을 분기하는 경우에 접속점을 쉽게 점검할 수 있을 때에는 그러하지 아니하다.

② 플로어 덕트 공사에 사용하는 플로어 덕트 및 박스 기타의 부속품(플로어 덕트 상호 간을 접속하는 것 및 플로어 덕트의 끝에 접속하는 것에 한한다)은 한국전기기술기준위원회 표준 KECS 1502-2009에 적합한 것이어야 한다.

③ 제2항의 플로어 덕트와 박스 기타 부속품은 다음에 따라 시설하여야 한다.

　ⓐ 덕트 상호 간 및 덕트와 박스 및 인출구와는 견고하고 또한 전기적으로 완전하게 접속할 것

　ⓑ 덕트 및 박스 기타의 부속품은 물이 고이는 부분이 있도록 시설하여서는 아니 된다.

　ⓒ 박스 및 인출구는 마루 위로 돌출하지 아니하도록 시설하고 또한 물이 스며들지 아니하도록 밀봉할 것

　ⓓ 덕트의 끝부분은 막을 것

　ⓔ 덕트는 제3종 접지공사를 할 것

(25) 셀룰러 덕트 공사

① 셀룰러 덕트 공사에 의한 저압 옥내배선은 다음에 따라 시설하여야 한다.

　ⓐ 전선은 절연전선(옥외용 비닐 절연전선을 제외한다)일 것

　ⓑ 전선은 연선일 것. 다만, 단면적 10㎟(알루미늄선은 단면적 16㎟) 이하의 것은 그러하지 아니하다.

　ⓒ 셀룰러 덕트 안에는 전선에 접속점을 만들지 아니할 것. 다만, 전선을 분기하는 경우 그 접속점을 쉽게 점검할 수 있을 때에는 그러하지 아니하다.

　ⓓ 셀룰러 덕트 안의 전선을 외부로 인출하는 경우에는 그 셀룰러 덕트의 관통 부분에서 전선이 손상될 우려가 없도록 시설할 것

② 셀룰러 덕트 공사에 사용하는 셀룰러 덕트의 부속품(셀룰러 덕트 상호 간을 접속하는 것과 셀룰러 덕트 끝에 접속하는 것에 한한다)은 다음에 적합할 것

　ⓐ 강판으로 제작한 것일 것

　ⓑ 덕트 끝과 안쪽면은 전선의 피복이 손상하지 아니하도록 매끈한 것일 것

　ⓒ 덕트의 안쪽면 및 외면은 방청을 위하여 도금 또는 도장을 한 것일 것. 다만, KS D 3602(1978) "강제갑판" 중 SDP 3에 적합한 것은 그러하지 아니하다.

　ⓓ 셀룰러 덕트의 판 두께는 다음의 표에서 정한 값 이상일 것

덕트의 최대 폭	덕트의 판 두께
150mm 이하	1.2mm
150mm 초과 200mm 이하	1.4(KS D 3602(1981) "강제갑판" 중 SDP2, SDP3 또는 SDP2G에 적합한 것은 1.2)mm
200mm 초과하는 것	1.6mm

ⓜ 부속품의 판 두께는 1.6mm 이상일 것

ⓗ 저판을 덕트에 붙인 부분은 다음 계산식에 의하여 계산한 값의 하중을 저판에 가할 때 덕트의 각부에 이상이 생기지 않을 것

P = 5.88D

P : 하중(N/m)

D : 덕트의 단면적(㎠)

③ 셀룰러 덕트 및 부속품은 다음에 따라 시설하여야 한다.

ⓐ 덕트 상호 간, 덕트와 조영물의 금속 구조체, 부속품 및 덕트에 접속하는 금속체와는 견고하게 또한 전기적으로 완전하게 접속할 것

ⓑ 덕트 및 부속품은 물이 고이는 부분이 없도록 시설할 것

ⓒ 인출구는 바닥 위로 돌출하지 아니하도록 시설하고 또한 물이 스며들지 아니하도록 할 것

ⓓ 덕트의 끝부분은 막을 것

ⓔ 덕트는 제3종 접지공사를 할 것

(26) 케이블 공사

① 케이블 공사에 의한 저압 옥내배선(제2항 및 제3항에 규정하는 것을 제외한다)은 다음에 따라 시설하여야 한다.

ⓐ 전선은 케이블 및 캡타이어케이블일 것

ⓑ 중량물의 압력 또는 현저한 기계적 충격을 받을 우려가 있는 곳에 시설하는 케이블에는 적당한 방호 장치를 할 것

ⓒ 전선을 조영재의 아랫면 또는 옆면에 따라 붙이는 경우에는 전선의 지지점 간의 거리를 케이블은 2m(사람이 접촉할 우려가 없는 곳에서 수직으로 붙이는 경우에는 6m) 이하,

캡타이어 케이블은 1m 이하로 하고 또한 그 피복을 손상하지 아니하도록 붙일 것

  ⓔ 저압 옥내배선은 사용전압이 400V 미만인 경우에는 관 기타의 전선을 넣는 방호 장치의 금속제 부분·금속제의 전선 접속함 및 전선의 피복에 사용하는 금속체에는 제3종 접지공사를 할 것. 다만, 다음 중 어느 하나에 해당할 경우에는 관 기타의 전선을 넣는 방호 장치의 금속제 부분에 대하여는 그러하지 아니하다.

    ㉮ 방호 장치의 금속제 부분의 길이가 4m 이하인 것을 건조한 곳에 시설하는 경우

    ㉯ 옥내배선의 사용전압이 직류 300V 또는 교류 대지 전압이 150V 이하인 경우에 방호 장치의 금속제 부분의 길이가 8m 이하인 것을 사람이 쉽게 접촉할 우려가 없도록 시설하는 경우 또는 건조한 것에 시설하는 경우

  ⓜ 저압 옥내배선은 사용전압이 400V 이상인 경우에는 관 그 밖에 전선을 넣은 방호 장치의 금속제 부분·금속제의 전선 접속함 및 전선의 피복에 사용하는 금속체에는 특별 제3종 접지공사를 할 것. 다만, 사람이 접촉할 우려가 없도록 시설하는 경우에는 제3종 접지공사에 의할 수 있다.

② 전선을 직접 콘크리트에 매입하여 시설하는 저압 옥내배선은 다음에 따라 시설하여야 한다.

> 1. 전선은 미네럴인슈레이션케이블·콘크리트 직매용(直埋用) 케이블 또는 제136조 제4항 제5호부터 제7호까지 정하는 구조의 개장을 한 케이블일 것
> 2. 공사에 사용하는 박스는 「전기용품안전 관리법」의 적용을 받는 금속제이거나 합성 수지제의 것 또는 황동이나 동으로 견고하게 제작한 것일 것
> 3. 전선을 박스 또는 풀박스 안에 인입하는 경우는 물이 박스 또는 풀박스 안으로 침입하지 아니하도록 적당한 구조의 부싱 또는 이와 유사한 것을 사용할 것
> 4. 콘크리트 안에는 전선에 접속점을 만들지 아니할 것

③ 전선을 건조물의 전기 배선용의 파이프 샤프트 안에 수직으로 매어 달아 시설하는 저압 옥내배선은 다음에 따라 시설하여야 한다.

  ㉠ 전선은 제5항에서 정하는 표준에 적합한 케이블일 것

  ㉡ 전선 및 그 지지부분의 안전율은 4 이상일 것

  ㉢ 전선 및 그 지지부분은 충전부분이 노출되지 아니하도록 시설할 것

  ㉣ 전선과의 분기부분에 시설하는 분기선(제5호에서 "분기선" 이라 한다)은 케이블일 것

  ㉤ 분기선은 장력이 가하여지지 아니하도록 시설하고 또한 전선과의 분기부분에는 진동방지장치를 시설할 것

ⓑ 제5호의 규정에 의하여 시설하여도 전선에 손상을 입힐 우려가 있을 경우에는 적당한 개소에 진동 방지장치를 더 시설할 것

④ 케이블은 제199조부터 제202조까지 규정한 장소에 시설하여서는 아니 된다.

⑤ 전선의 표준은 다음 중 1에 적합할 것

　㉠ KS C IEC 60502에 적합한 비닐외장케이블 또는 클로로프렌외장케이블(도체에 연알루미늄선, 반경 알루미늄선 또는 알루미늄 성형단선을 사용하는 것 및 제2호에 규정하는 강심 알루미늄 도체 케이블을 제외한다)로서 도체에 동을 사용하는 경우는 공칭단면적 25㎟ 이상, 도체에 알루미늄을 사용한 경우는 공칭단면적 35㎟ 이상의 것

　㉡ 강심알루미늄 도체 케이블은 「전기용품안전 관리법」 또는 한국전기기술기준위원회 표준 KECS 1501-2009의 501.05에 적합할 것

　㉢ 수직조가용선 부(付) 케이블로서 다음에 적합할 것

　　㉮ 케이블은 인장강도 5.93 kN 이상의 금속선 또는 단면적이 22㎟ 아연도강연선으로서 단면적 5.3㎟ 이상의 조가용선을 비닐외장케이블 또는 클로로프렌외장케이블의 외장에 견고하게 붙인 것일 것

　　㉯ 조가용선은 케이블의 중량(조가용선의 중량을 제외한다)의 4배의 인장강도에 견디도록 붙인 것일 것

　㉣ KS C IEC 60502에 적합한 비닐외장케이블 또는 클로로프렌외장케이블의 외장 위에 그 외장을 손상하지 아니하도록 좌상을 시설하고 또 그 위에 한국전기기술기준위원회 표준 KECS 1501-2009의 501.07에 규정하는 아연도금을 한 철선으로서 인장강도 294N 이상의 것 또는 지름 1㎜ 이상의 금속선을 조밀하게 연합한 철선 개장 케이블

★출제Point 케이블 공사 정리

(27) 금속망 사용 등의 목조 조영물에서의 시설

① 금속망 또는 금속판을 사용한 목조 조영물에 애자 사용 공사로 저압 옥내배선을 시설하는 경우에는 다음에 따라야 한다.

　㉠ 전선을 시설하는 부분의 금속망 또는 금속판의 윗면을 목판·합성 수지판 기타 절연성 및 내구성이 있는 물질로 덮어 시설할 것

　㉡ 전선이 금속망 또는 금속판을 사용한 목조의 조영재를 관통할 경우에는 그 관통하는 부분의 전선을 전선마다 각각 별개의 난연성 및 내수성이 있는 견고한 절연관에 넣어 시설할 것

② 금속망 또는 금속판을 사용한 목조의 조영물에 합성수지 몰드 공사·합성수지관 공사·

금속관 공사·금속 몰드 공사·가요 전선관 공사·금속 덕트 공사·버스 덕트 공사·케이블 공사·케이블 트레이 공사 또는 라이팅 덕트 공사에 의하여 저압 옥내배선을 시설하는 경우에는 다음에 따라야 한다.

㉠ 금속망 또는 금속판과 다음의 것과는 전기적으로 접속하지 아니하도록 시설할 것

가. 금속관 공사에 사용하는 금속관, 금속 몰드 공사에 사용하는 금속 몰드, 가요 전선관 공사에 사용하는 가요 전선관 또는 합성수지관 공사에 사용하는 분진 방폭형 플렉시블 피팅

나. 합성수지관 공사에 사용하는 합성수지관, 금속관 공사에 사용하는 금속관 또는 가요 전선관 공사에 사용하는 가요 전선관에 접속하는 금속제의 풀박스

다. 합성수지 몰드 공사에 사용하는 합성수지 몰드를 조영재에 붙이기 위한 금속제의 나사 또는 이와 유사한 것으로 합성수지 몰드 안의 전선에 접촉할 우려가 있는 것

라. 합성수지 몰드 공사에 사용하는 합성수지 몰드, 금속관 공사에 사용하는 금속관, 금속 몰드 공사에 사용하는 금속몰드 또는 가요 전선관 공사에 사용하는 가요 전선관에 접속하는 금속제의 부속품

마. 금속 덕트 공사·버스 덕트 공사 또는 라이팅 덕트 공사에 사용하는 덕트

바. 케이블 공사에 사용하는 관 기타의 전선을 넣은 방호 장치의 금속제 부분 또는 금속제의 전선 접속함

사. 케이블의 피복에 사용하는 금속제

아. 케이블트레이 공사에 사용하는 금속제 부분

㉡ 전선이 금속관 공사·가요 전선관 공사·금속 덕트 공사 또는 케이블 트레이 공사·케이블 공사(금속으로 피복된 케이블을 사용하는 공사에 한한다)에 의하여 금속망 또는 금속판을 사용한 조영재를 관통하는 경우에는 그 부분의 금속망 또는 금속판을 충분히 절개(切開)하고 또한 그 부분의 금속관·가요 전선관·금속 덕트·버스 덕트·금속제 케이블트레이 또는 케이블에 내구성이 있는 절연관을 끼우거나 내구성이 있는 절연테이프를 감아서 금속망 또는 금속관과 전기적으로 접속하지 아니하도록 시설할 것

(28) 저압 옥내배선과 약전류 전선 등 또는 관과의 접근 또는 교차

① 저압 옥내배선이 약전류 전선 등 또는 수관·가스관이나 이와 유사한 것과 접근하거나 교차하는 경우에 저압 옥내배선을 애자사용 공사에 의하여 시설하는 때에는 저압 옥내배선과 약전류 전선 등 또는 수관이나 이와 유사한 것과의 이격거리는 10㎝(전선이 나전선인 경

우에 30㎝) 이상이어야 하며 가스관과의 이격거리는 다음 각 호에 따라야 한다. 다만, 저압 옥내배선의 사용전압이 400V 미만인 경우에 저압 옥내배선과 약전류 전선 등 또는 수관·가스관이나 이와 유사한 것과의 사이에 절연성의 격벽을 견고하게 시설하거나 저압 옥내배선을 충분한 길이의 난연성 및 내수성이 있는 견고한 절연관에 넣어 시설하는 때에는 그러하지 아니하다.

> 1. 가스관과의 이격거리는 10㎝(전선이 나전선인 경우에는 30㎝) 이상
> 2. 가스 계량기 및 가스관의 이음부와 전력량계 및 개폐기의 이격거리는 60㎝ 이상
> 3. 가스계량기 및 가스관의 이음부와 점멸기 및 접속기의 이격거리는 30㎝ 이상

② 저압 옥내배선이 약전류 전선 또는 수관·가스관이나 이와 유사한 것과 접근하거나 교차하는 경우에 저압 옥내배선을 합성수지몰드 공사·합성수지관공사·금속관 공사·금속몰드 공사·가요전선관 공사·금속덕트 공사·버스덕트 공사·플로어덕트 공사·셀룰러덕트 공사·케이블 공사·케이블 트레이 공사 또는 라이팅덕트 공사에 의하여 시설할 때에는 제3항 각 호의 경우 이외에는 저압 옥내배선이 약전류 전선 또는 수관·가스관이나 이와 유사한 것과 접촉하지 아니하도록 시설하여야 한다.

③ 저압 옥내배선을 합성수지몰드 공사·합성수지관 공사·금속관 공사·금속몰드 공사·가요전선관 공사·금속덕트 공사·버스덕트 공사·플로어 덕트 공사·케이블트레이 공사 또는 셀룰러덕트 공사에 의하여 시설하는 경우에는 다음 각 호의 어느 하나에 해당하는 경우 이외에는 전선과 약전류 전선을 동일한 관·몰드·덕트·케이블 트레이나 이들의 박스 기타의 부속품 또는 풀 박스 안에 시설하여서는 아니 된다.

㉠ 저압 옥내배선을 합성수지관 공사·금속관 공사·금속몰드 공사 또는 가요전선관 공사에 의하여 시설하는 전선과 약전류 전선을 각각 별개의 관 또는 몰드에 넣어 시설하는 경우에 전선과 약전류 전선 사이에 견고한 격벽을 시설하고 또한 금속제 부분에 특별 제3종 접지공사를 한 박스 또는 풀박스 안에 전선과 약전류 전선을 넣어 시설할 때

㉡ 저압 옥내배선을 금속덕트 공사·플로어덕트 공사 또는 셀룰러덕트 공사에 의하여 시설하는 경우에 전선과 약전류 전선 사이에 견고한 격벽을 시설하고 또한 특별 제3종 접지공사를 한 덕트 또는 박스 안에 전선과 약전류 전선을 넣어 시설할 때

㉢ 저압 옥내배선을 버스덕트 공사 및 케이블 트레이 공사 이외의 공사에 의하여 시설하는 경우에 약전류 전선이 제어회로 등의 약전류 전선이고 또한 약전류 전선에 절연전선과 동등 이상의 절연효력이 있는 것(저압 옥내배선과 식별이 쉽게 될 수 있는 것에 한한다)을 사용할 때

ⓔ 저압 옥내배선을 버스덕트 공사 및 케이블 트레이 공사 이외에 공사에 의하여 시설하는 경우에 약전류 전선에 특별 제3종 접지공사를 한 금속제의 전기적 차폐층이 있는 통신용 케이블을 사용할 때

ⓜ 저압 옥내배선을 케이블 트레이 공사에 의하여 시설하는 경우에 약전류 전선이 제어회로 등의 약전류 전선이고 또한 약전류 전선을 금속관 또는 합성수지관에 넣어 케이블 트레이에 시설할 때

④ 저압 옥내배선이 다른 저압 옥내배선 또는 관등회로의 배선과 접근하거나 교차하는 경우에 애자사용 공사에 의하여 시설하는 저압 옥내배선과 다른 저압 옥내배선 또는 관등회로의 배선 사이의 이격거리는 10cm(애자사용 공사에 의하여 시설하는 저압 옥내배선이 나전선인 경우에는 30cm) 이상이어야 한다. 다만, 다음의 어느 하나에 해당하는 경우에는 그러하지 아니하다.

ⓐ 애자사용 공사에 의하여 시설하는 저압 옥내배선과 다른 애자사용 공사에 의하여 시설하는 저압 옥내배선 사이에 절연성의 격벽을 견고하게 시설하거나 어느 한쪽의 저압 옥내배선을 충분한 길이의 난연성 및 내수성이 있는 견고한 절연관에 넣어 시설하는 경우

ⓑ 애자사용 공사에 의하여 시설하는 저압 옥내배선과 애자사용 공사에 의하여 시설하는 다른 저압 옥내배선 또는 관등회로의 배선이 병행하는 경우에 상호 간의 이격거리를 6cm 이상으로 하여 시설할 때

ⓒ 애자사용 공사에 의하여 시설하는 저압 옥내배선과 다른 저압 옥내배선(애자사용 공사에 의하여 시설하는 것을 제외한다) 또는 관등회로의 배선 사이에 절연성의 격벽을 견고하게 시설하거나 애자사용 공사에 의하여 시설하는 저압 옥내배선이나 관등회로의 배선을 충분한 길이의 난연성 및 내수성이 있는 견고한 절연관에 넣어 시설하는 경우

(29) 옥내 저압용의 전구선의 시설

① 옥내에 시설하는 사용전압이 400V 미만인 전구선(전기사용장소에 시설하는 전선 중 조영물에 고정시키지 아니하는 백열전등에 이르는 것으로서 조영물에 고정시켜 시설하지 아니하는 것을 말하며 전기사용기계기구 안의 전선을 제외한다. 이하 같다)은 고무코드 또는 0.6/1kV EP 고무 절연 클로로프렌캡타이어케이블로서 단면적이 0.75㎟ 이상인 것이어야 한다. 다만, 사람이 쉽게 접촉할 우려가 없도록 시설하는 전구선에는 단면적이 0.75㎟ 이상인 450/750V 내열성에틸렌아세테이트 고무절연전선(출구부의 전선의 간격이 10mm 이상인 전구 소켓에 부속하는 전선은 단면적이 0.75㎟ 이상인 450/750V 내열성에틸렌아세테이트 고

무절연전선 또는 450/750V 일반용 단심 비닐절연전선)을 사용할 수 있다.

② 옥내에 시설하는 사용전압이 400V 미만인 저압 전구선과 옥내배선의 접속은 그 접속점에 전구 또는 기구의 중량을 옥내배선에 지지시키지 아니하도록 하여야 한다.

③ 사용전압이 400V 이상인 전구선은 옥내에 시설하여서는 아니 된다.

(30) 옥내 저압용 이동전선의 시설

① 옥내에 시설하는 저압의 이동전선(전기사용장소에 시설하는 전선 중 조영물에 고정시키지 아니하는 것을 말하며 전구선 및 전기사용기계기구 안의 전선을 제외한다. 이하 같다)은 제244조 제1항 제7호(제245조에서 준용하는 경우를 포함한다)에 규정하는 이동전선을 제외하고는 다음의 것이어야 한다.

1. 옥내에 시설하는 사용전압이 400V 미만인 이동 전선은 고무코드 또는 0.6/1kV EP 고무 절연 클로로프렌 캡타이어케이블로서 단면적이 0.75㎟ 이상인 것일 것. 다만, 전기면도 기·전기이발기 기타 이와 유사한 가정용 전기기계기구에 부속하는 이동 전선에 길이 2.5m 이하인 금사(金絲) 코드를 사용하고 또한 이를 건조한 장소에서 사용하는 경우, 「전기용품안전 관리법」의 적용을 받는 장식용 전등 기구(직렬식의 것에 한한다)에 부속된 이동용 전선을 건조한 장소에서 사용하는 경우, 제207조의 규정에 의하여 리프트 케이블을 사용하는 경우 또는 제247조의 규정에 의하여 용접용 케이블을 사용하는 경우에는 그러하지 아니하다.
2. 옥내에 시설하는 사용전압이 400V 이상인 저압의 이동 전선은 0.6/1kV EP 고무 절연 클로로프렌 캡타이어케이블로서 단면적이 0.75㎟ 이상인 것일 것. 다만, 전기를 열로 이용하지 아니하는 전기기계기구에 부속된 이동 전선은 단면적이 0.75㎟ 이상인 0.6/1kV 비닐절연 비닐캡타이어 케이블을 사용하는 경우에는 그러하지 아니하다.

② 방전등·라디오 수신기·선풍기·전기 이발기·전기스탠드 기타 전기를 열로 이용하지 아니하는 전기사용기계기구·전기 이불·전기온수기 기타 고온부가 노출하지 아니하고 또한 이에 전선이 접촉할 우려가 없는 구조의 전열기(전열기와 이동 전선의 접속부의 온도가 80℃ 이하이고 또한 전열기의 외면의 온도가 100℃를 초과할 우려가 없는 것에 한한다) 또는 이동 점멸기에 부속된 이동 전선에는 제1항의 규정에 불구하고 단면적이 0.75㎟ 이상인 유연성 비닐 절연전선(코드) 또는 0.6/1kV 비닐절연 비닐캡타이어 케이블을 사용할 수 있다.

③ 옥내에 시설하는 저압의 이동전선에 접속하는 전기사용기계기구의 금속제 외함에 제33조 제1항의 규정에 의하여 접지공사를 하는 경우에 그 이동전선으로 사용하는 다심코드 또는

다심 캡타이어 케이블의 선심의 하나를 접지선으로 사용하는 때에는 그 선심과 전기사용기계기구의 외함 및 조영물에 고정되어 있는 접지선과의 접속에는 다심 코드 또는 다심 캡타이어 케이블과 전기사용기계기구 또는 옥내배선과의 접속에 사용하는 꽂음 접속기 기타 이와 유사한 기구의 1극을 사용하여야 한다. 다만, 다심 코드 또는 다심 캡타이어 케이블과 전기사용기계기구를 나사로 고정하여 접속하는 경우에는 다심 코드 또는 다심 캡타이어 케이블과 전기사용 기구와의 접속에 대하여는 그러하지 아니하다.

④ 꽂음 접속기 기타 이와 유사한 기구의 접지선에 접속하는 1극은 다른 극과 명확하게 구별할 수 있는 구조로 되어 있는 것이어야 한다.

⑤ 옥내에 시설하는 저압의 이동전선과 저압 옥내배선과의 접속에는 꽂음 접속기 기타 이와 유사한 기구를 사용하여야 한다. 다만, 이동전선을 조가용선에 조가하여 시설하는 경우에는 그러하지 아니하다.

⑥ 옥내에 시설하는 저압의 이동전선과 전기사용기계기구의 접속에는 꽂음 접속기 기타 이와 유사한 기구를 사용하여야 한다. 다만, 사람이 쉽게 접촉할 우려가 없도록 시설한 단자 금속물에 코드를 나사로 고정시키는 경우에는 그러하지 아니하다.

(31) 먼지가 많은 장소에서의 저압의 시설

① 폭연성 분진(마그네슘·알루미늄·티탄·지르코늄 등의 먼지가 쌓여있는 상태에서 불이 붙었을 때에 폭발할 우려가 있는 것을 말한다. 이하 같다) 또는 화약류의 분말이 전기설비가 발화원이 되어 폭발할 우려가 있는 곳에 시설하는 저압 옥내 전기설비(사용전압이 400V 이상인 방전 등을 제외한다. 이하 이 조부터 제202조까지에서 같다)는 다음 각 호에 따르고 또한 위험의 우려가 없도록 시설하여야 한다.

    ㉠ 저압 옥내배선, 저압 관등회로 배선, 제244조 제1항에 규정하는 소세력 회로의 전선 및 제245조에 규정하는 출퇴 표시등 회로의 전선(이하 이 조 및 제200조에서 "저압 옥내배선 등"이라 한다)은 금속관 공사 또는 케이블 공사(캡타이어 케이블을 사용하는 것을 제외한다)에 의할 것

    ㉡ 금속관 공사에 의하는 때에는 다음에 의하여 시설할 것

        ㉮ 금속관은 박강 전선관(薄鋼電線管) 또는 이와 동등 이상의 강도를 가지는 것일 것

        ㉯ 박스 기타의 부속품 및 풀박스는 쉽게 마모·부식 기타의 손상을 일으킬 우려가 없는 패킹을 사용하여 먼지가 내부에 침입하지 아니하도록 시설할 것

        ㉰ 관 상호 간 및 관과 박스 기타의 부속품·풀박스 또는 전기기계기구와는 5턱 이상 나

사조임으로 접속하는 방법 기타 이와 동등 이상의 효력이 있는 방법에 의하여 견고하게 접속하고 또한 내부에 먼지가 침입하지 아니하도록 접속할 것

　㉑ 전동기에 접속하는 부분에서 가요성을 필요로 하는 부분의 배선에는 제184조 제2항 제1호 단서에 규정하는 방폭형의 부속품 중 분진 방폭형 플렉시블 피팅을 사용할 것

ⓒ 케이블 공사에 의하는 때에는 다음에 의하여 시설할 것

　㉮ 전선은 제136조 제4항 제2호에 규정하는 개장된 케이블 또는 미네럴인슈레이션케이블을 사용하는 경우 이외에는 관 기타의 방호 장치에 넣어 사용할 것

　㉯ 전선을 전기기계기구에 끌어넣을 때에는 패킹 또는 충진제를 사용하여 인입구로부터 먼지가 내부에 침입하지 아니하도록 하고 또한 인입구에서 전선이 손상될 우려가 없도록 시설할 것

ⓓ 이동 전선은 제3호 "나"의 규정에 준하여 시설하는 이외에 접속점이 없는 0.6/1㎸ EP 고무절연 클로로프렌 캡타이어케이블을 사용하고 또한 손상을 받을 우려가 없도록 시설할 것

ⓔ 전선과 전기기계기구는 진동에 의하여 헐거워지지 아니하도록 견고하고 또한 전기적으로 완전하게 접속할 것

ⓕ 전기기계기구는 제4항에서 정하는 표준에 적합한 분진 방폭 특수 방진 구조로 되어 있을 것

ⓖ 백열전등 및 방전등용 전등기구는 조영재에 직접 견고하게 붙이거나 또는 전등을 다는 관·전등 완관(電燈腕管) 등에 의하여 조영재에 견고하게 붙일 것

ⓗ 전동기는 과전류가 생겼을 때에 폭연성 분진에 착화할 우려가 없도록 시설할 것

② 가연성 분진(소맥분·전분·유황 기타 가연성의 먼지로 공중에 떠다니는 상태에서 착화하였을 때에 폭발할 우려가 있는 것을 말하며 폭연성분진을 제외한다. 이하 같다)에 전기설비가 발화원이 되어 폭발할 우려가 있는 곳에 시설하는 저압 옥내 전기설비는 제1항 제5호, 제7호 및 제8호의 규정에 준하여 시설하는 이외에 다음에 따르고 또한 위험의 우려가 없도록 시설하여야 한다.

ⓐ 저압 옥내배선 등은 합성수지관 공사(두께 2㎜ 미만의 합성수지 전선관 및 난연성이 없는 콤바인 덕트관을 사용하는 것을 제외한다)·금속관 공사 또는 케이블 공사에 의할 것

ⓑ 합성수지관 공사에 의하는 때에는 다음에 의하여 시설할 것

　㉮ 합성수지관 및 박스 기타의 부속품은 손상을 받을 우려가 없도록 시설할 것

　㉯ 박스 기타의 부속품 및 풀박스는 쉽게 마모·부식 기타의 손상이 생길 우려가 없는 패킹을 사용하는 방법, 틈새의 깊이를 길게 하는 방법, 기타 방법에 의하여 먼지가 내

부에 침입하지 아니하도록 시설할 것

ⓒ 관과 전기기계기구는 제183조 제3항 제1호의 규정에 준하여 접속할 것

ⓓ 전동기에 접속하는 부분에서 가요성을 필요로 하는 부분의 배선에는 제183조 제2항 제1호 단서에 규정하는 분진방폭형 플레시블 피팅을 사용할 것

ⓒ 금속관 공사에 의하는 때에는 관 상호 간 및 관과 박스 기타 부속품·풀박스 또는 전기기계기구와는 5턱 이상 나사 조임으로 접속하는 방법 기타 이와 동등 이상의 효력이 있는 방법에 의하여 견고하게 접속할 것

ⓔ 케이블 공사에 의하는 때에는 제1항 제3호 "가"의 규정에 준하여 시설하는 이외에 전선을 전기기계기구에 끌어넣을 때에는 인입구에서 먼지가 내부로 침입하지 아니하도록 하고 또한 인입구에서 전선이 손상될 우려가 없도록 시설할 것

ⓜ 이동 전선은 제4호(제1항 제3호 "가"의 규정을 준용하는 부분을 제외한다)의 규정에 준하여 시설하는 외에 접속점이 없는 0.6/1kV EP 고무 절연 클로로프렌 캡타이어 케이블 또는 0.6/1kV 비닐 절연 비닐캡타이어 케이블을 사용하고 또한 손상을 받을 우려가 없도록 시설할 것

ⓗ 전기기계기구는 제5항에서 정하는 표준에 적합한 분진방폭형 보통 방진구조로 되어 있을 것

③ 먼지가 많은 곳에 시설하는 저압 옥내전기설비는 제1항 제5호의 규정에 준하여 시설하는 이외에 다음에 따라 시설하여야 한다. 다만, 유효한 제진장치를 시설하는 경우에는 그러하지 아니하다.

ⓐ 저압 옥내배선 등은 애자사용 공사·합성수지관 공사·금속관 공사·가요전선관 공사·금속덕트 공사·버스덕트 공사(환기형의 덕트를 사용하는 것을 제외한다) 또는 케이블 공사에 의하여 시설할 것

ⓑ 전기기계기구로서 먼지가 부착함으로서 온도가 비정상적으로 상승하거나 절연 성능 또는 개폐 기구의 성능이 나빠질 우려가 있는 것에는 방진장치를 할 것

ⓒ 면·마·견 기타 타기 쉬운 섬유의 먼지가 있는 곳에 전기기계기구를 시설하는 경우에는 먼지가 착화할 우려가 없도록 시설할 것

④ 분진 방폭 특수방진구조는 다음에 적합한 것일 것

ⓐ 용기(전기기계기구의 외함·외피·보호커버 등 그 전기기계기구의 방폭 성능을 유지하기 위한 포피부분(包被部分)을 말하며 단자함을 제외한다. 이하 이 항 및 제2항에서 같다)는 전폐구조로서 전기가 통하는 부분이 외부로부터 손상을 받지 아니하도록 한 것일 것

ⓑ 용기의 전부 또는 일부에 유리·합성수지 등 손상을 받기 쉬운 재료가 사용되고 있는 경

우에는 이들의 재료가 사용되고 있는 곳을 보호하는 장치를 붙일 것. 다만, 그 부분의 재료가 KS L 2002(2006) "강화유리"에 적합한 강화유리·KS L 2004(2009) "접합유리"에 적합한 접합유리나 이들과 동등 이상의 강도를 가지는 것일 경우 또는 그 부분이 용기의 구조상 외부로부터 손상을 받을 우려가 없는 위치에 있을 경우에는 그러하지 아니하다.

ⓒ 볼트·너트·작은 나사·틀어 끼는 덮개 등의 부재로서 용기의 방폭 성능의 유지를 위하여 필요한 것은 일반 공구를 가지고는 쉽게 풀거나 조작할 수 없도록 한 구조(이하 이 조에서 "자물쇠식 죄임구조"라 한다)여야 하며 또한 그 부재가 사용 중 헐거워질 우려가 있는 경우에는 스톱너트·스프링좌금·설부좌금(舌付座金) 또는 할핀(割핀)을 사용하는 등의 방법에 의하여 그 부재에 헐거워짐 방지를 한 구조(이하 이 조에서 "헐거워짐 방지구조"라 한다)일 것

ⓔ 접합면(조작축 또는 회전기축과 용기 사이의 접합면을 제외한다)은 패킹을 붙이고 또한 그 패킹이 이탈하거나 헐거워질 우려가 없도록 하는 방법, KS B 0161(2009) "표면거칠기 정의 및 표시"의 거칠기의 표시와 구분의 항에 정하는 18-S 이상으로 다듬질하고 그 들어가는 깊이를 15㎜ 이상으로 하고 또한 상호 간 밀접시키는 방법 등에 의하여 외부로부터 먼지가 침입하지 아니하도록 한 구조일 것

ⓜ 조작축과 용기 사이의 접합면은 그 들어가는 깊이를 10㎜ 이상으로 하고 또한 패킹 누르기를 사용하여 그 접합면에 패킹을 붙이는 방법 또는 이와 동등 이상의 방폭 성능을 유지할 수 있는 방법으로 외부로부터 먼지가 침입하지 아니하도록 한 구조일 것

ⓗ 회전기축과 용기 사이의 접합면은 패킹을 2단 이상 붙이는 방법, 간격이 0.5㎜ 이하이고 들어가는 깊이가 45㎜ 이상인 라비린스 구조로 하는 방법 등으로 외부로부터 먼지가 침입하지 아니하도록 한 구조일 것

ⓢ 용기의 일부에 관통나사를 사용하거나 용기의 일부가 틀어 끼는 결합방식으로 결합되어 있는 것으로서 나사 결합부분을 통하여 외부로부터 먼지가 침입할 우려가 있는 경우에는 5턱 이상의 나사결합이나 패킹 또는 스톱너트를 사용하는 등의 방법으로 외부로부터 먼지가 침입하지 아니하도록 한 구조일 것

ⓞ 용기외면의 온도상승 한도의 값은 용기외부의 폭연성 먼지에 착화할 우려가 없는 값일 것

ⓩ 단자함은 부재상호 간의 접합면에 패킹을 붙이는 방법 또는 이와 동등 이상의 방폭 성능을 유지할 수 있는 방법으로 외부로부터 먼지가 침입하지 아니하도록 한 구조의 것일 것

ⓧ 전선이 관통하는 부분의 용기의 구조는 전선과 외함 간에 절연물의 충전하든가 패킹을 붙이고 또한 전선·절연물·패킹 및 외함 상호의 접촉면에 들어가는 깊이를 다음의 표에서 정한 값 이상으로 하는 등의 방법으로 외부로부터 먼지가 침입하지 아니하도록 한 것일 것

접촉면의 외주의 구분	접촉면에 들어가는 깊이
30cm 이하	5mm
30cm 초과 50cm 이하	8mm
50cm를 초과하는 것	10mm

ㅋ 전기를 통하는 부분 상호 간은 나사 조임·리벳 조임·슬리브 또는 바인드선으로 보강한 납땜·용접 등의 방법으로 견고히 접속한 것일 것

ㅌ 전기를 통하는 부분에 대한 연면거리(沿面距離) 및 절연 공간거리는 그 부분의 정격전압 및 절연물의 종류에 따라 필요한 절연효력을 유지할 수 있는 값일 것

ㅍ 패킹은 다음에 적합한 것일 것

　㉮ 재료는 접합면의 온도상승의 의한 열에 견디고 또한 쉽게 마모되거나 부식되는 등의 손상이 생기지 아니하는 것일 것

　㉯ 접합면의 형상에 적합한 형상의 것일 것

ㅎ 전기기계기구는 그 보기 쉬운 곳에 그 전기기계기구가 분진방폭 특수 방진 구조임을 표시한 것일 것

⑤ 제2항 제6호에 의한 분진 방폭형 보통방진구조는 다음에 적합한 것일 것

ㄱ 용기는 전폐구조(全閉構造)로서 전기를 통하는 부분이 외부로부터 손상을 받지 아니하도록 한 구조일 것

ㄴ 용기의 전부 또는 일부에 유리·합성수지 등 손상을 받기 쉬운 재료가 사용되고 있는 경우에는 이들의 재료가 사용되고 있는 곳을 보호하는 장치를 붙일 것. 다만, 그 곳의 재료가 KS L 2002(2006) "강화유리"에 적합한 강화유리, KS L 2004(2009) "접합유리"에 적합한 접합유리나 이와 동등 이상의 강도를 가지는 것일 경우 또는 그곳이 그 용기의 구조상 외부로부터 손상을 받을 우려가 없는 위치에 있는 경우에는 그러하지 아니하다.

ㄷ 볼트·너트·작은 나사·틀어 끼는 덮개 등의 부재로 용기의 성능을 유지하기 위하여 필요한 것으로서 사용 중 헐거워질 우려가 있는 것은 헐거워짐 방지구조로 한 것일 것

ㄹ 접합면(조작축 또는 회전기축과 용기 사이의 접합면을 제외한다)은 패킹을 붙이고 또한 그 패킹이 이탈하거나 헐거워질 우려가 없도록 하는 방법, KS B 0161(2009) "표면거칠기 정의 및 표시"의 거칠기 표시와 구분의 항에 정하는 35-S 이상으로 다듬질하고 그 들어가는 깊이를 10mm(푸시버튼스위치 기타 정격용량이 적은 전기기계기구의 접합면에 대하여는 KS B 0161(2009) "표면 거칠기 정의 및 표시"의 거칠기의 표시와 구분의 항에 정하는 18-S 이상으로 다듬질하는 경우에는 6mm 이상으로 하고 또한 상호 간 밀접시키는 방법

등에 의하여 외부로부터 먼지가 침입하지 아니하도록 한 구조일 것

ⓜ 조작축과 용기 사이의 접합면은 패킹누르기 또는 패킹 눌리개를 사용하여 그 접합면에 패킹을 붙이는 방법, 조작축의 바깥쪽에 고무 카버를 붙이는 방법 등에 의하여 외부로부터 먼지가 침입하지 아니하도록 한 구조일 것

ⓗ 회전기축과 용기 사이 접합면은 패킹을 붙이는 방법, 라비린스 구조로 하는 방법 등에 의하여 외부로부터 먼지가 침입하지 아니하도록 한 구조일 것

ⓢ 용기를 관통하는 나사구멍과 볼트 또는 작은 나사와는 5턱 이상의 나사 결합으로 된 것일 것

ⓞ 용기바깥면의 온도 상승한도의 값은 용기외부의 가연성먼지에 착화할 우려가 없는 것일 것

ⓩ 단자함은 부재상호 간의 접합면에 패킹을 붙이는 방법 또는 이와 동등 이상의 방폭 성능을 유지할 수 있는 방법으로 외부로부터 먼지가 침입하지 아니하도록 한 구조의 것일 것

ⓒ 전선이 관통하는 부분의 용기의 구조는 전선과 외함 간에 절연물을 충전하는 방법, 패킹을 붙이는 방법, 전선과 외함 사이의 접합면의 들어가는 깊이를 길게 하는 방법 등에 의하여 외부로부터 먼지가 침입하지 아니하도록 한 것일 것

ⓚ 패킹은 다음에 적합한 것일 것

> 1. 재료는 접합면의 온도상승에 의한 열에 견디고 또한 쉽게 마모되거나 부식되는 등의 손상이 생기지 아니하는 것일 것
> 2. 접합면의 형상에 적합한 형상의 것일 것

ⓔ 전기기계기구는 그 보기 쉬운 곳에 그 전기기계기구가 분진방폭 보통방진 구조임을 표시한 것일 것

(32) 가연성 가스 등이 있는 곳의 저압의 시설

① 가연성 가스 또는 인화성 물질의 증기(이하 "가스 등"이라 한다)가 새거나 체류하여 전기설비가 발화원이 되어 폭발할 우려가 있는 곳(프로판 가스 등의 가연성 액화 가스를 다른 용기에 옮기거나 나누는 등의 작업을 하는 곳, 에탄올·메탄올 등의 인화성 액체를 옮기는 곳 등)에 있는 저압 옥내전기설비는 제199조 제1항 제1호, 제5호, 제7호 및 제8호의 규정에 준하여 시설하는 이외에 다음에 따르고 또한 위험의 우려가 없도록 시설하여야 한다.

ⓐ 금속관 공사에 의하는 때에는 제199조 제1항 제2호 "가"의 규정에 준하여 시설하는 이외에 다음에 의할 것

1. 관 상호 간 및 관과 박스 기타의 부속품·풀박스 또는 전기기계기구와는 5턱 이상 나사 조임으로 접속하는 방법 기타 이와 동등 이상의 효력이 있는 방법에 의하여 견고하게 접속할 것
2. 전동기에 접속하는 부분으로 가요성을 필요로 하는 부분의 배선에는 제184조 제2항 제1호 단서에 규정하는 방폭형의 부속품 중 내압(耐壓)의 방폭형 또는 안전증가 방폭형(安全增加 防爆型)의 플레시블 피팅을 사용할 것

ⓒ 케이블 공사에 의하는 때에는 전선을 전기기계기구에 끌어넣는 때에는 인입구에서 전선이 손상될 우려가 없도록 할 것

ⓒ 저압 옥내배선 등을 넣는 관 또는 덕트는 이들을 통하여 가스 등이 이 조에서 규정하는 장소 이외의 장소에 새지 아니하도록 시설할 것

ⓔ 이동 전선은 접속점이 없는 0.6/1kV EP 고무 절연 클로로프렌 캡타이어케이블을 사용하는 이외에 제199조 제2항 제4호(제199조 제1항 제3호 "가"의 규정을 준용하는 부분을 제외한다)의 규정에 준하여 시설할 것

ⓜ 전기기계기구는 적합한 내압(耐壓)방폭구조(d)·압력방폭구조(p)나 유입방폭구조(油入防爆構造)(o) 또는 이들의 구조와 다른 구조로서 이와 동등 이상의 방폭 성능을 가지는 구조로 되어 있는 것. 다만, 통상의 상태에서 불꽃 또는 아크를 일으키거나 가스 등에 착화할 수 있는 온도에 달한 우려가 없는 부분은 제5항에 규정하는 안전증 방폭구조(e)라고 할 수 있다.

② 내압(耐壓) 방폭구조의 표준은 KS C IEC 60079 -1(2007) 방폭기기 제1부(내압방폭구조 "d")의 기기의 구조 및 시험에 관한 요구사항에 적합하여야 한다.

③ 압력 방폭구조의 표준은 KS C IEC 60079 -2(2007) 방폭기기 제2부(압력 방폭구조 "p")의 전기기기의 구조와 시험에 관한 요구 사항에 적합하여야 한다.

④ 유입 방폭구조(油入防爆構造)의 표준은 KS C IEC 60079(2007) 방폭기기 제6부(유입 방폭구조 "o")의 폭발성가스·증기·입자 등에 의한 잠재적인 위험분위기에서 사용하는 유입 방폭구조(o)의 기기 및 그 일부 방폭 부품 등의 설치와 시험에 관한 요구사항에 적합하여야 한다.

⑤ 안전증 방폭구조의 표준 KS C IEC 60079 -7(2007) 제7부(안전증 방폭구조 "e")는 폭발성 가스 분위기에서 사용하는 안전증 방폭구조의 기기의 설계, 구조, 시험, 표시에 관한 요구사항(직류 및 교류 11kV 실효 값 이하인 기기에 한함)에 적합하여야 한다.

⑥ KS C IEC 60079-14(2007)의 표준에 의하여 폭발위험장소에서의 전기설비의 설계·선정 및 설치에 관한 요구사항에 따라 시공한 경우에는 제1항의 규정에 따르지 않을 수 있다. 다만,

다음의 장소에서는 적용하지 않는다.

㉠ 폭발성 메탄가스가 존재할 우려가 있는 광산. 다만, 광산의 지상에 설치하는 전기설비 및 폭발성 메탄가스 이외의 폭발성가스가 존재할 우려가 있는 광산은 제외한다.

㉡ 가연성 분진 또는 섬유가 존재하는 지역(분진폭발 위험장소)

㉢ 폭발성 물질의 제조 및 취급 공정과 같은 근원적인 폭발 위험장소

㉣ 의학적인 목적으로 하는 진료실 등

(33) 위험물 등이 있는 곳에서의 저압의 시설

① 셀룰로이드·성냥·석유류 기타 타기 쉬운 위험한 물질(이하 이 조에서 "위험물"이라 한다)을 제조하거나 저장하는 곳(제199조, 제200조 및 제202조에서 규정하는 곳을 제외한다)에 시설하는 저압 옥내 전기설비는 다음에 따르고 또한 위험의 우려가 없도록 시설하여야 한다.

> 1. 이동전선은 접속점이 없는 0.6/1kV EP 고무 절연 클로로프렌 캡타이어 케이블 또는 0.6/1kV 비닐 절연 비닐캡타이어 케이블을 사용하고 또한 손상을 받을 우려가 없도록 시설하는 이외에 이동전선을 전기기계기구에 끌어넣을 때에는 인입구에서 손상을 받을 우려가 없도록 시설할 것
> 2. 통상의 사용 상태에서 불꽃 또는 아크를 일으키거나 온도가 현저히 상승할 우려가 있는 전기기계기구는 위험물에 착화할 우려가 없도록 시설할 것

② 화약류를 제조하는 건물 내로서 제199조 제1항이나 제200조에 규정하는 곳 이외의 곳 또는 화약류를 제조하는 건물 내 이외의 곳으로서 화약류가 있는 곳(제202조에서 규정하는 것을 제외한다)에 시설하는 저압 옥내 전기설비는 제1항의 규정에 준하여 시설하는 이외에 다음에 따라야 한다.

㉠ 전열 기구 이외의 전기기계기구는 전폐형(全閉型)의 것일 것

㉡ 전열 기구는 사이즈선 기타의 충전부가 노출되어 있지 아니한 발열체를 사용한 것이어야 하며 또한 온도의 현저한 상승 기타의 위험이 생길 우려가 있는 경우에 전로를 자동적으로 차단하는 장치가 되어 있는 것일 것

★출제 Point 위험물 등이 있는 곳에서의 저압의 시설주의

(34) 화약류 저장소에서 전기설비의 시설

① 화약류 저장소(「총포·도검·화약류 등 단속법」 제24조에 규정하는 화약류 저장소(이하 이

조에서 "화약류 저장소"라 한다) 안에는 전기설비를 시설하여서는 아니 된다. 다만, 백열전등이나 형광등 또는 이들에 전기를 공급하기 위한 전기설비(개폐기 및 과전류 차단기를 제외한다)는 다음에 따라 시설하는 경우에는 그러하지 아니하다.

 ㉠ 전로에 대지전압은 300V 이하일 것

 ㉡ 전기기계기구는 전폐형의 것일 것

 ㉢ 케이블을 전기기계기구에 인입할 때에는 인입구에서 케이블이 손상될 우려가 없도록 시설할 것

② 화약류 저장소 안의 전기설비에 전기를 공급하는 전로에는 화약류 저장소 이외의 곳에 전용 개폐기 및 과전류 차단기를 각 극(과전류 차단기는 다선식 전로의 중성극을 제외한다)에 취급자 이외의 자가 쉽게 조작할 수 없도록 시설하고 또한 전로에 지락이 생겼을 때에 자동적으로 전로를 차단하거나 경보하는 장치를 시설하여야 한다.

(35) 흥행장의 저압 공사

① 상설 극장·영화관 기타 이들과 유사한 것(이하 "흥행장"이라 한다)에 시설하는 저압 전기설비는 다음에 따라 시설하여야 한다.

 ㉠ 무대·무대마루 밑·오케스트라박스·영사실 기타 사람이나 무대 도구가 접촉할 우려가 있는 곳에 시설하는 저압 옥내배선·전구선 또는 이동전선은 사용전압이 400V 미만일 것

 ㉡ 제1호에 규정하는 저압 옥내배선에는 전선의 피복을 손상하지 아니하도록 적당한 장치를 할 것

 ㉢ 무대마루 밑에 시설하는 전구선은 300/300V 편조 고무코드 또는 0.6/1kV EP 고무 절연 클로로프렌 캡타이어 케이블일 것

 ㉣ 제1호의 곳에 시설하는 이동전선(제5호에 규정하는 것을 제외한다)은 0.6/1kV EP 고무 절연 클로로프렌 캡타이어 케이블 또는 0.6/1kV 비닐 절연 비닐캡타이어 케이블일 것

 ㉤ 보더라이트에 부속된 이동 전선은 0.6/1kV EP 고무 절연 클로로프렌 캡타이어 케이블 것

 ㉥ 플라이 덕트를 시설하는 경우는 다음에 의하여 시설할 것

  ㉮ 플라이 덕트는 다음에서 정하는 표준에 적합한 것일 것

   ⓐ 내부배선에 사용하는 전선은 절연전선(옥외용 비닐절연전선을 제외한다) 또는 이와 동등 이상의 절연효력이 있는 것일 것

   ⓑ 덕트는 두께 0.8mm 이상의 철판 또는 다음 각 호에 적합한 것으로 견고하게 제작한 것일 것

제 6 편

1. 덕트의 재료는 금속재일 것
2. 덕트에 사용하는 철판 이외의 금속 두께는 다음 계산식에 의하여 계산한 것일 것

$$t \geq \frac{270}{\sigma} \times 0.8$$

여기서

t : 사용금속판 두께(mm)

σ : 사용금속판의 인장강도(N/mm²)

ⓒ 덕트의 안쪽면은 전선의 피복을 손상하지 아니하도록 돌기(突起) 등이 없는 것일 것

ⓓ 덕트의 안쪽면과 외면은 녹이 슬지 않게 하기 위하여 도금 또는 도장을 한 것일 것

ⓔ 덕트의 끝부분은 막을 것

㉯ 플라이 덕트 안의 전선을 외부로 인출할 경우는 1종 캡타이어 케이블을 사용하고 또한 플라이 덕트의 관통 부분에서 전선이 손상될 우려가 없도록 시설할 것

㉰ 플라이 덕트는 조영재 등에 견고하게 시설할 것

㉦ 무대·무대마루 밑·오케스트라 박스 및 영사실의 전로에는 전용 개폐기 및 과전류 차단기를 시설할 것

② 무대용의 콘센트 박스·플라이 덕트 및 보더라이트의 금속제 외함에는 제3종 접지공사를 하여야 한다.

(36) 작업선 등의 실내 배선 공사

수상 또는 수중에 있는 작업선 등의 저압 옥내배선 및 저압 관등회로 배선의 케이블 공사에는 다음의 표준에 적합한 선박용 케이블을 사용할 수 있다.

1. 정격전압은 600V일 것
2. 재료 및 구조는 KS C IEC 60092-350(2006) "선박용 전기설비-제350부 : 선박용 케이블의 구조 및 시험에 관한 일반요구사항"의 "제2부 구조"에 적합할 것
3. 완성품은 KS C IEC 60092-350(2006) "선박용 전기설비-제350부 : 선박용 케이블의 구조 및 시험에 관한 일반요구사항"의 "제3부 시험요구사항"에 적합한 것일 것

(37) 진열장 안의 배선 공사

① 건조한 곳에 시설하고 또한 내부를 건조한 상태로 사용하는 진열장 안의 사용전압이 400V 미만인 저압 옥내배선은 외부에서 보기 쉬운 곳에 한하여 코드 또는 캡타이어 케이블을 조영재에 접촉하여 시설할 수 있다.

② 배선은 다음에 따라 시설하여야 한다.

    ㉠ 전선은 단면적이 0.75㎟ 이상인 코드 또는 캡타이어 케이블일 것

    ㉡ 전선은 건조한 목재·석재 등 기타 이와 유사한 절연성이 있는 조영재에 그 피복을 손상하지 아니하도록 적당한 기구로 붙일 것

    ㉢ 전선의 붙임점 간의 거리는 1m 이하로 하고 또한 배선에는 전구 또는 기구의 중량을 지지시키지 아니할 것

③ 배선 또는 이에 접속하는 이동전선과 다른 사용전압이 400V 미만인 저압 옥내배선과의 접속은 꽂음 접속기 기타 이와 유사한 기구로 하여야 한다.

(38) 옥내에 시설하는 저압 접촉전선 공사

① 이동기중기·자동청소기 그 밖에 이동하며 사용하는 저압의 전기기계기구에 전기를 공급하기 위하여 사용하는 접촉전선(전차선 및 제232조 제1항 제2호에 규정하는 접촉전선을 제외한다. 이하 이 조에서 "저압 접촉전선"이라 한다)을 옥내에 시설하는 경우에는 기계기구에 시설하는 경우 이외에는 전개된 장소 또는 점검할 수 있는 은폐된 장소에 애자사용 공사 또는 버스덕트 공사 또는 절연 트롤리 공사에 의하여야 한다.

② 저압 접촉전선을 애자사용 공사에 의하여 옥내의 전개된 장소에 시설하는 경우에는 기계기구에 시설하는 경우 이외에는 다음에 따라야 한다.

    ㉠ 전선의 바닥에서의 높이는 3.5m 이상으로 하고 또한 사람이 접촉할 우려가 없도록 시설할 것. 다만, 전선의 최대 사용전압이 60V 이하이고 또한 건조한 장소에 시설하는 경우로서 사람이 쉽게 접촉할 우려가 없도록 시설하는 경우에는 그러하지 아니하다.

    ㉡ 전선과 건조물 또는 주행 크레인에 설치한 보도·계단·사다리·점검대(전선 전용 점검대로서 취급자 이외의 자가 쉽게 들어갈 수 없도록 자물쇠 장치를 한 것은 제외한다)이거나 이와 유사한 것 사이의 이격거리는 위쪽 2.3m 이상, 1.2m 이상으로 할 것. 다만, 전선에 사람이 접촉할 우려가 없도록 적당한 방호장치를 시설한 경우는 그러하지 아니하다.

    ㉢ 전선은 인장강도 11.2kN 이상의 것 또는 지름 6㎜ 의 경동선으로 단면적이 28㎟ 이상인 것일 것. 다만, 사용전압이 400V 미만인 경우에는 인장강도 3.44kN 이상의 것 또는 지름

3.2mm 이상의 경동선으로 단면적이 8mm² 이상인 것을 사용할 수 있다.

ⓔ 전선은 각 지지점에 견고하게 고정시켜 시설하는 것 이외에는 양쪽 끝을 내장 애자 장치에 의하여 견고하게 인류(引留)할 것

ⓜ 전선의 지저점간의 거리는 6m 이하일 것. 다만, 전선에 구부리기 어려운 도체를 사용하는 경우 이외에는 전선 상호 간의 거리를, 전선을 수평으로 배열하는 경우에는 28cm 이상, 기타의 경우에는 40cm 이상으로 하는 때에는 12m 이하로 할 수 있다.

ⓑ 전선 상호 간의 간격은 전선을 수평으로 배열하는 경우에는 14cm 이상, 기타의 경우에는 20cm 이상일 것. 다만, 다음 중 어느 하나에 해당하는 경우에는 그러하지 아니하다.

　㉮ 전선 상호 간 및 집전장치(集電裝置)의 충전부분과 극성이 다른 전선 사이에 절연성이 있는 견고한 격벽을 시설하는 경우

　㉯ 전선을 다음의 표에서 정한 값 이하의 간격으로 지지하고 또한 동요하지 아니하도록 시설하는 이외에 전선 상호 간의 간격을 6cm 이상으로 하는 경우

단면적의 구분	지지점 간격
1cm² 미만	1.5m(굴곡 반지름이 1m 이하인 곡선 부분에서는 1m)
1cm² 이상	2.5m(굴곡 반지름이 1m 이하인 곡선 부분에서는 1m)

　㉰ 사용전압이 150V 이하인 경우로서 건조한 곳에 전선을 50cm 이하의 간격으로 지지하고 또한 집전장치의 이동에 의하여 동요하지 아니하도록 시설하는 이외에 전선 상호 간의 간격을 3cm 이상으로 하고 또한 그 전선에 전기를 공급하는 옥내배선에 정격전류가 60A 이하인 과전류 차단기를 시설하는 경우

ⓢ 전선과 조영재 사이의 이격거리 및 그 전선에 접촉하는 집전장치의 충전부분과 조영재 사이의 이격거리는 습기가 많은 곳 또는 물기가 있는 곳에 시설하는 것은 4.5cm 이상, 기타의 곳에 시설하는 것은 2.5cm 이상일 것. 다만, 전선 및 그 전선에 접촉하는 집전장치의 충전부분과 조영재 사이에 절연성이 있는 견고한 격벽을 시설하는 경우에는 그러하지 아니하다.

ⓞ 애자는 절연성, 난연성 및 내수성이 있는 것일 것

③ 저압 접촉전선을 애자사용 공사에 의하여 옥내의 점검할 수 있는 은폐된 장소에 시설하는 경우에는 기계기구에 시설하는 경우 이외에는 다음에 따라 시설하여야 한다.

　㉠ 전선에는 구부리기 어려운 도체를 사용하고 또한 이를 [표 206-1]에서 정한 값 이하의 지지점 간격으로 동요하지 아니하도록 견고하게 고정시켜 시설할 것

　㉡ 전선 상호 간의 간격은 12cm 이상일 것

ⓒ 전선과 조영재 사이의 이격거리 및 그 전선에 접촉하는 집전장치의 충전부분과 조영재 사이의 이격거리는 4.5㎝ 이상일 것. 다만, 전선 및 그 전선에 접촉하는 집전장치의 충전부분과 조영재 사이에 절연성이 있는 견고한 격벽을 시설하는 경우에 그러하지 아니하다.

④ 저압 접촉전선을 버스덕트 공사에 의하여 옥내에 시설하는 경우에, 기계기구에 시설하는 경우 이외에는 제188조 제1항 제1호 및 제2호의 규정에 준하여 시설하는 이외에 다음에 따라 시설하여야 한다.

ⓐ 버스덕트는 다음에 적합한 것일 것

1. 도체는 단면적 20㎟ 이상의 띠 모양 또는 지름 5㎜ 이상의 관모양이나 둥글고 긴 막대 모양의 동 또는 황동을 사용한 것일 것
2. 도체지지물은 절연성 · 난연성 및 내수성이 있는 견고한 것일 것
3. 덕트는 그 최대 폭에 따라 강판 · 알루미늄판 또는 합성수지판(최대폭이 300㎜ 이하의 것에 한한다)으로 견고히 제작한 것일 것
4. 구조는 KS C 8449(2007) "트롤리버스관로"의 "6. 구조"에 적합한 것일 것
5. 완성품은 KS C 8449(2007) "트롤리버스관로"의 "8. 시험방법"에 의하여 시험하였을 때에 "5. 성능"에 적합한 것일 것

ⓑ 덕트의 개구부는 아래를 향하여 시설할 것
ⓒ 덕트의 끝 부분은 충전부분이 노출하지 아니하는 구조로 되어 있을 것
ⓓ 사용전압이 400V 미만인 경우에는 금속제 덕트에 제3종 접지공사를 할 것
ⓔ 사용전압이 400V 이상인 경우에는 금속제 덕트에 특별 제3종 접지공사를 할 것. 다만, 사람이 접촉할 우려가 없도록 시설하는 경우에는 제3종 접지공사에 의할 수 있다.

⑤ 제4항의 경우에 전선의 사용전압이 직류 30V(사람이 전선에 접촉할 우려가 없도록 시설하는 경우에는 60V) 이하로서 덕트 내부에 먼지가 쌓이는 것을 방지하기 위한 조치를 강구하고 또한 다음에 따라 시설할 때에는 제4항 각 호에 따르지 아니할 수 있다.

⑥ 저압 접촉전선을 절연 트롤리 공사에 의하여 시설하는 경우에는 기계기구에 시설하는 경우 이외에는 다음에 따라 시설하여야 한다.

ⓐ 절연 트롤리선은 사람이 쉽게 접할 우려가 없도록 시설할 것
ⓑ 절연 트롤리 공사에 사용하는 절연 트롤리선 및 그 부속품(절연 트롤리선을 상호 접속하는 것. 절연 트롤리선의 끝에 붙이는 것 및 행거에 한한다)과 콜렉터는 다음에 적합한 것일 것

> 1. 절연트롤리선의 도체는 지름 6㎜의 경동선 또는 이와 동등 이상의 세기의 것으로서 단면적이 28㎟ 이상의 것일 것
> 2. 재료는 KS C 3134(2008) "절연트롤리장치"의 "7. 재료"에 적합할 것
> 3. 구조는 KS C 3134(2008) "절연트롤리장치"의 "6. 구조"에 적합할 것
> 4. 완성품은 KS C 3134(2008) "절연트롤리장치"의 "8. 시험방법"에 의하여 시험하였을 때에 "5. 성능"에 적합할 것

ⓒ 절연 트롤리선의 개구부는 아래 또는 옆으로 향하여 시설할 것

ⓔ 절연 트롤리선의 끝 부분은 충전부분이 노출되지 아니하는 구조의 것일 것

ⓜ 절연 트롤리선은 각 지지점에서 견고하게 시설하는 것 이외에 그 양쪽 끝을 내장 인류장치에 의하여 견고하게 인류할 것

ⓗ 절연 트롤리선 지지점 간의 거리는 다음의 표에서 정한 값 이상일 것. 다만, 절연 트롤리선을 제5호의 규정에 의하여 시설하는 경우에는 6m를 넘지 아니하는 범위 내의 값으로 할 수 있다.

도체 단면적의 구분	지지점 간격
500㎟ 미만	2m (굴곡 반지름이 3m 이하의 곡선 부분에서는 1m)
500㎟ 이상	3m (굴곡 반지름이 3m 이하의 곡선 부분에서는 1m)

ⓢ 절연 트롤리선 및 그 절연 트롤리선에 접촉하는 집전장치는 조영재와 접촉되지 아니하도록 시설할 것

ⓞ 절연 트롤리선을 습기가 많은 장소 또는 물기가 있는 장소에 시설하는 경우에는 2호에서 정하는 표준에 적합한 옥외용 행거 또는 옥외용 내장 인류장치를 사용할 것

⑦ 옥내에서 사용하는 기계기구에 시설하는 저압 접촉전선은 다음에 따라야 하며 또한 위험의 우려가 없도록 시설하여야 한다.

ⓖ 전선은 사람이 쉽게 접촉할 우려가 없도록 시설할 것. 다만, 취급자 이외의 자가 쉽게 접근할 수 없는 곳에 취급자가 쉽게 접촉할 우려가 없도록 시설하는 경우에는 그러하지 아니하다.

ⓛ 전선은 절연성·난연성 및 내수성이 있는 애자로 기계기구에 접촉할 우려가 없도록 지지할 것. 다만, 건조한 목재의 마루 또는 이와 유사한 절연성이 있는 것 위에서 취급하도록 시설된 기계기구에 시설되는 주행 레일을 저압 접촉전선으로 사용하는 경우에 다음에 의하여 시설하는 경우에는 그러하지 아니하다.

1. 사용전압은 400V 미만일 것
2. 전선에 전기를 공급하기 위하여 변압기를 사용하는 경우에는 절연 변압기를 사용할 것. 이 경우에 절연 변압기의 1차측의 사용전압은 대지전압 300V 이하이어야 한다.
3. 전선에는 제1종 접지공사(접지저항값이 3Ω이하인 것에 한한다)를 할 것

⑧ 옥내에 시설하는 접촉전선(기계기구에 시설하는 것을 제외한다)이 다른 옥내전선(제211조에 규정하는 고압 접촉전선을 제외한다. 이하 이 항에서 같다), 약전류 전선 등 또는 수관·가스관이나 외와 유사한 것(이하 이 항에서 "다른 옥내전선 등"이라 한다)과 접근하거나 교차하는 경우에는 상호 간의 이격거리는 30㎝(가스계량기 및 가스관의 이음부와는 60㎝) 이상이어야 한다. 다만, 저압 접촉전선을 절연 트롤리 공사에 의하여 시설하는 경우에 상호 간의 이격거리는 10㎝(가스계량기 및 가스관의 이음부는 제외) 이상으로 할 때, 또는 저압 접촉전선을 버스덕트 공사에 의하여 시설하는 경우 버스덕트 공사에 사용하는 덕트가 다른 옥내전선 등(가스계량기 및 가스관의 이음부는 제외)과 접촉하지 아니하도록 시설하는 때에는 그러하지 아니하다.

⑨ 옥내에 시설하는 저압 접촉전선에 전기를 공급하기 위한 전로에는 접촉전선 전용의 개폐기 및 과전류 차단기를 시설하여야 한다. 이 경우에 개폐기는 저압 접촉전선에 가까운 곳에 쉽게 개폐할 수 있도록 시설하고, 과전류 차단기는 각 극(다선식 전로의 중성극을 제외한다)에 시설하여야 한다.

⑩ 저압 접촉전선은 규정하는 옥내에 시설하여서는 아니 된다.

⑪ 저압 접촉전선은, 옥내의 전개된 곳에 저압 접촉전선 및 그 주위에 먼지가 쌓이는 것을 방지하기 위한 조치를 강구하고 또한 면·마·견 그 밖의 타기 쉬운 섬유의 먼지가 있는 곳에서는 저압 접촉전선과 그 접촉전선에 접촉하는 집전장치가 사용 상태에서 떨어지지 아니하도록 시설하는 경우 이외에는 제199조 제3항에 규정하는 곳에 시설하여서는 아니 된다.

(39) 엘리베이터·덤웨이터 등의 승강로 안의 저압 옥내배선 등의 시설

엘리베이터·덤웨이터 등의 승강로 내에 시설하는 사용전압이 400V 미만인 저압 옥내배선, 저압의 이동전선 및 이에 직접 접속하는 리프트 케이블은 이에 적합한 KS C IEC 60227-6 (비닐리프트 케이블) 또는 KS C IEC 60245-5 (2005) (고무리프트 케이블)를 사용하여야 한다.

(40) 옥내에서의 전열 장치의 시설

① 옥내에는 다음의 경우 이외에는 발열체를 시설하여서는 아니 된다.
    ㉠ 기계기구의 구조상 그 내부에 안전하게 시설할 수 있는 경우
    ㉡ 제235조(제3항을 제외한다), 제236조 또는 제237조의 규정에 의하여 시설하는 경우
② 옥내에 시설하는 저압의 전열장치에 접속하는 전선은 열로 인하여 전선의 피복이 손상되지 아니하도록 시설하여야 한다.

(41) 고압 옥내배선 등의 시설

① 고압 옥내배선은 다음에 따라 시설하여야 한다.
    ㉠ 고압 옥내배선은 다음 중에 의하여 시설할 것
        ㉮ 애자사용 공사(건조한 장소로서 전개된 장소에 한한다)
        ㉯ 케이블 공사
        ㉰ 케이블 트레이 공사
    ㉡ 애자사용 공사에 의한 고압 옥내배선은 다음에 의하고, 또한 사람이 접촉할 우려가 없도록 시설할 것
        ㉮ 전선은 공칭단면적 6㎟ 이상의 연동선 또는 이와 동등 이상의 세기 및 굵기의 고압 절연전선이나 특고압 절연전선 또는 제36조 제2항에 규정하는 인하용 고압 절연전선일 것
        ㉯ 전선의 지지점 간의 거리는 6m 이하일 것. 다만, 전선을 조영재의 면을 따라 붙이는 경우에는 2m 이하이어야 한다.
        ㉰ 전선 상호 간의 간격은 8㎝ 이상, 전선과 조영재 사이의 이격거리는 5㎝ 이상일 것
        ㉱ 애자사용 공사에 사용하는 애자는 절연성·난연성 및 내수성의 것일 것
        ㉲ 고압 옥내배선은 저압 옥내배선과 쉽게 식별되도록 시설할 것
        ㉳ 전선이 조영재를 관통하는 경우에는 그 관통하는 부분의 전선을 전선마다 각각 별개의 난연성 및 내수성이 있는 견고한 절연관에 넣을 것
    ㉢ 케이블 공사에 의한 고압 옥내배선은 제193조 제1항 제2호 및 제3호(전선을 건조물의 전기 배선용 파이프 샤프트내의 수직으로 매어 달아 시설하는 경우에는 제193조 제3항)의 규정에 준하여 시설하는 이외에 전선에 케이블을 사용하고 또한 관 기타의 케이블을 넣는 방호장치의 금속제 부분, 금속제의 전선 접속함 및 케이블의 피복에 사용하는 금속체에는 제1종 접지공사를 할 것. 다만, 사람이 접촉할 우려가 없도록 시설하는 경우에는

제3종 접지공사에 의할 수 있다.

㉣ 케이블 트레이 공사에 의한 고압 옥내배선은 다음에 의하여 시설하여야 한다.

> 1. 전선은 연피 케이블, 알루미늄피 케이블 등 난연성 케이블, 기타 케이블(적당한 간격으로 연소(延燒)방지 조치를 하여야 한다)을 사용하여야 한다.
> 2. 금속제 케이블 트레이 계통은 기계적 및 전기적으로 완전하게 접속하여야 하며 금속제 트레이에는 제1종 접지공사로 접지하여야 한다.
> 3. 동일 케이블 트레이 내에 시설하는 케이블의 수는 단심 및 다심 케이블들의 지름(완성품의 바깥지름을 말한다. 이하 이 조에서 같다)의 합계가 케이블 트레이의 내측 폭 이하가 되도록 하고 케이블은 단층으로 시설할 것. 단심 케이블을 트리프렉스형, 쿼드랍프렉스형으로 하거나 또는 회로군으로 일괄하여 묶은 경우에는 이들 단심케이블의 지름의 합계가 케이블 트레이의 내측 폭 이하가 되도록 하고 단층배열로 시설하여야 한다.

② 고압 옥내배선이 다른 고압 옥내배선·저압 옥내전선·관등회로의 배선·약전류 전선 등 또는 수관·가스관이나 이와 유사한 것과 접근하거나 교차하는 경우에는 고압 옥내배선과 다른 고압 옥내배선·저압 옥내전선·관등회로의 배선·약전류 전선 등 또는 수관·가스관이나 이와 유사한 것 사이의 이격거리는 15㎝(애자사용 공사에 의하여 시설하는 저압 옥내전선이나 전선인 경우에는 30㎝, 가스계량기 및 가스관의 이음부와 전력량계 및 개폐기와는 60㎝) 이상이어야 한다. 다만, 고압 옥내배선을 케이블 공사에 의하여 시설하는 경우에 케이블과 이들 사이에 내화성이 있는 견고한 격벽을 시설할 때, 케이블을 내화성이 있는 견고한 관에 넣어 시설할 때 또는 다른 고압 옥내배선의 전선이 케이블일 때에는 그러하지 아니하다.

③ 제195조·제199조부터 제201조까지의 규정은 옥내에 시설하는 고압 전기설비(이동전선·접촉전선·방전등 및 제151조 제1항에 규정하는 전선로를 제외한다)에 준용한다.

(42) 옥내 고압용 이동전선의 시설

① 옥내에 시설하는 고압의 이동전선은 다음에 따라 시설하여야 한다.

㉠ 전선은 고압용의 캡타이어케이블일 것

㉡ 이동전선과 전기사용기계기구와는 볼트 조임 기타의 방법에 의하여 견고하게 접속할 것

㉢ 이동전선에 전기를 공급하는 전로(유도 전동기의 2차측 전로를 제외한다)에는 전용 개폐기 및 과전류 차단기를 각극(과전류 차단기는 다선식 전로의 중성극을 제외한다)에 시설하고, 또한 전로에 지락이 생겼을 때에 자동적으로 전로를 차단하는 장치를 시설할 것

(43) 옥내에 시설하는 고압접촉전선 공사

① 이동 기중기 기타 이동하여 사용하는 고압의 전기기계기구에 전기를 공급하기 위하여 사용하는 접촉전선(전차선을 제외한다. 이하 "고압접촉전선"이라 한다)을 옥내에 시설하는 경우에는 전개된 장소 또는 점검할 수 있는 은폐된 장소에 애자 사용 공사에 의하고 또한 다음에 따라 시설하여야 한다.

  ㉠ 전선은 사람이 접촉할 우려가 없도록 시설할 것

  ㉡ 전선은 인장강도 2.78kN 이상의 것 또는 지름 10㎜의 경동선으로 단면적이 70㎟ 이상인 구부리기 어려운 것일 것

  ㉢ 전선은 각 지지점에서 견고하게 고정시키고 또한 집전장치의 이동에 의하여 동요하지 아니하도록 시설할 것

  ㉣ 전선 지지점 간의 거리는 6m 이하일 것

  ㉤ 전선 상호 간의 간격 및 집전장치의 충전부분 상호 간 및 집전장치의 충전부분과 극성이 다른 전선 사이의 이격거리는 30㎝ 이상일 것. 다만, 전선 상호 간 집전장치의 충전부분 상호 간 및 집전장치의 충전부분과 극성이 다른 전선 사이에 절연성 및 난연성이 있는 견고한 격벽을 시설하는 경우에는 그러하지 아니하다.

  ㉥ 전선과 조영재(애자를 지지하는 것을 제외한다. 이하 이 호에서 같다)와의 이격거리 및 그 전선에 접촉하는 집전장치의 충전부분과 조영재 사이의 이격거리는 20㎝ 이상일 것. 다만, 전선 및 그 전선에 접촉하는 집전장치의 충전부분과 조영재 사이에 절연성 및 난연성이 있는 견고한 격벽을 설치하는 경우에는 그러하지 아니하다.

  ㉦ 애자는 절연성·난연성 및 내수성이 있는 것일 것

② 옥내에 시설하는 고압접촉전선 및 그 고압접촉전선에 접촉하는 집전장치의 충전부분이 다른 옥내 전선·약전류 전선 등 또는 수관·가스관이나 이와 유사한 것과 접근 또는 교차하는 경우에는 상호 간의 이격거리는 60㎝ 이상이어야 한다. 다만, 옥내에 시설하는 고압 접촉 전선과 다른 옥내 전선이나 약전류 전선 등 사이에 절연성 및 난연성이 있는 견고한 격벽을 설치하는 경우에는 30㎝ 이상으로 할 수 있다.

③ 옥내에 시설하는 고압접촉전선에 전기를 공급하기 의한 전로에는 전용 개폐기 및 과전류 차단기를 시설하여야 한다. 이 경우에 개폐기는 고압접촉전선에 가까운 곳에 쉽게 개폐할 수 있도록 시설하고 과전류 차단기는 각 극(다선식 전로의 중성극을 제외한다)에 시설하여야 한다.

④ 전로 중에는 전로에 지락이 생겼을 때에 자동적으로 전로를 차단하는 장치를 시설하여야

한다. 다만, 고압접촉전선의 전원측 접속점에서 1km 안의 전원측 전로에 전용의 절연 변압기를 시설하는 경우로서 전로에 지락이 생겼을 때에 이를 기술원 주재소에 경보하는 장치를 시설하는 경우에는 그러하지 아니하다.

⑤ 옥내에 시설하는 고압접촉전선은 그 고압접촉전선에 접촉하는 집전장치의 이동에 의하여 무선설비의 기능에 계속적이고 또한 중대한 장해를 줄 우려가 없도록 시설하여야 한다.

⑥ 옥내에 시설하는 고압접촉전선에서 전기의 공급을 받는 전기기계기구에 접지공사를 할 경우에는 그 전기기계기구에서 접지극에 이르는 접지선을 집전장치를 사용하고 또한 제1항 제1호부터 제4호까지의 규정에 준하여 시설할 수 있다.

⑦ 옥내에 시설하는 고압접촉전선은 제199조부터 제201조까지에 규정하는 곳에 시설하여서는 아니 된다.

(44) 특고압 옥내 전기설비의 시설 ★출제Point 특고압 옥내 전기설비의 시설 정리

① 특고압 옥내배선은 제246조의 규정에 의하여 시설하는 경우 이외에는 다음에 따르고 또한 위험의 우려가 없도록 시설하여야 한다.

ㄱ 사용전압은 100kV 이하일 것. 다만, 케이블 트레이 공사에 의하여 시설하는 경우에는 35kV 이하일 것

ㄴ 전선은 케이블일 것

ㄷ 케이블은 철재 또는 철근 콘크리트제의 관·덕트 기타의 견고한 방호장치에 넣어 시설할 것. 다만, 제1호 단서의 케이블 트레이 공사에 의하는 경우에는 제209조 제1항 제4호에 준하여 시설할 것

ㄹ 관 그 밖에 케이블을 넣는 방호장치의 금속제 부분·금속제의 전선 접속함 및 케이블의 피복에 사용하는 금속체에는 제1종 접지공사를 할 것. 다만, 사람이 접촉할 우려가 없도록 시설하는 경우에는 제3종 접지공사에 의할 수 있다.

② 특고압 옥내배선이 저압 옥내전선·관등회로의 배선·고압 옥내전선·약전류 전선 등 또는 수관·가스관이나 이와 유사한 것과 접근하거나 교차하는 경우에는 다음에 따라야 한다.

ㄱ 특고압 옥내배선과 저압 옥내전선·관등회로의 배선 또는 고압 옥내전선 사이의 이격거리는 60cm 이상일 것. 다만, 상호 간에 견고한 내화성의 격벽을 시설할 경우에는 그러하지 아니하다.

ㄴ 특고압 옥내배선과 약전류 전선 등 또는 수관·가스관이나 이와 유사한 것과 접촉하지 아니하도록 시설할 것

③ 특고압의 이동전선 및 접촉전선(전차선을 제외한다)은 이동전선을 옥내에 시설하여서는 아니 된다.

④ 제195조 제2항의 규정은 옥내에 시설하는 특고압 전기설비(방전등·엑스선 발생장치 및 제151조 제1항의 전선로를 제외한다. 이하 이 조에서 같다)에 준용한다.

(45) 옥내 방전등 공사

옥내에 시설하는 관등회로의 사용전압이 1,000V 이하인 방전등(관등회로의 배선을 제외한다)으로서 방전관에 네온방전관 이외의 것을 사용하는 것은 제172조 제1항의 규정에 준하여 시설하는 이외에 다음에 따르고 또한 위험의 우려가 없도록 시설하여야 한다.

　㉠ 방전등용 안정기는 방전등용 전등기구에 넣는 경우 이외에는 견고한 내화성의 외함에 넣은 것을 사용하고 또한 다음에 의하여 시설할 것

> 1. 전개된 곳에 시설하는 경우에는 외함을 가연성의 조영재로부터 1㎝ 이상 이격하여 견고하게 붙일 것
> 2. 간접조명을 시설하는 경우 및 진열장 안의 은폐된 장소에 시설하는 경우에는 외함을 가연성의 조영재로부터 1㎝ 이상 이격하여 견고하게 붙이고 또한 쉽게 점검할 수 있도록 시설할 것
> 3. 은폐된 장소에 시설하는 경우 ("나"에 규정하는 경우를 제외 한다)에는 외함을 다시 내화성의 함에 넣고 그 함은 가연성의 조영재로부터 1㎝ 이상 떼어서 견고하게 붙이고 또한 쉽게 점검할 수 있도록 시설할 것

　㉡ 금속망 또는 금속판을 사용한 목조의 조영물에 방전등을 붙이는 경우에는 금속망 또는 금속판과 방전등용 안정기의 외함(제1호 "다"의 규정에 의하여 외함을 다시 넣는 내화성의 함을 포함한다. 이하 이 조에서 같다)이나 방전등용 전등기구의 금속재 부분과는 전기적으로 접속하지 아니하도록 시설할 것

　㉢ 관등회로의 사용전압이 400V 이상인 경우에는 방전등용 변압기를 사용할 것

　㉣ 제3호의 방전등용 변압기는 절연 변압기일 것. 다만, 방전관을 떼어냈을 때에 1차측 전로를 자동적으로 차단하도록 시설하는 경우에는 그러하지 아니하다.

　㉤ 방전등용 안정기의 외함 및 방전등용 전등기구의 금속제 부분에는 관등회로의 사용전압이 고압이고 또한 방전등용 변압기의 2차 단락전류 또는 관등회로의 동작전류가 1A를 초과하는 경우에는 제1종 접지공사, 관등회로의 사용전압이 400V 이상의 저압이고 또한 방전등용 변압기의 2차 단락전류 또는 관등회로의 동작전류가 1A를 초과하는 경

우에는 특별 제3종 접지공사, 기타의 경우에는 제3종 접지공사를 할 것. 다만, 다음 중 어느 하나에 해당하는 경우에는 접지공사를 하지 아니하여도 된다.

1. 관등회로의 사용전압이 대지전압 150V 이하인 방전등을 건조한 장소에 시설할 때
2. 관등회로의 사용전압이 400V 미만인 방전등을 사람이 쉽게 접촉할 우려가 없는 건조한 장소에 시설하는 경우에 그 방전등용 안정기의 외함 및 방전등용 전등기구의 금속제 부분이 금속제의 조영재와 전기적으로 접속하지 아니하도록 시설할 때
3. 관등회로의 사용전압이 400V 미만 또는 방전등용 변압기의 2차 단락전류나 관등회로의 동작전류가 50mA 이하인 방전등을 시설하는 경우에 방전등용 안정기를 외함에 넣고 또한 그 외함과 방전등용 안정기를 넣을 방전등용 전등기구를 전기적으로 접속하지 아니하도록 시설할 때
4. 건조한 곳에 시설하는 목재의 진열장 안에 방전등용 안전기의 외함 및 이와 전기적으로 접속하는 금속제 부분을 사람이 쉽게 접촉할 우려가 없도록 시설할 때

ⓑ 습기가 많은 곳 또는 물기가 있는 곳에 시설하는 방전등에는 적절한 방습장치를 할 것

(46) 옥내 방전등 배선공사

① 옥내에 시설하는 사용전압이 400V 미만인 관등회로의 배선은 제180조부터 제193조까지(제3항을 제외한다), 제195조, 제196조 및 제205조의 규정에 준하여 시설하는 이외에 전선에 형광등 전선 또는 공칭단면적 2.5㎟ 이상의 연동선과 동등 이상의 세기 및 굵기의 절연전선 (옥외용 비닐절연전선 및 인입용 비닐절연전선은 제외한다), 캡타이어 케이블 또는 케이블을 사용하여 시설하여야 한다. 다만, 방전관에 네온방전관을 사용하는 것은 제외한다.

② 옥내에 시설하는 사용전압이 400V 이상, 1kV 이하인 관등회로의 배선은 제195조 및 제196조의 규정에 준하여 시설하는 이외에 다음에 따라 시설하여야 한다. 다만, 방전관에 네온방전관을 사용하는 것은 제외한다.

㉠ 관등회로의 배선은 제9호 및 제10호의 규정에 의하여 시설하는 경우 이외에는 합성수지관 공사·금속관 공사·가요전선관 공사나 케이블 공사 또는 다음의 표에서 정한 공사에 의하여 시설할 것

시설장소의 구분		공사의 종류
전개된 장소	건조한 장소	애자사용공사·합성수지몰드공사 또는 금속몰드공사
	기타의 장소	애자사용 공사
점검할 수 있는 은폐된 장소	건조한 장소	애자사용공사·합성수지몰드공사 또는 금속몰드 공사
	기타의 장소	애자사용 공사

ⓛ 애자사용 공사에 의한 관등회로의 배선은 제181조 제1항 제2호, 제3호 및 제7호와 제2항의 규정에 준하는 이외에 다음에 의하여 시설하고 또한 사람이 쉽게 접촉할 우려가 없도록 시설할 것

  ㉮ 사용전. 전선은 형광등 전선일 것. 다만, 전개된 장소에 관등회로의 사용전압이 600V 이하인 경우에는 단면적 2.5㎟ 이상의 연동선과 동등 이상의 세기 및 굵기의 절연전선(옥외용 비닐절연전선 및 인입용 비닐절연전선은 제외한다)을 사용할 수 있다.

  ㉯ 전선을 조영재의 표면에 따라 붙이는 경우에는 전선의 지지점 간의 거리는 관등회로의 전압이 600V 이하인 경우에는 2m 이하, 600V를 초과하는 경우에는 1m 이하일 것

ⓒ 합성수지몰드 공사에 의한 관등회로의 배선은 제182조(제1항 제1호를 제외한다) 및 제2호 "가"의 규정에 준하여 시설할 것

ⓔ 합성수지관 공사에 의한 관등회로의 배선은 제183조(제1항 제1호, 제3항 제4호 및 제5호를 제외한다) 및 제2호 "가"의 규정에 준하여 시설하고 또한 합성수지관을 금속제의 풀박스 또는 제183조 제2항 제1호 단서의 규정에 준하는 분진방폭형 플레시블 피팅에 접속하여 사용하는 경우에는 풀박스 또는 분진방폭형 플렉시블 피팅에는 제3종 접지공사를 할 것

ⓜ 금속관 공사에 의한 관등회로의 배선은 제184조(제1항 제1호, 제3항 제4호 및 제5호를 제외한다) 및 제2호 "가"의 규정에 준하여 시설하고 또한 금속관에는 제3종 접지공사를 할 것. 다만, 관의 길이가 4m 이하인 것을 건조한 곳에 사람이 쉽게 접촉할 우려가 없도록 시설하는 경우에는 접지공사를 하지 아니하여도 된다.

ⓑ 금속몰드 공사에 의한 관등회로의 배선은 제185조(제1항 제1호 및 제3항 제2호를 제외한다) 및 제2호 "가"의 규정에 준하여 시설하고 또한 금속몰드에는 제3종 접지공사를 할 것. 다만, 몰드의 길이가 4m 이하인 것을 사람이 쉽게 접촉할 우려가 없도록 시설하는 경우에는 접지공사를 하지 아니하여도 된다.

ⓢ 가요전선관 공사에 의한 관등회로의 배선은 제186조(제1항 제1호 및 제3항 제4호부터 제6호까지를 제외한다) 및 제2호 "가"의 규정에 준하여 시설하는 이외에 다음에 의하여 시설할 것

  ㉮ 1종 금속제 가요전선관에는 공칭단면적 2.5㎟의 나연동선을 전체의 길이에 걸쳐서 삽입 또는 첨가하여 그 나연동선과 1종 금속제 가요전선관을 양쪽 끝에서 전기적으로 완전하게 접속할 것. 다만, 관의 길이가 4m 이하인 것을 사람이 쉽게 접촉할 우려가 없도록 시설하는 경우에는 그러하지 아니하다.

  ㉯ 가요전선관에는 제3종 접지공사를 할 것. 다만, 관의 길이가 4m 이하인 것을 사람이

쉽게 접촉할 우려가 없도록 시설하는 경우에는 그러하지 아니하다.

◎ 케이블 공사에 의한 관등회로의 배선은 제193조(제1항 제4호 및 제5호와 제3항을 제외한다)의 규정에 준하여 시설하고 또한 관 기타의 전선을 넣는 방호장치의 금속제 부분·금속제의 전선 접속함 및 전선의 피복으로 사용하는 금속체에는 제3종 접지공사를 할 것. 다만, 길이가 4m 이하인 방호장치의 금속제 부분 또는 길이가 4m 이하인 전선을 건조한 곳에 사람이 쉽게 접촉할 우려가 없도록 시설하는 경우에는 그 금속제 부분 또는 그 전선의 피복으로 사용하는 금속체에는 접지공사를 하지 아니하여도 된다.

㉒ 건조한 곳에 시설하고 또한 내부를 건조한 상태로 사용하는 진열장 안의 관등회로의 배선을 외부로부터 보기 쉬운 곳의 조영재에 접촉하여 시설하는 경우에는 제205조 제2항 제2호 및 제3호의 규정에 준하는 이외에 다음에 의하여 시설할 것

1. 전선은 형광등 전선일 것
2. 전선에는 방전등용 안정기의 출구선 또는 방전등용 소켓의 출구선과의 접속점 이외의 접속점을 만들지 아니할 것
3. 전선의 접속점을 조영재로부터 떼어서 시설할 것

㉓ 건조한 곳에 시설하는 에스컬레이터 안의 관등회로의 배선(점검할 수 있는 은폐된 장소에 시설하는 것에 한한다)을 압출 튜브에 넣어 시설하는 경우에는 다음에 의할 것

1. 전선은 형광등 전선을 사용하고 또한 각 전선을 별개의 압출 튜브에 넣을 것
2. 압출 튜브는 KS C 2813(2007) "전기절연용 압출튜브"의 "6. 시험방법"에 의하여 시험하였을 때에 "5. 품질"에 적합할 것
3. 전선에는 방전등용 안정기의 출구선 또는 방전등용 소켓의 출구선과의 접속점 이외의 접속점을 만들지 아니할 것
4. 전선과 접촉하는 금속제의 조영재에는 제3종 접지공사를 할 것

(47) 옥내의 네온 방전등 공사

① 옥내에 시설하는 관등회로의 사용전압이 1kV를 초과하는 방전등으로서 방전관에 네온 방전관을 사용한 것은 다음에 따르고 또한 사람이 쉽게 접촉할 우려가 없는 곳에 위험의 우려가 없도록 시설할 것
　㉠ 방전등용 변압기는 「전기용품안전 관리법」의 적용을 받는 네온 변압기일 것
　㉡ 관등회로의 배선은 전개된 장소 또는 점검할 수 있는 은폐된 장소에 시설할 것

ⓒ 관등회로의 배선은 애자 사용 공사에 의하여 시설하고 또한 다음에 의할 것

1. 전선은 네온 전선일 것
2. 전선은 조영재의 옆면 또는 아랫면에 붙일 것. 다만, 전선을 전개된 장소에 시설하는 경우에 기술상 부득이한 때에는 그러하지 아니하다.
3. 전선의 지지점 간의 거리는 1m 이하일 것
4. 전선 상호 간의 간격은 6㎝ 이상일 것
5. 전선과 조영재 사이의 이격거리는 전개된 곳에서 다음의 표에서 정한 값 이상, 점검할 수 있는 은폐된 장소에서는 6㎝ 이상일 것
6. 애자는 절연성·난연성 및 내수성이 있는 것일 것

사용전압의 구분	이격거리
6kV 이하	2cm
6kV 초과 9kV 이하	3cm
9kV 초과	4cm

ⓔ 관등회로와 배선 중 방전관의 관극 사이를 접속하는 부분, 방전관 붙임틀 안에 시설하는 부분 또는 조영재에 따라 시설하는 부분(방전관으로부터의 길이가 2m 이하인 부분에 한한다)을 다음에 의하여 시설할 경우에는 제3호("마"를 제외한다)의 규정에 의하지 아니할 수 있다.

1. 전선은 두께 1mm 이상의 유리관에 넣어 시설할 것. 다만, 전선의 길이가 10㎝ 이하인 경우에는 그러하지 아니하다.
2. 유리관 지지점 사이의 거리는 50㎝ 이하일 것
3. 유리관의 지지점 중 가장 관의 끝에 가까운 것은 관의 끝으로부터 8㎝ 이상 12㎝ 이하의 부분에 시설할 것
4. 유리관은 조영재에 견고하게 붙일 것

ⓜ 관등회로의 배선 또는 방전관의 관극 부분이 조영재를 관통하는 경우에는 그 부분을 난연성 및 내수성이 있는 견고한 절연 관에 넣을 것
ⓗ 방전관은 조영재와 접촉하지 아니하도록 시설하고 또한 방전관의 관극 부분과 조영재 사이의 이격거리는 제3호 "마"의 규정에 준할 것
ⓢ 네온변압기의 외함에는 제3종 접지공사를 할 것
ⓞ 네온변압기의 2차측 전로를 접지하는 경우에는 다음에 의할 것

㉮ 2차측 전로에 지락이 발생했을 때 자동적으로 그 전로를 차단하는 장치를 시설할 것

㉯ 접지선은 인장강도 0.39kN 이상의 쉽게 부식되지 않는 금속선 또는 공칭단면적 2.5㎟ 이상의 연동선으로서 고장 시에 흐르는 전류를 안전하게 통할 수 있는 것을 사용할 것

② 옥내에 시설하는 일부 개방된 간판(간판을 붙이는 조영재측의 옆면에 개방부를 시설하는 것에 한한다. 이하 이조에서 같다) 또는 밀폐된 간판의 틀 안에 시설되는 관등회로의 사용전압이 1kV 이하의 방전등으로서 방전관에 네온방전관을 사용하는 것은 제172조 제1항, 제196조 및 제213조 제6호의 규정에 준하는 이외에 다음에 따르고 또한 사람이 쉽게 접촉할 우려가 없는 장소에 위험의 우려가 없도록 시설할 것

㉠ 방전등용 변압기는 다음 중 어느 하나에 의할 것

㉮ 「전기용품안전 관리법」의 적용을 받는 네온 변압기

㉯ 「전기용품안전 관리법」의 적용을 받는 형광등용안정기(정격 2차 단락전류가 1회로에 대해서 50mA 이하의 절연변압기를 말한다)

㉡ 관등회로의 배선은 다음에 의할 것

㉮ 전선은 형광등 전선 또는 네온전선일 것

㉯ 전선은 간판 틀 안에 옆면 또는 아랫면에 붙이고 또한 전선과 간판 틀과는 직접 접속하지 않도록 시설할 것

㉰ 전선의 지지점 사이의 거리는 1m 이하일 것

㉢ 관등회로 배선 중에 방전관의 관극 사이를 접속하는 부분을 다음에 의하여 시설하는 경우는 제2호의 규정에 의하지 아니할 수 있다.

㉮ 전선은 두께 1㎜ 이상의 유리관에 넣어 시설할 것. 다만, 전선의 길이가 10㎝ 이하인 경우는 그러하지 아니하다.

㉯ 유리관 지지점 사이의 거리는 50㎝ 이하일 것

㉰ 유리관의 지지점 중 가장 관의 끝에 가까운 것은 관의 끝으로부터 8㎝ 이상 12㎝ 이하의 부분에 시설할 것

㉱ 유리관은 간판 틀 안에 견고하게 붙일 것

㉣ 관등회로의 배선 또는 방전관의 관극 부분이 간판 틀을 관통하는 경우에는 그 부분을 난연성 및 내수성이 있는 견고한 절연 관에 넣을 것

㉤ 방전관은 간판의 틀이나 조영재와 접촉하지 않도록 시설하고 또한 방전관의 관극 부분과 간판 틀 또는 조영재사이의 이격거리는 2㎝ 이상일 것

㉥ 방전등용 변압기의 외함 및 금속제의 간판 틀에는 제3종 접지공사를 할 것

(48) 옥내 방전등 공사의 시설 제한

① 관등회로의 사용전압이 400V 이상인 방전등은 제199조부터 제202조까지에서 규정하는 곳에 시설하여서는 아니 된다.

② 관등회로의 사용전압이 1kV를 초과하는 방전등으로서 방전관에 네온 방전관 이외의 것을 사용한 것은 기계기구의 구조상 그 내부에 안전하게 시설 할 수 있는 경우 또는 제225조 제2항(제1호, 제4호 및 제6호를 제외한다)의 규정에 준하여 시설하고 또한 방전관에 사람이 접촉할 우려가 없도록 시설하는 경우 이외에는 옥내에 시설하여서는 아니 된다.

2. 옥외의 시설

(1) 옥외등의 인하선의 시설

옥외 백열전등의 인하선으로서 지표상의 높이 2.5m 미만의 부분은 전선에 공칭단면적 2.5㎟ 이상의 연동선과 동등 이상의 세기 및 굵기의 절연전선(옥외용 비닐절연전선은 제외한다)을 사용하고 또한 사람이 쉽게 접촉할 우려가 있는 곳에 시설하는 경우에는 사람의 접촉 또는 전선의 손상을 방지하도록 시설하여야 한다. 다만, 제193조(제3항은 제외한다)의 규정에 준하는 케이블 공사에 의하여 시설하는 경우에는 그러하지 아니하다.

(2) 옥측배선 또는 옥외배선의 시설

① 저압의 옥측배선 또는 옥외배선(제231조·제234조 및 제242조에 규정하는 것을 제외한다. 이하 이 조에서 같다)은 제168조·제175조부터 제179조까지 및 제195조의 규정에 준하여 시설하는 이외에 다음에 따르고 또한 위험의 우려가 없도록 시설하여야 한다.

㉠ 저압의 옥측배선 또는 옥외배선은 합성수지관 공사·금속관 공사·가요전선관 공사·케이블 공사 또는 다음의 표에서 정한 시설장소 및 사용전압의 구분에 따른 공사에 의하여 시설할 것

시설장소의 구분 \ 사용전압의 구분	400V 미만인 것	400V 이상인 것
전개된 장소	애자사용 공사 또는 버스덕트 공사	애자사용 공사 버스덕트 공사
점검할 수 있는 은폐된 장소	애자사용 공사 또는 버스덕트 공사	버스덕트 공사

ⓛ 애자사용 공사에 의한 저압의 옥측배선 또는 옥외배선은 제181조의 규정에 준하여 시설할 것. 이 경우에 제181조 제1항 제3호 중의 "건조한 장소"는 "비 또는 이슬 등에 맞지 아니하는 장소"로 본다.

ⓒ 합성수지관 공사에 의한 저압의 옥측배선 또는 옥외배선은 제183조의 규정에 준하여 시설할 것

ⓔ 금속관 공사에 의한 저압의 옥측배선 또는 옥외배선은 제184조의 규정에 준하여 시설할 것

ⓜ 가요전선관 공사에 의한 저압의 옥측배선 또는 옥외배선은 제186조의 규정에 준하여 시설할 것

ⓗ 버스덕트 공사에 의한 저압의 옥측배선 또는 옥외배선은 다음에 의하여 시설할 것

　㉮ 제188조의 규정에 준하여 시설할 것

　㉯ 옥외용 버스덕트를 사용하여 덕트 안에 물이 스며들어 고이지 아니하도록 한 구조일 것

　㉰ 저압의 옥측배선 또는 옥외배선의 사용전압이 400V 이상인 경우는 다음에 의하여 시설할 것

> 1. 목조 외의 조영물(점검할 수 없는 은폐장소를 제외)에 시설할 것
> 2. 버스덕트는 사람이 쉽게 접촉할 우려가 없도록 시설할 것
> 3. 버스덕트는 옥외용 버스덕트를 사용하여 덕트 안에 물이 스며들어 고이지 아니하도록 한 것일 것
> 4. 버스덕트는 KS C IEC 60529(2006)에 의한 보호등급 IPX4에 적합할 것

ⓢ 케이블 공사에 의한 저압의 옥측배선 또는 옥외배선은 제193조(제3항과 제5항은 제외한다)의 규정에 준하여 시설하는 이외에 전선은 케이블·캡타이어케이블일 것

ⓞ 저압의 옥측배선 또는 옥외배선의 개폐기 및 과전류 차단기는 옥내 전로용의 것과 겸용하지 아니할 것. 다만, 그 배선의 길이가 옥내전로의 분기점으로부터 8m 이하인 경우에 옥내 전로용의 과전류 차단기의 정격전류가 15A(배선용 차단기는 20A) 이하인 경우에는 그러하지 아니하다.

② 저압의 옥측배선·약전류 전선 등 또는 수관·가스관이나 이와 유사한 것과 접근하거나 교차하는 경우에는 제196조의 규정에 준하여 시설하여야 한다.

(3) 옥측 또는 옥외에 시설하는 전구선의 시설

① 옥측 또는 옥외(전기 사용장소 중 옥외의 장소를 말하며 옥측을 제외한다. 이하 이 장에서 같다)에 시설하는 사용전압이 400V 미만인 전구선은 0.6/1kV EP 고무 절연 클로로프렌 캡타이어케이블로서 공칭단면적 0.75㎟ 이상의 것이어야 한다. 다만, 사람이 쉽게 접촉할 우려가 없도록 시설하는 경우는 다음 각 호에 따라 시설할 수 있다.

    ㉠ 공칭단면적이 0.75㎟ 이상인 450/750V 내열성 에틸렌아세테이트 고무절연전선(출구부의 전선의 간격이 10㎜ 이상인 전구 소켓에 부속하는 전선은 단면적이 0.75㎟ 이상인 450/750V 내열성 에틸렌아세테이트 고무절연전선 또는 450/750V 일반용 단심 비닐절연전선)을 비나 이슬에 맞지 않도록 시설하는 경우(옥측에 시설하는 경우에 한한다)

    ㉡ 공칭단면적 0.75㎟ 이상인 300/300V 편조 고무코드 또는 0.6/1kV EP 고무 절연 클로로프렌 캡타이어케이블을 시설하는 경우

② 옥측 또는 옥외에 시설하는 사용전압이 400V 미만인 전구선과 옥측배선과의 접속은 제197조 제2항의 규정에 준하여 시설하여야 한다.

③ 사용전압이 400V 이상인 전구선은 옥측 또는 옥외에 시설하여서는 아니 된다.

(4) 옥측 또는 옥외에 이동전선의 시설

① 옥측 또는 옥외에 시설하는 저압의 이동전선은 다음 각 호에 따라 시설하여야 한다.

    ㉠ 옥측 또는 옥외에 시설하는 사용전압이 400V 미만인 이동 전선은 제247조의 규정에 의하여 용접용 케이블을 사용하는 경우 이외에는 0.6/1kV EP 고무 절연 클로로프렌 캡타이어케이블로서 단면적 0.75㎟ 이상의 것일 것. 다만, 제198조 제2항에 규정하는 기구에 접속하여 시설하는 경우에는 단면적 0.75㎟ 이상의 0.6/1kV 비닐절연 비닐캡타이어 케이블을, 옥측에 시설하는 경우 비나 이슬에 맞지 아니하도록 시설할 때는 단면적 0.75㎟ 이상의 300/300V 편조 고무코드 또는 0.6/1kV 비닐절연 비닐캡타이어케이블을 사용할 수 있다.

    ㉡ 옥측 또는 옥외에 시설하는 사용전압이 400V 이상인 이동전선은 제198조 제1항 제2호의 규정에 준할 것

② 옥측 또는 옥외에 시설하는 저압의 이동전선에 접속하여 사용하는 전기기계기구는 제198조 제3항 및 제4항의 규정에 준하여 시설하여야 한다.

③ 옥측 또는 옥외에 시설하는 저압의 이동전선과 저압의 옥측 배선이나 옥외 배선 또는 전기 사용기계기구와의 접속은 제198조 제5항 및 제6항의 규정에 준하여 시설하여야 한다. 이 경우에 저압의 이동전선과 저압의 옥측 배선이나 옥외 배선과의 접속에는 꽂음 접속기를 사

용하고, 옥외에 노출되어 사용하는 경우에는 방수형 꽂음 접속기를 사용하여야 한다.

④ 옥측 또는 옥외에 시설하는 고압의 이동전선은 제210조 제1항의 규정에 준하여 시설하여
야 한다.

⑤ 특고압 이동전선은 옥측 또는 옥외에 시설하여서는 아니 된다.

(5) 옥측 또는 옥외에 배·분전반 및 배선기구 등의 시설

① 옥측 또는 옥외에 시설하는 배분전반은 다음에 따라 시설하여야 한다.
　㉠ 제171조의 규정을 준용할 것
　㉡ 배분전반 안에 물이 스며들어 고이지 아니하도록 한 구조일 것
　㉢ 배분전반은 KS C 8324(2007) "가로등용 분전함"의 "7.10 외부분진에 대한 보호", "7.11
　　 방수성", "7.12 방청처리"에 적합한 것일 것
② 옥외에 시설하는 배선기구 및 전기사용기계기구는 다음에 따라 시설하여야 한다.
　㉠전기기계기구 안의 배선 중 사람이 쉽게 접촉할 우려가 있거나 손상을 받을 우려가 있는
　　 부분은 제184조의 규정에 준하는 금속관 공사 또는 제193조(제3항을 제외한다)의 규정
　　 에 준하는 케이블 공사(전선을 금속제의 관 기타의 방호 장치에 넣는 경우에 한한다)에
　　 의하여 시설할 것
　㉡ 전기기계기구에 시설하는 개폐기·접속기·점멸기 기타의 기구는 손상을 받을 우려가 있
　　 는 경우에는 이에 견고한 방호장치를 하고, 물기 등이 유입될 수 있는 곳에서는 방수형
　　 이나 이와 동등한 성능이 있는 것을 사용할 것

(6) 옥측 또는 옥외에 전열장치의 시설

① 옥측 또는 옥외에 시설하는 발열체는 구조상 그 내부에 안전하게 시설하거나 다음의 어느
하나에 따라 시설하여야 한다.
　㉠ 제235조(세3항을 제외한다), 제236조 또는 제237조의 규정에 의하여 시설할 것
　㉡ 선로변환장치(線路變換裝置) 등의 적설 또는 빙결을 방지하기 위하여 철도의 전용부지
　　 안에 시설할 것
　㉢ 발전용 댐, 수로 등의 옥외 시설의 적설 또는 빙결을 방지하기 위하여 댐, 수로 등의 유지
　　 운용에 종사하는 사람 이외의 사람이 쉽게 출입할 수 없는 장소에 시설할 것
② 옥측 또는 옥외에 시설하는 전열 장치에 접속하는 전선은 열로 인하여 전선의 피복이 손상
되지 아니하도록 시설하여야 한다.

(7) 옥측 또는 옥외의 먼지가 많은 장소 등의 시설

① 제199조부터 제201조까지의 규정은 옥측 또는 옥외에 시설하는 저압 또는 고압의 전기설비
(관등회로의 사용전압이 400V 이상인 방전등을 제외한다)에 준용한다.

② 특고압 옥측 전기설비 및 특고압 옥외 전기설비는 제246조 제1항 제5호의 규정에 의하여 시
설하는 경우 이외에는 제199조부터 제201조까지 규정하는 곳에 시설하여서는 아니 된다.

(8) 옥측 또는 옥외에 시설하는 접촉전선의 시설

① 저압 접촉전선을 옥측 또는 옥외에 시설하는 경우에는 기계기구에 시설하는 경우 이외에는
애자사용 공사, 버스덕트 공사 또는 절연 트롤리 공사에 의하여 시설하여야 한다.

② 저압 접촉전선을 애자사용 공사에 의하여 옥측 또는 옥외에 시설하는 경우에는 제3항에
규정하는 경우 및 기계기구에 시설하는 경우 이외에는 제206조 제2항(제6호 및 제7호를 제
외한다)의 규정에 준하는 이외에 다음에 따라 시설하여야 한다.

　㉠ 전선 상호 간의 간격은 전선을 수평으로 배열하는 경우에는 14㎝ 이상, 기타의 경우에는
20㎝ 이상일 것. 다만, 다음 중 하나에 해당하는 경우에는 그러하지 아니하다.

　　㉮ 전선 상호 간 및 집전장치의 충전부분과 극성이 다른 전선 사이에 견고한 절연성이
있는 격벽을 설치하는 경우

　　㉯ 전선을 다음의 표에서 정한 값 이하의 간격으로 지지하고 또한 동요하지 아니하도록
시설하는 이외에 전선 상호 간의 간격을 6㎝(비나 이슬에 맞는 장소에 시설하는 경우
에는 12㎝) 이상으로 하는 경우

단면적의 구분	지지점 간격
1㎠ 미만	1.5m(굴곡 반지름이 1m 이하인 곡선 부분에서는 1m)
1㎠ 이상	2.5m(굴곡 반지름이 1m 이하인 곡선 부분에서는 1m)

　㉡ 전선과 조영재 사이의 이격거리 및 그 전선에 접촉하는 집전장치의 충전부분과 조영재
사이의 이격거리는 4.5㎝ 이상일 것. 다만, 전선 및 그 전선에 접촉하는 집전장치의 충전
부분과 조영재 사이에 견고한 절연성이 있는 격벽을 설치하는 경우에는 그러하지 아니
하다.

③ 저압 접촉전선을 애자사용 공사에 의하여 옥측 또는 옥외에 시설하는 경우에 덕트안 그 밖
의 은폐된 장소에 시설할 때에는 기계기구에 시설하는 경우 이외에는 제206조 제3항의 규
정에 준하여 시설하여야 한다. 이 경우에 그 은폐된 장소는 점검할 수 있고 또한 물이 고이

지 아니하도록 시설한 것이어야 한다.

④ 저압 접촉전선을 버스덕트 공사에 의하여 옥측 또는 옥외에 시설하는 경우에는 기계기구에 시설하는 경우 이외에는 제206조 제4항의 규정에 준하는 이외에 버스덕트 안에 빗물이 들어가지 아니하도록 시설하여야 한다. 이 경우에 버스덕트 안 기타의 은폐된 장소에 시설하는 때에는 그 은폐된 장소는 점검할 수 있고 또한 물이 고이지 아니하도록 시설한 것이어야 한다.

⑤ 저압 접촉전선을 절연 트롤리 공사에 의하여 옥측 또는 옥외에 시설하는 경우에는 기계기구에 시설하는 경우 이외에는 제206조 제6항의 규정에 준하는 이외에 절연 트롤리선에 물이 스며들어 고이지 아니하도록 시설하여야 한다. 이 경우에 절연 트롤리선을 덕트 안 기타 은폐된 장소에 시설할 때는 점검할 수 있고 또한 물이 고이지 아니하도록 시설한 것이어야 한다.

⑥ 옥측 또는 옥외에서 사용하는 기계기구에 시설하는 저압 접촉전선은 제206조 제7항(제2호 단서를 제외한다)의 규정에 준하여 시설하여야 한다.

⑦ 옥측 또는 옥외에 시설하는 저압 접촉전선에 전기를 공급하기 위한 전로에는 전용 개폐기 및 과전류 차단기를 시설하여야 한다. 이 경우에 개폐기는 저압 접촉전선에 가까운 곳에 쉽게 개폐할 수 있도록 시설하고, 과전류 차단기는 각 극(다선식 전로의 중성극을 제외한다)에 시설하여야 한다.

(9) 옥측 또는 옥외의 방전등 공사

① 옥측 또는 옥외에 시설하는 관등회로의 사용전압이 1kV 이하인 방전등으로서 네온방전관 이외의 것을 사용하는 것은 규정에 준하여 시설하여야 한다.

② 옥측 또는 옥외에 시설하는 관등회로의 사용전압이 1kV를 초과하는 방전등으로서 방전관에 네온 방전관 이외의 것을 사용하는 것은 다음에 따라 시설하여야 한다.

㉠ 방전등에 전기를 공급하는 전로의 사용전압은 저압 또는 고압일 것

㉡ 관등회로의 사용전압은 고압일 것

㉢ 방전등용 변압기는 다음 각 호에 적합한 절연 변압기일 것

> 1. 금속제의 외함에 넣고 또한 이에 공칭단면적 6.0㎟의 도체를 붙일 수 있는 황동제의 접지용 단자를 설치한 것일 것
> 2. 가목의 금속제의 외함에 철심은 전기적으로 완전히 접속한 것일 것
> 3. 권선 상호 간 및 권선과 대지 사이에 최대 사용전압의 1.5배의 교류전압(500V 미만일 때에는 500V)을 연속하여 10분간 가하였을 때에 이에 견디는 것일 것

㉣ 방전관은 금속제의 견고한 기구에 넣고 또한 다음에 의하여 시설할 것

   ㉮ 기구는 지표상 4.5m 이상의 높이에 시설할 것

   ㉯ 기구와 기타 시설물(가공전선을 제외한다) 또는 식물 사이의 이격거리는 60㎝ 이상일 것

㉤ 방전등에 전기를 공급하는 전로에는 전용 개폐기 및 과전류 차단기를 각 극(과전류 차단기는 다선식 전로의 중성극을 제외한다)에 시설할 것

㉥ 방전등에는 적절한 방수장치를 한 옥외형의 것을 사용할 것

③ 옥측 또는 옥외에 시설하는 관등회로의 사용전압이 1kV를 초과하는 방전등으로서 방전관에 네온 방전관을 사용하는 것은 제215조의 규정에 준하여 시설하여야 한다.

④ 가로등, 보안등, 조경등 등으로 시설하는 방전등에 공급하는 전로의 사용전압이 150V를 초과하는 경우에는 제1항부터 제3항까지의 규정에 준하는 외에 다음에 따라 시설하여야 한다.

㉠ 전로에 지락이 생겼을 때에 자동적으로 전로를 차단하는 장치를 각 분기회로에 시설하여야 한다.

㉡ 전로의 길이는 상시 충전전류에 의한 누설전류로 인하여 누전차단기가 불필요하게 동작하지 않도록 시설할 것

㉢ 사용전압 400V 이하인 관등회로의 배선에 사용하는 전선은 제1항의 규정에 관계없이 케이블을 사용하거나 이와 동등 이상의 절연성능을 가진 전선을 사용할 것

㉣ 가로등주, 보안등주, 조경등 등의 등주 안에서 전선의 접속은 절연 및 방수성능이 있는 방수형 접속재[레진충전식, 실리콘 수밀식(젤타입) 또는 자기융착테이프와 비닐절연테이프의 이중절연 등]을 사용하거나 적절한 방수함 안에서 접속할 것

㉤ 가로등, 보안등, 조경등 등의 금속제 등주에는 제33조 제1항의 규정에 의한 접지공사를 할 것

㉥ 보안등의 개폐기 설치 위치는 사람이 쉽게 접촉할 우려가 없는 개폐 가능한 곳에 시설할 것

㉦ 가로등, 보안등에 LED 등기구를 사용하는 경우에는 KS C 7658(2009) "LED 가로등 및 보안 등기구의 안전 및 성능요구사항"에 적합한 것을 시설할 것

⑤ 옥측 또는 옥외에 시설하는 관등회로의 사용전압이 400V 이상인 방전등은 제199조부터 제202조까지에 규정하는 곳에 시설하여서는 아니 된다.

3. 터널 · 갱도 기타 이와 유사한 장소의 시설

(1) 사람이 상시 통행하는 터널 안의 배선의 시설

사람이 상시 통행하는 터널 안의 배선(전기기계기구 안의 배선, 관등회로의 배선, 제244조 제1항에 규정하는 소세력 회로의 전선 및 제245조에 규정하는 출퇴 표시등 회로의 전선을 제외한다. 이하 이 절에서 같다)은 그 사용전압이 저압의 것에 한하고 또한 다음에 따라 시설하여야 한다.

　㉠ 전선은 다음 중 하나에 의하여 시설할 것

> 1. 제143조 제2항 제1호 "나"의 규정에 의하여 시설할 것
> 2. 공칭단면적 2.5㎟의 연동선과 동등 이상의 세기 및 굵기의 절연 전선(옥외용 비닐 절연 전선 및 인입용 비닐 절연 전선을 제외한다)을 사용하여 제181조 제1항(제1호를 제외한다) 및 제2항의 규정에 준하는 애자 사용 공사에 의하여 시설하고 또한 이를 노면상 2.5m 이상의 높이로 할 것

　㉡ 전로에는 터널의 입구에 가까운 곳에 전용 개폐기를 시설할 것

(2) 광산 기타 갱도안의 시설

① 광산 기타 갱도안의 배선은 사용전압이 저압 또는 고압의 것에 한하고 또한 다음에 따라 시설하여야 한다.

　㉠ 저압 배선은 제193조(제3항을 제외한다)의 규정에 준하는 케이블 공사에 의하여 시설할 것. 다만, 사용전압이 400V 미만인 저압 배선에 공칭단면적 2.5㎟ 연동선과 동등 이상의 세기 및 굵기의 절연전선(옥외용 비닐 절연 전선 및 인입용 비닐 절연전선을 제외한다)을 사용하고 전선 상호 간의 사이를 적당히 떨어지게 하고 또한 암석 또는 목재와 접촉하지 않도록 절연성·난연성 및 내수성의 애자로 이를 지지할 경우에는 그러하지 아니하다.

　㉡ 고압 배선은 제209조 제1항 제3호(제193조 제3항의 규정을 준용하는 부분을 제외한다)의 규정에 준하는 케이블 공사에 의하여 시설할 것

　㉢ 전로에는 갱 입구에 가까운 곳에 전용 개폐기를 시설할 것

② 제199조부터 제202조까지의 규정은 광산 기타의 갱도 내에 시설하는 저압 또는 고압이 전기설비에 준용한다.

(3) 터널 등의 배선과 약전류 전선 등 또는 관과의 접근 교차

① 터널·갱도 기타 이와 유사한 곳(철도 또는 궤도의 전용 터널을 제외한다. 이하 이 절에서 "터널 등"이라 한다)에 시설하는 저압 배선이 그 터널 등에 시설하는 다른 저압 전선·약전류 전선 등 또는 수관·가스관이나 이와 유사한 것과 접근하거나 교차하는 경우에는 제196조의 규정에 준하여 시설하여야 한다.

② 터널 등에 시설하는 고압 배선이 그 터널 등에 시설하는 다른 고압 배선·저압 배선·약전류 전선 등 또는 수관·가스관이나 이와 유사한 경우에는 제209조 제2항의 규정에 준하여 시설하여야 한다.

(4) 터널 등의 전구선 또는 이동전선 등의 시설

터널 등에 시설하는 사용전압이 400V 미만인 저압의 전구선 또는 이동전선은 다음에 따라 시설하여야 한다.

㉠ 전구선은 단면적 0.75㎟ 이상의 300/300V 편조 고무코드 또는 0.6/1㎸ EP 고무 절연 클로로프렌 캡타이어 케이블일 것. 다만, 사람이 쉽게 접촉할 우려가 없도록 시설하는 경우에는 단면적 0.75㎟ 이상의 연동연선을 사용하는 450/750V 내열성에틸렌아세테이트 고무절연전선(출구부의 전선의 간격이 10㎜ 이상인 전구 소켓에 부속하는 전선은 단면적이 0.75㎟ 이상인 450/750V 내열성에틸렌아세테이트 고무절연전선 또는 450/750V 일반용 단심 비닐절연전선)을 사용할 수 있다.

㉡ 이동전선은 제247조의 규정에 의하여 용접용 케이블을 사용하는 경우 이외에는 300/300V 편조 고무코드, 비닐 코드 또는 캡타이어 케이블일 것. 다만, 비닐 코드 및 비닐 캡타이어 케이블은 제198조 제2항에 규정하는 이동전선에 한하여 사용할 수 있다.

㉢ 전구선 또는 이동전선을 현저히 손상시킬 우려가 있는 곳에 설치하는 경우에는 이를 제186조 제2항의 규정에 준하는 가요 전선관에 넣거나 이에 강인한 외장을 할 것

(5) 터널 등에 시설하는 배선 기구 등의 시설

터널 등에 시설하는 배선 기구 및 전기사용기계기구에 준용한다.

4. 특수시설

(1) 전기울타리의 시설

① 전기울타리는 다음에 따르고 또한 견고하게 시설하여야 한다.

> 1. 전기울타리는 사람이 쉽게 출입하지 아니하는 곳에 시설할 것
> 2. 전기울타리를 시설한 곳에는 사람이 보기 쉽도록 KS C IEC 60335-2-76에 따라 위험표시를 시설할 것
> 3. 전선은 인장강도 1.38kN 이상의 것 또는 지름 2mm 이상의 경동선일 것
> 4. 전선과 이를 지지하는 기둥 사이의 이격거리는 2.5cm 이상일 것
> 5. 전선과 다른 시설물(가공 전선을 제외한다) 또는 수목 사이의 이격거리는 30cm 이상일 것

② 전기울타리에 전기를 공급하는 전기 울타리용 전원장치는 KS C IEC 60335 -2-76에 적합한 것을 사용하여야 한다.

③ 전기울타리용 전원 장치 중 충격 전류가 반복하여 생기는 것은 그 장치 및 이에 접속하는 전로에서 생기는 전파 또는 고주파 전류가 무선설비의 기능에 계속적이고 또한 중대한 장해를 줄 우려가 있는 곳에는 시설하여서는 아니 된다.

④ 전기울타리에 전기를 공급하는 전로에는 쉽게 개폐할 수 있는 곳에 전용 개폐기를 시설하여야 한다.

⑤ 전기울타리용 전원 장치에 전기를 공급하는 전로의 사용전압은 250V 이하이어야 한다.

★출제Point 전기울타리의 시설 주의

(2) 유희용 전차의 시설

① 유희용 전차(유원지·유회장 등의 구내에서 유희용으로 시설하는 것을 말한다. 이하 이 조에서 같다)안의 전로 및 여기에 전기를 공급하기 위하여 사용하는 전기설비는 다음에 따라 시설하여야 한다.

    ㉠ 유희용 전차에 전기를 공급하는 전로의 사용전압은 직류의 경우는 60V 이하, 교류의 경우는 40V 이하일 것

    ㉡ 유희용 전차에 전기를 공급하기 위하여 사용하는 접촉전선(이하 이 조에서 "접촉전선"이라 한다)은 제3레일 방식에 의하여 시설할 것

    ㉢ 레일 및 접촉전선은 사람이 쉽게 출입할 수 없도록 설비한 곳에 시설할 것

ⓔ 유희용 전차에 전기를 공급하는 전로의 사용전압으로 전기를 변성하기 위하여 사용하는 변압기의 1차 전압은 400V 미만일 것

ⓜ 유희용 전차 안에 승압용 변압기를 시설하는 경우에는 그 변압기의 2차 전압은 150V 이하일 것

ⓗ 제4호 및 제5호의 변압기는 절연 변압기일 것

ⓢ 전로의 일부로서 사용하는 레일은 용접(이음판의 용접을 포함한다)에 의한 경우 이외에는 적당한 본드로 전기적으로 접속할 것

ⓞ 변압기·정류기 등과 레일 및 접촉선을 접속하는 전선 및 접촉 전선 상호 간을 접속하는 전선은 케이블 공사에 의하여 시설하는 경우 이외에는 사람이 쉽게 접속할 우려가 없도록 시설할 것

ⓩ 유희용 전차에 전기를 공급하는 전로에는 전용 개폐기를 시설할 것

ⓧ 유희용 전차 안의 전로는 취급자 이외의 자가 쉽게 접촉할 우려가 없도록 시설할 것

② 접촉전선과 대지 사이의 절연저항은 사용전압에 대한 누설전류가 레일의 연장 1km마다 100mA를 넘지 아니하도록 유지하여야 한다.

③ 유희용 전차 안의 전로와 대지 사이의 절연저항은 사용전압에 대한 누설전류가 규정 전류의 1/5,000을 넘지 아니하도록 유지하여야 한다.

(3) 전격살충기의 시설

① 전격살충기(電擊殺蟲器)는 다음에 따라 시설하여야 한다.

> 1. 전격살충기는 「전기용품안전 관리법」의 적용을 받는 것일 것
> 2. 전격살충기에 전기를 공급하는 전로에는 전용 개폐기를 전격살충기에서 가까운 곳에 쉽게 개폐할 수 있도록 시설할 것
> 3. 전격살충기는 전격격자(電擊格子)가 지표상 또는 마루 위 3.5m 이상의 높이가 되도록 시설할 것. 다만, 2차측 개방 전압이 7kV 이하인 절연변압기를 사용하고 또한 보호격자의 내부에 사람이 손을 넣거나 보호격자에 사람이 접촉할 때에 절연 변압기의 1차측 전로를 자동적으로 차단하는 보호장치를 설치한 것은 지표상 또는 마루 위 1.8m 높이까지로 감할 수 있다.
> 4. 전격살충기의 전격격자와 다른 시설물(가공전선을 제외한다) 또는 식물 사이의 이격거리는 30cm 이상일 것
> 5. 전격살충기를 시설한 곳에는 위험표시를 할 것

② 전격살충기는 그 장치 및 이에 접속하는 전로에서 생기는 전파 또는 고주파 전류가 무선설비의 기능에 계속적이고 또한 중대한 장해를 줄 우려가 있는 곳에 시설하여서는 아니 된다.

(4) 교통신호등의 시설

① 교통신호등 회로[교통신호등의 제어장치(제어기·정리기 등을 말한다. 이하 이 조에서 같다)로부터 교통신호등의 전구까지의 전로를 말한다. 이하 이 조에서 같다]의 사용전압은 300V 이하이어야 한다.

② 교통신호등 회로의 배선(인하선을 제외한다)은 다음에 따라 시설하여야 한다.

　㉠ 전선은 케이블인 경우 이외는 공칭단면적 2.5㎟ 연동선과 동등 이상의 세기 및 굵기의 450/750V 일반용 단심 비닐절연전선 또는 450/750V 내열성에틸렌아세테이트 고무절연전선일 것

　㉡ 전선이 450/750V 일반용 단심 비닐절연전선 또는 450/750V 내열성에틸렌아세테이트 고무절연전선인 경우에는 이를 인장강도 3.70kN의 금속선 또는 지름 4㎜ 이상의 아연도금철선 또는 이와 동등 이상의 부식방지 성능이 있는 철선을 2가닥 이상을 꼰 금속선에 매달 것

　㉢ 제2호에 규정하는 전선을 매다는 금속선에는 지지점 또는 이에 근접하는 곳에 애자를 삽입할 것

　㉣ 전선이 케이블인 경우에는 제69조(제1항 제4호를 제외한다)의 규정에 준하여 시설할 것

③ 교통신호등 회로의 인하선은 다음에 따라 시설하여야 한다.

> 1. 전선의 지표상의 높이는 2.5m 이상일 것. 다만, 전선을 제184조의 규정에 준하는 금속관 공사 또는 제193조(제3항을 제외한다)의 규정에 준하는 케이블 공사에 의하여 시설하는 경우에는 그러하지 아니하다.
> 2. 전선을 애자사용 공사에 의하여 시설하는 경우에는 전선을 적당한 간격마다 묶을 것

④ 교통신호등 제어장치의 전원측에는 전용 개폐기 및 과전류 차단기를 각 극에 시설하여야 하며 또한 교통신호등 회로의 사용전압이 150V를 초과하는 경우에는 전로에 지락이 생겼을 때에 자동적으로 전로를 차단하는 장치를 시설할 것

⑤ 교통신호등 제어장치의 금속제 외함에는 제3종 접지공사를 하여야 한다.

⑥ 교통신호등 회로의 배선이 건조물·도로·횡단보도교·철도·궤도·삭도·가공 약전류 전선 등·안테나·가공전선 및 전차선 또는 다른 교통신호등 회로의 배선과 접근하거나 교차하는 경우에는 제79조부터 제84조까지의 저압 가공전선의 규정에 준하여 시설하여야 한다.

⑦ 교통신호등 회로의 배선이 건조물·도로·횡단보도교·철도·궤도·삭도·가공 약전류 전선 등·안테나·가공전선 및 전차선 이외의 시설물과 접근하거나 교차하는 경우에는 교통신호등 회로의 배선과 이들 사이의 이격거리는 60cm(교통신호등 회로의 배선이 케이블인 경우에는 30cm) 이상이어야 한다.

⑧ LED를 광원으로 사용하는 교통신호등의 설치는 KS C 7528 "LED 교통신호등"에 적합할 것

★풀게Point 교통신호등의 시설 주의

(5) 도로 등의 전열장치의 시설

① 발열선을 도로(농로 기타 교통이 빈번하지 아니하는 도로 및 횡단보도교를 포함한다. 이하 이 조에서 같다), 주차장 또는 조영물의 조영재에 고정시켜 시설하는 경우에는 다음에 따라야 한다.

㉠ 발열선에 전기를 공급하는 전로의 대지전압은 300V 이하일 것

㉡ 발열선은 미네럴인슈레이션 케이블 등 KS C IEC 60800(2009) "정격전압 300/500 V 이하 보온 및 결빙 방지용 케이블(Heating Cables)"에 규정된 발열선으로서 노출 사용하지 아니하는 것은 B종 발열선을 사용하고, 동 규격의 부속서 A(규정) "사용 지침"에 따라 적용하여야 한다.

㉢ 발열선(발열선에 직접 접속하는 전선인 Cold Lead 포함)의 구조 및 재료는 KS C IEC 60800(2009)의 "제2장 특별규정" 및 "1.7 케이블 구조의 일반적 요구사항"에 적합할 것. 다만, 규정되지 않은 절연 및 비금속 외부시스 재료는 1.7.2.1(절연 재료) 및 1.7.5.1 (비금속 외부시스 재료)에 따른다.

㉣ 발열선의 도체는 KS C IEC 60228 또는 한국전기기술기준위원회 표준 KECS 1501-2009 에 적합한 연동선 또는 이를 소선으로 한 연선(절연체에 에틸렌프로필렌고무혼합물·부틸고무혼합물을 사용한 것은 주석이나 납 또는 이들의 합금으로 도금한 것에 한한다)일 것

㉤ 완성품은 KS C IEC 60800(2009)의 3.4.3의 "실내 온도에서의 전압시험"에 적합할 것

㉥ 발열선은 사람이 접촉할 우려가 없고 또한 손상을 받을 우려가 없도록 콘크리트 기타 견고한 내열성이 있는 것 안에 시설할 것

㉦ 발열선은 그 온도가 80℃를 넘지 아니하도록 시설할 것. 다만, 도로 또는 옥외주차장에 금속피복을 한 발열선을 시설할 경우에는 발열선의 온도를 120℃ 이하로 할 수 있다.

㉧ 발열선은 다른 전기설비·약전류 전선 등 또는 수관·가스관이나 이와 유사한 것에 전기

적·자기적 또는 열적인 장해를 주지 아니하도록 시설할 것

ⓩ 발열선 상호 간 또는 발열선과 전선을 접속할 경우에는 전류에 의한 접속부분의 온도상 승이 접속부분 이외의 온도상승보다 높지 아니하도록 하고 또한 다음에 의할 것

> 1. 접속부분에는 접속관 기타의 기구를 사용하거나 또는 납땜을 하고 또한 그 부분을 발 열선의 절연물과 동등 이상의 절연효력이 있는 것으로 충분히 피복할 것
> 2. 발열선 또는 발열선에 직접 접속하는 전선의 피복에 사용하는 금속체 상호 간을 접속 하는 경우에는 그 접속부분의 금속체를 전기적으로 완전히 접속할 것

ⓩ 발열선 또는 발열선에 직접 접속하는 전선의 피복에 사용하는 금속체에는 사용전압이 400V 미만인 것에는 제3종 접지공사, 사용전압이 400V 이상인 것에는 특별 제3종 접지 공사를 할 것

ⓣ 발열선에 전기를 공급하는 전로에는 전용 개폐기 및 과전류 차단기를 각 극(과전류 차 단기는 다선식 전로의 중성극을 제외한다)에 시설하고 또한 전로에 지락이 생겼을 때에 자동적으로 전로를 차단하는 장치를 시설할 것

② 콘크리트의 양생 기간에 콘크리트의 보온을 위하여 발열선을 시설하는 경우에는 다음에 따라 시설하여야 한다.

ⓖ 발열선에 전기를 공급하는 전로의 대지전압은 300V 이하일 것

ⓛ 발열선은 「전기용품안전 관리법」의 적용을 받는 것 이외에는 한국전기기술기준위원회 표준 KECS 1204-2009에 적합한 것일 것

ⓔ 발열선을 콘크리트 속에 매입하여 시설하는 경우 이외에는 발열선 상호 간의 간격을 5㎝ 이상으로 하고 또한 발열선이 손상을 받을 우려가 없도록 시설할 것

ⓔ 발열선에 전기를 공급하는 전로에는 전용 개폐기 및 과전류 차단기를 각 극(과전류 차 단기는 다선식 전로의 중성극을 제외한다)에 시설할 것. 다만, 발열선에 접속하는 이동 전선과 옥내배선, 옥측배선 또는 옥외배선을 꽂음 접속기 기타 이와 유사한 기구를 사 용하여 접속하는 경우에는 전용 개폐기의 시설을 하지 아니하여도 된다.

③ 전열보드 또는 전열시트를 조영물의 조영재에 고정시켜 시설하는 경우에는 다음에 따라야 한다.

ⓖ 전열보드 또는 전열시트에 전기를 공급하는 전로의 사용전압은 300V 이하일 것

ⓛ 전열보드 또는 전열시트는 「전기용품안전 관리법」의 적용을 받는 것일 것

ⓔ 전열보드의 금속제 외함 또는 전열 시트의 금속 피복에는 제3종 접지공사를 할 것

④ 도로 또는 옥외 주차장에 표피전류가열장치(表皮電流加熱裝置)(소구경 관의 내부에 발열 선을 시설한 것을 말한다. 시설하는 경우에는 다음에 따라 시설하여야 한다.

㉠ 발열선에 전기를 공급하는 전로의 대지전압은 교류(주파수가 60㎐의 것에 한한다) 300V 이하일 것

㉡ 발열선과 소구경관은 전기적으로 접속하지 아니할 것

㉢ 소구경관은 다음에 의하여 시설할 것

> 1. 소구경관은 KS D 3507(2008)에 규정하는 "배관용 탄소강관"에 적합한 것일 것
> 2. 소구경관은 그 온도가 120℃를 넘지 아니하도록 시설할 것
> 3. 소구경관에 부속하는 박스는 강판으로 견고하게 제작한 것일 것
> 4. 소구경관 상호 간 및 소구경관과 박스의 접속은 용접에 의할 것

㉣ 발열선은 다음에 정하는 표준에 적합한 것으로서 그 온도가 120℃를 넘지 아니하도록 시설할 것

⑦ 발열체는 KS C IEC 60228 또는 한국전기기술기준위원회 표준 KECS 1501-2009에 적합한 연동선 또는 이를 소선으로 한 연선(절연체에 에틸렌프로필렌고무혼합물 또는 규소고무혼합물을 사용한 것은 주석이나 납 또는 이들의 합금으로 도금한 것, 불소수지 혼합물을 사용한 것은 니켈이나 은 또는 이들의 합금으로 도금한 것에 한한다) 일 것

④ 절연체와 외장은 다음에 적합한 것일 것

> ⓐ 절연체 재료는 내열비닐혼합물·가교폴리에틸렌혼합물 또는 에틸렌프로필렌고무혼합물을 사용한 경우는 내열비닐 혼합물·가교폴리에틸렌혼합물 또는 에틸렌프로필렌고무혼합물로서 KS C IEC 60811-1-1의 "9. 절연체 및 시스의 기계적 특성시험"에 규정하는 시험을 하였을 때 이에 적합한 것일 것
> ⓑ 외장의 재료는 절연체에 내열비닐혼합물·가교폴리에틸렌혼합물 또는 에틸렌프로필렌고무혼합물을 사용한 경우는 내열비닐혼합물·가교폴리에틸렌혼합물 또는 에틸렌프로필렌고무혼합물로서 KS C IEC 60811-1-1의 "9. 절연체 및 시스의 기계적 특성시험"에 규정하는 시험을 하였을 때 이것에 적합한 것. 절연체에 규소 고무혼합물 또는 불소수지 혼합물을 사용한 경우는 내열성이 있는 것으로 조밀하게 편조한 것 또는 이와 동등 이상의 내열성 및 세기를 가지는 것일 것

⑨ 완성품은 사용전압이 600V를 초과하는 것은 접지한 금속평판 위에 케이블을 2m 이상 밀착시켜 도체와 접지 판 사이에 다음의 표에서 정한 시험전압까지 서서히 전압을 가하여 코로나 방전량을 측정하였을 때 방전량이 30PC 이하일 것

사용전압의 구분	시험방법
600V 초과 1,500V 이하	1,500V
1,500V 초과 3,500V 이하	3,500V

ⓜ 표피 전류 가열장치는 사람이 접촉할 우려가 없고 또한 손상을 받을 우려가 없도록 콘크리트 기타 견고하고 내열성이 있는 것 안에 시설할 것

ⓗ 발열선에 직접 접속하는 전선은 발열선과 동등 이상의 절연효력 및 내열성을 가지는 것일 것

ⓢ 발열선 상호 간 또는 발열선과 전선을 접속하는 경우에는 전류에 의한 접속부분의 온도상승이 접속부분 이외의 온도상승보다 높지 아니하도록 하고 또한 다음에 의할 것

⑦ 접속은 접속관 기타의 기구를 사용하거나 또는 납땜 접합할 것

⒟ 접속은 강판으로 견고하게 제작된 박스 안에서 할 것

⒠ 접속부분은 발열선의 절연물과 동등 이상의 절연효력을 가지는 것으로 충분히 피복할 것

ⓞ 소구경관(박스를 포함한다)에는 사용전압이 400V 미만인 것에는 제3종 접지공사, 사용전압이 400V 이상인 것에는 특별 제3종 접지공사를 할 것

(6) 파이프라인 등의 전열장치의 시설

① 파이프라인 등(도관 및 기타의 시설물에 의하여 액체를 수송하는 시설의 총체를 말한다.)에 발열선을 시설하는 경우에는 다음에 따라 시설하여야 한다.

㉠ 발열선에 전기를 공급하는 전로의 사용전압은 저압일 것

㉡ 발열선은 미네럴인슈레이션케이블 또는 다음에 적합한 것일 것

⑦ 노출하여 사용하지 않는 것은 B종 발열선을 사용하고 제235조 제1항 제2호 및 제3호에 적합할 것

⒟ 노출하여 사용하는 것은 C종 발열선을 사용하고 제235조 제1항 제2호 및 제3호에 적합할 것

㉢ 발열선에 직접 접속하는 전선은 제235조 제1항 제3호에서 정하는 표준에 적합한 발열선 접속용 케이블일 것

㉣ 발열선은 사람이 접촉할 우려가 없고 또한 손상을 받을 우려가 없도록 시설할 것

ⓜ 발열선은 그 온도가 피가열 액체의 발화 온도의 80%를 넘지 아니하도록 시설할 것

ⓗ 발열선은 다른 전기설비·약전류 전선 등 다른 파이프라인 등 또는 가스관이나 이와 유사한 것에 전기적·자기적 또는 열적 장해를 주지 아니하도록 시설할 것

ⓢ 발열선 상호 간 또는 발열선과 전선을 접속하는 경우에는 전류에 의한 접속부분의 온도 상승이 접속부분 이외의 온도상승보다 높지 아니하도록 하고 또한 다음에 의할 것

　　㉮ 접속부분에는 접속관 기타의 기구를 사용하거나 납땜을 하고 또한 그 부분을 발열 선의 절연물과 동등 이상의 절연효력이 있는 것으로 충분히 피복할 것

　　㉯ 발열선 또는 발열선에 직접 접속하는 전선의 피복에 사용하는 금속체 상호 간을 접 속하는 경우에는 그 접속부분의 금속체를 전기적으로 완전히 접속할 것

ⓞ 발열선 또는 발열선에 직접 접속하는 전선의 피복에 사용하는 금속체·파이프라인 등에 는 사용전압이 400V 미만인 것에는 제3종 접지공사, 400V 이상인 것에는 특별 제3종 접 지공사를 할 것

ⓩ 발열선에 전기를 공급하는 전로에는 전용 개폐기 및 과전류 차단기를 각 극(과전류 차 단기는 다선식 전로의 중성극을 제외한다)에 시설하고 또한 전로에 지락이 생겼을 때에 자동적으로 전로를 차단하는 장치를 시설할 것

ⓩ 파이프라인 등에는 사람이 보기 쉬운 곳에 발열선이 시설되어 있음을 표시할 것

② 파이프라인 등에 전류를 직접 흘려서 파이프라인 등 자체를 발열체로 하는 장치(이하 이 항 에서 "직접 가열장치"라 한다)를 시설하는 경우에는 다음에 따라 시설하여야 한다.

㉠ 발열체에 전기를 공급하는 전로의 사용전압은 교류(주파수가 60Hz의 것에 한한다)의 저 압일 것

㉡ 직접 가열장치에 전기를 공급하기 위해서 전용의 절연 변압기를 사용하고 또한 그 변압 기의 부하측의 전로는 접지하지 아니할 것

㉢ 발열체가 되는 파이프라인 등은 다음에 의하여 시설할 것

　　㉮ 파이프라인 등은 다음에 적합한 것일 것

　　　ⓐ 도체 부분의 재료는 다음 중 1에 의할 것

　　　　(가) KS D 3507(2008)의 "배관용 탄소강관"
　　　　(나) KS D 3562(2009)의 "압력배관용 탄소강관"
　　　　(다) KS D 3570(2008)의 "고온배관용 탄소강관"
　　　　(라) KS D 3583(2008)의 "배관용 아크용접 탄소강관"
　　　　(마) KS D 3576(2008)의 "배관용 스테인레스강관"

ⓑ 절연체[(3)의 것은 제외한다]의 두께는 0.5㎜ 이상이어야 하며, 재료는 다음 중 어느 하나에 적합할 것

(가) KS C IEC 60364-2(2006)의 "전기용 바니시 처리된 직물류"
(나) KS C 2344(2003)의 "전기용 폴리에스텔 필름"
(다) KS C 2347(2003)의 "전기절연용 폴리에스텔 필름 점착테이프"
(라) KS C IEC 60811-1-1의 "9. 절연체 및 시스의 기계적 특성시험"에 따른 시험을 하였을 때 이에 적합한 폴리에틸렌 혼합물

ⓒ 발열체 상호 간의 프렌지 접합부 및 발열체와 벤트관 드레인관 등의 부속물과의 접속부분에 삽입하는 절연체는 다음에 적합한 것일 것

(가) 재료는 KS M 3337(2007)의 "열경화성수지 적층판" 중 유리섬유천기재 규소수지 적층판·유리섬유천기재 에폭시수지 적층판 또는 유리맷트기재 폴리에스텔 수지 적층판일 것
(나) 두께는 1㎜ 이상일 것

ⓓ 완성품은 KS C IEC 60800(2009)의 3.4.3의 "실내 온도에서의 전압시험"에 적합할 것
ⓝ 발열체 상호 간의 접속은 용접 또는 프렌지 접합에 의할 것
ⓒ 발열체에는 슈를 직접 붙이지 아니할 것
ⓡ 발열체 상호 간의 프렌지 접합부 및 발열체와 통기관·드레인관 등의 부속물과의 접속부분에는 발열체가 발생하는 열에 충분히 견디는 절연물을 삽입할 것
ⓜ 발열체에는 사람이 접촉할 우려가 없도록 절연물로 충분히 피복할 것
ⓔ 발열체와 전선을 접속하는 경우에는 다음에 의할 것
㉮ 발열체에는 전선의 절연이 손상되지 아니하도록 충분한 길이의 단자를 납땜 또는 용접할 것
㉯ 단자는 발열체에 절연물과 동등 이상의 절연효력이 있는 것으로 충분히 피복하고 그 위를 견고하게 비금속제의 보호관으로 방호할 것
ⓗ 발열체의 단열재의 금속제 외피 및 발열체와 절연물을 중간에 둔 파이프라인 등의 금속제 비충전부분에는 사용전압이 400V 미만인 것에는 제3종 접지공사, 사용전압이 400V 이상인 것에는 특별 제3종 접지공사를 할 것
③ 파이프라인 등에 표피전류가열장치를 시설하는 경우에는 다음에 따라 시설하여야 한다.
㉠ 발열선에 전기를 공급하는 전로의 사용전압은 교류(주파수가 60㎐의 것에 한한다)의 저

압 또는 고압일 것

ⓛ 표피 전류 가열장치에 전기를 공급하기 위해서 전용의 절연 변압기를 사용하고 또한 그 변압기로부터 발열선에 이르는 전로는 접지하지 아니할 것. 다만, 발열선과 소구경관을 전기적으로 접속하지 아니하는 것은 그러하지 아니하다.

ⓒ 소구경관은 다음에 의하여 시설할 것

> 1. 소구경관은 KS D 3507(2008)의 "배관용 탄소강관"에 적합한 것일 것
> 2. 소구경관에 부속하는 박스는 강판으로 견고하게 제작한 것일 것
> 3. 소구경관 상호 간 및 소구경관과 박스의 접속은 용접에 의할 것
> 4. 소구경관을 파이프라인 등에 따라 시설하는 경우에는 납땜 또는 용접에 의하여 발생하는 열을 파이프라인 등에 균일하게 전도되도록 할 것

ⓔ 발열선은 제235조 제4항 제4호에서 정하는 표준에 적합한 것일 것

ⓜ 소구경관 또는 발열선에 직접 접속하는 전선은 발열선과 동등 이상의 절연효력 및 내열성을 가지는 것일 것

ⓗ 발열선 상호 간 또는 전선과 발열선이나 소구경관(박스를 포함한다)을 접속하는 경우에는 전류에 의한 접속부분의 온도상승이 접속부분 이외의 온도상승보다 높지 아니하도록 하고 또한 다음에 의할 것

  ㉮ 접속부분은 접속관 기타의 기구를 사용하거나 또는 납땜할 것

  ㉯ 접속부분에는 강판으로 견고하게 제작한 박스를 사용할 것

  ㉰ 발열선 상호 간 또는 발열선과 전선의 접속부분은 발열선의 절연물과 동등 이상의 절연효력이 있는 것으로 충분히 피복할 것

ⓢ 소구경관(박스를 포함한다)에는 사용전압이 400V 미만인 것에는 제3종 접지공사, 사용전압이 400V 이상인 저압의 것에는 특별 제3종 접지공사, 사용전압이 고압인 것에는 제1종 접지공사를 할 것

④ 발열선을 송배수관 또는 수도관에 고정시켜 시설하는 경우(「전기용품안전 관리법」의 적용을 받는 수도 동결방지기를 사용하는 경우를 제외한다)에는 다음에 따라 시설하여야 한다.

㉠ 발열선에 전기를 공급하는 전로의 사용전압은 400V 미만일 것

ⓛ 발열선은 제1항 제2호에서 정하는 표준에 적합한 것일 것

ⓒ 발열선에 직접 접속하는 전선은 제235조 제1항 제3호에서 정하는 표준에 적합한 발열선 접속용 케이블일 것

ⓔ 발열선은 그 온도가 80℃를 넘지 아니하도록 시설할 것

◎ 발열선 또는 발열선에 직접 접속하는 전선의 피복에 사용하는 금속체에는 제3종 접지공사를 할 것

(7) 전기온상 등의 시설

① 전기온상 등(식물의 재배 또는 양잠·부화·육추 등의 용도로 사용하는 전열장치를 말하며 「전기용품안전 관리법」의 적용을 받는 것을 제외한다. 이하 이 조에서 같다)은 다음에 따라 시설하여야 한다.
　㉠ 전기온상 등에 전기를 공급하는 전로의 대지전압은 300V 이하일 것
　㉡ 발열선 및 발열선에 직접 접속하는 전선은 전기온상선(電氣溫床線)일 것
　㉢ 발열선 및 발열선에 직접 접속하는 전선은 손상을 받을 우려가 있는 경우에는 적당한 방호장치를 할 것
　㉣ 발열선은 그 온도가 80℃를 넘지 아니하도록 시설할 것
　㉤ 발열선은 다른 전기설비·약전류 전선 등 또는 수관·가스관이나 이와 유사한 것에 전기적·자기적 또는 열적인 장해를 주지 아니하도록 시설할 것
　㉥ 발열선이나 발열선에 직접 접속하는 전선의 피복에 사용하는 금속체 또는 제3호에 규정하는 방호장치의 금속제 부분에는 제3종 접지공사를 할 것
　㉦ 전기온상 등에 전기를 공급하는 전로에는 전용 개폐기 및 과전류 차단기를 각 극(과전류 차단기는 다선식 전로의 중성극을 제외한다)에 시설할 것. 다만, 전기온상 등에 과전류 차단기를 시설하고 또한 전기온상 등에 부속하는 이동전선과 옥내배선·옥측배선 또는 옥외배선을 꽂음 접속기 기타 이와 유사한 기구를 사용하여 접속하는 경우에는 그러하지 아니하다.
② 발열선을 공중에 시설하는 전기온상 등은 다음 어느 하나에 따라 시설하여야 한다.
　㉠ 발열선을 애자로 지지하고 또한 다음에 의하여 시설할 것
　　㉮ 발열선은 사람이 쉽게 접촉할 우려가 없도록 시설할 것. 다만, 취급자 이외의 자가 출입할 수 없도록 설비된 곳에 시설하는 경우에는 그러하지 아니하다.
　　㉯ 발열선은 전개된 곳에 시설할 것. 다만, 목재 또는 금속제의 견고한 구조의 함(이하 이 항에서 "함"이라 한다)에 시설하고 또한 금속제 부분에 제3종 접지공사를 할 경우에는 그러하지 아니하다.
　　㉰ 발열선 상호 간의 간격은 3㎝(함안에 시설하는 경우에는 2㎝) 이상일 것. 다만, 발열선을 함안에 시설하는 경우로서 발열선 상호 간의 사이에 40㎝ 이하마다 절연성·난

연성 및 내수성이 있는 이격물을 설치하는 경우에는 그 간격을 1.5㎝까지로 감할 수 있다.

  ㉣ 발열선과 조영재 사이의 이격거리는 2.5㎝ 이상일 것

  ㉤ 발열선을 함안에 시설하는 경우에는 발열선과 함의 구성재 사이의 이격거리는 1㎝ 이상일 것

  ㉥ 발열선의 지지점 간의 거리는 1m 이하일 것. 다만, 발열선 상호 간의 간격이 6㎝ 이상인 경우에는 2m 이하로 할 수 있다.

  ㉦ 애자는 절연성·난연성 및 내수성이 있는 것일 것

 ⓛ 발열선을 금속관에 넣고 또한 제184조 제2항(제2호 "가"를 제외한다) 및 제3항(제5호를 제외한다)의 규정에 준하여 시설할 것

③ 발열선을 콘크리트 속에 시설하는 전기온상 등은 다음에 따라 시설하여야 한다.

 ㉠ 발열선은 합성수지관 또는 금속관에 넣고 또한 규정에 준하여 시설할 것

 ㉡ 발열선에 전기를 공급하는 전로에는 전로에 지락이 생겼을 때에 자동적으로 전로를 차단하거나 경보하는 장치를 시설할 것

④ 전기온상 등 이외의 것은 규정에 의하는 외에 다음에 따라 시설하여야 한다.

 ㉠ 발열선 상호 간은 접촉하지 아니하도록 시설할 것

 ㉡ 발열선을 시설하는 곳에는 발열선이 시설되어 있다는 표시를 할 것

 ㉢ 발열선에 전기를 공급하는 전로에는 전로에 지락이 생겼을 때에 자동적으로 전로를 차단하는 장치를 시설할 것. 다만, 대지전압이 150V 이하의 발열선을 지하에 시설하는 경우로서 발열선을 시설한 곳에 취급자 이외의 자가 들어가지 못하도록 주위에 적당한 울타리를 설치할 때에는 그러하지 아니하다.

(8) 전극식 온천용 승온기의 시설

수관을 통하여 공급되는 온천수의 온도를 올려서 수관을 통하여 욕탕에 공급하는 전극식의 온수기(이하 이 조에서 "승온기"라 한다)는 다음에 따라 시설하여야 한다.

 ㉠ 승온기의 사용전압은 400V 미만일 것

 ㉡ 승온기 또는 이에 부속하는 급수 펌프에 직결되는 전동기에 전기를 공급하기 위하여는 사용전압이 400V 미만인 절연 변압기를 사용할 것

 ㉢ 제2호의 절연 변압기의 1차측 전로에는 개폐기 및 과전류 차단기를 각 극(과전류 차단기는 다선식의 중성극을 제외한다)에 시설할 것

② 제2호의 절연 변압기의 2차측 전로에는 승온기 및 이에 부속하는 급수 펌프에 직결하는 전동기 이외의 전기사용 기계기구를 접속하지 아니할 것

⑩ 제2호의 절연 변압기의 철심 및 금속제 외함에는 제3종 접지공사를 할 것

⑪ 제2호의 절연 변압기는 교류 2kV의 시험전압을 하나의 권선과 다른 권선, 철심 및 외함과의 사이에 연속하여 1분간 가하여 절연내력을 시험하였을 때에 이에 견디는 것일 것

㉠ 승온기의 온천수 유입구 및 유출구에는 차폐장치를 설치할 것. 이 경우에 차폐장치와 승온기 및 차폐장치와 욕탕 사이의 거리는 각각 수관에 따라 50cm 이상 및 1.5m 이상이어야 한다.

㉡ 승온기에 부속하는 급수 펌프는 승온기와 차폐장치 사이에 시설하고 또한 그 급수 펌프 및 이에 직결하는 전동기는 사람이 쉽게 접촉할 우려가 없도록 시설할 것. 다만, 그 급수 펌프에 특별 제3종 접지공사를 할 경우에는 그러하지 아니하다.

㉢ 승온기에 접속하는 수관중 승온기와 차폐장치 사이 및 차폐장치로부터 수관에 따라 1.5m까지의 부분은 절연성 및 내수성이 있는 견고한 것일 것. 이 경우에 그 부분에는 수전(水銓) 등을 시설하여서는 아니 된다.

㉣ 차폐장치의 전극에는 제1종 접지공사를 할 것. 이 경우에 접지공사의 접지극은 제21조의 규정에 의하여 수도관로를 접지극으로 사용하는 경우 이외에는 다른 접지공사의 접지극과 공용하여서는 아니 된다.

㉤ 승온기 및 차폐장치의 외함은 절연성 및 내수성이 있는 견고한 것일 것

(9) 전기욕기의 시설

전기욕기는 다음에 따라 시설하여야 한다. 전기욕기에 전기를 공급하기 위한 전기욕기용 전원장치(내장되어 있는 전원 변압기의 2차측 전로의 사용전압이 10V 이하인 것에 한한다)는 「전기용품안전 관리법」에 의한 안전기준에 적합한 것

㉠ 전기욕기용 전원장치의 금속제 외함 및 전선을 넣는 금속관에는 제3종 접지공사를 할 것

㉡ 전기욕기용 전원장치는 욕실 이외의 건조한 곳으로서 취급자 이외의 자가 쉽게 접촉하지 아니하는 곳에 시설할 것

㉢ 욕탕 안의 전극간의 거리는 1m 이상일 것

㉣ 욕탕 안의 전극은 사람이 쉽게 접촉할 우려가 없도록 시설할 것

㉤ 전기욕기용 전원장치로부터 욕탕 안의 전극까지의 배선은 공칭단면적 2.5㎟ 이상의 연동선과 동등 이상의 세기 및 굵기의 절연전선(옥외용 비닐절연전선을 제외한다) 또는 케

이블 또는 공칭단면적이 1.5㎟ 이상의 캡타이어 케이블을 사용하고 합성수지관 공사, 금속관 공사 또는 케이블 공사에 의하여 시설하거나 또는 공칭단면적이 1.5㎟ 이상의 캡타이어 코드를 합성수지관(두께 2㎜ 미만의 합성수지제 전선관 및 난연성이 없는 콤바인 덕트관을 제외한다) 또는 금속관에 넣고 관을 조영재에 견고하게 붙일 것. 다만, 전기욕기용 전원장치로부터 욕탕에 이르는 배선을 건조하고 전개된 장소에 시설하는 경우에는 그러하지 아니하다.

ⓗ 전기욕기용 전원장치로부터 욕조 안의 전극까지의 전선 상호 간 및 전선과 대지 사이의 절연저항값은 0.1㏁ 이상일 것

★출제Point 전기욕기의 시설 정리

(10) 은 이온 살균장치의 시설

은 이온 살균장치는 다음에 따라 시설하여야 한다.

㉠ 은 이온 살균장치에 전기를 공급하기 위해서는 「전기용품안전 관리법」에 적합한 전기욕기용 전원장치를 사용할 것

㉡ 전기욕기용 전원장치의 금속제 외함 및 전선을 넣는 금속관에는 제3종 접지공사를 할 것

㉢ 전기욕기용 전원장치는 욕실 이외의 건조한 장소로서 취급자 이외의 자가 쉽게 접촉하지 아니하는 개소에 시설할 것

㉣ 욕조 내의 전극은 사람이 쉽게 접촉할 우려가 없도록 시설할 것

㉤ 전기욕기용 전원장치로부터 욕조 내의 이온 발생기까지의 배선은 공칭단면적이 1.5㎟ 이상의 캡타이어 코드 또는 이와 동등 이상의 절연효력 및 세기를 갖는 것을 사용하고 합성수지관(두께 2㎜ 미만의 합성수지제 전선관 및 난연성이 없는 콤바인 덕트관을 제외한다) 또는 금속관 내에 넣고 관을 조영재에 견고하게 붙일 것

ⓗ 전기욕기용 전원장치로부터 욕조 내의 전극까지의 전선 상호 간 및 전선과 대지 사이의 절연저항값은 0.1㏁ 이상일 것

(11) 풀용 수중조명등 등의 시설

① 풀용 수중조명등 기타 이에 준하는 조명등은 다음에 따라 시설하여야 한다.

㉠ 조명등은 다음에 적합한 용기에 넣어야 하며 또한 이를 손상 받을 우려가 있는 곳에 시설하는 경우에는 적당한 방호장치를 할 것

1. 조사용창(照射用窓)에 있어서는 유리 또는 렌즈, 기타의 부분에 있어서는 녹슬지 아니하는 금속 또는 카드뮴 도금·아연도금·도장 등으로 녹방지 처리를 한 금속으로 견고히 제작한 것일 것
2. 내부의 적당한 위치에 KS C IEC 60173(2003) "유연성케이블 및 코드의 선심색상"의 접지단자에 적합한 접지용 단자를 설치한 것일 것. 이 경우에 접지용 단자의 나사는 지름이 4㎜ 이상인 것이어야 한다.
3. 조명등의 나사 접속기 및 소켓(형광등용 소켓을 제외한다)은 자기제(磁器製)의 것일 것
4. 완성품은 도전부분과 도전부분 이외의 부분 사이에 2kV의 교류전압을 연속하여 1분간 가하여 절연내력은 시험하였을 때에 이에 견디는 것일 것
6. 완성품은 최대 적용 전등의 와트수의 전등을 달고 또한 정격 최대수심이 15㎝를 초과하는 것은 그 정격최대수심 이상, 정격 최대수심이 15㎝ 이하인 것은 15㎝ 이상의 깊이로 물속에 넣고 그 전등의 정격전압에 상당하는 전압으로 30분간 전기를 공급하고 다음에 30분간 전기의 공급을 중지하는 조작을 6회 반복하였을 때에 용기 안에 물이 침입하는 등의 이상이 없는 것일 것
6. 최대 적용 전등의 와트수 및 정격최대수심을 보기 쉬운 곳에 표시한 것일 것

ⓛ 조명등에 전기를 공급하기 위해서는 1차측 전로의 사용전압 및 2차측 전로의 사용전압이 각각 400V 미만 및 150V 이하인 절연 변압기를 사용할 것

ⓒ 절연 변압기는 다음에 의하여 시설할 것

  ㉮ 절연 변압기의 2차측 전로는 접지하지 아니할 것

  ㉯ 절연 변압기는 그 2차측 전로의 사용전압이 30V 이하인 경우에는 1차 권선과 2차권선 사이에 금속제의 혼촉방지판을 설치하여야 하며 또한 이를 제1종 접지공사를 할 것. 이 경우에 제1종 접지공사에 사용하는 접지선을 사람이 접촉할 우려가 있는 곳에 시설할 때에는 접지선은 450/750V 일반용 단심비닐절연전선, 캡타이어케이블 또는 케이블이어야 한다.

ⓔ 절연 변압기는 교류 5kV의 시험전압을 하나의 권선과 다른 권선, 철심 및 외함 사이에 연속하여 1분간 가하여 절연내력을 시험하였을 때에 이에 견디는 것일 것

ⓜ 절연 변압기의 2차측 전로에는 개폐기 및 과전류 차단기를 각 극에 시설할 것

ⓗ 절연 변압기의 2차측 전로의 사용전압이 30V를 초과하는 경우에는 그 전로에 지락이 생겼을 때에 자동적으로 전로를 차단하는 장치를 할 것

ⓢ 개폐기나 과전류 차단기 또는 제6호의 지락이 생겼을 때에 자동적으로 전로를 차단하는 장치는 견고한 금속제의 외함에 넣고 또한 그 외함에 특별 제3종 접지공사를 할 것

ⓞ 절연 변압기의 2차측 배선은 금속관 공사에 의할 것

ⓩ 조명등에 전기를 공급하기 위한 이동전선에는 접속점이 없는 단면적 2.5㎟ 이상의 0.6/1 kV EP 고무절연 클로로프렌 캡타이어케이블을 사용하여야 하며 또한 이를 손상받을 우려가 있는 곳에 시설하는 경우에는 적당한 방호장치를 할 것

ⓒ 이동전선과 배선과의 접속에는 꽂음 접속기를 사용하고 또한 이를 물이 스며들기 어려운 구조로 되어 있는 금속제 외함에 넣고 수중 또는 이에 준하는 곳 이외의 곳에 시설할 것

ⓚ 용기 및 방호장치의 금속제 부분에는 특별 제3종 접지공사를 할 것. 이 경우에 제9호의 이동전선의 선심의 하나를 접지선으로 사용하고 이와 제1호의 용기의 금속제 부분 및 이를 놓는 외함 및 조영물에 고정되어 있는 접지선과의 접속에는 제10호의 꽂음 접속기의 1극을 사용하여야 한다.

② 수중 또는 이에 준하는 곳에 조명등을 다음에 따라 시설하는 경우에 그곳에 사람이 출입할 우려가 없을 때에는 규정에 의하지 아니할 수 있다.

㉠ 조명등은 다음에 적합한 용기에 넣어 시설할 것

㉮ 조사용 창(전등의 유리부분이 외부에 노출되는 것을 제외한다)은 유리 또는 렌즈, 기타의 부분은 녹슬지 아니하는 금속·카드뮴 도금·아연도금·도장 등으로 녹방지 처리를 한 금속 또는 플라스틱으로 견고히 제작한 것일 것

㉯ 조명등의 나사 접속기 및 소켓(형광등용 소켓을 제외한다)은 자기제의 것일 것

㉰ 완성품은 도전부분과 도전부분 이외의 부분 사이에 2kV의 교류전압을 연속하여 1분간 가하여 절연내력을 시험하였을 때에 이에 견딜 것

㉱ 완성품은 최대적용 전등의 와트수의 전등을 달고 또한 정격최대수심이 15㎝를 초과하는 것은 그 정격최대수심 이상, 정격최대수심이 15㎝ 이하의 것은 15㎝ 이상의 깊이로 물속에 넣고 그 전등의 정격전압에 상당하는 전압으로 30분간 전기를 공급하고 다음에 30분간 전기의 공급을 중지하는 조작을 6회 반복하였을 때에 용기 안에 물이 침입하는 등의 이상이 없는 것일 것

㉲ 최대적용 전등의 와트수 및 정격최대수심을 보기 쉬운 곳에 표시한 것일 것

㉡ 조명등에 전기를 공급하는 전로의 대지전압은 150V 이하일 것

㉢ 조명등에 전기를 공급하기 위한 이동전선은 다음에 의하여 시설할 것

㉮ 전선은 단면적 0.75㎟ 이상의 0.6/1kV EP 고무 절연 클로로프렌 캡타이어케이블일 것

㉯ 전선에는 접속점이 없을 것

㉣ 조명등의 용기의 금속제 부분에는 특별 제3종 접지공사를 할 것

(12) 비행장 등화 배선의 시설

① 비행장 구내로서 비행장 관계자이외의 자가 출입할 수 없는 장소에 비행장 등화(야간 또는 계기 비행 기상상태 하에서 항공기의 이륙 또는 착륙을 돕기 위한 등화시설을 말한다. 이하 이 조에서 같다)에 접속하는 지중의 저압 또는 고압의 배선은 규정에 준하여 시설하여야 한다. 다만, 다음 어느 하나에 따라 시설하는 경우에는 규정에 의하지 아니할 수 있다.

ㄱ 직접 매설에 의하여 차량 기타의 중량물의 압력을 받을 우려가 없는 장소에 저압 또는 고압의 배선을 다음에 의하여 시설할 경우

㉮ 전선은 클로로프렌 외장 케이블일 것

㉯ 전선의 매설장소를 표시하는 적당한 표시를 할 것

㉰ 매설깊이는 항공기 이동지역에서는 50㎝, 그 밖의 지역에서는 75㎝ 이상으로 할 것

ㄴ 활주로·유도로 기타의 포장된 노면에 만든 배선 통로에 저압의 배선을 다음에 의하여 시설하는 경우

㉮ 전선은 공칭단면적 4.0㎟ 이상의 연동선을 사용한 450/750V 일반용 단심 비닐절연전선 또는 450/750V 내열성에틸렌아세테이트 고무절연전선일 것

㉯ 전선에는 다음에 적합한 보호 피복을 할 것

ⓐ 재료는 폴리아미드로서 KS M ISO 1874-2(2008) "플라스틱-폴리아미드(PA) 성형 및 압출 재료-제2부 : 시험편 제작 및 물성 측정"의 "5. 물성의 측정"의 시험을 하였을 때 융점이 210℃ 이상의 것일 것

ⓑ 두께는 0.2㎜ 이상의 것일 것

ⓒ 보호피복을 한 450/750V 일반용 단심 비닐절연전선에 대하여 KS C 3006(2006) "에나멜 동선 및 에나멜 알루미늄선 시험방법"의 "10. 내마모"의 시험방법에 의하여 추의 질량을 1.5㎏으로 하고 보호피복이 닳아 절연체가 노출할 때까지 시험을 하였을 때 그 평균 회수가 300 이상일 것

ㄷ 배선 통로에는 전선이 손상을 받을 우려가 없도록 견고하게 내열성이 있는 것으로 채울 것

② 비행장 등화용 직렬 회로(비행장에서 사용하는 정전류 조정기 2차측 회로, 및 등화용 변압기를 포함한다)는 다음의 표에서 정한 시험전압을 도체와 대지 사이에 연속하여 5분간 가하였을 때 이에 견디고 또한 케이블 도체 간 및 도체와 대지 사이에 측정한 절연저항이 50㏁ 이상일 것

종 류	시험전압	
	최초시험	정기시험
진입등 전체(5kV 1차 리드선이 있는 변압기)	9kV D.C	5kV D.C
접지대등 및 중심선등 회로 (5kV 1차 리드선이 있는 변압기)	9kV D.C	5kV D.C
고광도 활주로등 회로 (5kV 1차 리드선이 있는 변압기)	9kV D.C	5kV D.C
중광도 활주로등 및 유도로등 및 회로 (5kV 1차 리드선이 있는 변압기)	6kV D.C	3kV D.C
600V 회로	1.8kV D.C	600V D.C
5kV 정격 케이블	10kV D.C	10kV D.C
5kV 초과 전력 케이블	(정격전압×2)+1kV	(정격전압×2)+1kV

★출제Point 비행장 등화 배선의 시설 숙지

(13) 전기부식방지 시설

① 전기부식방지 시설[지중 또는 수중에 시설되는 금속체(이하 이 조에서 "피방식체"라 한다)의 부식을 방지하기 위하여 지중 또는 수중에 시설하는 양극과 피방식체 간에 방식 전류를 통하는 시설을 말하며 전기부식방지용 전원장치를 사용하지 아니하는 것을 제외한다. 이하 이 조에서 같다]는 다음에 따라 시설하여야 한다.

  ㉠ 전기부식방지 회로(전기부식방지용 전원 장치로부터 양극 및 피방식체까지의 전로를 말한다. 이하 이 조에서 같다)의 사용전압은 직류 60V 이하일 것

  ㉡ 양극(陽極)은 지중에 매설하거나 수중에서 쉽게 접촉할 우려가 없는 곳에 시설할 것

  ㉢ 지중에 매설하는 양극(양극의 주위에 도전 물질을 채우는 경우에는 이를 포함한다)의 매설깊이는 75㎝ 이상일 것

  ㉣ 수중에 시설하는 양극과 그 주위 1m 이내의 거리에 있는 임의점과의 사이의 전위차는 10V를 넘지 아니할 것. 다만, 양극의 주위에 사람이 접촉되는 것을 방지하기 위하여 적당한 울타리를 설치하고 또한 위험 표시를 하는 경우에는 그러하지 아니하다.

  ㉤ 지표 또는 수중에서 1m 간격의 임의의 2점(제4호의 양극의 주위 1m 이내의 거리에 있는 점 및 울타리의 내부점을 제외한다)간의 전위차가 5V를 넘지 아니할 것

  ㉥ 전기부식방지 회로의 전선 중 가공으로 시설하는 부분은 저압 가공전선의 규정에 준하는 이외에 다음에 의하여 시설할 것

1. 전선은 케이블인 경우 이외에는 지름 2㎜의 경동선 또는 이와 동등 이상의 세기 및 굵기의 옥외용 비닐절연전선 이상의 절연효력이 있는 것일 것
2. 전기부식방지 회로의 전선과 저압 가공전선을 동일 지지물에 시설하는 경우에는 전기부식방지 회로의 전선을 밑으로 하여 별개의 완금류에 시설하고 또한 전기부식방지 회로의 전선과 저압 가공전선 사이의 이격거리는 30㎝ 이상일 것. 다만, 전기부식방지 회로의 전선 또는 저압 가공전선이 케이블인 경우에는 그러하지 아니하다.
3. 전기부식방지 회로의 전선과 고압 가공전선 또는 가공약전류 전선 등을 동일 지지물에 시설하는 경우에는 각각 제75조 또는 제91조의 저압 가공전선의 규정에 준하여 시설할 것. 다만, 전기부식방지 회로의 전선이 450/750V 일반용 단심 비닐절연전선 또는 케이블인 경우에는 전기부식방지 회로의 전선을 가공약전류 전선 등의 밑으로 하고 또한 가공약전류 전선 등과의 이격거리를 30㎝ 이상으로 하여 시설할 수 있다.

Ⓐ 전기부식방지 회로의 전선 중 지중에 시설하는 부분은 다음에 의하여 시설할 것

　㉮ 전선은 공칭단면적 4.0㎟의 연동선 또는 이와 동등 이상의 세기 및 굵기의 것일 것. 다만, 양극에 부속하는 전선은 공칭단면적 2.5㎟ 이상의 연동선 또는 이와 동등 이상의 세기 및 굵기의 것을 사용할 수 있다.

　㉯ 전선은 450/750V 일반용 단심 비닐절연전선, 클로로프렌 외장 케이블, 비닐외장 케이블 또는 폴리에틸렌 외장 케이블일 것

　㉰ 전선을 직접 매설식에 의하여 시설하는 경우에는 전선을 피방식체의 아랫면에 밀착하여 시설하는 경우 이외에는 매설깊이를 차량 기타의 중량물의 압력을 받을 우려가 있는 곳에서는 1.2m 이상, 기타의 곳에서는 30㎝ 이상으로 하고 또한 전선을 돌·콘크리트 등의 판이나 몰드로 전선의 위와 옆을 덮거나 「전기용품안전 관리법」의 적용을 받는 합성수지관이나 이와 동등 이상의 절연효력 및 강도를 가지는 관에 넣어 시설할 것. 다만, 차량 기타의 중량물의 압력을 받을 우려가 없는 것에 매설깊이를 60㎝ 이상으로 하고 또한 전선의 위를 견고한 판이나 몰드로 덮어 시설하는 경우에는 그러하지 아니하다.

　㉱ 입상(立上) 부분의 전선 중 깊이 60㎝ 미만인 부분은 사람이 접촉할 우려가 없고 또한 손상을 받을 우려가 없도록 적당한 방호장치를 할 것

★출제Point 전기부식방지 회로의 전선 중 지중에 시설하는 부분 정리

Ⓞ 전기부식방지 회로의 전선 중 지상의 입상 부분에는 제7호 "가" 및 "나"의 규정에 준하는 이외에 지표상 2.5m 미만의 부분에는 사람이 접촉할 우려가 없고 또한 손상을 받을 우려가 없도록 적당한 방호장치를 할 것

ⓩ 전기부식방지 회로의 전선 중 수중에 시설하는 부분은 다음에 의하여 시설할 것

ⓐ 전선은 제7호"가" 및 "나"의 규정한 것일 것

ⓑ 전선은 KS C 8431에 적합한 합성수지관이나 이와 동등 이상의 절연효력 및 강도를 가지는 관 또는 한국전기기술기준위원회 표준 KECS 1502-2009에 적합한 금속관에 넣어 시설할 것. 다만, 전선을 피방식체의 아랫면이나 옆면 또는 수저(水底)에서 손상을 받을 우려가 없는 곳에 시설하는 경우에는 그러하지 아니하다.

ⓩ 전기부식방지용 전원장치는 다음에 적합한 것일 것

1. 견고한 금속제의 외함에 넣고 또한 이에 제3종 접지공사를 한 것일 것
2. 변압기는 절연변압기이고 또한 교류 1kV의 시험전압을 하나의 권선과 다른 권선, 철심 및 외함 사이에 연속하여 1분간 가하여 절연내력을 시험하였을 때에 이에 견디는 것일 것
3. 1차측 전로에는 개폐기 및 과전류 차단기를 각 극(과전류 차단기는 다선식 전로의 중성극을 제외한다)에 시설한 것일 것

ⓔ 전기부식방지용 전원장치에 전기를 공급하는 전로의 사용전압은 저압일 것

② 전기부식방지 시설을 사용함으로써 다른 시설물에 전식작용에 의한 장해를 줄 우려가 있는 경우에는 이를 방지하기 위하여 그 시설물과 피방식체를 전기적으로 접속하는 등 적당한 방지방법을 시행하여야 한다.

③ 기계기구의 금속제 부분(지중 또는 수중에 시설되는 것을 제외한다)의 부식을 방지하기 위하여 지중 또는 수중에 시설하는 양극과 기계기구의 금속제 부분 사이에 방식 전류를 통하는 시설로서 전기부식방지용 전원장치를 사용하는 것은 규정에 준하여 시설하여야 한다.

(14) 소세력 회로의 시설

① 전자 개폐기의 조작회로 또는 초인벨·경보벨 등에 접속하는 전로로서 최대 사용전압이 60V 이하인 것(최대 사용전류가, 최대 사용전압이 15V 이하인 것은 5A 이하, 최대 사용전압이 15V를 초과하고 30V 이하인 것은 3A 이하, 최대 사용전압이 30V를 초과하는 것은 1.5A 이하인 것에 한한다)으로 대지전압이 300V 이하인 강 전류 전기의 전송에 사용하는 전로와 변압기로 결합되는 것(이하 이 조 및 제245조에서 "소세력 회로"라 한다)은 다음에 따라 시설하여야 한다.

㉠ 소세력 회로(少勢力回路)에 전기를 공급하기 위한 변압기는 절연 변압기일 것

ⓛ 제1호의 절연변압기의 2차 단락전류는 다음의 표에서 정한 값 이하의 것일 것. 다만, 그 변압기의 2차측 전로에 다음의 표에서 정한 값 이하의 과전류 차단기를 시설하는 경우에는 그러하지 아니하다.

소세력 회로의 최대 사용전압의 구분	2차 단락전류	과전류 차단기의 정격전류
15V 이하	8A	5A
15V 초과 30V 이하	5A	3A
30V 초과 60V 이하	3A	1.5A

ⓒ 소세력 회로의 전선을 조영재에 붙여 시설하는 경우에는 다음에 의하여 시설할 것
  ㉮ 전선은 케이블(통신용 케이블을 포함한다)인 경우 이외에는 공칭단면적 1.0㎟ 이상의 연동선 또는 이와 동등 이상의 세기 및 굵기의 것일 것
  ㉯ 전선은 코드·캡타이어 케이블 또는 케이블 일 것. 다만, 절연전선이나 통신용 케이블로서 다음에 적합한 것을 사용하는 경우 또는 건조한 조영재에 시설하는 최대 사용전압이 30V 이하인 소세력 회로의 전선에 피복선을 사용하는 경우에는 그러하지 아니하다.
    ⓐ 절연전선
      (가) 도체는 균질한 금속제의 단선 또는 이것을 소선으로 한 연선일 것
      (나) 절연체는 비닐 혼합물·폴리에틸렌 혼합물 또는 고무혼합물로서 KS C IEC 60811-1-1의 "9. 절연체 및 시스의 기계적 특성시험"에 규정한 시험을 하였을 때에 이에 적합한 것일 것
      (다) 완성품은 맑은 물속에 1시간 담근 후 도체와 대지 사이에 1,500V(옥내 전용의 것은 600V)의 교류전압을 연속하여 1분간 가하였을 때에 이에 견디는 것일 것
    ⓑ 통신용 케이블
      (가) 도체는 KS C IEC 60228 또는 한국전기기술기준위원회 표준 KECS 1501-2009에 적합한 연동선 또는 이것을 소선으로 한 연선(절연체에 천연고무혼합물·스틸렌부타디엔고무혼합물·에틸렌프로필렌고무혼합물 또는 규소고무혼합물을 사용하는 것은 주석이나 납 또는 이들의 합금으로 도금한 것에 한한다)일 것

(나) 절연체는 외장이 금속 테이프 또는 피복상의 금속체로 절연체를 밀봉하는 것 이외에는 비닐 혼합물·폴리에틸렌 혼합물 또는 고무혼합물로 KS C IEC 60811-1-1의 "9. 절연체 및 시스의 기계적 특성시험"에 규정한 시험을 하였을 때에 이에 적합한 것일 것

(다) 외장은 다음에 적합한 것일 것

> i. 재료는 금속 또는 비닐 혼합물·폴리에틸렌혼합물이나 클로로프렌고무혼합물로 KS C IEC 60811-1-1의 "9. 절연체 및 시스의 기계적 특성시험"에 규정한 시험을 하였을 때에 이에 견디는 것일 것
> ii. 외장의 두께는 금속을 사용하는 것은 0.72㎜ 이상, 비닐혼합물·폴리에틸렌혼합물 또는 클로로프렌혼합물을 사용하는 것은 0.9㎜ 이상인 것

(라) 완성품은 외장이 금속인 것 또는 차폐를 한 것은 도체 상호 간 및 도체와 외장의 금속제 또는 차폐 간에, 기타의 것은 맑은 물속에 1시간 담근 후 도체 상호 간 및 도체와 대지 사이에 350V의 교류전압 또는 500V의 직류전압을 연속하여 1분간 가하였을 때에 이에 견디는 것일 것

㉲ 전선이 손상을 받을 우려가 있는 곳에 시설하는 경우에는 적절한 방호장치를 할 것

㉳ 전선을 방호장치에 넣어 시설하는 경우 및 전선이 캡타이어 케이블 또는 케이블(통신용 케이블을 포함한다. 이하 이 호에서 같다)인 경우 이외에는 전선이 금속망 또는 금속판을 사용한 조영재를 관통하는 경우에는 제195조 제1항의 규정에 준하여 시설할 것

㉴ 전선은 금속망 또는 금속판을 사용한 목조 조영물에 시설하는 경우에 다음 중 어느 하나에 해당할 때에는 제195조 제2항의 규정에 준하여 시설할 것

ⓐ 전선을 금속제의 방호장치에 넣어 시설하는 경우

ⓑ 전선이 금속피복으로 되어 있는 케이블인 경우

㉵ 전선을 금속망 또는 금속판을 사용한 목조 조영재에 붙이는 경우에는 전선을 방호장치에 넣어 시설하는 경우 및 전선에 캡타이어 케이블 또는 케이블을 사용하는 경우 이외에는 절연성·난연성 및 내수성이 있는 애자로 지지하고 조영재 사이의 이격거리를 6㎜ 이상으로 할 것

㉶ 전선은 금속제의 수관·가스관 또는 이와 유사한 것과 접촉하지 아니하도록 시설할 것

㉣ 소세력 회로의 전선을 지중에 시설하는 경우에는 다음에 의하여 시설할 것

> 1. 전선은 450/750V 일반용 단심 비닐절연전선·캡타이어케이블(외장이 천연고무 혼합물의 것은 제외한다) 또는 케이블 일 것. 다만, 제3호 "나" 단서에 규정하는 통신용 케이블(외장이 금속 클로로프렌·비닐 또는 폴리에틸랜의 것에 한한다)을 사용하는 경우에는 그러하지 아니하다.
> 2. 전선을 차량 기타 중량물의 압력에 견디는 견고한 관·트라프 기타의 방호장치에 넣어 시설하는 경우 이외에는 매설깊이는 30㎝(차량 기타의 중량물이 압력을 받을 우려가 있는 곳에 시설하는 경우에는 1.2m) 이상으로 하고 또한 제136조 제4항 제5호부터 제7호까지에서 정하는 구조로 개장한 케이블을 사용하여 시설하는 경우 이외에는 전선이 위를 건조한 판 또는 몰드로 덮어 손상을 방지할 것

ⓜ 소세력 회로의 전선을 지상에 시설하는 경우에는 제4호 "가"의 규정에 준하는 이외에 전선을 견고한 트라프 또는 개거에 넣어 시설할 것

ⓗ 소세력 회로의 전선을 가공으로 시설하는 경우에는 다음에 의하여 시설할 것

  ㉮ 전선은 인장강도 508N 이상의 것 또는 지름 1.2㎜의 경동선일 것. 다만, 인장강도 2.36kN 이상의 금속선 또는 지름 3.2㎜의 아연도철선으로 매달아 시설하는 경우에는 그러하지 아니하다.

  ㉯ 전선은 제3호 "나" 단서에 규정하는 절연전선·캡타이어 케이블 또는 케이블(제3호 "나" 단서에 규정하는 통신용 케이블을 포함한다. 이하 이 호에서 같다)일 것. 다만, 인장강도 2.30kN 이상의 것 또는 지름 2.6㎜ 이상의 경동선을 사용하는 경우에는 그러하지 아니하다.

  ㉰ 전선이 케이블인 경우에는 인장강도 2.36kN 이상의 금속선 또는 지름 3.2㎜의 아연도철선으로 매달아 시설할 것. 다만, 전선이 금속 피복이외의 것으로 피복된 케이블인 경우에 전선의 지지점 간의 거리가 10m 이하인 때에는 그러하지 아니하다.

  ㉱ 전선의 높이는 다음에 의할 것

    ⓐ 도로를 횡단하는 경우에는 지표상 6m 이상

    ⓑ 철도 또는 궤도를 횡단하는 경우에는 레일면상 6.5m 이상

    ⓒ ⓐ 및 ⓑ 이외의 경우에는 지표상 4m 이상, 다만, 전선을 도로 이외의 곳에 시설하는 경우에는 지표상 2.5m까지로 감할 수 있다.

  ㉲ 전선의 지지물의 풍압하중에 견디는 강도를 가지는 것일 것. 이 경우에 풍압하중은 제62조의 규정에 준하여 계산하여야 한다.

  ㉳ 전선의 지지점 간의 거리는 15m 이하일 것. 다만, 다음 중 어느 하나에 해당하는 경우

에는 그러하지 아니하다.

　　　ⓐ 전선을 제70조 제1항의 규정에 준하여 시설하는 이외에 전선이 나전선인 경우에는 제71조 제1항의 규정에 준하여 시설할 때

　　　ⓑ 전선이 절연전선 또는 케이블인 경우에 전선의 지지점 간의 거리를 25m 이하로 할 때 또는 전선을 제69조(제1항 제4호를 제외한다)의 규정에 준하여 시설할 때

　　㉺ 전선이 약전류 전선 등과 접근하거나 교차하는 경우 또는 전선이 다른 시설물[전선(다른 소세력 회로의 전선을 제외한다) 및 약전류 전선 등을 제외한다. 이하 이 호에서 같다]과 접근하거나 전선이 다른 시설물의 위에 시설되는 경우에 전선이 절연전선·캡타이어 케이블 또는 케이블이고 또한 전선과 약전류 전선등 또는 다른 시설물 사이의 이격거리가 30㎝ 이상인 경우 이외에는 제79조부터 제84조까지 및 제87조의 저압 가공전선의 규정에 준하여 시설할 것

　　㉻ 전선이 나전선인 경우에는 전선과 식물 사이의 이격거리는 30㎝ 이상일 것

　㉾ 소세력 회로의 이동전선은 코드·캡타이어 케이블 또는 절연전선이나 통신용 케이블일 것. 이 경우에 절연전선은 적절한 방호장치에 넣어 사용하여야 한다.

★출제Point 소세력 회로의 시설 정리

(15) 출퇴표시등 회로의 시설

출퇴표시등 기타 이와 유사한 장치에 접속하는 전로로서 최대 사용전압이 60V 이하이고 또한 정격전류가 5A 이하인 과전류 차단기로 보호된 것(소세력 회로를 제외한다. 이하 이 조에서 "출퇴표시등"이라 한다)은 다음에 따라 시설하여야 한다.

　㉠ 출퇴표시등 회로에 전기를 공급하기 위한 변압기는 1차측 전로의 대지전압이 300V 이하, 2차측 전로의 사용전압이 60V 이하인 절연 변압기일 것

　㉡ 제1호의 절연 변압기는 「전기용품안전 관리법」의 적용을 받는 것 이외에는 권선의 정격전압이 150V 이하인 경우에는 교류 1,500V, 150V를 초과하는 경우에는 교류 2kV의 시험전압을 하나의 권선과 다른 권선, 철심 및 외함 사이에 연속하여 1분간 가하여 절연내력을 시험한 때에 이에 견디는 것일 것

　㉢ 제1호의 절연 변압기의 2차측 전로의 각 극에는 그 변압기에 근접하는 곳에 과전류 차단기를 시설할 것

　㉣ 출퇴표시등 회로의 조영재에 붙여 시설하는 경우에는 다음에 의할 것

　　㉮ 전선은 단면적 1.0㎟ 연동선과 동등 이상의 세기 및 굵기의 코드·캡타이어케이블·케

이블이나 제244조 제1항 제3호 "나" 단서에서 규정하는 절연전선 또는 지름 0.65㎜의 연동선과 동등 이상의 세기 및 굵기의 통신용 케이블일 것

㉯ 전선은 캡타이어 케이블 또는 케이블인 경우 이외에는 합성수지몰드·합성수지관·금속관·금속몰드·가요전선관·금속덕트 또는 플로어덕트에 넣어 시설할 것

(16) 전기집진장치 등의 시설

① 사용전압이 특고압의 전기집진장치·정전도장장치(靜電塗裝裝置)·전기탈수장치·전기선별장치 기타의 전기집진 응용장치(특고압의 전기로 충전하는 부분이 장치의 외함 밖으로 나오지 아니하는 것을 제외한다. 이하 이 조에서 "전기집진 응용장치"라 한다) 및 이에 특고압의 전기를 공급하기 위한 전기설비는 다음에 따라 시설하여야 한다.

㉠ 전기집진 응용장치에 전기를 공급하기 위한 변압기의 1차측 전로에는 그 변압기에 가까운 곳으로 쉽게 개폐할 수 있는 곳에 개폐기를 시설할 것

㉡ 전기집진 응용장치에 전기를 공급하기 위한 변압기·정류기 및 이에 부속하는 특고압의 전기설비 및 전기집진 응용장치는 취급자 이외의 자가 출입할 수 없도록 설비한 곳에 시설할 것. 다만, 충전부분에 사람이 접촉한 경우에 사람에게 위험을 줄 우려가 없는 전기집진응용장치는 그러하지 아니하다.

㉢ 변압기로부터 정류기에 이르는 전선 및 정류기로부터 전기집진 응용장치에 이르는 전선은 다음에 의하여 시설할 것. 다만, 취급자 이외의 자가 출입할 수 없도록 설비한 곳에 시설하는 경우에는 그러하지 아니하다.

> 1. 전선은 케이블일 것
> 2. 케이블은 손상을 받을 우려가 있는 곳에 시설하는 경우에는 적당한 방호장치를 할 것
> 3. 케이블을 넣는 방호장치의 금속제 부분 및 방식 케이블 이외의 케이블의 피복에 사용하는 금속체에는 제1종 접지공사를 할 것. 다만, 사람이 접촉할 우려가 없도록 시설하는 경우에는 제3종 접지공사에 의할 수 있다.

㉣ 잔류전하(殘留電荷)에 의하여 사람에게 위험을 줄 우려가 있는 경우에는 변압기의 2차측 전로에 잔류 전하를 방전하기 위한 장치를 할 것

㉤ 정전도장장치 및 이에 특고압의 전기를 공급하기 위한 전선을 제200조에 규정하는 곳에 시설하는 경우에는 가스 등에 착화할 우려가 있는 불꽃이나 아크를 발생하거나 가스 등에 접촉되는 부분의 온도가 가스 등의 발화점 이상으로 상승할 우려가 없도록 시설할 것

ⓗ 이동전선은 충전부분에 사람이 접촉할 경우에 사람에게 위험을 줄 우려가 없는 전기집진 응용장치에 부속하는 이동전선 이외에는 시설하지 아니할 것

② 전기집진 응용장치 및 이에 특고압의 전기를 공급하기 위한 전기설비는 옥측 또는 옥외에 시설하여서는 아니 된다. 다만, 사용전압이 특고압의 전기집진 장치 및 이에 전기를 공급하기 위한 정류기로부터 전기집진 장치에 이르는 전선을 다음에 따라 시설하는 경우에는 그러하지 아니하다.

ⓐ 전기집진장치는 그 충전부에 사람이 접촉할 우려가 없도록 시설할 것

ⓑ 정류기로부터 전기집진장치에 이르는 전선은 다음에 의하여 시설할 것

 ㉮ 옥측에 시설하는 것은 제1항 제3호(단서를 제외한다)의 규정에 준하여 시설할 것

 ㉯ 옥외 중 지중에 시설하는 것은 제136조 및 제139조, 지상에 시설하는 것은 제147조, 전선로 전용의 교량에 시설하는 것은 제149조(제1항을 제외한다)의 규정에 준하여 시설할 것

(17) 아크 용접장치의 시설

가반형(可搬型)의 용접 전극을 사용하는 아크 용접장치는 다음에 따라 시설하여야 한다.

ⓐ 용접변압기는 절연변압기일 것

ⓑ 용접변압기의 1차측 전로의 대지전압은 300V 이하일 것

ⓒ 용접변압기의 1차측 전로에는 용접변압기에 가까운 곳에 쉽게 개폐할 수 있는 개폐기를 시설할 것

ⓓ 용접변압기의 2차측 전로 중 용접변압기로부터 용접전극에 이르는 부분 및 용접변압기로부터 피용접재에 이르는 부분(전기기계기구 안의 전로를 제외한다)은 다음에 의하여 시설할 것

 ㉮ 전선은 용접용 케이블이고 「전기용품안전 관리법」의 적용을 받는 것, KS C IEC 60245-6(2005)의 용접용 케이블에 적합한 것 또는 캡타이어케이블(용접변압기로부터 용접전극에 이르는 전로는 0.6/1kV EP 고무 절연 클로로프렌 캡타이어케이블에 한한다)일 것. 다만, 용접 변압기로부터 피용접재에 이르는 전로에 전기적으로 완전하고 또한 견고하게 접속된 철골 등을 사용하는 경우에는 그러하지 아니하다.

 ㉯ 전로는 용접 시 흐르는 전류를 안전하게 통할 수 있는 것일 것

 ㉰ 중량물이 압력 또는 현저한 기계적 충격을 받을 우려가 있는 곳에 시설하는 전선에는 적당한 방호장치를 할 것

ⓔ 피용접재 또는 이와 전기적으로 접속되는 받침대·정반 등의 금속체에는 제3종 접지공사를 할 것

(18) 엑스선 발생장치의 설치

① 엑스선 발생장치는 다음 두 가지 종류로 한다.

  ㉠ 제1종 엑스선 발생장치

    취급자 이외의 자가 출입할 수 없도록 설비한 곳 및 마루 위의 높이 2.5m을 초과하는 곳에 설치하는 부분 이외에는 노출된 충전부분이 없고 또한 엑스선관에 절연성 피복을 하고 이를 금속체로 둘러싼 엑스선 발생장치

  ㉡ 제2종 엑스선 발생장치

    제1종 엑스선 발생장치 이외의 엑스선 발생장치

② 엑스선 발생장치는 다음에 따라 시설하여야 한다.

  ㉠ 엑스선관 회로의 배선(엑스선관 도선을 제외한다. 이하 이 조에서 같다)은 제2호에 정하는 표준에 적합한 엑스선용 케이블을 사용하는 경우 이외에는 다음에 의하여 시설할 것. 다만, 상호 간에 절연성의 격벽을 견고히 붙이거나 전선을 충분한 길이의 난연성 및 내수성이 있는 견고한 절연관에 넣었을 경우에는 "나" 및 "다"의 규정에 의하지 아니할 수 있다.

> 1. 전선의 마루 위의 높이는 엑스선관의 최대 사용전압(파고치로 표시한다. 이하 이 조에서 같다)이 100kV 이하인 경우에는 2.5m 이상, 100kV를 초과하는 경우에는 2.5m에 10kV를 초과하는 10kV 또는 그 단수마다 2㎝를 더한 값 이상일 것. 다만, 취급자 이외의 자가 출입할 수 없도록 설비된 곳에 시설하는 경우에는 그러하지 아니하다.
> 2. 전선과 조영재의 이격거리는 엑스선관의 최대 사용전압이 100kV 이하인 경우에는 30㎝ 이상, 100kV를 초과하는 경우에는 30㎝에 100kV를 초과하는 10kV 또는 그 단수마다 2㎝를 더한 값 이상일 것
> 3. 전선 상호 간의 간격은 엑스선관의 최대 사용전압이 100kV 이하인 경우에는 45㎝ 이상, 100kV를 초과하는 경우에는 45㎝에 100kV를 초과하는 10kV 또는 그 단수마다 3㎝를 더한 값 이상일 것

  ㉡ 제1호의 엑스선용케이블의 표준은 다음에 적합할 것

    ㉮ 구조는 KS C 3612(2008) "엑스선용 고전압 케이블"의 "5. 재료·구조 및 가공방법"에 적합한 것일 것

    ㉯ 완성품은 KS C 3612(2008) "엑스선용 고전압 케이블"의 "4. 특성"에 적합한 것일 것

  ㉢ 엑스선관 회로의 배선이 저압 옥내전선·고압 옥내전선·관등회로의 배선·약전류 전선 등 또는 수관·가스관이나 이와 유사한 것과 접근하거나 교차하는 경우에는 상호 간의 이격거리는 제1호 "다"의 규정에 준할 것. 다만, 배선에 제1호에 규정하는 엑스선용 케이

블을 사용하는 경우 또는 상호 간에 절연성의 격벽을 견고하게 붙이거나 배선을 충분한 길이의 난연성 및 내수성이 있는 견고한 절연관에 넣어 시설하는 경우에는 그러하지 아니하다.

ㄹ 엑스선관 도선에는 금속 피복을 한 케이블을 사용하고 엑스선관 및 엑스선 회로의 배선과의 접속을 완전히 할 것

ㅁ 엑스선관용 변압기 및 음극 가열 변압기의 1차측 전로에는 개폐기를 쉽게 개폐할 수 있는 곳에 시설할 것

ㅂ 하나의 특고압 전기 발생장치로서 2 이상의 엑스선관을 사용하는 경우에는 분기점에 가까운 곳의 각 엑스선관 회로에 개폐기를 시설할 것

ㅅ 특고압 전로에 시설하는 커패시터에는 잔류 전하를 방전하는 장치를 할 것

ㅇ 엑스선 발생장치의 다음의 부분에는 제3종 접지공사를 할 것

㉮ 변압기 및 커패시터의 금속제 외함(대지로부터 충분히 절연하여 사용하는 것을 제외한다)

㉯ 엑스선관 도선에 사용하는 케이블의 금속 피복

㉰ 엑스선관을 포함한 금속체

㉱ 배선 및 엑스선관을 지지하는 금속체

ㅈ 엑스선 발생장치의 특고압 전로는 그 최대 사용전압의 1.05배의 시험전압을 엑스선관의 단자간에 연속하여 1분간 가하여 절연내력을 시험한 때에 이에 견디는 것일 것

③ 엑스선 발생장치는 다음에 따라 시설하여야 한다.

㉠ 변압기 및 특고압의 전기로 충전하는 기타의 기구(엑스선관을 제외한다)는 사람이 쉽게 접촉할 우려가 없도록 그 주위에 울타리를 시설하거나 함에 넣는 등 적당한 방호장치를 할 것. 다만, 취급자 이외의 자가 출입하지 못하도록 설비한 곳에 시설하는 경우에는 그러하지 아니하다.

㉡ 엑스선관 및 엑스선관 도선은 사람이 접촉할 우려가 없도록 적당한 방호장치를 하는 등 위험의 우려가 없도록 시설할 것. 다만, 취급자 이외의 자가 출입하지 못하도록 설비한 곳에 시설하는 경우에는 그러하지 아니하다.

㉢ 엑스선관 도선에는 금속 피복을 한 케이블을 사용하고 엑스선관 및 엑스선 회로의 배선과의 접속을 완전히 할 것. 다만, 엑스선관을 인체로부터 20㎝ 안에 접근하여 사용하는 경우 이외에는 충분한 가요성이 있는 단면적 1.2㎟의 연동선을 사용할 수 있다.

㉣ 엑스선관 도선의 노출된 충전부분과 조영재, 엑스선관을 지지하는 금속체 및 침대의 금속제 부분과의 이격거리는 엑스선관의 최대 사용전압이 100kV 이하인 경우에는 15㎝

이상, 100kV를 초과하는 경우에는 15㎝에 100kV을 초과하는 10kV 또는 그 단수마다 2㎝를 더한 값 이상일 것. 다만, 상호 간에 절연성이 격벽을 견고하게 붙인 경우에는 그러하지 아니하다.

ⓜ 엑스선관 도선이 연동연선일 경우에는 엑스선관의 이동 등으로 전선이 늘어지지 아니하도록 적당한 감는 장치를 할 것

ⓗ 연동연선을 사용하는 엑스선관 도선의 노출된 충전부분으로부터 1m 안에 접근하는 금속체에는 제3종 접지공사를 할 것

ⓢ 엑스선관을 인체로부터 20㎝ 안에 접근하여 사용하는 경우에는 그 엑스선관에 절연성 피복을 하고 이를 금속체로 둘러쌀 것

(19) 의료장소 전기설비의 시설

① 의료장소[병원이나 진료소 등에서 환자 진단, 치료(미용치료 포함), 감시, 간호 등의 의료행위를 하는 장소를 말한다. 이하 이 조에서 같다]에는 다음 각 항에 따라 전기설비를 시설하여야 한다. 의료장소는 의료용 전기기기의 장착부(의료용 전기기기의 일부로서 환자의 신체와 필연적으로 접촉되는 부분)의 사용방법에 따라 다음과 같이 구분한다.

㉠ 일반병실, 진찰실, 검사실, 처치실, 재활치료실 등 장착부를 사용하지 않는 의료장소 : 그룹 0

㉡ 분만실, MRI실, X선 검사실, 회복실, 구급처치실, 인공투석실, 내시경실 등 장착부를 환자의 신체 외부 또는 심장 부위를 제외한 환자의 신체 내부에 삽입시켜 사용하는 의료장소 : 그룹 1

㉢ 관상동맥질환 처치실(심장카테터실), 심혈관조영실, 중환자실(집중치료실), 마취실, 수술실, 회복실 등 장착부를 환자의 심장 부위에 삽입 또는 접촉시켜 사용하는 의료장소 : 그룹 2

② 의료장소별로 다음과 같이 접지계통을 적용한다.

㉠ 그룹 0 : TT 계통 또는 TN 계통

㉡ 그룹 1 : TT 계통 또는 TN 계통. 다만, 전원자동차단에 의한 보호가 의료행위에 중대한 지장을 초래할 우려가 있는 의료용 전기기기를 사용하는 회로에는 의료 IT 계통을 적용할 수 있다.

㉢ 그룹 2 : 의료 IT 계통. 다만, 이동식 X-레이 장치, 정격출력이 5kVA 이상인 대형 기기용 회로, 생명유지 장치가 아닌 일반 의료용 전기기기에 전력을 공급하는 회로 등에는 TT 계통 또는 TN 계통을 적용할 수 있다.

ㄹ 의료장소에 TN 계통을 적용할 때에는 주배전반 이후의 부하 계통에서는 TN-C 계통으로 시설하지 말 것

③ 의료장소의 안전을 위한 보호설비는 다음과 같이 시설한다.

ㄱ 그룹 1 및 그룹 2의 의료 IT 계통은 다음과 같이 시설할 것

㉮ 전원측에 KS C IEC 61558-2-15에 따라 이중 또는 강화절연을 한 의료용 절연변압기를 설치하고 그 2차측 전로는 접지하지 말 것

㉯ 의료용 절연변압기는 함 속에 설치하여 충전부가 노출되지 않도록 하고 의료장소의 내부 또는 가까운 외부에 설치할 것

㉰ 의료용 절연변압기의 2차측 정격전압은 교류 250V 이하로 하며 공급방식 및 정격출력은 단상 2선식, 10kVA 이하로 할 것

㉱ 3상 부하에 대한 전력공급이 요구되는 경우 의료용 3상 절연변압기를 사용할 것

㉲ 의료용 절연변압기의 과부하 및 온도를 지속적으로 감시하는 장치를 적절한 장소에 설치할 것

㉳ 의료 IT 계통의 절연상태를 지속적으로 계측, 감시하는 장치를 다음과 같이 설치할 것

ⓐ KS C IEC 60364-7-710에 따라 의료 IT 계통의 절연저항을 계측, 지시하는 절연감시장치를 설치하여 절연저항이 50㏀까지 감소하면 표시설비 및 음향설비로 경보를 발하도록 할 것

ⓑ 의료 IT 계통의 누설전류를 계측, 지시하는 절연감시장치를 설치하는 경우에는 누설전류가 5mA에 도달하면 표시설비 및 음향설비로 경보를 발하도록 할 것

ⓒ (1), (2)의 표시설비 및 음향설비를 적절한 장소에 배치하여 의료진에 의하여 지속적으로 감시될 수 있도록 할 것

ⓓ 표시설비는 의료 IT 계통이 정상일 때에는 녹색으로 표시되고 의료 IT 계통의 절연저항 혹은 누설전류가 ⓐ, ⓑ에 규정된 값에 도달할 때에는 황색 또는 적색으로 표시되도록 할 것. 또한 각 표시들은 정지시키거나 차단시키는 것이 불가능한 구조일 것

ⓔ 수술실 등의 내부에 설치되는 음향설비가 의료행위에 지장을 줄 우려가 있는 경우에는 기능을 정지시킬 수 있는 구조일 것

㉴ 의료 IT 계통의 분전반은 의료장소의 내부 혹은 가까운 외부에 설치할 것

㉵ 의료 IT 계통에 접속되는 콘센트는 TT 계통 또는 TN 계통에 접속되는 콘센트와 혼용됨을 방지하기 위하여 적절하게 구분 표시할 것

ⓛ 그룹 1과 그룹 2의 의료장소에서 교류 125V 이하 콘센트를 사용하는 경우에는 KS C 8329에 따른 의료용 콘센트를 사용할 것. 다만, 플러그가 빠지지 않는 구조의 콘센트가 필요한 경우에는 잠금형을 사용한다.

ⓒ 그룹 1과 그룹 2의 의료장소에 무영등 등을 위한 특별저압(SELV 또는 PELV) 회로를 시설하는 경우, 사용전압은 교류 실효값 25V 또는 직류 비맥동 60V 이하로 할 것

ⓔ 의료장소의 전로에는 정격 감도전류 30mA 이하, 동작시간 0.03초 이내의 누전차단기를 설치할 것. 다만, 다음의 경우는 그러하지 아니하다.

   ⑦ 의료 IT 계통의 전로

   ⑭ TT 계통 또는 TN 계통에서 전원자동차단에 의한 보호가 의료행위에 중대한 지장을 초래할 우려가 있는 회로에 누전경보기를 시설하는 경우

   ⑭ 의료장소의 바닥으로부터 2.5m를 초과하는 높이에 설치된 조명기구의 전원회로

   ⑭ 건조한 장소에 설치하는 의료용 전기기기의 전원회로

④ 의료장소와 의료장소 내의 전기설비 및 의료용 전기기기의 노출도전부, 그리고 계통외도전부에 대하여 다음과 같이 접지설비를 시설하여야 한다.

ⓐ 접지설비란 접지극, 접지도체, 기준접지 바, 보호도체, 등전위본딩도체를 말한다.

ⓛ 의료장소마다 그 내부 또는 근처에 기준접지 바를 설치할 것. 다만, 인접하는 의료장소와의 바닥 면적 합계가 50㎡ 이하인 경우에는 기준접지 바를 공용할 수 있다.

ⓒ 의료장소 내에서 사용하는 모든 전기설비 및 의료용 전기기기의 노출도전부는 보호도체에 의하여 기준접지 바에 각각 접속되도록 할 것

   ⑦ 콘센트 및 접지단자의 보호도체는 기준접지 바에 직접 접속할 것

   ⑭ 보호도체의 공칭 단면적은 제19조 제5항의 [표 19-3]에 따라 선정할 것

ⓔ 그룹 2의 의료장소에서 환자환경(환자가 점유하는 장소로부터 수평방향 2.5m, 의료장소의 바닥으로부터 2.5m 높이 이내의 범위) 내에 있는 계통 외 도전부와 전기설비 및 의료용 전기기기의 노출도전부, 전자기장해(EMI) 차폐선, 도전성 바닥 등은 등전위본딩을 시행할 것

> 1. 계통외도전부와 전기설비 및 의료용 전기기기의 노출도전부 상호 간을 접속한 후 이를 기준접지 바에 각각 접속할 것
> 2. 한 명의 환자에게는 동일한 기준접지 바를 사용하여 등전위본딩을 시행할 것
> 3. 등전위본딩도체는 보호도체와 동일 규격 이상의 것으로 선정할 것

ⓜ 접지도체는 다음과 같이 시설할 것

⑦ 접지도체의 공칭단면적은 기준접지 바에 접속된 보호도체 중 가장 큰 것 이상으로 할 것

⑪ 철골, 철근 콘크리트 건물에서는 철골 또는 2조 이상의 주철근을 접지도체의 일부분으로 활용할 수 있다.

ⓑ 보호도체, 등전위본딩도체 및 접지도체의 종류는 450/750V 일반용 단심 비닐 절연전선으로서 절연체의 색이 녹/황의 줄무늬이거나 녹색인 것을 사용할 것

⑤ 상용전원 공급이 중단될 경우 의료행위에 중대한 지장을 초래할 우려가 있는 전기설비 및 의료용 전기기기에는 다음 및 KS C IEC 60364-7-710에 따라 비상전원을 공급하여야 한다.

㉠ 절환시간 0.5초 이내에 비상전원을 공급하는 장치 또는 기기

⑦ 0.5초 이내에 전력공급이 필요한 생명유지장치

⑪ 그룹 1 또는 그룹 2의 의료장소의 수술등, 내시경, 수술실 테이블, 기타 필수 조명

㉡ 절환시간 15초 이내에 비상전원을 공급하는 장치 또는 기기

⑦ 15초 이내에 전력공급이 필요한 생명유지장치

⑪ 그룹 2의 의료장소에 최소 50%의 조명, 그룹 1의 의료장소에 최소 1개의 조명

㉢ 절환시간 15초를 초과하여 비상전원을 공급하는 장치 또는 기기

⑦ 병원기능을 유지하기 위한 기본 작업에 필요한 조명

⑪ 그밖의 병원기능을 유지하기 위하여 중요한 기기 또는 설비

★출제 Point 의료장소 전기설비의 시설 정리

(20) 임시 배선의 시설

① 사용전압이 400V 미만인 저압 옥내배선으로서 그 설치공사가 완료된 날로부터 4월 이내에 한하여 사용하는 것을 건조하고 전개된 곳에 시설하는 경우에, 옥내배선이 절연전선(옥외용 비닐절연전선을 제외한다)일 때에는 규정을 적용하지 아니할 수 있다.

② 사용전압이 400V 미만인 옥측배선으로서 그 설치공사가 완료된 날로부터 4월 이내에 한하여 사용하는 것을 다음 각 호의 어느 하나에 따라 시설하는 경우에는 규정에 의하지 아니할 수 있다.

㉠ 전선에 절연전선(옥외용 비닐절연전선 및 인입용 비닐절연전선을 제외한다)을 사용하고 또한 이를 전개된 장소로서 비 또는 이슬에 맞는 장소에 애자사용 공사에 의하여 시설하는 경우에 전선 상호 간의 간격을 3㎝ 이상, 전선과 조영재 사이의 이격거리를 6㎜ 이

상으로 하여 시설할 때

    ⓛ 전선에 절연전선(옥외용 비닐절연전선을 제외한다)을 사용하고 또한 이를 전개된 장소로서 비 또는 이슬에 맞지 아니하는 장소에 애자사용 공사에 의하여 시설할 때

③ 사용전압이 150V 이하인 옥외배선으로서 그 설치공사가 완료한 날로부터 4월 이내에 한하여 사용하는 것을 전선이 손상을 받을 염려가 없도록 시설하는 경우에는 그 옥외배선에 절연전선(옥외용 비닐절연전선을 제외한다)을 사용하고 또한 그 옥외배선에 전원측의 전선로 또는 다른 배선에 접속하는 장소에 가까운 곳의 전로에 지락이 생겼을 때에 자동적으로 전로를 차단하는 장치, 전용 개폐기 및 과전류 차단기를 각 극(과전류 차단기는 다선식 전로의 중성극을 제외한다)에 시설한 때에 한하여 규정에 의하지 아니할 수 있다.

④ 사용전압이 400V 미만인 저압 옥내배선으로서 그 설치공사가 완료한 날로부터 1년 이내에 한하여 사용하는 것을 다음 각 호에 따라 콘크리트에 직접 매설하여 시설하는 경우에는 규정에 의하지 아니할 수 있다.

    ㉠ 전선은 케이블일 것

    ㉡ 그 배선은 분기회로에만 시설하는 것일 것

    ㉢ 그 전로의 전원측에는 전로에 지락이 생겼을 때에 자동적으로 전로를 차단하는 장치·개폐기 및 과전류차단기를 각극(과전류차단기는 다선식 전로의 중성극을 제외한다)에 시설할 것

CHAPTER

06

전기철도 등

1. 통 칙

(1) 전파 장해의 방지

① 전차선로는 무선설비의 기능에 계속적이고 또한 중대한 장해를 주는 전파가 생길 우려가 있는 경우에는 이를 방지하도록 시설하여야 한다.

② 전차선로에서 발생하는 전파의 허용한도는 전차선의 직하로부터 전차선과 직각의 방향으로 10m 떨어진 지점에서 방해파 측정기의 틀형 공중선의 면을 전차선로에 평행으로 하고 6회 이상 측정한 때에 각 회의 측정값의 최대값의 평균값(전차선의 직하로부터 전차선과 직각의 방향으로 10m 떨어진 지점에서 측정하기가 어려운 경우에는 임의의 지점에서 방해파 측정기의 틀형 공중선의 면을 전차선로에 평행으로 하고 6회 이상 측정한 경우 각 회의 측정값의 최대값의 평균값에 다음 그림의 횡축에 표시한 이격거리에 따라 각각 그림의 종축에 표시한 값으로 보정한 값)이 300kHz부터 3,000kHz까지의 주파수대에서 36.5 dB(준첨두 값)일 것

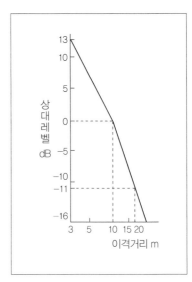

2. 직류식 전기철도

(1) 직류 전차 선로의 시설 제한

① 직류 전차선은 가공방식(전차선을 터널·갱도 기타 이와 유사한 장소내의 윗면에 시설하는 방식을 포함한다. 이하 같다)·강체방식(剛體方式) 또는 제3레일 방식에 의하여 시설하여야 한다.

② 가공 방식에 의하여 시설하는 직류식 전기 철도용 전차 선로(이하 "가공 직류 전차선로"라 한다)로서 사용전압이 직류 고압인 것은 전기 철도의 전용 부지 안에 시설하여야 한다.

③ 제3레일 방식에 의하여 시설하는 직류식 전기 철도용 전차 선로는 지하철도·고가철도 기타 사람이 쉽게 출입할 수 없는 전기철도의 전용 부지 안에 시설하여야 한다.

④ 강체방식에 의하여 시설하는 직류식 전기 철도용 전차 선로는 전차선의 높이가 지표상 5m(도로 이외의 곳에 시설하는 경우로서 아랫면에 방호판을 시설할 때에는 3.5m) 이상인 경우 및 전차선을 수면상에 시설하는 경우로서 선박의 항해 등에 위험을 주지 아니하도록 시설한 경우 이외에는 사람이 쉽게 출입할 수 없는 전용 부지 안에 시설하여야 한다.

(2) 통신상의 유도 장해방지 시설

① 직류식 전기 철도용 급전선로·직류식 전기 철도용 전차선로 또는 가공 직류 절연 귀선(架空直流絕緣歸線)이 기설 가공약전류 전선로(단선식 전화 선로를 제외한다. 이하 이 조에서 같다)와 병행하는 경우에는 유도작용에 의한 통신상의 장해를 주지 아니하도록 전선과 기설 약전류 전선 사이의 이격거리는 다음 각 호에 따라야 한다. 다만, 가공약전류 전선이 통신용 케이블인 경우 또는 가공약전류 전선로의 관리자의 승낙을 얻은 경우에는 그러하지 아니하다.

㉠ 직류 복선식 전기철도용 급전선 또는 전차선의 경우에는 2m 이상

㉡ 직류 단선식 전기철도용 급전선·전차선 또는 가공 직류 절연 귀선의 경우에는 4m 이상

② 기설 가공약전류 전선에 대하여 장해를 줄 우려가 있는 경우에는 필요에 따라 다시 다음의 1 또는 2 이상을 기준으로 하여 시설하여야 한다.

㉠ 전선과 가공 약전류 전선 등 사이의 이격거리를 증가시킬 것

㉡ 직류 전원의 전압 파형이 평활하게 되도록 할 것

㉢ 직류 단선식 전기 철도용 급전선·직류 단선식 전기 철도용 전차선 또는 가공 직류 절연 귀선의 경우에는 귀선의 레일 근접 부분 및 대지에 흐르는 전류를 감소시킬 것

ⓔ 직류 단선식 전기 철도용 급전선·직류 단선식 전기 철도용 전차선 또는 가공 직류 절연 귀선의 경우에는 약전류 전선로의 접지극과 귀선 사이의 거리를 증가시킬 것

(3) 가공 직류 전차선의 굵기

가공 직류 전차선은 사용전압이 저압인 경우 지름 7㎜의 경동선, 고압인 경우 지름 7.5㎜의 경동선 또는 이와 동등 이상의 세기 및 굵기가 유지되어야 한다.

(4) 도로에 시설하는 가공 직류 전차 선로의 경간

도로에 시설하는 가공 직류 전차 선로의 경간은 60m 이하로 하여야 한다.

(5) 가공 직류 전차선의 레일면상의 높이

가공 직류 전차선의 레일면상의 높이는 4.8m 이상, 전용의 부지위에 시설될 때에는 4.4m 이상이어야 한다(IEC 60913 표준 참조). 다만, 다음 각 호의 어느 하나에 해당하는 경우에는 그러하지 아니하다.
ⓐ 터널 안의 윗면, 교량의 아랫면 기타 이와 유사한 곳 또는 이에 인접하는 곳에 시설하는 경우로서 3.5m 이상일 때
ⓑ 광산 기타의 갱도 안의 윗면에 시설하는 경우로서 1.8m 이상일 때

(6) 가공 직류 전차선과 약전류 전선 등의 혼촉에 의한 위험 방지 시설

가공 직류 전차선 또는 이와 전기적으로 접속하는 조가용선(장선을 포함한다. 이하 이 조에서 같다)이 가공약전류 전선 등과 접근하거나 교차하는 경우에는 다음에 따라야 한다.
ⓐ 전차선 또는 이와 전기적으로 접속하는 조가용선이 가공약전류전선 등과 수평거리로, 전차 선로의 사용전압이 저압인 경우에는 2m 이내, 고압인 경우에는 2.5m 이내로 접근하는 경우 또는 45도 이하의 수평 각도로 교차하는 경우에는 다음 중 어느 하나에 의할 것
㉮ 전차선 또는 이와 전기적으로 접속하는 조가용선이 가공약전류전선 등과의 사이의 수평거리가, 전차 선로의 사용전압이 저압인 경우에는 1m 이상, 고압인 경우에는 1.2m 이상이고 또한 수직거리가 수평거리의 1.5배 이하로 할 것

㉯ 전차 선로의 사용전압이 저압인 경우에 가공약전류전선 등이 절연전선과 동등 이상의 절연 효력이 있는 것 또는 통신용 케이블을 사용할 것

㉰ 전차선 또는 이와 전기적으로 접속하는 조가용선과 가공 약전류전선등 사이의 수직거리가 6m 이상이고 또한 가공약전류 전선 등이 지름 5mm(전차선로의 사용전압이 저압인 경우는 4mm)의 경동선이나 이와 동등 이상의 세기의 것, 통신용 케이블 또는 광섬유 케이블을 사용할 것

㉱ 전차선 또는 이와 전기적으로 접속하는 조가용선과 가공 약 전류전선 등과의 수직거리가 2m 이상이고 또한 가공약전류 전선 등을 제269조 제2항에 준하여 시설할 것

ⓛ 전차선로의 사용전압이 저압이고 전차선 또는 이와 전기적으로 접속하는 조가용선과 가공약전류 전선 등이 45도를 초과하는 수평각도로 교차할 경우에는 다음 중 어느 하나에 의할 것

㉮ 제1호 '라'에 의하여 시설할 것

㉯ 가공약전류 전선 등의 관리자의 승낙을 받을 것

(7) 조가용선 및 장선의 접지

① 직류 전기 철도용 급전선과 가공 직류 전차선을 접속하는 전선을 조가하는 금속선은 그 전선으로부터 애자로 절연하고 또한 이에 제3종 접지공사를 하여야 한다. 다만, 직류 전기 철도용 급전선과 가공 직류 전차선을 접속하는 전선을 조가하는 금속선에 애자를 2개 이상 접근하여 직렬로 붙일 경우에는 접지공사를 하지 아니하여도 된다.

② 가공 직류 전차선의 장선에는, 가공 직류 전차선간 및 가공 직류 전차선으로부터 60cm 이내의 부분 이외에는 제3종 접지공사를 하여야 한다. 다만, 장선을 접지할 필요가 없는 부분의 길이는, 집전장치에 뷔겔 또는 팬터그래프를 사용하는 경우에는 가공 직류 전차선으로부터 1m까지, 가공 단선식 전기 철도의 반지름이 작은 궤도 곡선 부분에서 전차 포울의 이탈에 의하여 장해가 생길 우려가 있는 경우에는 가공 직류 전차선으로부터 1.5m까지로 증가할 수 있다.

③ 제2항의 장선(가공 직류 전차선과 전기적으로 접속하는 부분을 제외한다)이 단선되었을 때에 가공 직류 전차선에 접촉할 우려가 있는 경우에는 그 장선의 지지점 가까이에 애자를 붙이고 또한 제2항의 접지공사는 장선의 지지점과 애자 사이의 부분에서만 시설하여야 한다.

④ 가공 직류 전차선의 장선에 애자를 2개 이상 접근하여 직렬로 붙일 경우에는 제2항의 접지공사를 하지 아니하여도 된다.

⑤ 가공 직류 전차선로에 접근하여 가공약전류 전선 등이 시설되어 있지 아니하는 시가지 이외의 곳에 시설되는 가공 직류 전차선의 장선에 관하여는 규정을 적용하지 아니하다.

(8) 직류식 전기철도용 전차선로의 절연저항

직류식 전기철도용 전차선로의 절연 부분과 대지 사이의 절연저항은 사용전압에 대한 누설전류가 궤도의 연장 1km마다 가공 직류 진차선(강체조가식을 제외한다)은 10mA, 기타의 전치선은 100mA를 넘지 아니하도록 유지하여야 한다.

(9) 가공 직류 절연 귀선의 시설

가공 직류 절연 귀선은 저압 가공 전선에 준하여 시설하여야 한다.

(10) 전기부식방지를 위한 절연

직류 귀선은 귀선용 레일과 레일간 및 레일의 바깥쪽 30cm 이내에 시설하는 부분(이하 이 장에서 "궤도 근접 부분"이라 한다) 이외에는 대지로부터 절연하여야 한다.

(11) 전기부식방지를 위한 이격거리

① 직류 귀선은 궤도 근접 부분이 금속제 지중관로와 접근하거나 교차하는 경우에는 상호 간의 이격거리는 1m 이상이어야 한다. 다만, 다음에 따라 시설하는 경우에는 그러하지 아니하다.
  ㉠ 귀선의 귀도 근접 부분과 지중 관로 사이에 부도체의 격리물을 시설하여 전류가 지중 1m 이상을 통과하지 아니하면 양자 간을 유통할 수 없도록 할 것
  ㉡ 제1호의 부도체의 격리물은 아스팔트 및 모래로 된 두께 6cm 이상의 절연물을 콘크리트 기타의 물질로 견고하게 보호하고 또한 균열이 생기지 아니하도록 시설한 것 또는 이와 동등 이상의 절연성·내구성 및 기계적 강도를 가지는 것일 것
② 직류 귀선과 금속제 관로를 동일한 철교에 시설하는 경우에는 직류 귀선과 교량구성재 사이의 누설 저항을 충분히 크게 하도록 시설하여야 한다.

(12) 전기부식방지를 위한 귀선의 시설

① 직류 귀선의 궤도 근접 부분이 금속제 지중 관로와 1km 안에 접근하는 경우에는 금속제 지중관로에 대한 전식작용에 의한 장해를 방지하기 위하여 그 구간의 귀선은 제264조의 규정에 의한 경우 이외에는 다음에 따라 시설하여야 한다.

    ㉠ 귀선은 부극성(負極性)으로 할 것

    ㉡ 귀선용 레일의 이음매의 저항을 합친 값은 그 구간의 레일 자체의 저항의 20% 이하로 유지하고 또한 하나의 이음매의 저항은 그 레일의 길이 5m의 저항에 상당한 값 이하일 것

    ㉢ 귀선용 레일은 특수한 곳 이외에는 길이 30m 이상이 되도록 연속하여 용접할 것. 다만, 단면적 115㎟ 이상, 길이 60㎝ 이상의 연동 연선을 사용한 본드 2개 이상을 용접하거나 또는 볼트로 조여 붙임으로서 레일의 용접에 갈음할 수 있다.

    ㉣ 귀선용 레일의 이음매에는 제3호의 규정에 의하여 시설하는 경우 이외에는 "가" 및 "나" 의 본드를 용접하여 2중으로 붙일 것. 다만, 단면적 190㎟ 이상, 길이 60㎝ 이상의 연동 연선을 사용한 본드를 용접하여 붙이는 경우에는 그러하지 아니하다.

> 1. 연동선을 사용하는 경우에는 지름 1.4㎜ 이하의 굵기의 소선으로 된 연선을 사용하고 또한 진동에 대하여 내구력을 크게 할 수 있는 길이 및 연선을 사용하고 또한 진동에 대하여 내구력을 크게 할 수 있는 길이 및 구조로 되어 있는 단소(短小)한 본드 또는 이와 동등 이상의 효력이 있는 것
> 2. 단면적 60㎟ 이상, 길이 60㎝ 이상의 연동 연선을 사용한 본드 또는 이와 동등 이상의 효력이 있는 것

    ㉤ 귀선의 궤도 근접 부분에 1년간의 평균 전류가 통할 때에 생기는 전위차는 다음에 정하는 방법에 의하여 계산하고 그 구간 안의 어느 2점 사이에서도 2V 이하일 것

        ㉮ 평균전류는 차량운전에 요하는 직류측에서의 1년간의 소비전력량(kWh를 단위로 한다)을 8,760으로 나눈 것을 기초로 하여 계산할 것

        ㉯ 귀선의 전류는 누설되지 아니하는 것으로 계산할 것

        ㉰ 레일의 저항은 다음의 계산식에 의하여 계산한 것으로 한다.

> $$R = \frac{1}{W}$$
>
> R : 이음매의 저항을 포함하는 단궤도 1km의 저항(Ω을 단위로 한다) W는 레일 1m의 중량(kg을 단위로 한다)

② 그 구간이란 1변전소의 급전 구역 안에 지중관로로부터 1km 이내의 거리에 있는 하나의 연속된 귀선 부분을 말한다. 다만, 귀선과 지중관로가 100m 이내로 2회 이상 접근할 때에는 그 접근 부분의 중간에서 이격거리가 1km를 초과하는 경우에도 그 전부를 1구간으로 한다.

(13) 전기부식방지를 위한 귀선용 레일의 시설 등

① 레일과 시변 사이를 사갈·침목 등으로 두께 30cm 이상 이격하여 시설하거나 이와 동등 이상의 절연성을 가지는 콘크리트제 도상(道床) 등의 위에 시설하는 직류 귀선의 궤도 근접 부분이 금속제 지중 관로와 1km 이내에 접근하는 경우에는 금속제 지중 관로에 대한 전식 작용에 의한 장해를 방지하기 위하여 그 구간의 귀선은 다음에 따라 시설하여야 한다.

    ㉠ 귀선용 레일은 특수한 곳 이외에는 길이 20m 이상에 달하도록 연속하여 용접할 것. 다만, 단면적 115mm² 이상, 길이 60cm 이상의 연동 연선을 사용한 본드 2개 이상을 용접하여 붙임으로써 레일의 용접에 갈음할 수 있다.

    ㉡ 귀선용 레일의 이음매에는 제1호의 규정에 의하여 시설하는 경우 이외에는 제263조 제1항 제4호 "가"의 본드를 용접하여 붙일 것. 다만, 독립된 길이 60cm 이상의 본드 2개 이상을 견고하게 붙일 경우에는 그러하지 아니하다.

    ㉢ 귀선의 궤도 근접 부분에 1년간의 평균 전류가 통할 때에 생기는 전위차는 제263조 제1항 제5호에서 정하는 방법에 의하여 계산하고 궤도의 선로 길이 1km에 대하여 2.5V 이하이고 또한 그 구간 안의 어느 2점 사이에서도 15V 이하일 것

    ㉣ 직류 귀선의 궤도 근접 부분은 제265조 제1항의 단서에서 규정하는 경우 이외에는 대지 사이의 전기 저항값이 낮은 금속체와 전기적으로 접촉할 우려가 없도록 시설할 것. 다만, 차고 기타 이와 유사한 곳에서 금속제 지중 관로의 전식 방지를 위하여 귀선을 개폐하는 장치(전기 철도용 급전선을 동시에 개폐할 수 있는 것에 한한다) 또는 이와 유사한 장치를 시설하는 경우에는 그러하지 아니하다.

② 시설하여도 장해를 줄 우려가 있는 경우에는 방지 방법을 보강하여야 한다.

③ 그 구간이란 1변전소의 전기 철도용 급전구역 안에 그 지중 관로로부터 2km 이내의 거리에 있는 하나의 연속된 귀선의 부분을 말한다.

(14) 배류접속

① 직류 귀선과 지중 관로는 전기적으로 접속하여서는 아니 된다. 다만, 직류 귀선을 규정에 의하여 시설하여도 계속 금속제 지중 관로에 대하여 전식 작용에 의한 장해를 줄 우려가 있

는 경우에 다음에 따라 시설할 때에는 그러하지 아니하다.

ⓐ 배류 시설은 다른 금속제 지중 관로 및 귀선용 레일에 대한 전식 작용에 의한 장해를 현저히 증가시킬 우려가 없도록 시설할 것

ⓑ 배류 시설에는 선택 배류기를 사용할 것. 다만, 선택 배류기를 설치하여도 전식 작용에 의한 장해를 방지할 수 없을 경우 한하여 강제 배류기를 설치할 수 있다.

ⓒ 배류선을 귀선에 접속하는 위치는 귀선용 레일의 전위 분포를 현저히 악화시키지 아니하도록 하고 또한 전기 철도의 자동신호 장치의 기능에 장해가 생기지 아니하도록 정할 것

ⓓ 배류 회로는 배류선과 금속제 지중 관로 및 귀선과의 접속점을 제외하고 대지로부터 절연할 것

② 선택 배류기는 다음에 따라 시설하여야 한다.

ⓐ 선택 배류기는 귀선에서 선택 배류기를 거쳐 금속제 지중 관로로 통하는 전류를 저지하는 구조로 할 것

ⓑ 전기적 접점(퓨즈 홀더를 포함한다)은 선택 배류기 회로를 개폐할 경우에 생기는 아크에 대하여 견디는 구조의 것으로 할 것

ⓒ 선택 배류기를 보호하기 위하여 적정한 과전류 차단기를 시설할 것

ⓓ 선택 배류기는 제3종 접지공사를 한 금속제 외함 기타 견고한 함에 넣어 시설하거나 사람이 접촉할 우려가 없도록 시설할 것

③ 강제 배류기는 다음에 따라 시설하여야 한다.

ⓐ 귀선에서 강제 배류기를 거쳐 금속제 지중 관로로 통하는 전류를 저지하는 구조로 할 것

ⓑ 강제 배류기를 보호하기 위하여 적정한 과전류 차단기를 시설할 것

ⓒ 강제 배류기는 제3종 접지공사를 한 금속제 외함 기타 견고한 함에 넣어 시설하거나 사람이 접촉할 우려가 없도록 시설할 것

ⓓ 강제 배류기용 전원장치는 다음에 적합한 것일 것

 ㉮ 변압기는 절연 변압기일 것

 ㉯ 1차측 전로에는 개폐기 및 과전류 차단기를 각 극(과전류 차단기는 다선식 전로의 중성극을 제외한다)에 시설한 것일 것

④ 배류선은 다음에 따라 시설하여야 한다.

ⓐ 배류선은 가공으로 시설하거나 지중에 매설하여 시설할 것. 다만, 전기 철도의 전용부지 내에 시설하는 부분에 절연전선(옥외용 비닐 절연전선을 제외한다)·캡타이어 케이블 또는 케이블을 사용하고 또한 손상을 받을 우려가 없도록 시설할 경우에는 그러하지 아니하다.

ⓛ 가공으로 시설하는 배류선은 제69조(제1항 제4호를 제외한다)·제72조·제79조부터 제
82조까지·제87조·제89조의 저압 가공 전선의 규정과 제84조 및 제253조의 규정에 준하
는 이외에 다음에 의하여야 하고 또한 위험의 우려가 없도록 시설할 것

> 가. 배류선은 케이블인 경우 이외에는 지름 4mm의 경동선이나 이와 동등 이상의 세기 및
> 굵기의 것일 것
> 니. 배류선은 배류 전류를 안전하게 흘릴 수 있는 것일 것
> 다. 배류선과 고압 가공전선 또는 가공약전류 전선 등을 동일 지지물에 시설하는 경우에
> 는 각각 제75조 또는 제91조의 저압 가공 전선의 규정에 준하여 시설할 것. 다만, 배
> 류선이 450/750V 일반용 단심 비닐절연전선 또는 케이블인 경우에는 배류선을 가공
> 약전류 전선 등의 밑으로 하거나 가공약전류 전선 등과의 이격거리를 30cm 이상으로
> 하여 시설할 수 있다.
> 라. 배류선을 전용의 지지물에 시설하는 경우에는 규정에 준하여 시설할 것

ⓒ 지중에 매설하여 시설하는 배류선에는 다음에 열거하는 전선으로서 배류 전류를 안전
하게 흘릴 수 있는 것을 사용하고 또한 이를 제136조·제140조 및 제141조의 규정에 준
하여 시설할 것
  ㉮ 450/750V 일반용 단심 비닐절연전선
  ㉯ 캡타이어 케이블
  ㉰ 저압 케이블로서 외장이 클로로프렌·비닐 또는 폴리에틸렌인 것
ⓔ 배류선의 상승 부분 중 지표상 2.5m 미만의 부분은 절연전선(옥외용 비닐 절연전선을
제외한다)·캡타이어 케이블 또는 케이블을 사용하고 사람이 접촉할 우려가 없고 또한
손상을 받을 우려가 없도록 시설할 것

3. 교류식 전기철도

(1) 전차선로의 시설 제한

교류식 전기철도의 전차선로는 전기철도의 전용부지 내에 시설하고 전차선은 가공방식(전차
선을 터널·갱도 기타 이와 유사한 장소 내의 윗면에 시설하는 방식을 포함한다. 이하 같다)·강체방
식(剛體方式) 또는 제3레일 방식에 의하여 시설하여야 한다.

(2) 전압불평형에 의한 장해방지

① 교류식 전기철도는 그 단상 부하에 의한 전압불평형의 허용한도는 교류식 전기철도 변전
소의 변압기 결선방식에 따라 다음의 계산식에 의하여 계산하며 그 변전소의 수전점에서
3% 이하일 것

> 1. 단상 결선인 경우
>
> $$K = ZP \times 10^{-4}$$
>
> K : 백분율로 표시한 전압불평형률
> Z : 변전소의 수전점에서의 3상 전원계통의 10,000kVA를 기준으로 하는 퍼센트 임피던스
> 또는 퍼센트 리액턴스
> P : 전기철도용 급전 전구역에서의 연속 2시간의 평균부하(kVA를 단위로 한다)
>
> 2. T결선인 경우
>
> $$K = Z(P_A - P_B) \times 10^{-4}$$
>
> P_A, P_B : 각각의 전기철도용 급전 구역에서의 연속 2시간 평균부하(kVA를 단위로 한다)
> K, Z : 각각 제1호에 정하는 바에 의한다.
>
> 3. V결선인 경우
>
> $$K = Z\sqrt{P_A^2 - P_A P_B + P_B^2} \times 10^{-4}$$
>
> K, Z : 각각 제1호에, P_A 및 P_B는 각각 제2호에 정하는 바에 의한다.

(3) 통신상의 유도 장해방지 시설

교류식 전기철도용 급전선로(이하 이 절에서 "교류 급전선로"라 한다), 교류식 전기철도용 전
차선로(이하 이 절에서 "교류 전차선로"라 한다), 교류식 전차선로 상호 간을 접속하는 전선로
또는 교류식 전기철도용 가공 절연 귀선(이하 이 절에서 "가공 교류 절연 귀선"이라 한다)은 기
설 가공약전류 전선로(단선식 전화선로를 제외한다. 이하 이 조에서 같다)에 대하여 유도작용에
의한 통신상의 장해가 생기지 아니하도록 기설 가공약전류 전선로에서 충분히 떼고, 귀선의 궤
도 근접부분 및 대지에 흐르는 전류를 제한하거나 기타의 적당한 방법으로 시설하여야 한다.

(4) 전차선 등과 약전류 전선 등의 접근 또는 교차

① 교류 전차선 등이 가공약전류 전선 등(안테나를 포함하고 가공전선로의 지지물에 시설하
는 전력보안 가공통신선 및 이에 직접 접속하는 전력보안 가공통신선을 제외한다. 이하 이

조에서 같다)과 접근하는 경우에는 교류 전차선 등은 가공약전류 전선 등과 수평거리로 교류 전차선로 또는 가공약전류 전선로 등의 지지물의 지표상의 높이에 상당하는 거리 안에 시설하여서는 아니 된다. 다만, 교류 전차선 등과 가공약전류 전선 등 사이의 수평거리가 3m 이상이고 또한 교류 전차선 등 또는 가공약전류 전선 등의 절단, 이들의 지지물의 도괴 등에 의하여 교류 전차선 등이 가공약전류 전선 등과 접촉할 우려가 없는 경우에는 그러하지 아니하다.

② 교류 전차선 등은 가공약전류 전선 등과 교차하여 시설하여서는 아니 된다. 다음에 따라 시설하는 경우에는 그러하지 아니하다.

> 1. 가공약전류 전선 등에는 폴리에틸렌절연비닐외장의 통신용 케이블 또는 광섬유 케이블을 사용하고 또한 이를 단면적 38㎟ 이상의 아연도금 강연선으로서 인장강도가 29.45kN 이상인 것(교류 전차선 등과 교차하는 부분을 포함하는 경간에 접속점이 없는 것에 한한다)으로 조가 할 것
> 2. 제1호의 조가용선은 제69조 제1항 제4호의 규정에 준하는 이외에 이를 교류 전차선 등과 교차하는 부분의 양쪽은 지지물에 견고하게 인류하여 시설할 것

(5) 전차선 등과 건조물 기타의 시설물과의 접근 또는 교차

① 교류 전차선 등이 건조물·도로 또는 삭도(이하 이 조에서 "건조물 등"이라 한다)와 접근할 경우에 교류 전차선 등이 그 건조물 등의 위쪽 또는 옆쪽에서 수평거리로 교류 전차선로의 지지물의 지표상의 높이에 상당하는 거리 안에 시설되는 때(제2항에 규정하는 경우를 제외한다)에는 교류 전차선로의 지지물에는 철주 또는 철근 콘크리트주를 사용하고 또한 그 경간을 60m 이하로 시설하여야 한다. 다만, 교류 전차선 등의 절단·교류 전차선로의 지지물의 도괴 등에 의하여 교류 전차선로 등이 건조물 등에 접촉할 우려가 없는 경우에는 그러하지 아니하다.

② 교류 전차선 등이 건조물 등과 접근하는 경우에 교류 전차선 등이 건조물 등의 위쪽 또는 옆쪽에서 수평거리로 3m 미만에 시설되는 때에는 다음 각 호에 따라 시설하여야 한다.

㉠ 교류 전차선 등과 건조물과의 이격거리는 3m 이상일 것

㉡ 교류 전차선 등과 삭도 또는 그 지주 사이의 이격거리는 2m 이상일 것

③ 교류 전차선 등이 삭도와 접근하는 경우에는 교류 전차선 등은 삭도의 아래쪽에서 수평거리로 삭도의 지주의 지표상의 높이에 상당하는 거리 안에 시설하여서는 아니 된다. 다만, 교류 전차선 등과 삭도 사이의 수평거리가 3m 이상인 경우에 삭도의 지주의 도괴 등에 의

하여 삭도가 교류 전차선 등과 접촉할 우려가 없을 때 또는 교류 전차선등의 위쪽에 견고한 방호장치를 시설하고 또한 금속제 부분에 제3종 접지공사를 할 때에는 그러하지 아니하다.

④ 교류 전차선 등은 삭도와 교차하여 시설하여서는 아니 된다. 다만, 다음 각 호에 따르고 또한 위험의 우려가 없도록 시설하는 때에는 그러하지 아니하다.

　㉠ 교류 전차선 등과 삭도 또는 그 지주 사이의 이격거리는 2m 이상일 것

　㉡ 교류 전차선 등의 위에 견고한 방호장치를 시설하고 또한 금속제 부분에 제3종 접지공사를 할 것

⑤ 교류 전차선 등이 교량 기타 이와 유사한 것(이하 이 조에서 "교량 등"이라 한다)의 밑에 시설되는 경우에는 다음 각 호에 따라 시설하여야 한다.

　㉠ 교류 전차선 등과 교량 등 사이의 이격거리는 30㎝ 이상일 것. 다만, 기술상 부득이한 경우에는 사용전압이 25kV인 교류 전차선 또는 이와 전기적으로 접속하는 조가용선, 브래킷 혹은 장선과 교량 등 사이의 이격거리를 25㎝까지로 감할 수 있다.

　㉡ 교량의 가더 등의 금속제 부분에는 제3종 접지공사를 할 것

　㉢ 교량 등의 위에서 사람이 교류 전차선 등에 접촉할 우려가 있는 경우에는 적당한 방호장치를 시설하고 또한 위험표시를 할 것

⑥ 교류 전차선 등이 다른 시설물(가공전선, 가공약전류 전선 등 안테나 및 가공 직류 전차선을 제외한다)과 접근하거나 교차하는 경우에는 상호 간의 이격거리는 2m 이상이어야 한다.

(6) 전차선 등과 식물 사이의 이격거리

교류 전차선 등과 식물 사이의 이격거리는 2m 이상이어야 한다.

(7) 전차선과 병행하는 금속물의 접지 등

① 교류 전차선과 병행하는 교량의 금속제 난간 기타 사람이 접촉할 우려가 있는 금속물에는 유도에 의한 위험 전압이 생길 우려가 있는 경우에는 이를 방지하기 위하여 제3종 접지공사를 하여야 한다.

② 교류 전차선과 병행하는 저압 또는 고압의 가공전선에는 유도에 의한 위험 전압이 생길 우려가 있는 경우에는 이를 방지하기 위하여 차폐선의 시설 등 적당한 시설을 하여야 한다.

(8) 흡상 변압기 등의 시설

교류 전차선로의 전로에 시설하는 흡상 변압기(吸上變壓器)·직렬커패시터나 이에 부속된 기구 또는 전선이나 교류식 전기철도용 신호 회로에 전기를 공급하기 위한 특고압용의 변압기를 옥외에 시설하는 경우에는 시가지 이외에서 지표상 5m 이상의 높이에 시설하여야 한다. 다만, 시가지 이외에서 사람이 접촉하는 것을 방지하기 위하여 그 주위에 제44조의 규정에 준하여 울타리를 시설히는 경우에는 그러하지 아니하다.

(9) 가공 교류 절연 귀선의 시설

가공 교류절연귀선은 고압 가공전선에 준하여 시설하여야 한다. 다만, 가공 교류 절연 귀선이 교류 전차선과 동일 지지물에 시설되는 경우에는 가공 교류 절연 귀선이 교류 전차선 등과 접근하거나 교차되어 시설되는 경우에는 규정에 준하여 시설하지 아니하여도 된다.

4. 강색 철도

(1) 강색 차선의 시설

강색 철도의 전차선(이하 "강색 차선"이라 한다)은 다음에 따르고 또한 가공방식에 의하여 시설하여야 한다.
　㉠ 강색 차선은 지름 7㎜의 경동선 또는 이와 동등 이상의 세기 및 굵기의 것일 것
　㉡ 강색 차선의 레일면상의 높이는 4m 이상일 것. 다만, 터널 안, 교량아래 그 밖에 이와 유사한 곳에 시설하는 경우에는 3.5m 이상으로 할 수 있다.

(2) 강색 차선과 가공약전류 전선 등의 접근 또는 교차

① 강색 차선과 가공약전류 전선 등이 병행하는 경우에 준용한다.
② 강색 차선 또는 이와 전기적으로 접속하는 조가용선(장선을 포함한다)과 가공약전류 전선 등이 접근하거나 교차하는 경우에 준용한다.

(3) 레일 등의 시설

강색 철도의 레일로서 전로로 사용하는 것과 이에 접속하는 전선(이하 "레일 등"이라 한다)은 다음에 따라 시설하여야 한다.

1. 레일에 접속하는 전선은 레일 사이 및 레일의 바깥쪽 30㎝ 안에 시설하는 것 이외에는 대지로부터 절연할 것
2. 레일에 접속하는 전선으로서 가공으로 시설하는 것을 가공 직류 전기철도용 급전선에 준하여 시설할 것
3. 레일 및 레일에 접속하는 전선으로 레일 사이 및 레일의 바깥쪽 30㎝ 안에 시설하는 것과 금속제 지중 관로가 접근하거나 교차하는 경우에, 전식 작용에 의한 장해의 우려가 있는 경우에는 규정에 준하여 시설할 것

(4) 강색 차선의 절연저항

강색 차선과 대지 사이의 절연저항은 사용전압에 대한 누설 전류가 궤도의 연장 1㎞마다 10mA를 넘지 아니하도록 유지하여야 한다.

★출제 Point 강색 철도 숙지

CHAPTER

07 국제표준도입

1. 1kV 이하 전기설비의 시설

① 수용 장소에 시설하는 1kV 이하 전기설비는 다음의 표의 IEC 60364에 따라 시설할 수 있다. 다만, 전기사업자의 전기설비와 직접 접속하는 경우에는 전기사업자의 전기공급과 관련된 설비의 접지방식과 협조를 이루어야 한다.

② 동일한 전기사용장소에서는 제1항의 규정과 제3조부터 제278조까지의 규정을 혼용하여 1kV 이하의 전기설비를 시설하여서는 아니 된다. 다만, IEC 표준을 도입한 조항은 예외로 한다.

IEC 60364

IEC표준번호(제정년도)	KS표준번호(제정년도)	규 격 명
IEC60364-1(2001) (다만, 313.2를 제외한다)	KSC IEC60364-1(2005) (다만, 313.2를 제외한다)	건축전기설비-제1부 : 기본원칙, 일반특성 평가 및 용어정의
IEC60364-4-41(2001)	KSC IEC60364-4-41(2005)	건축전기설비-제4-제41부 : 안전을 위한 보호-감전에 대한 보호
IEC60364-4-42(2001) (다만, 422.1, 422.2, 422.2.1, 422.2.2, 422.2.3, 422.3, 422.3.5, 422.3.6, 422.3.7, 422.5, 422.5.1을 제외한다)	KSC IEC60364-4-42(2005) (다만, 422.1, 422.2, 422.2.1, 422.2.2, 422.2.3, 422.3, 422.3.5, 422.3.6, 422.3.7, 422.5, 422.5.1을 제외한다)	건축전기설비-제4-42부 : 안전을 위한 보호-열 영향에 대한 보호

IEC표준번호(제정년도)	KS표준번호(제정년도)	규 격 명
IEC60364-4-43(2001)	KSC IEC60364-4-43(2005)	건축전기설비-제4-43부 : 안전을 위한 보호-과전류에 대한 보호
IEC60364-4-44(2001)의 442	KSC IEC60364-4-44(2005)의 442	건축전기설비-제4-44부 안전을 위한 보호 : 전압 및 전자파장해에 대한 보호 제442절 : 고압계통과 접지사이의 순시과전압 및 고장에 대한 저압설비의 보호
IEC60364-5-51(2001) (다만, 515.3 제외)	KSC IEC60364-5-51(2005) (다만, 515.3 제외)	건축전기설비-제5-제51부 : 전기기기의 선정 및 시공-공통 규칙
IEC60364-5-52(2001)	KSC IEC60364-5-52(2004)	건축전기설비-제5-52부 : 전기기기의 선정 및 시공-배선시스템
IEC60364-5-53(2002) (단 534절, 535절 제외)	KSC IEC60364-5-53(2005) (단 534절, 535절 제외)	건축전기설비-제5-53부 : 전기기기의 선정 및 시공-절연, 개폐 및 제어
IEC60364-5-54(2002)	KSC IEC60364-5-54(2005)	건축전기설비-제5-54부 전기기기의 선정 및 시공-접지배치. 보호도체 및 결합도체
IEC60364-5-55(2002)의 551절, 559절	KSC IEC60364-5-55(2005)의 551절, 559절	건축전기설비-제5-제55부 전기기기의 선정 및 시공-기타기기 제551절 : 저압발전장치, 제559절 : 조명기구 및 조명설비
IEC60364-6-61(2001)	KSC IEC60364-6-61(2005)	건축전기설비-제6-61부 검사-최초 검사
IEC60364-7-701(1984)	KSC IEC60364-7-701 (2002)	건축전기설비-제7부 특수설비 또는 특수장소의 요구사항-제701절 욕조 또는 샤워욕조의 전기설비
IEC60364-7-702(1983) Amd.2(1997)	KSC IEC60364-7-702 (2002)	건축전기설비-제7부 특수설비 또는 특수장소의 요구사항-제702절 수영장 및 기타수조
IEC60364-7-703(1984)	KSC IEC60364-7-703 (2002)	건축전기설비-제7부 특수설비 또는 특수장소의 요구사항-제703절 사우나히터의 전기설비
IEC60364-7-704(1999)	KSC IEC60364-7-704 (2005)	건축전기설비-제7-704부 특수설비 또는 특수 장소의 요구사항-건설현장 및 해체현장에서의 설비
IEC60364-7-705(1984)	KSC IEC60364-7-705 (2002)	건축전기설비-제7부 특수설비 또는 특수장소의 요구사항-제705절 농업 및 원예용 전기설비

IEC표준번호(제정년도)	KS표준번호(제정년도)	규 격 명
IEC60364-7-706(1983)	KSC IEC60364-7-706 (2002)	건축전기설비-제7부 특수설비 또는 특수 장소의 요구사항-제706절 제한된 도전성 장소
IEC60364-7-707(1984)	KSC IEC60364-7-707 (2002)	건축전기설비-제7부 특수설비 또는 특수 장소의 요구사항-제707절 데이터 처리기기 설비의 접지
IEC60364-7-708(1988) Amd.1(1993)	KSC IEC60364-7-708 (2002)	건축전기설비-제7부 특수설비 또는 특수 장소의 요구사항-제708절 이동식 숙박차 량 및 정박지의 전기설비
IEC60364-7-709(1994)	KSC IEC60364-7-709 (2002)	건축전기설비-제7부 특수설비 또는 특수 장소의 요구사항-제709절 마리나 및 레저 용 선박의 전기설비
IEC60364-7-710(2002)	KSC IEC60364-7-710 : 2005	건축전기설비-제7-710부 특수설비 또는 특 수장소에 대한 요구사항-의료장소
IEC60364-7-711(1998)	KSC IEC60364-7-711 (2002)	건축전기설비-제7부 특수설비 또는 특수 장소의 요구사항-제711절 전시회, 쇼 및 공 연장의 전기설비
IEC 60364-7-712(2002)	KSC IEC60364-7-712 (2005)	건축전기설비-제7-712부 특수설비 또는 특수장소에 대한 요구사항-태양전지(PV) 전원 시스템
IEC 60364-7-714(1996)	KSC IEC60364-7-714 (2002)	건축전기설비-제7부 특수설비 또는 특수 장소의 요구사항-제714절 옥외조명용 전 기설비
IEC 60364-7-715(1995)	KSC IEC60364-7-715 (2003)	건축전기설비-제7-715부 특수설비 또는 특 수장소에 대한 요구사항-초저압 조명설비
IEC 60364-7-717(2001)	KSC IEC60364-7-717 (2004)	건축전기설비-제7-717부 특수설비 또는 특수장소에 대한 요구사항-이동식 또는 운 반식 장치
IEC 60364-7-740(2000)	KSC IEC60364-7-740 (2004)	건축전기설비-제7-740부 특수설비 또는 특수장소에 대한 요구사항-박람회, 유원지 및 서커스 장소의 구조물, 오락장치 및 부 스용 임시 전기설비

※ 이 표 중에서 적용이 제외된 표준은 표 중의 표준에서 인용된 경우에도 적용이 제외된다.

2. 1kV 초과 전기설비의 시설

① IEC 표준에 대응하는 판단기준이 표기된 것은 제3조부터 제278조까지의 해당 규정에 따라 시설하여야 한다.

② 동일한 출입제한 전기운전구역에서는 제1항 단서를 제외하고 IEC 61936-1과 제3조부터 제278조까지의 규정을 혼용하여 시설하여서는 아니 된다. 다만, IEC 표준을 적용한 조항은 예외로 한다.

③ 시설하는 1kV 초과 전기설비에 1kV 이하 전기설비를 접속할 경우 고장 시 발생하는 과전압에 의해 1kV 이하 전기설비에 위험의 우려가 없도록 시설하여야 한다.

IEC 61936-1(2010)

IEC 61936-1	대응하는 판단기준
1 Scope	-
3 Terms and Definitions	-
4 Fundamental requirements	-
4.1 General	-
4.2 Electrical requirements	-
4.2.1 Methods of neutral earthing	-
4.2.2 Voltage classification	제13조(전로의 절연저항 및 절연내력) 제14조(회전기 및 정류기의 절연내력) 제15조(연료전지 및 태양전지 모듈의 절연내력) 제16조(변압기 전로의 절연내력) 제17조(기구 등의 전로의 절연내력)
4.2.3 Current in normal operation	-
4.2.4 Short-circuit current	-
4.2.5 Rated frequency	-
4.2.6 Corona(※1)	제57조(전파 장해의 방지)
4.2.7 Electric and magnetic fields	-
4.2.8 Overvoltages	제42조(피뢰기의 시설)
4.2.9 Harmonics	
4.3 Mechanical requirements	제54조제2항(태양전지 모듈 등의 시설) 제62조(풍압하중의 종별과 적용)
4.4 Climatic and environmental conditions	-

IEC 61936-1	대응하는 판단기준
4.4.1 General	제62조(풍압하중의 종별과 적용)
4.4.2 Normal conditions(※2, ※3)	제71조(저고압 가공전선의 안전율) 제164조(무선용 안테나 등을 지지하는 철탑 등의 시설) 제200조(가연성 가스 등이 있는 곳의 저압의 시설)
4.4.3 Special conditions(※2)	-
4.5 Special requirements	-
4.5.1 Effects of small animals and micro-organisms	-
4.5.2 Noise level(※4)	-
5 Insulation	-
5.1 General	-
5.2 Selection of installation level	-
5.3 Verification of withstand values	-
5.4 Minimum clearances of live parts	-
5.5 Minimum clearances between parts under special conditions	-
5.6 Tested connection zones	-
6. Equipment	-
6.1 General requirements	-
6.2 Specific requirements	-
6.2.1 Switching devices	제35조(아크를 발생하는 기구의 시설)
6.2.2 Power transformers and reactors	
6.2.3 Prefabricated type-tested switchgear	제52조(가스절연기기 등의 압력용기의 시설) 제1항
6.2.4 Instrument transformers	-
6.2.5 Surge arresters	-
6.2.6 Capacitors	-
6.2.8 Insulators	-
6.2.9 Insulated cables	제9조(고압케이블 및 특고압케이블) 제136조(지중 전선로의 시설) 제137조(지중함의 시설) 제139조(지중전선의 피복금속체 접지) 제140조(지중 약전류전선에의 유도장해 방지) 제141조(지중전선과 지중 약전류전선 등 또는 관과의 접근 또는 교차) 제142조(지중전선 상호 간의 접근 또는 교차)

IEC 61936-1	대응하는 판단기준
6.2.9 Insulated cables	제151조(옥내에 시설하는 전선로) 제2항 제209조(고압 옥내배선 등의 시설) 제1항, 제2항 제210조(옥내 고압용 이동전선의 시설) 제1항 제212조(특고압 옥내 전기설비의 시설) 제1항, 제2항 제220조(옥측 또는 옥외에 시설하는 이동 전선의 시설) 제4항, 제5항
6.2.10 Conductors and accessories	-
6.2.11 Rotating electrical machines	제31조(특고압용 기계기구의 시설) 제36조(고압용 기계기구의 시설) 제47조(발전기 등의 보호장치)제1항 제48조(특고압용 변압기의 보호장치) 제49조(조상설비의 보호장치) 제174조(전동기의 과부하 보호 장치의 시설)
6.2.12 Generating units	제47조(발전기 등의 보호장치) 제1항 제51조(수소냉각식 발전기 등의 시설) 제55조(상주 감시를 하지 아니하는 발전소의 시설)
6.2.13 Generating unit main connections	-
6.2.14 Static converters	제31조(특고압용 기계기구의 시설) 제36조(고압용 기계기구의 시설)
6.2.15 Fuses	제31조(특고압용 기계기구의 시설) 제35조(아크를 발생하는 기구의 시설) 제36조(고압용 기계기구의 시설)
6.2.16 Electrical and mechanical interlocking	-
7. Installations	-
7.1 General requirements	-
7.1.1 Circuit arrangement	제41조(지락차단장치 등의 시설) 제2항, 제3항, 제4항
7.1.2 Documentation	-
7.1.3 Transport routes(7.1.3.1을 제외한다)	-
7.1.4 Aisles and access areas	-
7.1.5 Lighting	-
7.1.7 Labelling	-
7.2 Outdoor installations of open design	-
7.2.1 Protection barrier clearance	-

IEC 61936-1	대응하는 판단기준
7.2.2 Protective obstacle clearance	
7.2.4 Minimum height over access areas	-
7.2.6 External fences or walls and access doors	-
7.3 Indoor installations of open design	-
7.4 Installation of prefabricated type-tested switchgear	-
7.4.1 General	-
7.4.2 Additional requirements for gas-insulated metal-enclosed switchgear(7.4.2.2는 제외한다.)	-
7.6 High voltage/low voltage prefabricated substations	-
8 Safety measures	-
8.1 General	-
8.2 Protection against direct contact	-
8.2.1 Measures for protection against direct contact	-
8.2.2 Protection requirement(※5, ※6)	-
8.3 Means to protect persons in case of indirect contact	-
8.4 Means to protect persons working on electrical installations(8.4.6은 제외한다.)	-
8.5 Protection from danger resulting from arc fault	-
8.6 Protection against direct lightning strokes	-
8.7 Protection against fire	-
8.7.3 Cables	제136조(지중 전선로의 시설) 제4항, 제5항, 제6항 제141조(지중전선과 지중 약전류전선 등 또는 관과의 접근 또는 교차) 제142조(지중전선 상호 간의 접근 또는 교차) 제199조(먼지가 많은 장소에서의 저압의 시설) 제200조(가연성 가스 등이 있는 곳의 저압의 시설) 제201조(위험물 등이 있는 곳에서의 저압의 시설) 제209조(고압 옥내배선 등의 시설) 제2항 제210조(옥내 고압용 이동전선의 시설) 제2항

IEC 61936-1	대응하는 판단기준
8.8 Protection against leakage of insulating liquid and SF6	-
8.9 Identification and marking(8.9.5는 제외한다.)	-
9 Protection, control and auxiliary systems	-
9.1 Monitoring and control systems(※2)	제39조(고압 및 특고압 전로 중의 과전류차단기의 시설) 제3항, 제4항 제40조(과전류차단기의 시설 제한) 제41조(지락차단장치 등의 시설) 제47조(발전기 등의 보호장치)제1항 제48조(특고압용 변압기의 보호장치) 제49조(조상설비의 보호장치) 제55조(상주 감시를 하지 아니하는 발전소의 시설) 제56조(상주 감시를 하지 아니하는 변전소의 시설)
9.2 DC and AC supply circuits	-
9.3 Compressed air systems	제35조(아크를 발생하는 기구의 시설) 제52조(가스절연기기 등의 압력용기의 시설)
9.4 SF6 gas handling plants	-
9.5 Hydrogen handling plants	-
9.6 Basic rules for electromagnetic compatibility of control systems	-
10 Earthing systems	-
10.1 General	-
10.2 Fundamental requirements	-
10.3 Design of earthing systems	제27조(전로의 중성점의 접지)
10.4 Construction of earthing systems	-
10.5 Measurements	-

※ 1 : 가공 전선로로부터의 전파 장해의 방지에 대해서는 제57조에 따를 것

※ 2 : 지진에 의한 진동을 고려할 것

※ 3 : 풍속에 대한 조건은 기술기준 제33조 및 기술기준 제45조에 적합할 것

※ 4 : 소음·진동규제법 및 동 시행규칙의 규정에 적합할 것

※ 5 : 상부 이격거리에 대해서는 제31조 제1항, 제36조 제1항 또는 제44조 제5항에 따를 것

※ 6 : 7.2.4 및 7.2.5의 참조와 관련되는 부분을 제외한다.

※ 1. IEC(International Electrotechnical Commission; 국제전기위원회)

   2. KS C IEC 61936-1(2007)을 참고한다.

CHAPTER
08

지능형전력망

1. 분산형전원 계통연계설비의 시설

(1) 저압 계통연계시 직류유출방지 변압기의 시설

분산형전원을 인버터를 이용하여 배전사업자의 저압 전력계통에 연계하는 경우 인버터로 부터 직류가 계통으로 유출되는 것을 방지하기 위하여 접속점(접속설비와 분산형전원 설치 자측 전기설비의 접속점을 말한다)과 인버터 사이에 상용주파수 변압기(단권변압기를 제외 한다)를 시설하여야 한다. 다만, 다음 각 호를 모두 충족하는 경우에는 예외로 한다.

  ㉠ 인버터의 직류 측 회로가 비접지인 경우 또는 고주파 변압기를 사용하는 경우

  ㉡ 인버터의 교류출력 측에 직류 검출기를 구비하고, 직류 검출 시에 교류출력을 정지하는 기능을 갖춘 경우

(2) 단락전류 제한장치의 시설

분산형전원을 계통연계하는 경우 전력계통의 단락용량이 다른 자의 차단기의 차단용량 또는 전선의 순시허용전류 등을 상회할 우려가 있을 때에는 그 분산형전원 설치자가 한류리 액터 등 단락전류를 제한하는 장치를 시설하여야 하며, 이러한 장치로도 대응할 수 없는 경우 에는 그 밖에 단락전류를 제한하는 대책을 강구하여야 한다.

(3) 계통연계용 보호장치의 시설

① 계통연계하는 분산형전원을 설치하는 경우 다음 각 호의 어느 하나에 해당하는 이상 또는 고장 발생 시 자동적으로 분산형전원을 전력계통으로부터 분리하기 위한 장치를 시설하여야 한다.
  ㉠ 분산형전원의 이상 또는 고장
  ㉡ 연계한 전력계통의 이상 또는 고장
  ㉢ 단독운전 상태
② 연계한 전력계통의 이상 또는 고장 발생 시 분산형전원의 분리시점은 해당 계통의 재폐로 시점 이전이어야 하며, 이상 발생 후 해당 계통의 전압 및 주파수가 정상 범위 내에 들어올 때까지 계통과의 분리상태를 유지하는 등 연계한 계통의 재폐로방식과 협조를 이루어야 한다.

(4) 특고압 송전 계통연계 시 분산형전원 운전제어 장치의 시설

분산형전원을 송전사업자의 특고압 전력계통에 연계하는 경우 계통안정화 또는 조류억제 등의 이유로 운전제어가 필요할 때에는 그 분산형전원에 필요한 운전제어 장치를 시설하여야 한다.

(5) 연계용 변압기 중성점의 접지

분산형전원을 특고압 전력계통에 계통연계하는 경우 연계용 변압기 중성점의 접지는 전력계통에 연결되어 있는 다른 전기설비의 정격을 초과하는 과전압을 유발하거나 전력계통의 지락고장 보호협조를 방해하지 않도록 시설하여야 한다.

2. 전기자동차 전원공급설비

(1) 전기자동차 전원공급설비의 시설

① 전기자동차에 전기를 공급하기 위한 저압전로는 다음에 따라 시설하여야 한다.
  ㉠ 전용의 개폐기 및 과전류차단기를 각 극(과전류차단기는 다선식 전로의 중성극을 제외한다)에 시설하고 또한 전로에 지락이 생겼을 때 자동적으로 그 전로를 차단하는 장치를 시설할 것
  ㉡ 배선기구는 제170조 및 제221조에 따라 시설할 것

② 전기자동차 충전장치는 다음에서 정하는 바에 따라 시설하여야 한다.

> 1. 충전부분이 노출되지 않도록 시설하고, 외함은 제33조에 따라 접지공사를 할 것
> 2. 외부 기계적 충격에 대한 충분한 기계적 강도(IK07 이상)를 갖는 구조일 것
> 3. 침수 등의 위험이 있는 곳에 시설하지 말아야 하며, 옥외에 설치 시 강우, 강설에 대하여 충분한 방수 보호등급(IPX4 이상)을 갖는 것일 것
> 4. 분진이 많은 장소, 가연성 가스나 부식성 가스 또는 위험물 등이 있는 장소에 시설하는 경우에는 통상의 사용상태에서 부식이나 감전, 화재, 폭발의 위험이 없도록 제199조부터 제202조까지의 규정에 따라 시설할 것
> 5. 충전장치에는 전기자동차 전용임을 나타내는 표지를 쉽게 보이는 곳에 설치할 것

③ 충전 케이블 및 부속품(플러그와 커플러를 말한다.)은 다음에 따라 시설하여야 한다.

   ㉠ 충전장치와 전기자동차의 접속에는 연장코드를 사용하지 말 것

   ㉡ 충전 케이블은 유연성이 있는 것으로서 통상의 충전전류를 흘릴 수 있는 충분한 굵기의 것일 것

   ㉢ 커플러[충전 케이블과 전기자동차를 접속 가능하게 하는 장치로서 충전 케이블에 부착된 커넥터(Connector)와 전기자동차의 접속구(Inlet) 두 부분으로 구성되어 있다.]는 다음 각 목에 적합할 것

      ㉮ 다른 배선기구와 대체 불가능한 구조로서 극성의 구분이 되고 접지극이 있는 것일 것

      ㉯ 접지극은 투입 시 먼저 접속되고, 차단 시 나중에 분리되는 구조일 것

      ㉰ 의도하지 않은 부하의 차단을 방지하기 위해 잠금 또는 탈부착을 위한 기계적 장치가 있는 것일 것

      ㉱ 커넥터(충전 케이블에 부착되어 있으며, 전기자동차 접속구에 접속하기 위한 장치를 말한다.)가 전기자동차 접속구로부터 분리될 때 충전 케이블의 전원공급을 중단시키는 인터록 기능이 있는 것일 것

④ 커넥터 및 플러그(충전 케이블에 부착되어 있으며, 전원측에 접속하기 위한 장치를 말한다)는 낙하 충격 및 눌림에 대한 충분한 기계적 강도를 가진 것일 것

⑤ 충전장치의 부대설비는 다음에 따라 시설하여야 한다.

   ㉠ 충전 중 차량의 유동을 방지하기 위한 장치를 갖추어야 하며, 자동차 등에 의한 물리적 충격의 우려가 있는 경우에는 이를 방호하는 장치를 시설할 것

   ㉡ 충전 중 환기가 필요한 경우에는 충분한 환기설비를 갖추어야 하며, 환기설비임을 나타내는 표지를 쉽게 보이는 곳에 설치할 것

       ⓒ 충전 중에는 충전상태를 확인할 수 있는 표시장치를 쉽게 보이는 곳에 설치할 것

       ⓔ 충전 중 안전과 편리를 위하여 적절한 밝기의 조명설비를 설치할 것

  ⑥ 그 밖에 전기자동차 전원공급설비와 관련된 사항은 KS C IEC 61851-1, KS C IEC 61851-21 및 KS C IEC 61851-22 표준을 참조한다.

★출제Point 전기자동차 전원공급설비의 시설 숙지

3. 저압 옥내직류 전기설비

(1) 저압 옥내직류 전기설비의 시설

    정하지 않은 저압 옥내직류 전기설비는 각 관련 판단기준을 준용하여 시설하여 한다.

(2) 전기품질

  ① 저압 옥내직류 전로에 교류를 직류로 변환하여 공급하는 경우 직류는 KS C IEC 60364-4-41 에 따른 리플프리직류이어야 한다.

  ② 직류를 공급하는 경우 고조파전류는 KS C IEC 61000-3-2 및 KS C IEC 61000-3-12에 정한 값 이하이어야 한다.

(3) 저압 옥내직류 전기설비의 접지

  ① 저압 옥내직류 전기설비는 전로보호장치의 확실한 동작의 확보, 이상전압 및 대지전압의 억제를 위하여 직류 2선식의 임의의 한점 또는 변환장치의 직류측 중간점, 태양전지의 중간점 등을 접지하여야 한다. 다만, 직류 2선식을 다음에 의하여 시설하는 경우는 그러하지 아니하다.

> 1. 사용전압이 60V 이하인 경우
> 2. 접지검출기를 설치하고 특정구역 내의 산업용 기계기구에만 공급하는 경우
> 3. 제23조의 규정에 적합한 교류계통으로부터 공급을 받는 정류기에서 인출되는 직류계통
> 4. 최대전류 30mA 이하의 직류화재경보회로

  ② 직류전기설비의 접지시설을 양(+)도체를 접지하는 경우는 감전에 대한 보호를 하여야 한다.

  ③ 직류전기설비의 접지시설을 음(−)도체를 접지하는 경우는 제293조에 준용하여 전기부식 방지를 하여야 한다.

④ 직류접지계통은 교류접지계통과 같은 방법으로 금속제 외함, 교류접지선 등과 본딩하여야
하며 교류접지가 피뢰설비, 통신접지 등과 통합접지되어 있는 경우는 제18조 제7항에 따라
시설하여야 한다.

★출제 Point 저압 옥내직류 전기설비의 접지 정리

(4) 저압 직류과전류차단장치

① 직류전로에 과전류차단기를 설치하는 경우 직류단락전류를 차단하는 능력을 가지는 것이
어야 하고 "직류용" 표시를 하여야 한다.
② 다중전원전로의 과전류차단기는 모든 전원을 차단할 수 있도록 시설하여야 한다.

(5) 저압 직류지락차단장치

직류전로에는 지락이 생겼을 때에 자동으로 전로를 차단하는 장치를 시설하여야 하며, "직
류용" 표시를 하여야 한다.

(6) 저압 직류개폐장치

① 직류전로에 사용하는 개폐기는 직류전로 개폐시 발생하는 아크에 견디는 구조이어야
한다.
② 다중전원전로의 개폐기는 개폐할 때 모든 전원이 개폐될 수 있도록 시설하여야 한다.

(7) 저압 직류전기설비의 전기부식방지

직류전로를 접지하는 경우는 직류누설전류의 전기부식작용으로 다른 금속체에 손상의 위
험이 없도록 시설하여야 한다. 다만, 직류지락차단장치를 시설한 경우는 그러하지 아니하다.

(8) 축전지실 등의 시설

① 30V를 초과하는 축전지는 비접지측 도체에 쉽게 차단할 수 있는 곳에 개폐기를 시설하여
야 한다.
② 옥내전로에 연계되는 축전지는 비접지측 도체에 과전류보호장치를 시설하여야 한다.
③ 축전지실 등은 폭발성의 가스가 축적되지 않도록 환기장치 등을 시설하여야 한다.

신재생에너지 관련법규

2014년 3월 10일 초판1쇄 발행
2018년 1월 10일 초판2쇄 발행

저　자　이 지 성
펴낸이　임 순 재
펴낸곳　**에듀한올**

１２１-８４９
주　　소　서울시 마포구 모래내로 83(성산동, 한올빌딩 3층)
전　　화　(02) 306-1508
팩　　스　(02) 302-8073
정　　가　24,000원

▫ 이 책의 내용은 저작권법의 보호를 받고 있습니다.
▫ 잘못 만들어진 책은 본사나 구입하신 서점에서 바꾸어 드립니다.
▫ 저자와의 협의하에 인지가 생략되었습니다.
▫ ISBN 979-11-5685-000-7